판금 · 제관

展開 및 판뜨기법

제3각법과 제1각법에 의한 전개도법

編著　曹東震
　　　李載元

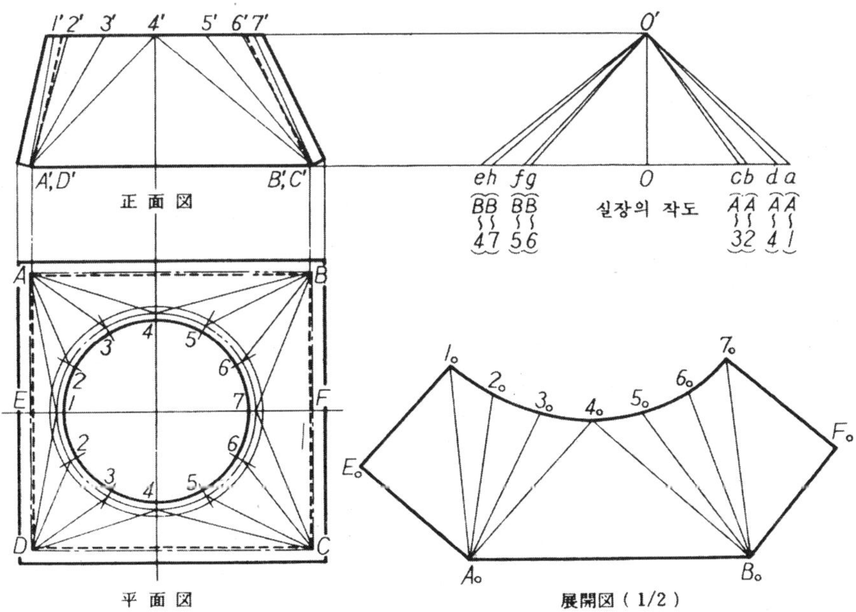

目　　　次

1장　제3각투영도로부터 전개법그리기

1. 정투영도의기초

2. 곡면(曲面)의 종류와 전개방법

4. 방사전개법

5. 삼각형 전개법

6. 상관체의 전개

2장 제1각 투영도로 부터 전개도 그리기

상관체의 전개

경사된 원뿔의전개

건축판금 및 그응용

3 장 계산에의한 대형실물 크기의 판뜨기전개법

4 장 판두께를 고려한 판뜨기 전개법.

5 장 구각법(굽힘개소가있는 판뜨기 전개법)

Ⅳ 판금실습(板金実習)

1. 정투영도의 기초

1.1 입체의 표시법

3차원의 입체를 2차원인 평면위에 정확하게 그린다는 것은 고대 희랍 이후의 과제였다. 가령 직6면체에서 정면 모서리의 길이나 각이 실물과 같은 크기가 되도록 그리면 폭이 표시되지 않게된다. 그리고 직6면체의 여러면이 동시에 보이는 방향에서 본 그림을 그리면, 모서리의 길이나 각의 크기가 실물과 달라진다.

여러 방향에서 본 그림으로 입체를 표현하려고 시도하여 이론화한 것이 정투영도(multiview drawing)이다. 이에 대해서 입체의 여러 면이 동시에 보이는 방향에서 본 하나의 그림으로 입체를 표현하는 것을 이론화한 것이 투시도(perspective drawing)나 축측도(軸測圖, axonometric drawing)이다. 투시도나 축측도는 그림 그 자체에 입체감이 있고 도면에 익숙하지 않은 사람들도 이해하기 쉽지만 입체를 정확하게 표현하는 데에는 적당하지 않다. 한편 정투영도는 익숙한 사람들도 이것을 보고 즉시 입체를 생각하기는 어렵다. 그러나 입체를 정확하게 표현 할수 있으므로 공업제도(engineering drawing)에서는 주로 이 정투영도*가 사용된다. 일반적으로 도면이란 정면투영법에 의해서 그려진 그림을 뜻하는 것이라해도 좋을 정도이다.

---

* 투영이라하면 당연히 투영되어야할 화면 — 투영면 — 을 상정(想定)하고 있다. 이 책에서는 투영(projection)이라는 개념을 버리고 무한히 먼점에서 본 그림(view)이라는 생각으로 일관했다. 따라서 투영법이라는 용어는 사용하지 않아야 하지만 관례에 따라 view의 번역어로서 투영도라 사용하기로 하였다.

1.2 제 3 각법과 제 1 각법

1.2.1 주 투영도

입체의 모양을 가장 잘 볼 수 있는 방향의 먼 곳에서 그 입체를 본 그림을 정면도, 정면도를 볼 수 있는 시선(視線)을 정면시선이라 한다. 정면시선을 기본으로 해서 이와 서로 수직방향의 시선에 의한 그림들을 주투영도*(priCipal view)라 한다. (그림 1.1)

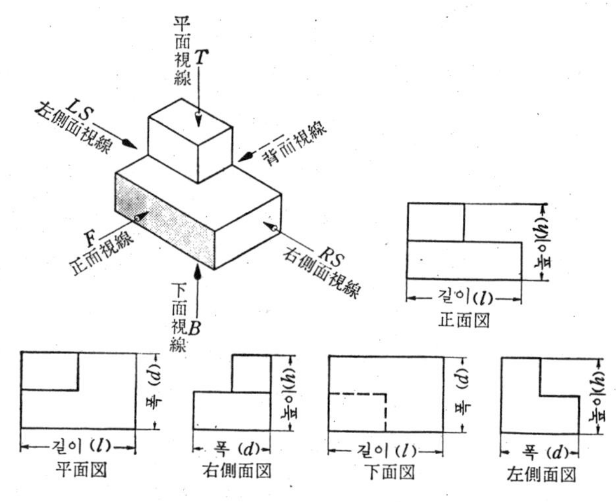

그림1.1

1.2.2 주투영도의 배치

주투영도는 그림 1.1과 같이 단지 늘어 놓으면 되는 것이 아니라 정면도 둘레에 그림 1.2나 그림 1.3과 같이 배치해야 한다. 이 배치는 다음과 같은 원칙에 기초를 두고 있다.

(1) 이웃에 배치하는 그림(인접도)의 시선은 서로 직각이다.

(2) 입체의 같은 점을 나타내는 인접도의 점은 시선에 나란히 배치된다.

---

* 정면도, 평면도, 우측면도, 하면도(下面図), 좌측면도, 배면도(背面図)의 모두 6개를 주투영도라 하지만 정면도, 평면도, 측면도의 셋을 자칭하는 경우도 있다.

1.2.3 제 3 각법과 제 1 각법

주투영도를 그림 1.2와 같이 배치한
것을 제 3 각법이라 부르며 그림 1.3
과 같이 배치한 것을 제 1 각법이라
한다.

제 3 각법에서는 입체를 정면에서보
았을 경우 맨 앞쪽의 단면이 인접도
에서 정면도 쪽을 향하도록 배치되어
있다. 제 1 각법에서는 반대로 정면도

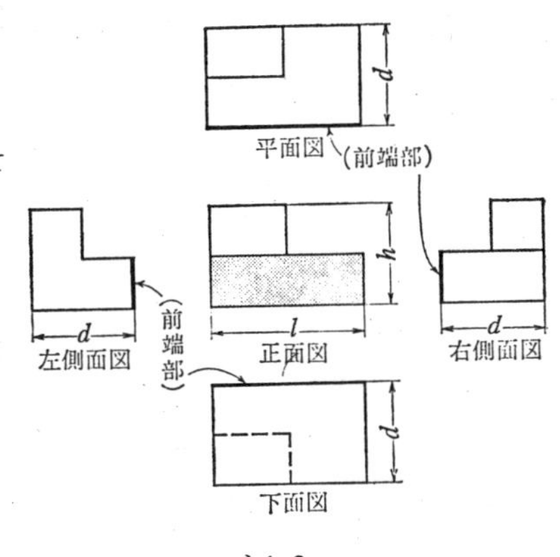

그림 1.2

의 반대쪽을 향하도록 배치되어 있다. 제 3 각법과 제 1 각법의 차이를 단순
히 정면도와 평면도가 위아래로 바뀌었을 뿐이라고 쉽게 생각하면 정면도와
측면도의 대응관계를 틀리게할 수도 있으므로 주의할 필요가 있다.

제 3 각법은 미국, 카나다 등에
서 제 1 각법은 프랑스, 독일, 스
위스, 쏘련, 중국 등 유러시아대
륙의 여러나라에서 사용되고 있
다. 우리나라와 영국 그리고 일
본에서는 양쪽을 다 사용하고 있
다. 우리나라에서는 건축이나 조
선(造船)관계의 도면에는 제 1 각
법이, 기계제도에서는 제3각법이
사용되고 있다.

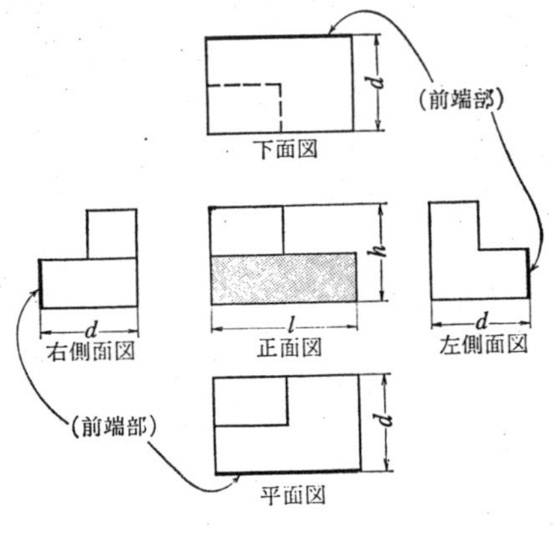

그림 1.3

원래 우리나라에서는 전개도의 작도법의 기초인 도학(descriptive geometry)
을 제 1 각법으로 가르치고 있는 까닭에 판금전개도 역시 제 1 각법의 도면으
로 작도되는 경우가 많았었다. 기계제도의 대다수가 제 3 각법으로 그려지고
있음에도 불구하고 판금전개도법에 여전히 제 1 각법이 사용되고 있다는 것

은 불합리한 일이다. 따라서 **이책은 모두 제3각법에 의거하였다**

그런데 그림 1.2나 그림 1.3에는 다섯개의 주투영도가 그려져 있지만 실제로는 이와같이 많은 투영도를 필요로 하지 않는다. 정면도에 의해서 정면의 길이 (l)와 높이 (h)의 두칫수가 얻어진다. 부족한 것은 폭(d)뿐이다. 따라서 입체를 표시하는 데에는 정면도 외에 평면도나 측면도의 어느 하나가 있으면 그것으로 충분하다. (기계제도에서는 ϕ , □, t등의 기호를 사용함으로써 평면도나 측면도도 생략할 때가 있다).

1.3 면의 전개

입체의 표면을 평면위에 펼치는 것을 면의 전개(deve lopment)라 하고 그려려진 도형 (図形)을 전개도라 한다. 전개도에서는 입체의 모서리나 면소(面素) **는 모두 실장으로 되어 있다. (그림 1.4). 따라서 모서리나 면소의 실장을 구하면 전개도는 작도할 수 있다. (다면체의 전개나 절단면이 있는 입체의 전개에서는 면의 실형을 구해서 작도하는 편이 좋을 경우도 있다).

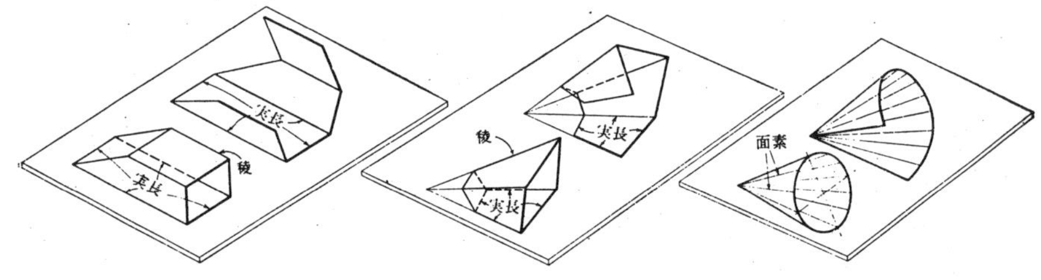

그림 1·4

직선의 실장이나 면의 실형을 구하는 데에는 두가지 방법이 있다. 즉 주어진 직선이나 평면을 실장이나 실형이 보이는 위치까지 회전시키는 방법과 직선이나 평면을 고정한채 시점 (視点)의 위치를 바꾸어 (시선의 방향을 바꾸어) 실장이나 실형이 보이는 위치에서 본 그림을 그리는 방법이다. 전자를 회전

* 뒤에 나오는 2 곡면의 종류와 전개방법을 참조

법, 후자를 부투영법이라 한다. 다음에 전개도법의 기초라고 할 수 있는 회전법과 부투영법에 대해서 공부하기로 한다.

1.4 회   전   법

보통의 작업도면에서는 입체의 각 점에 부호를 붙이거나, 정면도와 평면도 사이를 가느다란 선(대응선이라 함)으로 잇는 등의 방법은 쓰지 않는다. 그러나 전개도를 작도할 경우에는 각점의 대응관계를 틀리지 않도록 하기 위하여 그림 1.5나 그림 1.6과 같이 부호나 대응선을 그리는 일이 많다. 부호를 붙이는 방법에는 여러가지가 있지만, 이 책에서는 우리나라의 일반적 관례에 따라서 평면도는 알파벳의 소문자(a. b. c……)를 그리고 정면도에는 프라임을 붙여서(a′, b′, c′……) 표시하기로 한다.

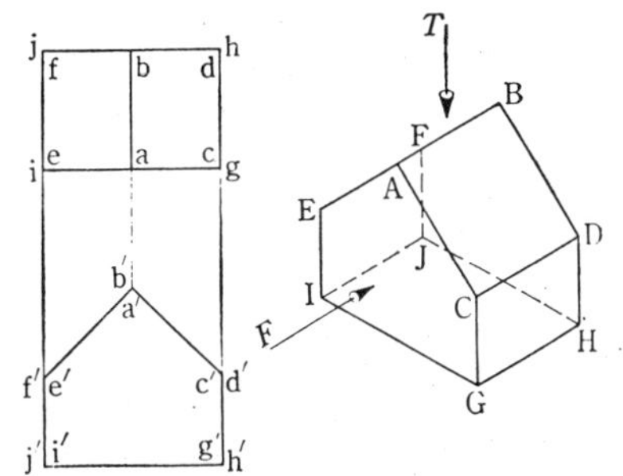

그림 1·5

1.4.1 투영도의 기본적성질

그림 1.5에서 다음과 같은 사실을 알 수 있을 것이다.

(1) 정면시선과 평행한 모서리 AB, CD, EF는 정면도에서는 점 (点) 이 되고 그 인접도인 평면도에는 실장이 나타나게 된다.

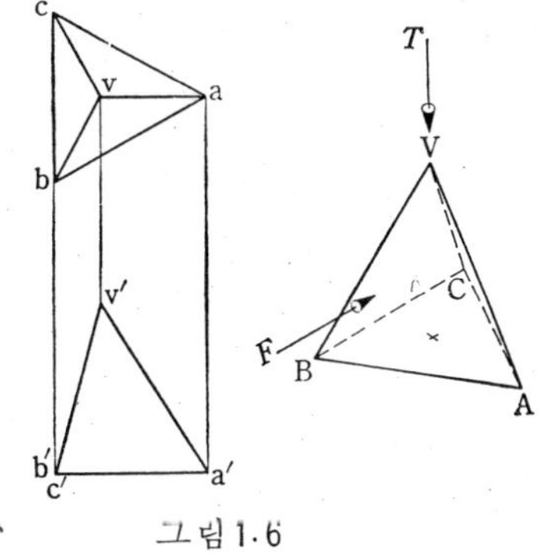

그림 1·6

(2) 정면시선과 평행한 평면 ABDC, ABFE, CDHG, EFJI는 직선이 된다.

(3) 정면시선에 수직인 모서리 AC, AE, CG, EI는 정면도에 실장이 나타난다. (평면시선에 수직인 모서리 AB CD, EF는 평면도에 실장이 나타 난다).

（4）정면시선에 수직인 면 ACGIE는 정면도에, 평면시선에 수직인 면 G HJI는 평면도에 실형이 나타난다.

（5）시선에 비스듬하게 향한 직선(그림 1.6의 모서리 VB, VC)은 정면도, 평면도에 모두 실장은 나타나지 않는다.

（6）시선에 비스듬히 향한 면(그림 1.5 ABDC, ABFE, 그림 1.6의 △ VAB, △VBC, △VAC 는 실형대로 그림에 나타나는 일은 없다.

1.4.2 직선의 실장과 경사각(傾斜角)

그림1.7에 표시한 입체의 모서리를 예로하여 생각해 보기로 하자.

（a）모서리 CE는 정면시선에 평행 (평면시선에 수직)

（b）모서리 CI 는 평면시선에 평행 (정면시선에 수직)

（c）모서리 CB는 정면시선에 수직

（d）모서리 F A 는 평면시선에 수직

（e）모서리 AD는 정면시선에도 평면시선에도 수직

（f）모서리 A B 는 정면시선에도, 평면시선에도 경사 이다. 이 직선들을 각각 빼내서 그린 것이 그림1.8이다.

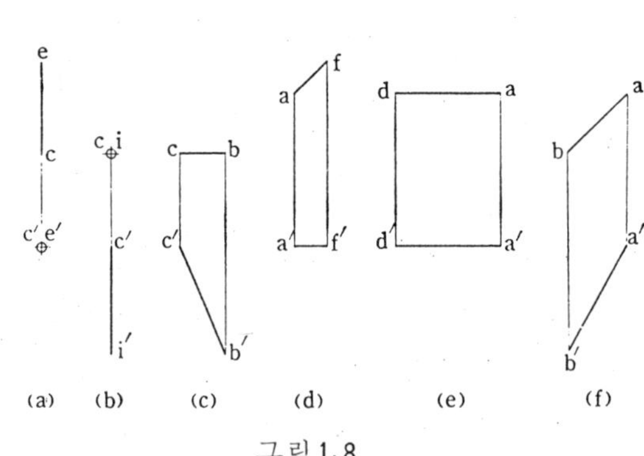

그림 1·7

그림 1·8

（f）를 제외하고 （a）～（e）에서는 정면도나 평면도에 실장이 나타나 있다. 즉 **시선에 수직인 직선의 투영도에는 실장이 나타난다.** 이 사실은 둘로 나누어서 다음과 같이 말해도 된다.

（1）한편의 그림에서 직선이 점으로 보일때, 그 인접도에서는 대응선에 평행한 실장선이 된다.

（2）한편의 그림에서 직선여 대응선에 수직이라면 인접도에서는 실장이 나타난다.

따라서 (f)와같이 정면도에나 평면도에도 실장이 나타나지 않는 직선의 실장을 구하려면 그림1.9 에서 처럼 이와 교차하는 연직축의 둘레에 직선을 회전시켜 직선이 정면시선에 수직인 위치에 오도록하면 된다.

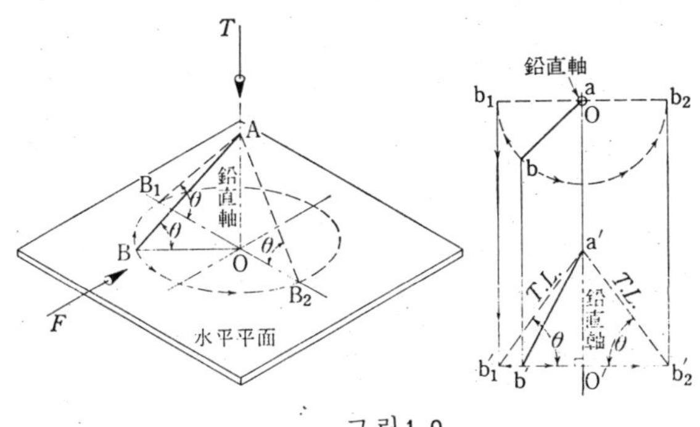

그림1·9

즉, 직선 AB의 한끝 A 를 통하는 연직축 AO를 상정하여 다른끝 B 를 이 축의 둘레에 회전시킨다. 평면도에서는 연직축 AO는 점이되고 b는 ab를 반지름으로하는 원둘레에 따라서 이동한다. 그리고 ab가 대응선과 직각이되는 b_1 (b_2)까지 회전하면 그때의 AB는 정면시선과 수직이 된다. 점B는 연직축 AO에 수직인 평면(정면도에서는 b'을 지나 $a'o'$에 수직인 직선이 된다)위를 원운동하므 도 정면도에서 b'를 지나 $a'o'$에 수직인 직선을 긋고 b_1 (b_2)에서 내린 대응선과의 교점(交点)을구하면 된다. $a'b'_1$, ($a'b'_2$)가 실장이다. ＊그리고

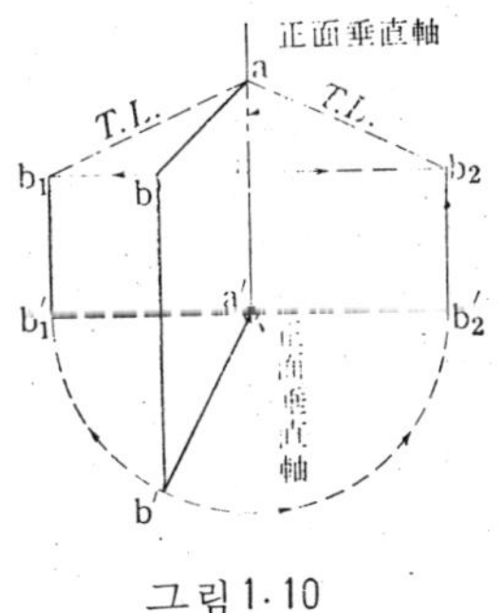

그림1·10

※1 상정 (想定) 머리속에 상상해서 정한다.

＊ 직선이 점이 되어서 보이는 그림을 점시도(point view)라한다.

＊ 그림중의 T. L이라는 기호는 실장(true length의 약자)을 표시한 것

— 21 —

이때의 $\angle a'b'_1 o'$ ($\angle a'b'_2 o'$)는 직선 AB가 수평면과 이루는 각(수평경사각)
이 된다.

그림 1.9에서는 점A를 지나는 연직축을 사용하였으나 정면수직축을 사용
해도 좋다. 그림1.10은 점A를 지나는 정면수직축을 회전축으로 하였을 경우
이다.

1.4.3 평면의 실형

1.4.1에서 설명한 것과 같이 시선에 수직인 면의 투영도는 실형이 된다.
그림 1.5의 평면 ACGIE는 정면시선에 수직이고 정면도에 실형이 나타나 있
다. 또 평면 GHJI는 평면시선에 수직이고 평면도에 실형으로 되어있다.

평면 GHJI가 평면시선에 수직이라는
것은 정면시선에 평행임을 의미한다. 일
반적으로 시선에 평행한 평면은 그 시선
에 의한 그림에서는 실형으로 나타난다
이것을 평면의 연시도(緣視図, edge view)
라 한다.

그림 1.5에서 평면 GHJI, GHDC, ACDB
는 어느것이나 정면시선에 평행하고 정
면도는 연시도로 되어 있다. 그림 1.11은

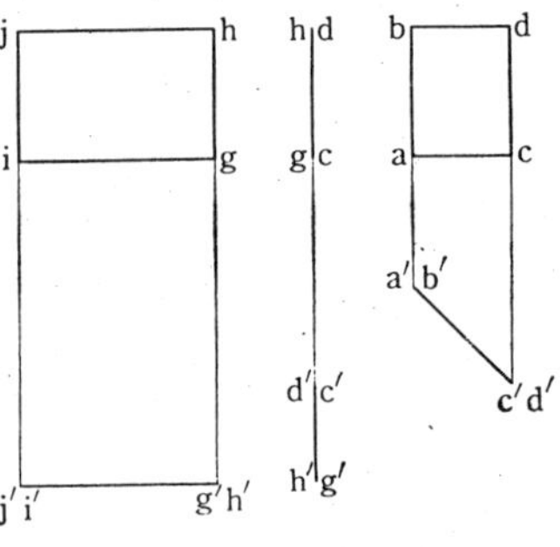

그림 1.11

그림1.5의 각각의 평면을 따로 빼내서 그림으로 표시한 것이다. 이중 평면도
에 실형이 나타나 있는 것은 평면 GHJI이고, 연시도 $g'i'$는 대응선에 수직
이 된다.

일반적으로 평면의 실형이 나타나 있는 투영도의 인접도는, 대응선에 직
각방향의 선분(연시도)이 된다.

평면이 연시도로 되어 있을때 그 연시도 위에서 점으로 보이는 직선의 둘
레에 이 평면을 회전시키므로써 평면의 실형을 구할 수가 있다.

그림 1.12는 그림 1.7과 같은 입체이지만, 이 입체의 면 BCD의 실형을
회전법으로 구해보기로 하자.

△BCD는 정면시선에 평행한 평
면이고, 정면도에서는 연시도로되
어 있다. △BCD를 이 평면상의
점으로 보이는 직선 CD (정면수직
축)의 둘레에 회전시켜서 평면시
선에 수직이 되도록하면 평면도에
실형을 구할 수 있다.

[작 도] 정면도에서 c' 을 중
심으로 하여 b' 를 회전시켜 대

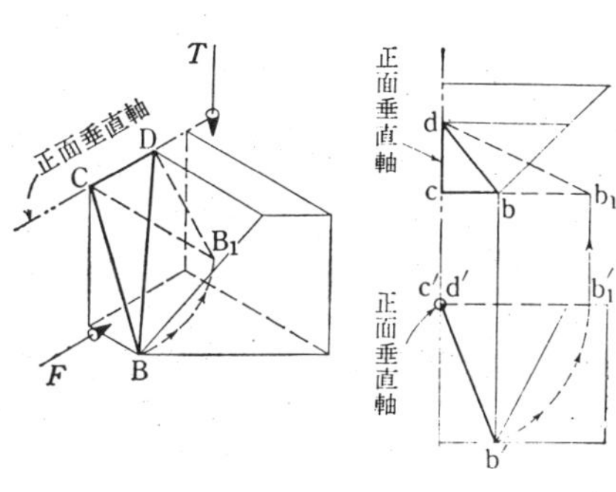

그림 1·12

응선과 직각이 되는 위치 b'_1 를 구한다. 평면도에서는 b를 정면수직축 cd
에 수직방향으로 이동하여 b'_1에서 세운 대응선과 만나는 점 b_1 을 구하면 △
$b_1 cd$가 실형이 된다.

다음에는 같은 입체의 면 ABGF의 실형을 구해보자 (그림 1. 13)

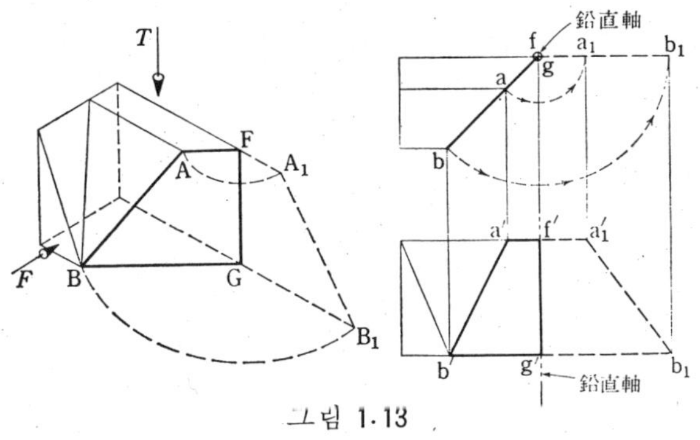

그림 1·13

면 ABGF는 평면시선에 평행한 평면이고, 평면도에서는 연시도로 되어있
다. 면 ABGF를 이 평면상의 점으로 보이는 직선 FG (연직축)의 둘레에 회
전시켜 정면시선에 수직이 되도록하면 정면도에 실형이 얻어진다.

[작 도] 평면도에서 f를 중심으로 하여 a, b를 회전시켜 대응선과 직각이
되는 위치 a_1, b_1 을 구한다. 정면도에서는 a', b'를 연직축 $f'g'$에 수직 방향

으로 이동하고 a_1, b_1 에서 내린 대응선과 만나는점 a_1', b_1'를 구하면 사각
형 a_1', b_1', $g'f'$가 실형이 된다.

1.5 부투영법(副投影法)

앞의 절에서는 시선의 방향을 고정된채로 두고 주어진 직선이나 면을 적
당한 회전축(보통은 연직축, 정면수직축을 사용한다)의 둘레에 돌려서 실장
이나 실형을 구하였다.

이와 반대로 직선이나 고정된채로 두고 시선의 방향을 바꾸어 직선이나
면의 방향에서 보면 실장이나 실형이 구해진다. 이방법을 부투형법이라 한다.

부투영도   (auxiliary view)란 주투영도 이외의 시선에 의한 투영도를 말한
다. 부투영도에는 정면시선에 수직인 시선(그림 1. 14의 1, 2, 3, 4)에 의한 것
과 평면시선에 수직인 선(그림 1. 16의 1, 2, 3, 4)에 의한것과 정면, 평면, 양
시선의 어느것에나 경사방향의 시선에 의하는 것이 있다.   처음 것을 부평
면도(auxiliary plan view), 둘째 것을 부입면도(auxiliary elevation view)   그
리고 마지막 것을 경사부면도*(inclined auxiliary view)라 한다.

1.5.1 부 평 면 도

정면도에서는 입체의 길이(l)와 높이 (h)는 표시되어도 폭(d)은 표시되
지 않는다. 폭을 표시하기 위해서 보통 평면도나 측면도를 사용한다.

평면도는 측면도가 아니라도 정면시선에 수직인 시선에 의한 투영도에는
모두 폭이 나타난다. 이와같은 정면시선에 수직인 시선(視線)들에 의한 부
투영도를 부평면도라 한다(이경우 측면도도 일종의 부평면도라 간주할 수 있
다). 다시 말해서 부평면도는 입체를 경사진 윗쪽 또는 경사진 아래쪽에서
본 그림에 해당된다.

---

* 2차부투영도라고도 한다. 이에 대해서 부평면도나 부입면도를 1차부투영도
라 한다.

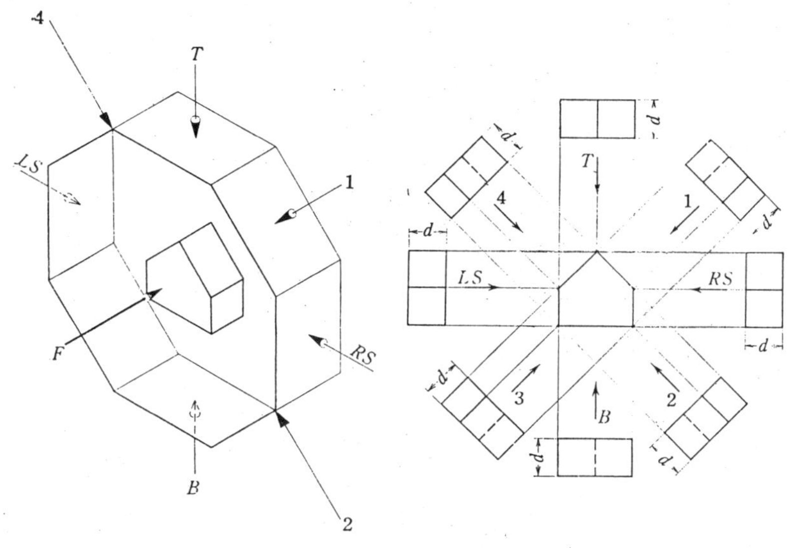

그림 1·14

　부평면도도 평면도나 측면도와　마찬가지로　정면시선과　수직방향의 시선에 의한 정면도의 인접도이므로 주투영도의 배치와 같은 원칙에 의해서 시선의 방향에 대응선을 긋고, 이 대응선위에 배치한다. 정면도로부터의 거리는 지면의 크기를 고려해서 임의로 잡아도 되지만 입체의 폭(d)은 부평면도에서는 시선의 방향에 관계없이 항상 일정하며 평면도에 나타난 폭과 같다는　것을 잊어서는 안된다. 입체의 폭(d)은 보통 입체의 최전단부(가장 앞의 부분)를 기준으로 해서 잰다. 다음의 예제(그림 1. 15)에 표시하것 처럼 입체의 최전단부에 접하는 정면 평행평면(정면시선에 수직인 평면)을 정하고 이 평면으로부터의 폭을 취하도록 하면 된다. 이 평면은 평면도 및 부평면도에서는항상 연시도가 되고 직선으로 표시된다. 폭을 취하는 기준이 되는 이　직선을 기준선이라 한다. 기준선은 항상 대응선에 수직이다.

　〔**예　제 1**〕 그림 1. 15에 표시한 입체의 시선 1,2에 의한 부평면도를　그려라.

　〔작　도〕 (1) 평면도의 전단부(정면에 가까운 면)에 대응선의 수직방향으

— 25 —

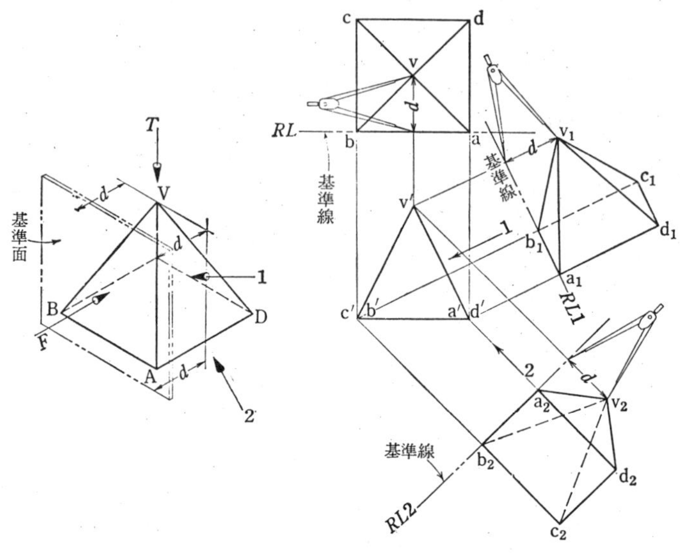

그림 1·15

로 기준선 RL을 긋는다.

(2) 적당한 위치에 시선 1 의 방향으로 또 하나의 RL 1을 긋는다.

(3) v′, a′, b′, c′, d′ 의 각점에서 이 기준선에 수직으로(시선 1 의 방향으로) 대응선을 긋는다.

(4) 이와같은대응선위에 평면도에 있는 v, c, d 각점의 기준선에서 떨어진 거리와 같게 취하여 v_1, c_1, d_1 을 정한다(a_1, b_1 은 기준선상에 있다).

(5) 이러한 점을, 보이는 모서리와 보이지 않는 모서리를 주의하면서 차례대로 잇는다(정면도에서 기준선으로 부터 먼 모서리〈가령 b′, c′〉는 지금 문제로 하고 있는 부평면도에서는 안보이는 모서리가 된다).

(6) 시선 2 에 의한 부투영도도 시선 1 의 경우와 마찬가지로 작도하면 된다. 이 경우 정면도에서 기준선에 가장 가까운 모서리 a′b′ 는 부평면도에서는보이는 모서리가 되고 먼 모서리 v′b′v′c′ 는 안보이는 모서리가 된다.

1.5.2 부 입 면 도

부평면도의 경우와 마찬가지로 평면시선을 기준으로 하여 평면시선에 수

— 26 —

직인 시선들에 의한 부투영도를 부입면도라 한다. 이 경우에는 측면도는 일
종의 부입면도라고 할 수 있다. 부입면도는 수평비스듬천방, 또는 수평비스
듬후방에서 본 그림에 해당된다.

　부입면도는 그림 1.16과 같이 평면도의 둘레에 인접해서 배치된다. 부평면
도에는 입체의 연직방향의 높이가 나타나고 그 높이는 시선의 방향에　관계
없이 항상 일정하다. 연직방향의 높이는 그림 1.16에 표시한것 처럼 입체의
가장 높은 곳을 지나는 수평면(평면시선에 수직인 평면)을 정하고 이것을기
준으로 하여 잰다. 이 기준면은 정면도와 부입면도에서는 항상 연시도(기준
선)로서 나타난다.

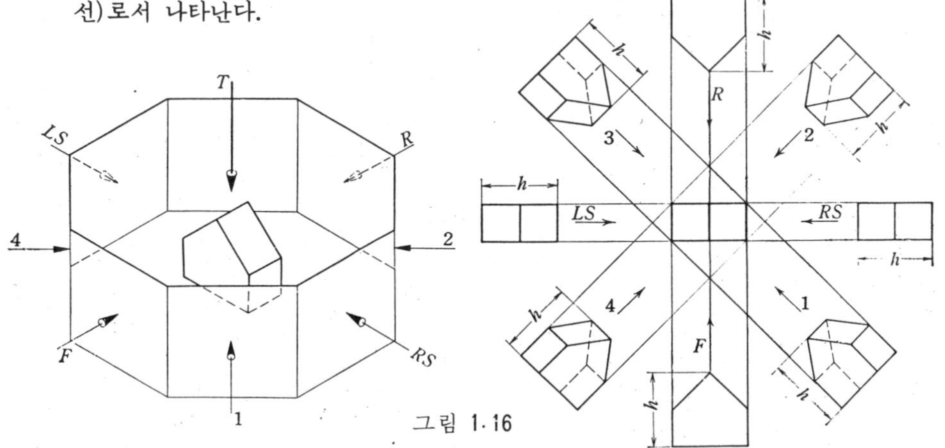

그림 1.16

〔예　제 2〕　그림 1.17에 표시한 입체의 시선 1에 의한 부입면도를　그려라.

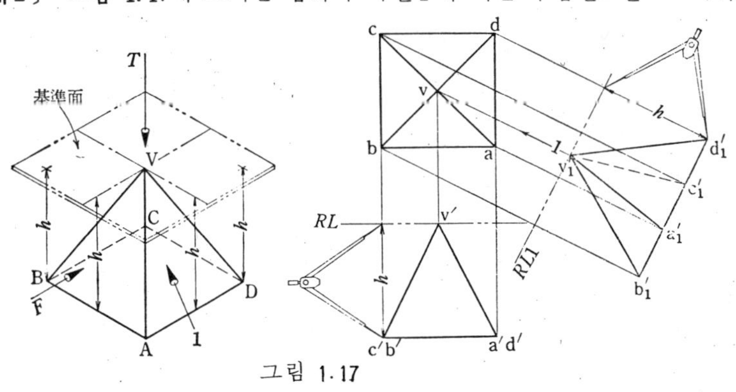

그림 1.17

〔작 도〕 (1) 정면도의 가장윗쪽에 수평 방향으로 기준선 RL을 긋는다.

(2) 시선 1 의 방향에 수직으로 기준선 RL 1 을 긋는다(위치는 적당히)

(3) v, a, b, c, d의 각점에서 이 기준선에 수직으로 대응선을 긋는다.

(4) 정면도에 있는 점 a', b', c', d', 이 기준선 RL로부터의 멀어진 거리를 그 대응선 위에 표시하여 a_1', b_1', c_1', d_1' 를 정한다. (v_1' 는 기준선상에 있다).

1.5.3 평면의 실형

평면에 수직인 방향에서 보면 그 평면(또는 평면상의 도형)은 실형이 되어서 나타난다.

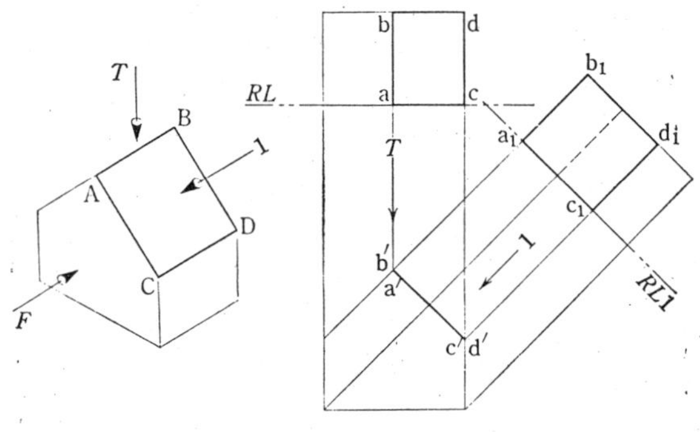

그림 1·18

그림 1.18에서 면 ACDB는 정면시선에 평행하고, 평면시선에 경사된 평면이므로 주투영도에는 실형으로 나타나지 않는다. 이것의 실형을 구하려면 이 면에 수직인 시선 1 (당연히 정면시선에 수직)에 의한 부평면도를 작도하면 된다. 작도의 순서는 다음과 같다.

(1) 평면도의 전단부(정면도에 가까운 단면)에 대응선과 수직으로 기준선 RL을 긋는다.

(2) 적당한 위치에 시선 1 에 수직으로(면 ACDB의 연시도 a', c' 에 평행하게) 기준선 RLI을 긋는다.

(3) a', b', c', d' 의 각 점에서 기준선 RLI에 수직으로(시선 1 의 방향으로) 대응선을 긋는다.

(4) 평면도에 있는 a, b, c, d 각 점이 기준선 RL로부터 떨어진 거리와 같게 a_1 , b_1 , c_1 , d_1 을 그 대응선 위에 정한다(a_1 c_1 은 기준선 RLI위에 있다).

(5) a_1 , b_1 , d_1 , c_1 이 면 ACDB의 실형이다.

〔예 제 3〕 그림 1.19에 표시한 입체의 면 BCD의 실형을 구하라.

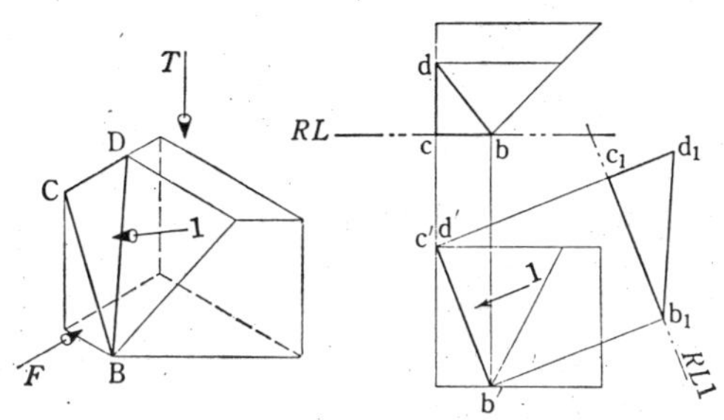

그림 1·19

〔풀이〕 면 BCD는 정면도에서 연시도로 되어 있다. 즉 정면시선에 나란한 평면(정면수직평면)이므로 이 면에 수직방향의 시선 1에 의한 부평면도를 작도하면 된다.

〔예 제 4〕 그림 1.20에 표시한 입체의 면 ABGF의 실형을 구하라.

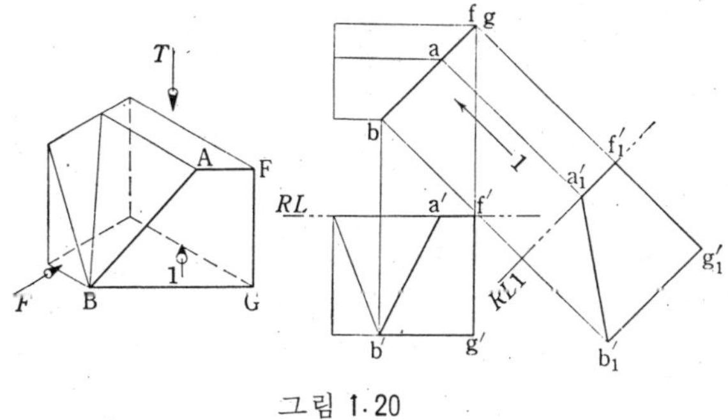

그림 1·20

〔풀이〕 면 ABGF는 평면도에서 연시도로 되어 있다. 즉 평면시선에 나란한 평면(연직평면)이므로 이 면에 수직방향의 수평시선 1에 의한 부입면도를 작도하면 된다.

보충설명 이 책에서는 주투영도에서 연시도로 나타나는 평면(즉, 연직평면, 정면수직평면, 측면수직평면)만을 다루었다. 일반적으로 경사평면의 경우는 사부면도(2차부투영도)를 작도해야 하지만, 약간 어려우므로 생략하기로 하였다. 사부면도에 대해서는 실용적으로 미리 주투영도에 연시도가 나타날 수 있는 방향으로 입체를 놓은 그림을 그리면 대부분의 과제는 사부면도를 사용하지 않고도 풀수가 있다.

1.5.4 직선의 실장과 경사각(傾斜角)

그림 1.21에 표시한 직선 AB는 정면시선과 평면시선에 대해 비스듬한 직선이므로 정면도와 평면도에는 실장이 나타나지 않는다. 이것의 실장을 구하려면 정면시선에 수직이며 직선 AB에도 수직인 시선(직선 AB를 포함한 정면수직평면에 수직인 시선)에 의한 부평면도를 작도하면 된다.

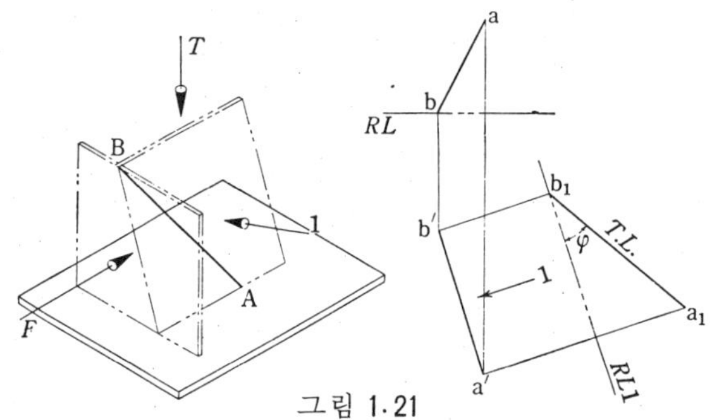

그림 1·21

즉, (1) 평면도의 전단부 b를 지나는 기준선 RL을 긋고 (2) 정면도 a′b′에 평행하게 (시선 1에 수직으로) 기준선 RLI을 긋는다. (3) a′b′ 로부터 이기준선RLI에 수직으로(시선 1에 평행하게) 대응선을 긋고 (4) 평면도의 점 a, b가 기준선 RL로 부터 떨어진 거리와 같게 대응선 위에 a₁, b₁을 정하면 (5) a₁b₁은 실장이 되고 기준선 RLI과 이루는 각 ϕ 를 정면경사각이라 부른다.

그림 1.22와 같이 평면시선에 수직이고 직선 AB에도 수직인 시선(직선 AB를 포함한 연직평면에 수직인 시선)에 의한 부입면도를 작도해도 구할 수 있다. 이 경우 부입면도 a₁′b₁′와 기준선RLI이 이루는 각 θ 를 수평경

사각이라한다.

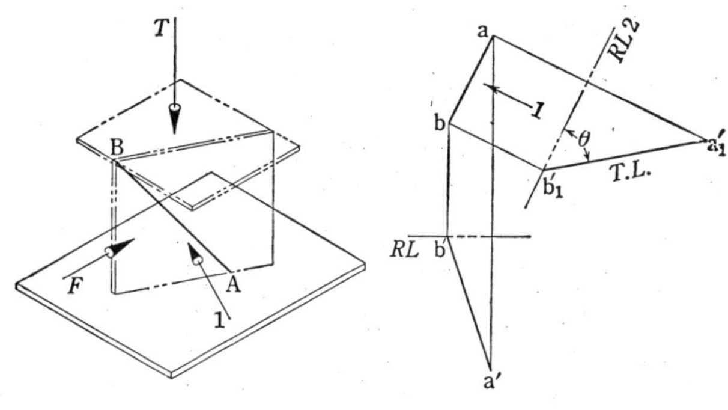

그림 1·22

1.5.5 직선의 점시도

어떤 직선을 평행인 방향에서 보면 점으로 보인다. 직선이 점으로 보이는
그림을 점시도(point view)라 한다. 그림 1.8 (a), (b)는 점시도의 예로서
이 경우 점시도의 인접도에서 그 직선은 실장이 되고 대응선과 평행하게 된
다(대응선상에 온다). 반대로 직선의 점시도를 만들려면 그림 1.23과 같이
실장으로 나타나 있는 직선(실장직선이라 부른다)에 수직인 기준선에   의한

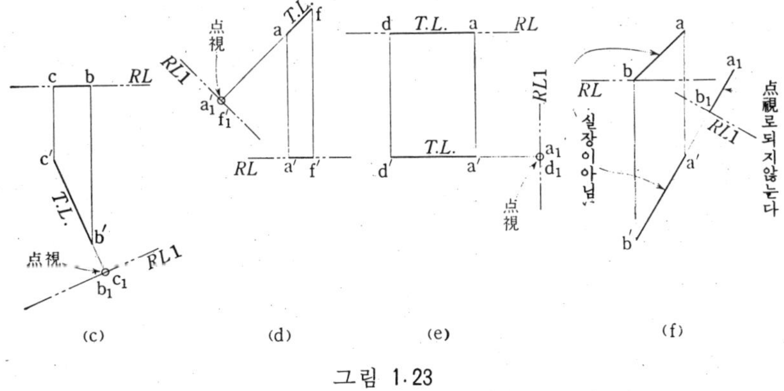

그림 1·23

부투영도를 작도하면 된다. 예를 들면 그림 (c)에서는 평면도 bc에 기준선
RL을 긋고, 정면도 b′c′에 수직으로 임의 위치에서 기준선 RLI을 긋는다.
그리고 b′, c′에서 RLI에 수직으로 그은 대응선과 RLI의 교점에 b_1, c_1을 취

— 31 —

하면 b_1과 c_1은 겹쳐지게 되어 점시도가 된다(b, c가 RL위에 있으므로 b_1, c_1은 RLI위에 있게 된다). 즉 다시 말해서 RL이나 RLI을 긋지 않고 정면도 $b'c'$의 연장선 위에 b_1, c_1을 정하면 된다.

정면도나 평면도에 실장이 나타나 있지 않는 경우에는 먼저 실장이 나타나도록 2차부투영도(사부면도)를 작도해야 한다. 그림(f)와 같이 실장이 나타나 있지 않은 그림(정면도)에다 수직으로 기준선 RLI을 취해도 점시도는 되지 않는다.

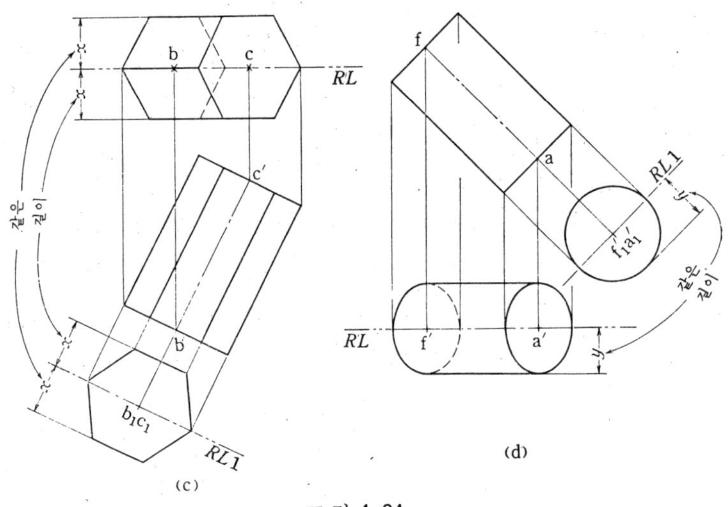

그림 1·24

직선의 점시도는 그림 1.24와 같이 모기둥이나 원기둥의 축에 수직인 단면의 실형을 구하는데 이용된다.

그림 1.15나 그림 1.17에서는 평면도의 앞끝이나 정면도의 윗끝을 지나는 기준선을 사용했으나 그림 1.24와 같이 대칭축을 가진 입체의 경우에는 대칭축을 연장시켜 기준선을 그리고, 원래의 그림과 대응하는 칫수를 그 기준선의 양쪽에 옮기면 작도하기 쉽다.

2 곡면의 종류와 전개방법

2.1 곡면의 종류

곡면은 선(직선 또는 곡선)의 이동에 의해서 형태가 형성된다고 생각할 수가 있다. 이때의 이동하는 선을 **모선**이라 하고 이동하고 있는 임의 위치의 모선을 **면소**(또는 element)라 한다. 또 모선이 이동할 때 어떤 선이나 면을 따라 움직이면 이선을 **도선**(導線) 또 그 면을 도면(導面)이라 한다. 모선과 도선이 모두 직선으로 모선이 나란하게 이동해서 형성되는 면이 평면이고 그 이외의 것을 곡면이라 한다. 곡면중에서 직선의 모선에 의해서 형성되는 것을 **선직면**(線織面), 모선과 도선이 모두 곡선인 경우에 형성되는 것을 복곡면(複曲面)이라 한다. 또 모선(직선 또는 곡선)이 어떤 축의 둘레를 회전해서 형성되는 것을 **회전면**이라 한다.

선직면 중에서 근접면소가 서로 교차하거나 평행인(즉, 근접면소가 동일 평면상에 있다)것을 **단곡면**(單曲面)이라 하며 전개가 가능하다. 또 근접면소가 교차하지도 않고 평행하지도 않으며 비틀린 위치에 있는(즉, 동일평면상에 없는)것을 **비틀린면**이라 하며 이론적으로는 전개불가능이다. 그러나 비틀린 정도가 적을 때에는 근접면소가 동일 평면상에 있는 것으로 간주 해서 실용상 근사전개를 행하는 것이 많다.

표 2.1은 중요한 곡면을 분류한 것이며 그림 2.1은 그들을 약도(略図)로 표시한 것이다.

표 2-1 곡면(曲面)의 분류

곡면			
선직면	단곡면	뿔 면	(항상 1정점을 지나면서 도곡선상을 이동하는 직선모선에 의해서 생성되는 곡면)
		기둥 면	(도곡선상을 나란하게 이동하는 직선모선에 의해서 생성되는 곡면)
		콤보류으트 — 접선콤보류우트	(공간곡선을 도체로 하고 항상 그 접선이 되도록 이동하는 직선모선에 의해서 생성되는 곡면)
		콤보류으트 — 접평면콤보류우트	(두 도곡선에 동시에 접하는 평면군에 의해서 포락되는 곡면)
	비틀림면	뿔꼴 면	(동일평면에 없는 직선 및 곡선을 도체로 하고 또 항상 다른 1평면에 나란하게 이동하는 직선모선에 의해서 생성되는 곡면)
		기둥꼴 면	(동일평면에 없는 2곡선을 도체로 하고 또 항상 다른 1평면에 나란하게 이동하는 직선모선에 의해서 생성되는 곡면)
		쇠뿔 면	(두 나란한 원과 그들속을 지나는 1직선을 도체로 해서 이동하는 직선 모선에 의해서 생성되는 곡면)
		쌍곡포물선면	(동일평면에 없는 2직선을 도체로 하고 또 이들 2직선과 만나는 1평면에 나란하게 이동하는 직선모선에 의해서 생성되는 곡면)
		단쌍곡선회전면	(동일평면에 없는 2직선의 한 쪽이 다른 쪽을 축으로 해서 그 둘레를 회전하므로서 생성되는 곡면. 또는 쌍곡선이 그 공액축의 둘레를 회전해서 생긴 회전면이라 볼 수가 있다.
		나선(螺線)면	(직선모선이 이와 만나는 다른 정직선의 둘레를 회전하면서 동시에 일정한 속도로 정직선의 방향으로 이동할 때에 생성되는 곡면)
복곡면	회전면	구 면	(원이 하나의 지름을 축으로 해서 회전했을 때에 생기는 곡면)
		원고리	(원이 동일평면 위에 있는 원밖의 직선을 축으로 해서 회전했을 때에 생기는 곡면)
		타원회전.면	(타원이 그 1축의 둘레를 회전했을 때에 생기는 곡면)
		포물선회전면	(포물선이 그 축의 둘레를 회전했을 때에 생기는 곡면)
		복쌍곡선회전면	(쌍곡선이 그 세로축의 둘레를 회전했을 때에 생기는 곡면)
	비회전면		

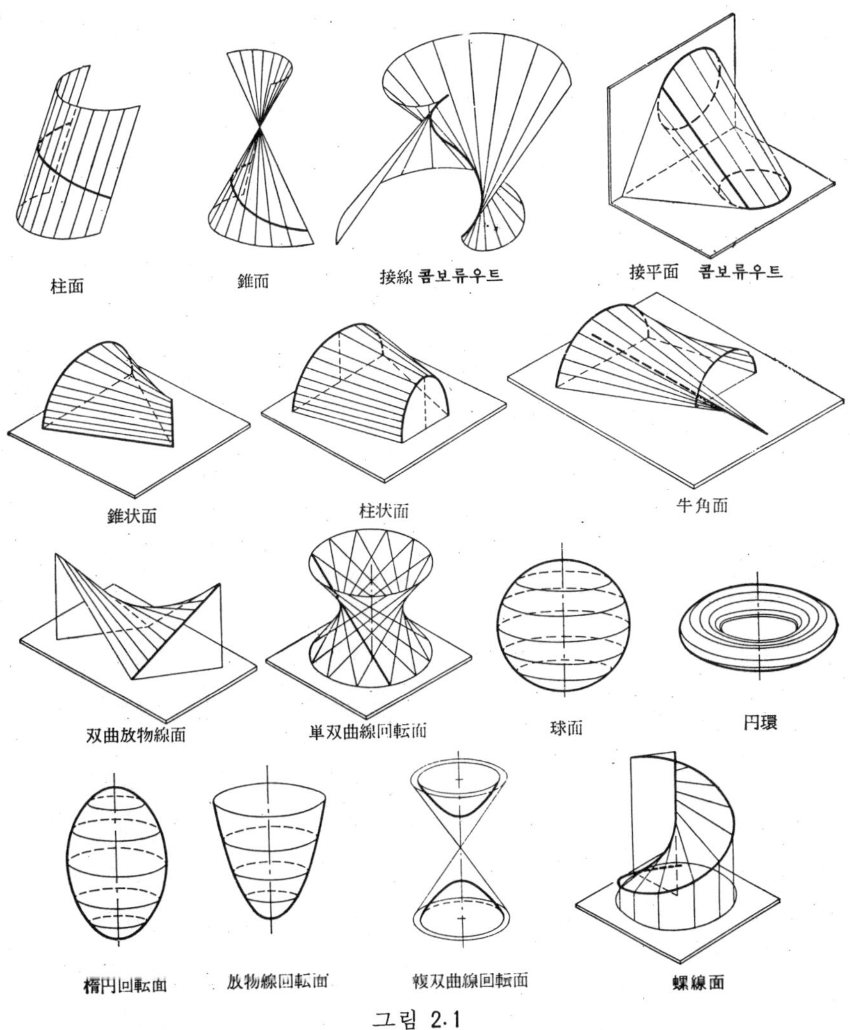

그림 2·1

2.2 전 개 방 법

전개의 방법에는 크게 나누어서 평행전개법, 방사전개법, 삼각전개법의 세
가지 방법이 있다. 이것은 다면체나 단곡면등 전개가능 곡면의 전개에 사용

되는 외에 비틀림면이나 복곡면의 경우에도 그것을 미소부분으로 나누어 미소부분을 근사적으로 단곡면이나 평면(삼각형)으로 바꾸어 전개하는데에도 사용한다.

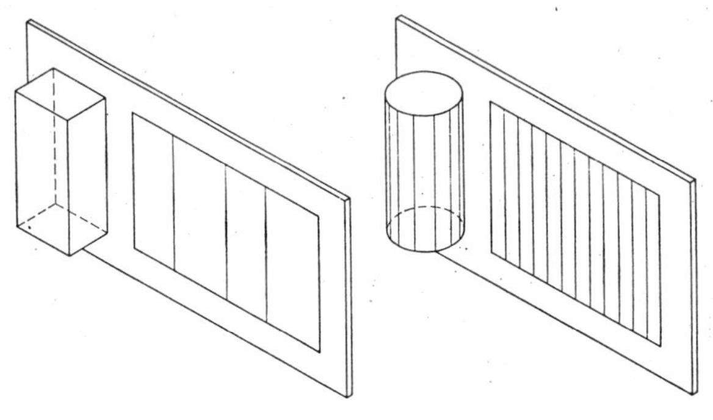

그림 2·2

2.2.1 평행전개법

그림 2.2는 직각기둥과 직원기둥을 연직평면위에 전개하는 모양을 표시한 것이다. 모서리나 직선면소에 직각방향으로 전개되고 있다. 전개도의 모서리나 면소는 실장이며 서로 평행하다. 그 간격은 모서리나 면소를 점으로 보는 투영도에서의 점 사이의 길이와 같다.

그림 2.3은 윗쪽을 정면수직평면에서 경사지게 절단한 정육각기둥의 전개를 표시한 것이다. 모서리의 실장은 정면도에 있고, 모서리간의 거리는 평면도에 나타나 있으므로 즉시 그릴 수 있다.

그림 2.4는 정면수직평면에서 경사지게 절단한 직원기둥을 표시한 것이다. 평면도의 원둘레를 n등분(그림에서는 12등분)해서 면소를 그리면, 정면도에 면소의 실장이 나타난다. 면소의 간격은 원둘레를 n등분한 길이와 같게 취하면 된다. 작도의 순서는 다음과 같다.

(1) 평면도의 원둘레를 12등분해서 정면도에 면소 a′o, b′1,⋯g′6을 그린다.

(2) 원둘레의 길이를 직선에 나타내고 (평면도의 점선은 반원둘레의 실장을 구하는 작도로 ① ② ③의 숫자는 그 작도순서이다) 정면도의 6→0의 연장위에 그 길이를 취한다.

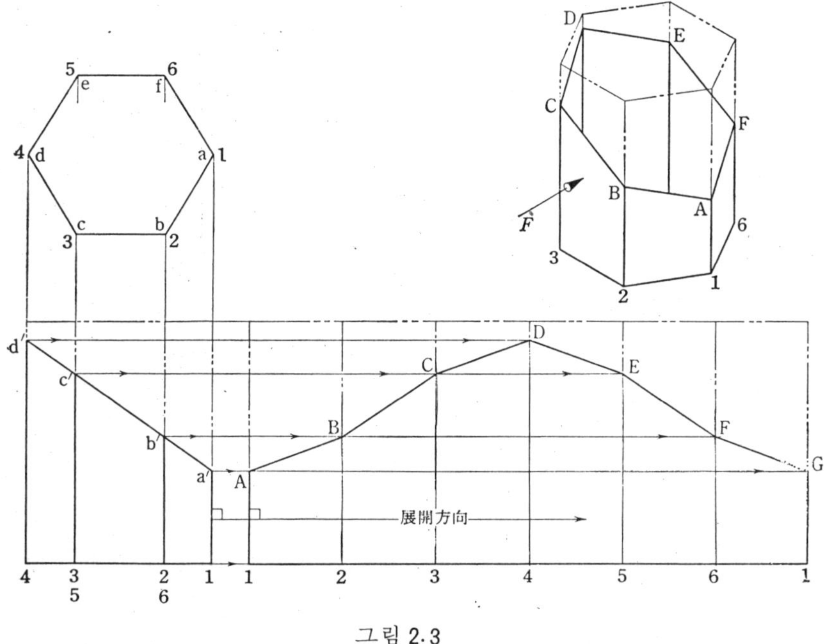

그림 2·3

(3) 00을 12등분해서 0, 1, 2……11, 0을 지나 정면도의 면소에 나란하게 (전개방향에 수직하게 전개도의 면소를 긋는다)

(4) 정면도의 각 면소의 위끝 a', b', c'……g 에서 전개방향과 평행한선(이 그림에서는 수평선)을 긋고, 각 면소의 길이(높이)를 전개도 위에 잡고 A, B, C……A를 정한다.

보충1 그림 2.3, 2.4의 예에서는 전개방향이 수평이었으나 이것은 모서리나 면소가 연직이었기 때문이다. 일반적으로 모기둥이나 기둥면의 경우, 실장이 나타나 있는 모서리의 면소에 대해 수직방향으로 전개된다(그림3.3, 3.5 참조).

보충2 전개도에 있어서 면소의 간격을 평면도의 현으로 근사하게해도된다(평면도에서 $\overset{\frown}{01}=\overline{01}$로 간주한다). 그러나 12등분하면 1, 15%, 16등분하면 0, 64%, 24등분하면 0, 31%의 오차가 생긴다. 이 책에서는 설명의 편의상, 또 그림을 줄이기 위하여 12등분의 그림을 사용했으나 실제로는 적어도 24

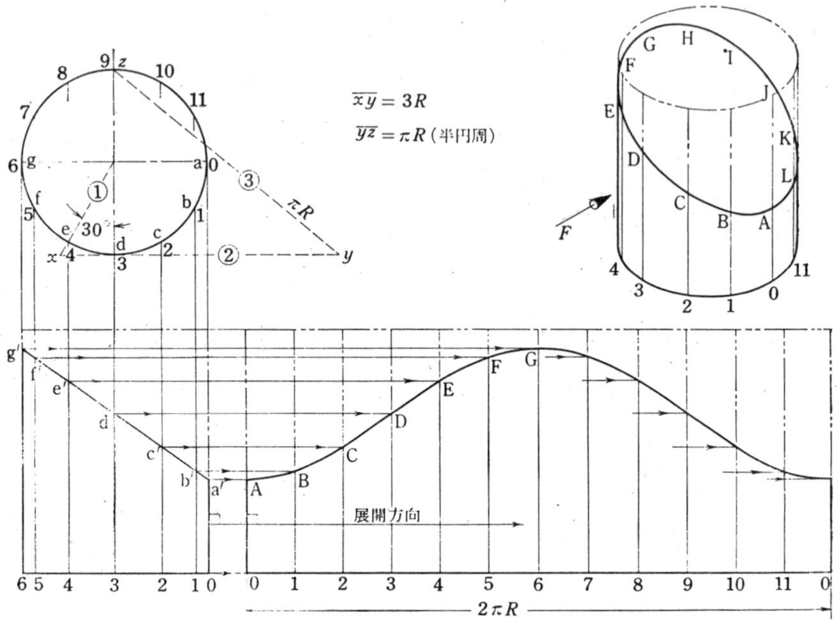

등분은 해야 한다. 그림 2·4

2.2.2 방 사 전 개 법

각뿔이나 뿔면은 그림 2.5, 그림 2.6과 같이 꼭지점을 중심으로 해서 방사형으로 전개된다.

그림 2.5는 정육각 뿔의 전개도이다. 옆면의 2등변삼각형에 대한 빗변의 실장은 정면도에 나타나 있고·밑면의 실장은 평면도에 나타나 있으므로 즉시 2등변 삼각형을 작도할 수 있다.

그림 2.6은 직원뿔의 전개도이다. 원뿔은 각뿔의 옆모서리 수가 무한대로 된 것이라 생각할 수 있으며 전개방법은 각뿔의 전개와 같다. 직립직원뿔에서는 각뿔의 옆모서리에 해당하는 직선면소의 길이는 모두 같고 그 실장은 정면도의 외형선에 나타나 있다.

면소의 실장을 반지름으로 하고 중심각이 다음의 값을 취하는 부채꼴을 만들면 된다.

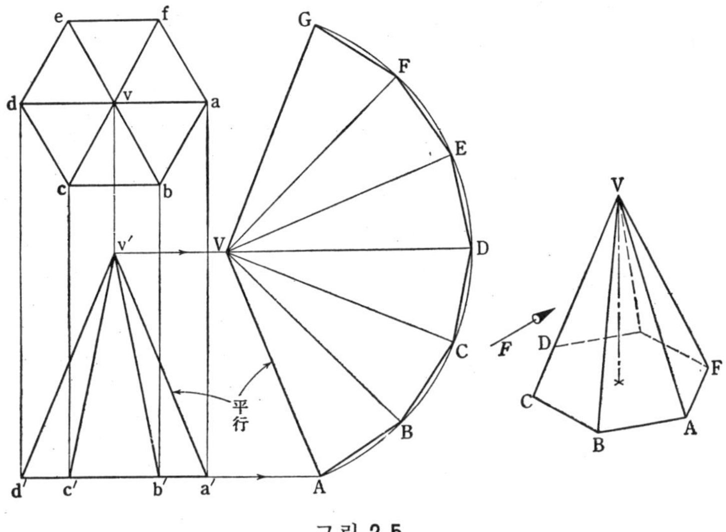

그림 2.5

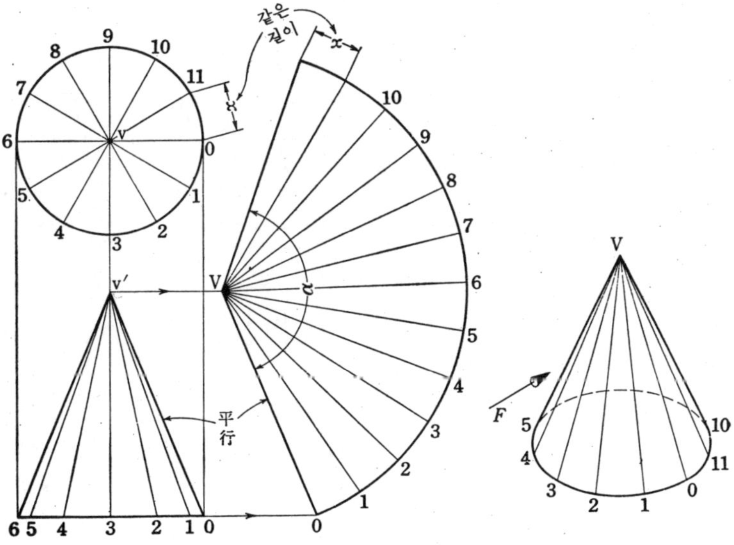

그림 2.6

$$\alpha = 360° \times \frac{\text{밑원의 반지름}}{\text{면소의 실장}}$$

실제의 작도에서는 평면도의 밑원에 있는 면소간의 호 $\overset{\frown}{01}$과 전개도의 큰 원호에 있는 면소간의 호 $\overset{\frown}{01}$의 길이가 같게 되도록 작도하면 된다. 근사적으로는 평면도의 현 $\overline{01}$과 전개도의 현 $\overline{01}$이 같게 작도한다.

2.2.3 삼각형전개법

그림 2.7은 직원뿔대이므로 보통은 전항의 방사전개법에 의해서 전개한다. 그러나 이그림의 경우와 같이 꼭지점이 지면밖에 생긴다거나 또 큰 컴퍼스가

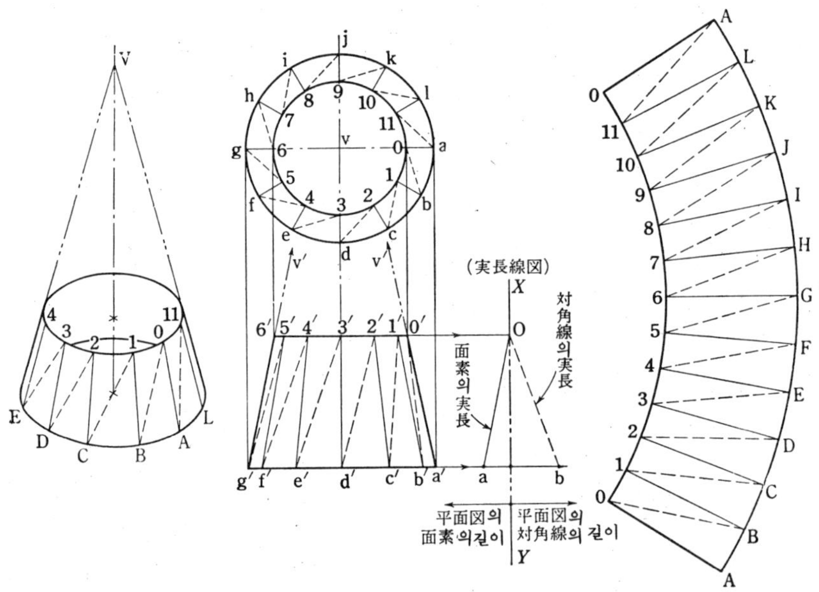

그림 2·7

없을 경우에는 서로 이웃하는 면소와 위의원및 아래 원의 호로 둘러쌓인 부분을 4변형이라 생각하고 전개하면 된다. 4변형의 실형을 구하려면 대각선으로 이것을 두개의 삼각형으로 2분하여 작도하면 된다.

　[작 도] (1) 원뿔면위에 면소를 12개 긋는다.

　(2) 인접면소 OA, IB 원호 $\overset{\frown}{01}$, $\overset{\frown}{AB}$로 둘러싸인 부분을 4변형이라 생각

하고 대각선 OB를 긋는다. 이와 마찬가지로 1c, 2d, ……11a를 긋는다.

(3) 면소와 대각선의 실장을 회전법에 의해서 구한다(정면도와 평면도의위
에서 작도하면 그림이 복잡하게 되므로 정면도의 우측 또는 좌측에 실장선
도를 따로 그린다. 즉, 정면도에 윗원 및 아래원의 위치에서 수평선을 긋고,
또 연직축 XY를 긋는다. XY축보다 왼쪽에 평면도에 있는 면소의 길이를 취
하고, 오른쪽에는, 대각선의 평면도 길이를 취해서 각각 XY축위의 점 0와
이으면 면소의 실장과 대각선의 실장이 구해진다.

(4) 면소의 실장과 대각선의 실장 및 아랫원의 호 01(≒01)로 △OAB를 작

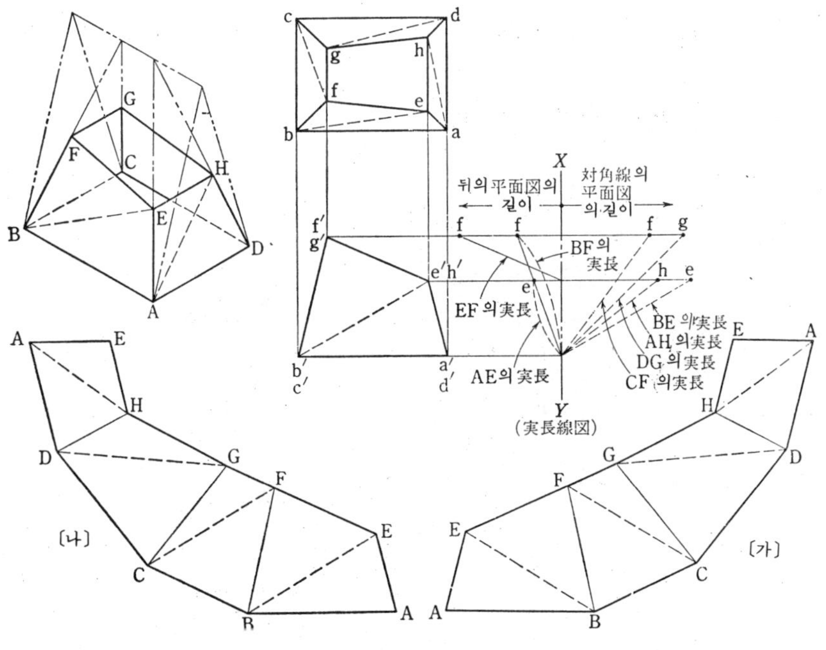

그림 2·8

도하고 다시 윗원의 호 01(≒01)과 면소의 실장으로 △OBI을 만든다.

(5) 마찬가지 방법으로 하여 △IBC, △IC2, ……△11LA, △11AO를 작도

* 이 그림에서는 면소의 실장은 정면도의 $\overline{O'a'}$에 나타나 있다. 그림 5.1과 같이
  경사원뿔의 경우에는 면소의 길이가 모두 달라지게 되어, 실장 선도를 각각 작
  도해야 한다.

하고, 0, 1, 2……11, 0 및 A, B, C, ……L, A를 부드러운 곡선으로 연결한다. (그것들은 원호가 된다). 그림 2.8은 다면체의 일반적인 전개법을 표시한다. 정다면체의 경우는 옆면의 정다각형을 작도하고 면의 수만큼만 * 늘어 놓으면 되고, 모기둥은 평행전개법, 각뿔은 방사전개법에 의해서 전개한다. 이 그림 의 경우는 옆면의 4변형을 대각선으로 2분하여 각 모서리 및 대각선의 실 장을 구해서 4변형의 실형을 작도한다.

지금까지 제시한 전개도에서는 모두 입체의 안쪽 면이 표면에 나오도록 전 개했다. 그러나 그림 2.8[가]과 같이 바깥쪽이 표면에 나오는 방향으로 전 개해도 무방하다. 이런 방법으로 하면 그림과 대조하기 쉬운 경우가 많다.

2.3 곡면의 종류와 전개법

注 점선은 근사전개를 표시한 것.

표 2.2

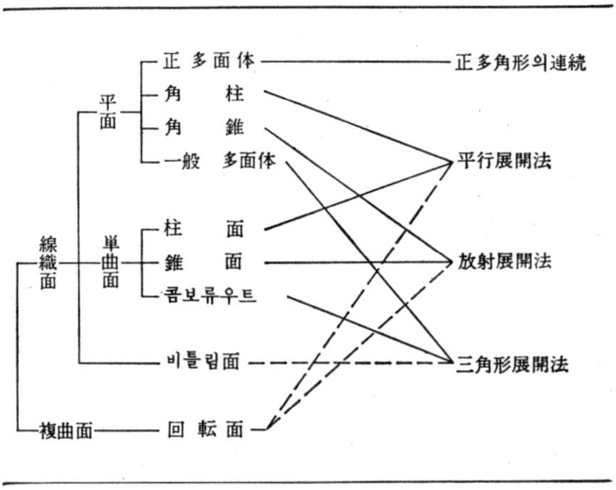

3 평행전개법

3.1 직원기둥

3.1.1 반원으로 절단된 원기둥 (그림3.1)

평면도의 원둘레를 12 등분한다. 등분점에서 대응선을 내리고 정면도에 각 면소를 그린다. 이러한 면소가 절단원호(반원)와 만나는 점을 o′, 1′, 2′ …… 6′ 으로 한다. 정면도의 g′→a′를 연장하여 $\overline{DD}$를 평면도의 원둘레와 같게취하여(평면도 속의 점선은 반원둘레의 길이를 구하는 작도). 이것을 12등분

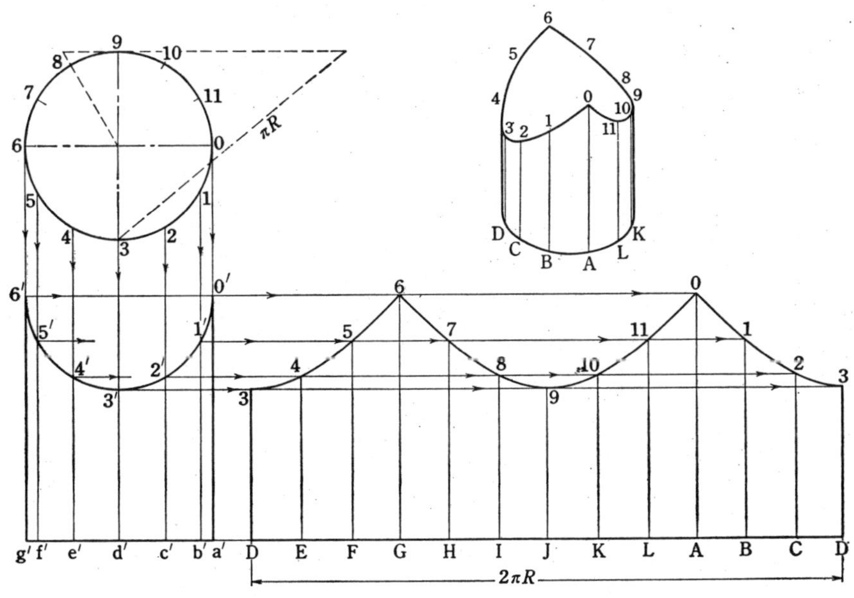

그림 3·1

한다. 등분점 D, E, F……C, D에서 수선을 세워, 정면도의 o′, 1′, 2′……6′에 01 에서 수평으로 투사시킨 선과 이 수선과의 대응교점을 구해 이것을 곡선으로 이으면 된다.

3.1.2 관통구멍이 있는 원기둥 (그림 3.2)

정면도의 c′→a′를 연장시키고, $\overline{AA}$를 평면도의 원둘레 (평면도의 점선은 원둘레를 직선으로 나타내는 작도. ①②③④는 그 작도순서)와 같게 취하고 그 4등분점을 B, C, D로 한다. 정면도의 원을 12등분해서 등분점을 O′, 1′, 2′……6′, ……으로 표시한다. 이 점들을 지나는 면소를 그리고, 평면도 원둘레 위에 그 대응점 O, 1, 2, ……6을 구한다. 전개도의 윗변에 있는 점B 의 좌우에 $\overline{3,2,}=\overline{32,2,1,}=21,$ $\overline{1,0,}=\overline{1,0,}$ 및 $\overline{3,4,}$ $\overline{34,}$ $\overline{4,5,}=\overline{45,}$ $\overline{5,6,}=\overline{56}$을 취하여 이점들 0,,1, ,2, ……6, 에서 수선(정면도에 그린 면소에 대응하는 면소)을 긋고, 정면도의 1′, 2′……6′……에서 수평으로 이은 평행선과의 대응교점을 구한다. 이 교점들을 부드러운 곡선으로 이으면, 전개도가 완성된다.

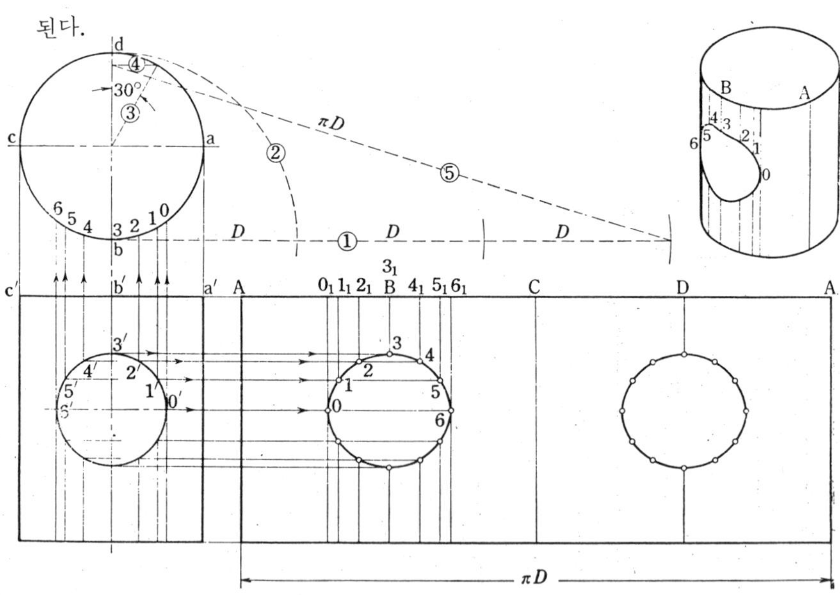

그림 3.2

3.2 경사모기둥과 경사원기둥 *

3.2.1 경사육모기둥 (傾斜六角柱)

그림 3.3은 밑면이 정육각형인 경사 6 모기둥이다. 직립직각기둥의 경우와 달라서 주투영도에는 모서리 사이의 거리가 나타나 있지 않다. 모서리 사이의 거리를 구하려면, 모서리에 평행한 시선에 의한 부투영도(이 그림에서는 부평면도)를 만들어야 한다. 그러나 이 그림의 경우 밑면이 수평이고 옆모서리가 정면평행직선이므로 정 6 각형에 있는 변의 실장은 평면도에, 나타나 있고 옆모서리의 실장은 정면도에 나타나 있다. $a'g'$에 평행하게 같은 길이로 AG를 취한다($a'A \perp a'g'$가 되도록). 다음에 b'에서 $a'g'$에 대해 수직선을 긋는다. A를 중심으로 하고 반지름 l (정 6 각형의 변의 실장)인 원호와

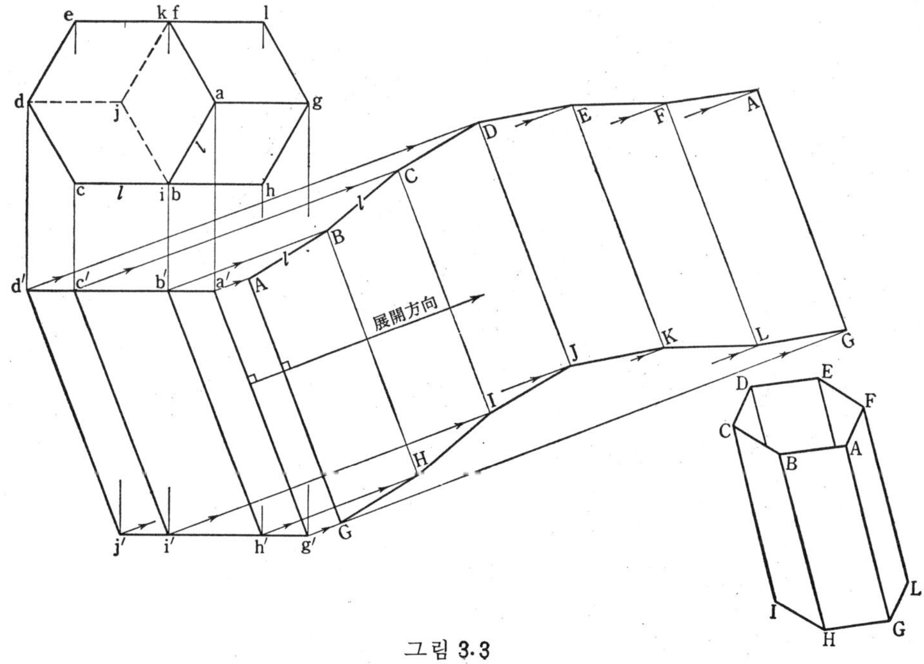

그림 3.3

* 밑면이 원이고 면소(또는 축)가 밑면에 수직인 것을 직원기둥, 경사된 것을 경사원기둥이라 한다.

만나는 점을 구하면 이것이 B의 전개위치이다.

3.2.2 4각관의 연결부

이것은 밑면이 직4각형인 경사4각기둥이다. 밑면이 수평이고 옆모서리가 정면평행직선이므로 밑면에 있는 변의 실장은 평면도에, 옆모서리의 실장은 정면도에 나타나 있다. 정면도의 a′, b′, e′, f′에서 a′e′에 대해 수직선을 긋고 $\overline{AE}$를 $\overline{a'e'}$와 같게, $\overline{AB}$를 $\overline{ab}$와 같게 취하면 □ABFE가 얻어진다. □BCGF는 직4각형인데 $\overline{BC}$를 평면도의 $\overline{bc}$와 같게 취하면 된다. 이와 마찬가지로해서 □CDHG, □DAEH를 그리면, 완성된다.

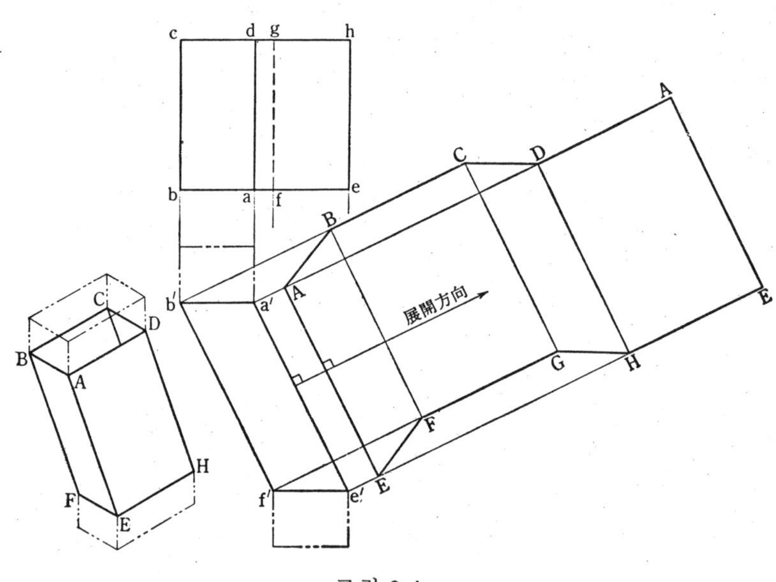

그림 3.4

3.2.3 경사지게 절단한 직원기둥

그림 3.5는 축이 경사(정면평행)진 직원기둥의 위아래를 수평평면으로 절단한 것이다. 축에 나란한 시선에 의한 부평면도를 만들면, 축과 면소는 점시도가 되고, 부평면도는 원이 된다. 부평면도의 원둘레를 12등분해서 정면도의 각 면소 $0'0'$, $1'1'$, $2'2'$ ……$6'6'$ 를 그린다. 면소의 간격의 실장은 부평면도에 그린 원둘레를 12등분한 길이 ($0''1'' \fallingdotseq 0''1''$)와 같으므로, $0'0'$에 평행하게 이 간격으로 13줄의 평행선을 긋고, 다음에 $0'$, $1'$, $2'$ ……$6'$의 각 점에서 $0'0'$에 수선을 그어서 대응하는 평행선과의 만나는 점 1, 2, 3, ……6, ……9, ……0을 구하고 그점들을 부드러운 곡선으로 이으면 된다.

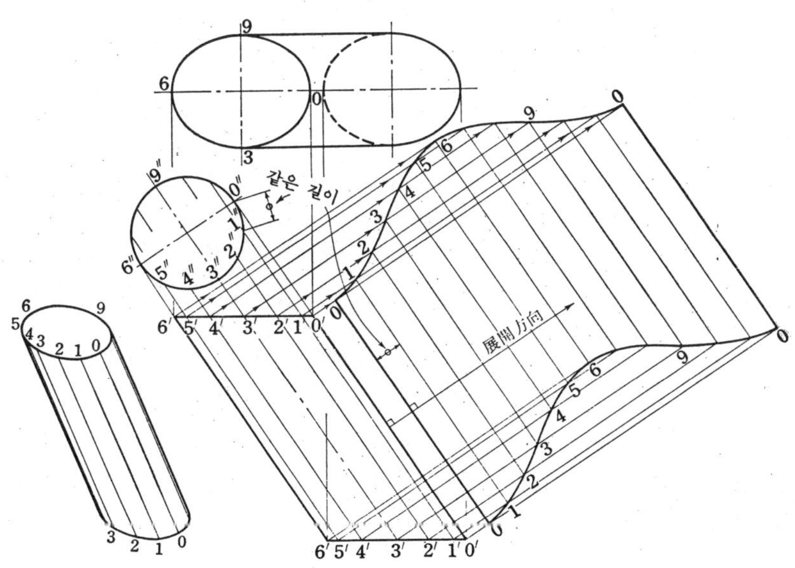

그림 3·5

3.2.4 경사연결관

그림3.6은 서로 수직인 2평면위에 있는 두개의 같은 둥근 구멍을 연결하는 연결관을 표시한다. 일반적으로 서로 수직인 평면위에 있는 원을 연결하는 연결관은 비틀린 면, 또는 접평면 콤보류으트가 된다(5장 5.23, 92페이지 참조) 그러나 이 예의 경우는 축이 정면 평행이고 수평 경사각이 45°이며, 더구나 두개의 원이 같으므로 경사원기둥이 된다.

평면도와 측면도(부평면도에 해당)의 반원을 8등분하고, 정면도에 16줄(실제로 긋는 것은 7줄)의 면소를 그린다. $0', 1', 2', \cdots\cdots 8'$ 에서 $0'0'$에 수직방향으로 평행선을 긋는다. $\overline{00}=\overline{0'0'}$로 취하고 0를 중심으로 하고 원둘레의 1/16을 반지름으로하여 호를 그리고, 1′에서 그은 평행선과 만나는 점 1을 구한다. 이와 마찬가지 방법으로 1을 중심으로 앞에서와 같은 반지름의 호를 그려서 2를 구하고 2를 중심으로 호를 그려서 3을 구하고, 이런 차례로 구해나가면 된다. $\overline{01}=\overline{12}=\overline{23}$ ……이며 면소의 간격이 같지않은 점에 주의해야 한다.

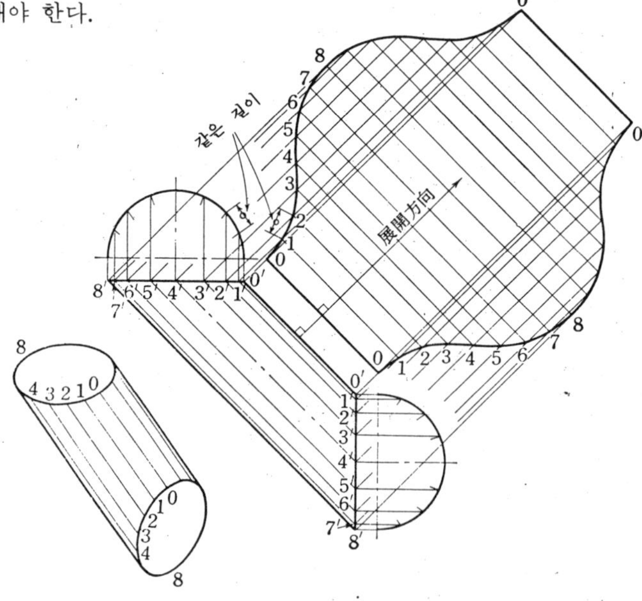

그림 3.6

3.3 원관엘보우

3.3.1   2편엘보우(그림 3.7)

이것은 45°의 방향으로 경사지게 절단한 두개의 지름이 같은 원기둥을 연
결한 것이다. 따라서 각각의 원기둥에 대해서는 2장 그림 2.4와 같게 작도
한다. 즉 반원둘레를 6등분해서 원기둥에 12줄의 면소를 그리고, a′→b′의
연장위에 원둘레의 1/12만큼씩 12개 취하여 $\overline{ABA}$의 길이를 원둘레와 같게한
다. 각 점에서 수선을 세워 0′, 1′, 2′, ……6′에서 수평방향(면소에 수직인 방
향)으로 그은 평행선과의 대응하는 교점, 0, 1, 2, ……6……0을 구하면 된다.
지금까지의 작도에서는 대부분의 경우, 곡면의 안쪽이 전개도에 나타나도록
전개되어 있으나, 이 그림에서는 바깥쪽이 나타나도록 전개하고 있다. 앞으
로 전자를 **내면전개**, 후자를 **외면전개**라 하기로 한다. 실제로는 어떤 쪽으
로 전개해도 무방하다.

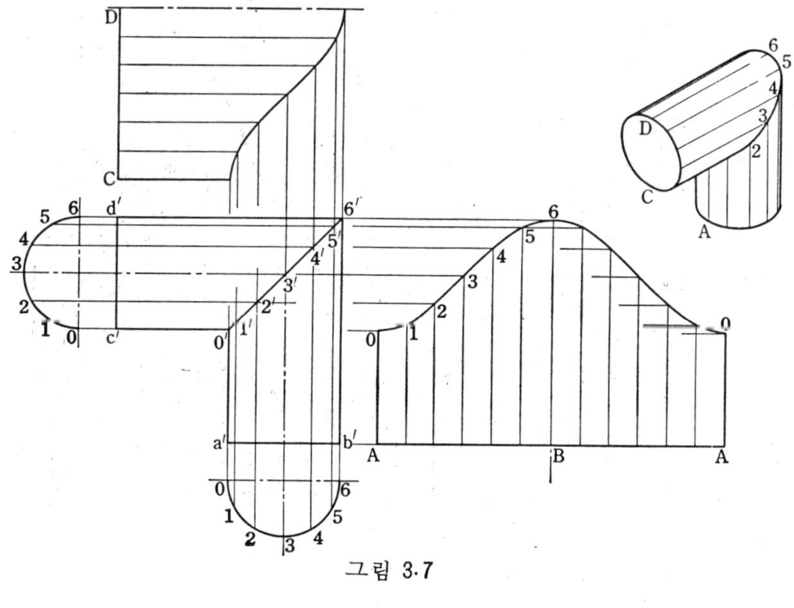

그림 3·7

3.3.2 3편 엘보우(그림 3.8)

이 정면도를 그리려면 다음과 같이 한다. 원관의 굵기와 휘어진 정도에의
해 정4각형 OXYZ를 그린다. ∠XOZ를 4등분한다(분활선을 수평에 가까
운 것으로부터 차례로 ①②③이라 번호를 붙인다). 원관의 축에 접하는 원
호(반지름 OT) 바깥쪽에 접하는 원호(반지름 OX), 안쪽에 접하는 원호(반
지름 OV)를 그린다. 분활선 ②와 이들 원호와 만나는 점에서 원호에 접선
(45°의 방향)을 그으면, 그것이 중앙에 있는 관〔Ⅱ〕의 축 및 외곽선이 된다.
관〔Ⅰ〕과 관〔Ⅱ〕의 교선은 분활선 ①과 같고, 관〔Ⅱ〕와 관〔Ⅲ〕의 교선은 분
활선 ③과 일치한다.

다음에 전개를 하려면 반원둘레를 6등분하고 각각의 관에 12줄(실제로
는 외곽선외에 5줄)의 면소를 긋고, 관과 관의 교선과 만나는 점을 0′, 1′,
2′……6′로 한다. 관〔Ⅰ〕 및 관〔Ⅱ〕의 전개는 그림 3.7과 같으므로 설명은
생략하기로 한다. 관〔Ⅱ〕에서는 전개방향이 분활선 ③과 일치한다. 0′, 1′,
2′, ……6′의 각 점에서 전개방향 (O→Y)으로 평행선을 긋고 각 면소의 간
격을 반원둘레의 1/6로 취해서 평행선과 대응하는 교점을 구하면 된다.

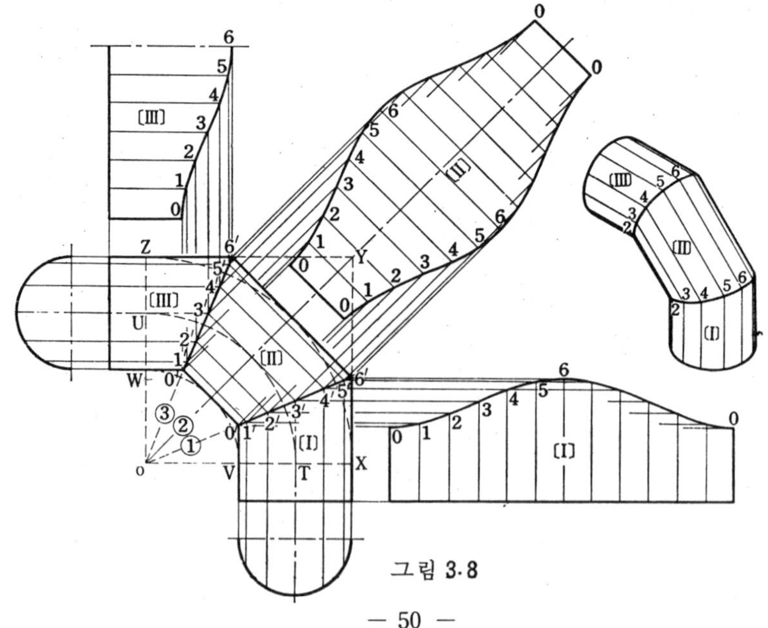

그림 3.8

3.3.3 4편 엘보우(그림 3.9)

앞의 그림과 마찬가지로 다음과 같이하여 정면도를 그린다. 원관의 굵기와 휘어진 정도에 의해서 정사각형 OXYZ를 그린다. ∠XOZ를 6등분하고 그 분활선을 수평에 가까운 것으로부터 ①②③④⑤의 번호를 붙인다. 원통의 축을 지나는 원호(반지름 OT), 바깥쪽에 접하는 원호(반지름 OX), 안쪽에 접하는 원호(반지름 OV)를 그린다. 분활선 ② 및 ④와 원호들 과의 교점에서 원호에 접선을 그으면, 그것이 관[Ⅱ]와 관[Ⅲ]의 축과 외곽선이 된다 관[Ⅰ]과 관[Ⅱ]의 교선은 분활선 ①, 관[Ⅱ]와 관[Ⅲ]의 교선은 분활선 ③, 관[Ⅲ]과 관[Ⅳ]의 교선은 분활선 ⑤와 일치한다. 관[Ⅰ]과 관[Ⅳ]는 같은 모양이고, 그 전개는 그림 3.7과 같은 요령으로 하면 된다. 관[Ⅱ]와 관[Ⅲ]은 같은 모양이며 관[Ⅱ]의 전개방향은 분활선 ②의 방향과 일치한다. 그림 3.8을 참고로 하면 쉽게 전개도를 그릴 수 있다.

그림 3.8, 그림 3.9는 모두 외면전개이다.

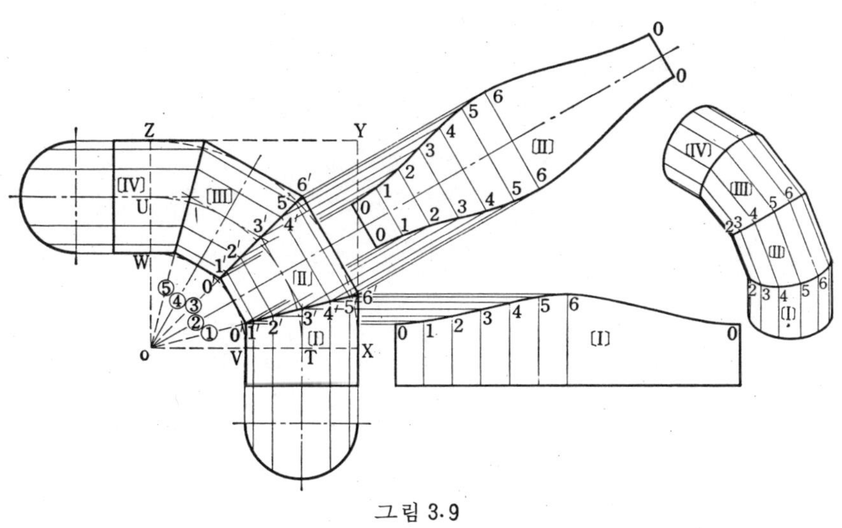

그림 3·9

3.3.4   보조 소편을 단 엘보우(그림 3.10)

관[Ⅰ]과 관[Ⅱ]는 같은 모양이며, 그림 3.7과 같이 전개하면 된다. 보조
소편의 천개도를 그리려면 이 소편위에 그은 면소의 간격을 알아야 한다. 그
러기 위해서는 소편의 면소가 점으로 나타나는 부투영도(면소에 평행한 시
선에 의한 그림)를 작도해야 한다. (1장 그림 1.23, 1.24 참조). 소편은
기둥면의 일부이고 이 부투영도에는 그 기둥면의 축수직단면이 나타난다.
보조속편의 전개방향은 면소 0′0′에 수직인 방향이다. 전개방향에 수직으로
(즉, 면소 0′0′에 평행하게) 3 22, 11, 00, ……, 을 긋고 점3 과 면소 22의 간
격을 부투영도의 $\overline{3''2''}$와 같게 취하고 면소 22와 면소 11의 간격을 $\overline{2''1''}$와
같게 하고, 면소 11과 면소 00의 간격을 $\overline{1''0''}$와 같게 취한다. 정면도의 0′,
1′, 2′, 3′에서 전개방향으로 평행선을 긋고, 위에서 그린 면소와의 교점을
구하면 된다.

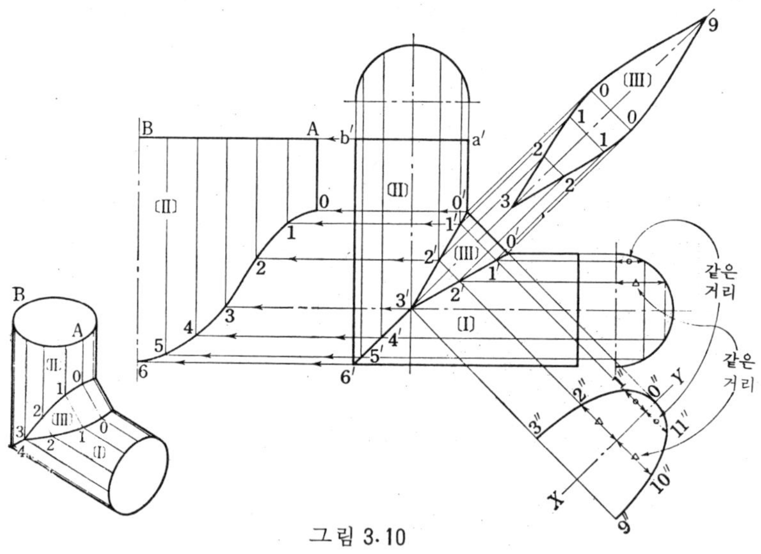

그림 3.10

3.4 가 지 관

3.4.1 T 자관

  그림 3.11은 지름이 같은 직원기둥이 직각으로 교차한 T자관이다. 원기둥의 축이 모두 **정면평행**이므로, 정면도에서는 교선(상관선)이 직선으로 보인다. 두개의 원기둥에 12줄의 선을 긋고, 그것들의 면소가 상관선 위에서 만나는 점을 a', b', c', d'로 한다. 수평원기둥의 끝면 $6'_1$ →$0'_1$ 의 연장위에 0_1, 1_1, 2_1……를 취하여 그 간격을 원둘레의 1/2로 한다. 상관선위의 점 a', b', c', d'에서 전개방향(상하방향)으로 평행선을 긋고, 0_1, 1_1, 2_1……에서 수평으로 그은 각 면소와의 교점을 구하면 된다. 직립원기둥에 대해서도 위끝 $6'$ →$0'$의 연장위에 0, 1, 2……를 취하고, 그 간격을 원둘레의 1/2로 한다. 상관선위의 점 a', b', c', d'에서 전개방향(수평방향)으로 수평선을 긋고, 0, 1, 2, ……에서 수직으로 그은 각 면소와의 교점을 구하면 된다.

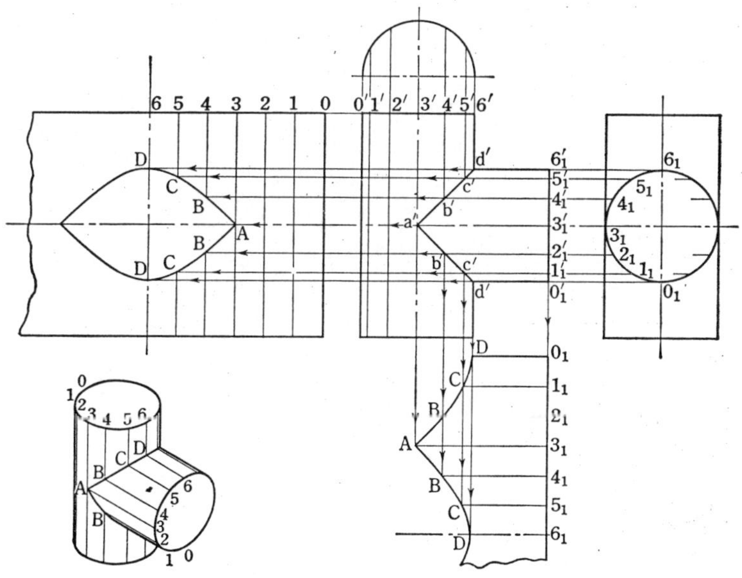

그림 3.11

3. 4. 2　Y 자가지관

그림 3. 12는 지름이 같은 직원기둥이 비스듬히 만난 가지관이다. 이경우도 앞의 예와 마찬가지로 정면도에서 상관선은 직선으로 보인다. 양쪽에 12줄의 면소를 긋고, 그들이 상관선 위에서 만나는 점을 $a', b', c' \cdots\cdots g'$ 로 한다. 비스듬한 원기둥의 끝면 $0_1' \to 6_1'$ 의 연장위에 $0_1, 1_1, 2_1 \cdots\cdots$ 을 취하고 그 간격을 원둘레의 1/2과 같게 한다. 상관선위의 점 $a', b', c' \cdots\cdots g'$ 에서 전개방향 (비스듬한 원기둥의 축에 수직인 방향)으로 평행선을 긋고, $0_1, 1_1, 2_1 \cdots\cdots$ 에서 전개방향에 수직(비스듬한 원기둥의 축에 평행)으로 그은 각 면소와의 교점을 구하면 된다. 직립원기둥에 대해서도 위끝 $0' \to 6'$ 의 연장위에 $0, 1, 2 \cdots$ 를 취하고, 그 간격을 원둘레의 1/2과 같게 한다. 상관선위의 점 $a', b', c', \cdots\cdots g'$ 에서 전개방향(수평방향)에 평행선을 긋고, $0, 1, 2, 3$ 에서 수직으로 그은 각 면소와의 교점을 구하면 된다(이 그림은 외면전개).

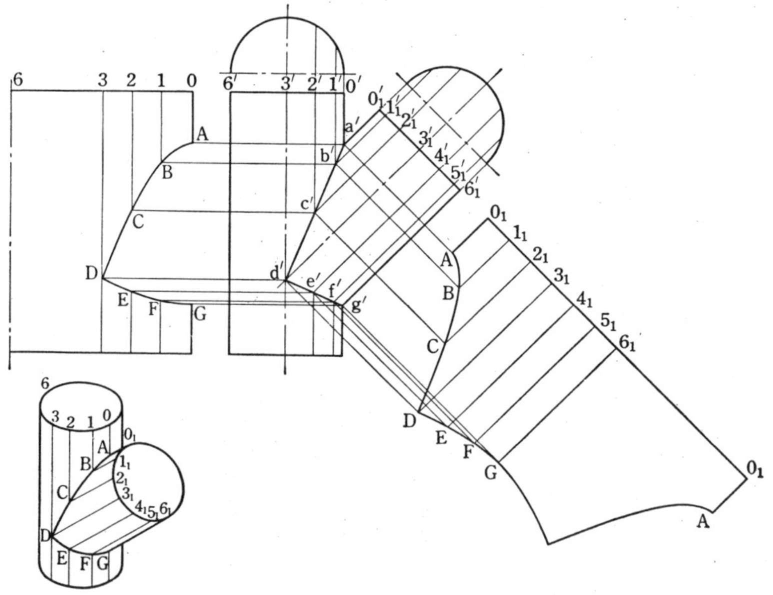

그림 3. 12

3.4.3 Y 자관 〔Ⅰ〕

그림 3.13은 지름이 같은 직원기둥이 대칭으로 60°벌어진 Y자관이다. 이것의 정면도를 그리려면 우선 원기둥의 지름과 같은 지름의 공(그림에서는 원)을 그리고 여기에 접하는 원기둥을 그리고 그것들의 외형선의 교점과 공의 중심을 직선으로 잇는다(이경우도 상관선은 보기에는 정면도에서 직선이 된다).

비스듬한 원가둥의 축에 수직인 단면에 해당되는 반원을 그리고, 반원둘레를 6등분해서 면소를 긋는다. 면소의 위끝을 a′, b′, ……g′, 면소의 상관선 위의 점을 m′, n′, o′, ……s′로 한다. o′→6′의 연장선위에 1, 2, 3……을 취하고, 그 간격은 반원둘레의 1/6로 한다. a′, b′, ……g′와 m′, n′……s′에서 전개방향(원기둥의 축에 수직)으로 평행선을 긋고, 1, 2, 3……에서 원기둥의 축에 평행하게 그은 각 면소와의 교점을 구하면 된다(이 그림은 외면전개).

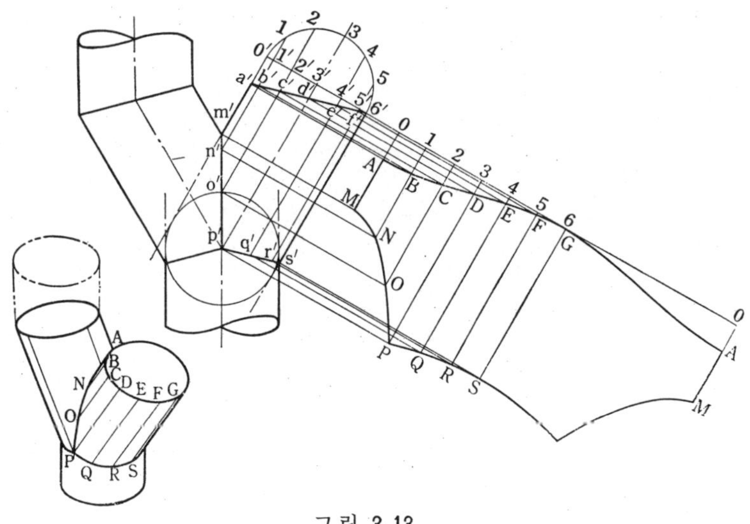

그림 3.13

3.4.4　Y자관 (Ⅱ)

그림 3.14는 앞의 예와는 달리, 가지부분은 수평이고, 잘린 부분이 원이 되는 경사원기둥이다. 반원둘레를 6등분해서 경사원기둥의 면소를 긋고 그들의 면소가 상관선과 만나는 점을 a′, b′, c′, ⋯⋯g′로 표시한다. 그림 3.6 과 마찬가지로 각 면소의 위끝 0′, 1′, 2′, ⋯⋯6′에서 전개방향(면소 6′g′에 수직)으로 평행선을 긋는다. 먼저 점 0을 정하고, 0를 중심으로 하고 반원둘레의 1/6을 반지름으로하는 원호를 그려서 점 2를 구하고 이와같은 방법으로해서 점 3, 4, 5, 6을 정한다. 이점들 0, 1, 2, ⋯⋯6에서 전 전개방향에 수직(면소 6′g′에 평행하게)으로 면소를 긋는다. 정면도의 a′, b′, c′⋯⋯g′에서 전개방향으로 평행선을 긋고, 0, 1, 2⋯⋯6에서 그은 면소와의 대응하는 교점 A, B, C⋯⋯G⋯⋯A를 구하면 된다(이 그림은 외면전개).

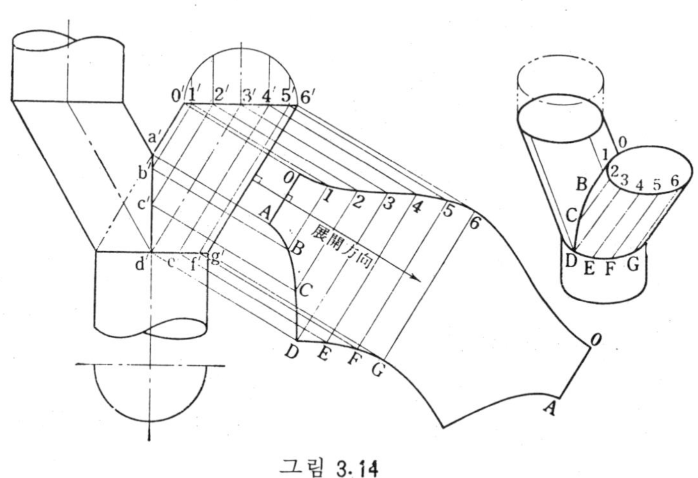

그림 3.14

3.4.5   원관에서 비스듬하게 갈라진 4각관

그림 3.15는 직립원관에서 비스듬하게 향하고 또 중심에서 어긋나 갈라진 4각관이다. 두 입체의 교선은 평면도에서 원호 $\overarc{ef}$와 점 e, 점 f로 나타나며 정면도에서는 $e'f'$, $f'g'$, $g'h'$, $b'e'$가 된다. 평면도에서 원호 $\overarc{ef}$를 3등분하고 1, 2에서 4각관의 모서리에 평행선을 그으면, 그 실장은 정면도의 $\overline{b'1'}$, $\overline{b'2'}$, $\overline{c'4'}$, $\overline{c'3'}$과 같게된다. 4각관은 그 모서리의 수직방향으로 평행전개한다. $\overline{AB},=\overline{ab}, \overline{BC}=\overline{b'c'}$, $\overline{CD}=\overline{cd}, \overline{DA}=\overline{d'a'}$, 지면을 절약하기 위해, 원관의 전개도는 구멍부분만을 그렸다.

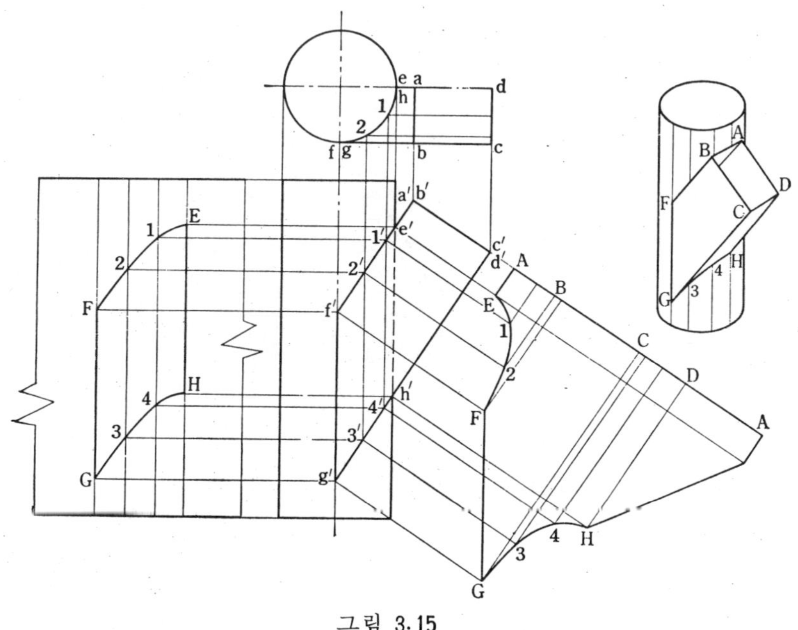

그림 3.15

3.5　모울드 (Mould)

3.5.1　등 모울드 (짧 Mould)

그림 3.16은 A-A 단면도의 각 꼭지점 및 원호분활점에1, ··8, ··12라 기호
를 넣는다. 이들의 각 점을 지나 모울드의 교점에서 전개방향(모서리에　수
직인 방향)으로 평행선을 긋는다. 또 bc에 평행이고 같은 길이로 BC를　정
해, BC에서 전개방향으로 단면도의 $\overline{1211}$, $\overline{1110}$, $\overline{109}$, $\overline{98}$……$\overline{21}$의　길
이를 취해 그들의 점을 지나 전개방향에 수직(ed에 평행)인 평행선을　긋는
다. 이 평행선과 앞의 ed 및 bc위의 각 점에서 전개방향으로 그은 평행선과
의 대응하는 교점을 구하면 된다(이 그림은 외면전개).

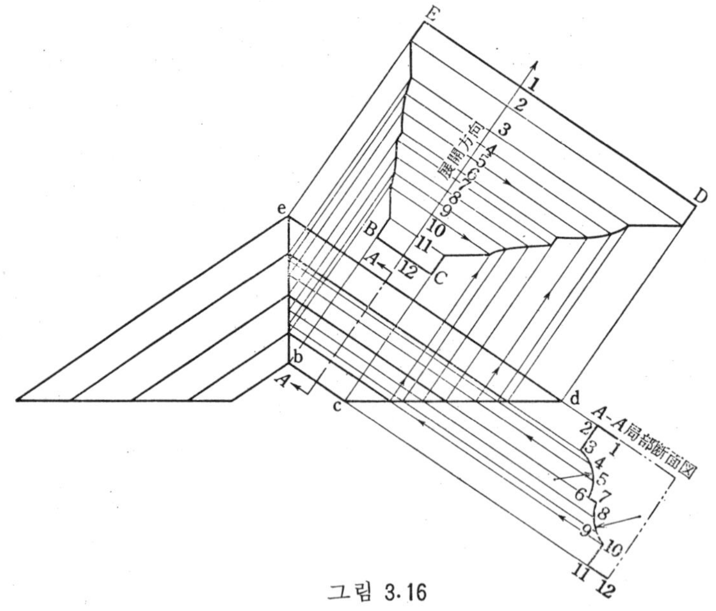

그림 3.16

3.5.2 모울드를 가진 상자형입체

그림 3.17은 좌우 및 전후의 4매로 나누어 전개한다. 우측의 면 프로필 곡선(면의 연시도)은 정면도에 나타난다. 그 꼭지점들과 원호의 분활점에 1·…6…12의 기호를 붙인다. 이들의 각 점에서 수선을 세워 평면도의 이음선 cd 및 ef와의 교점에서 오른쪽으로 수평선을 긋는다. ce에 평행하고 같은 길이로 CE를 정하고 전개방향(수평방향)으로 정면도의 윤곽선의 $\overline{12}$, $\overline{23}$, $\overline{34}$… $\overline{1112}$의 길이와 같게 2, 3, 4……12를 정하고 그들의 점을 지나는 수선을 긋는다. 먼저 그은 수평선과 이 수선과의 대응하는 교점을 구하면 된다.

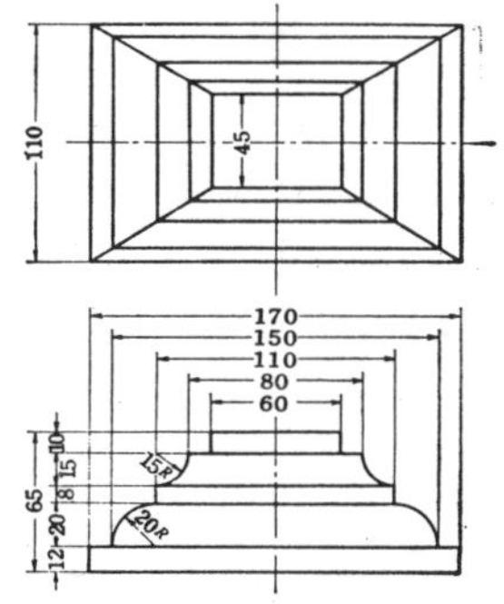

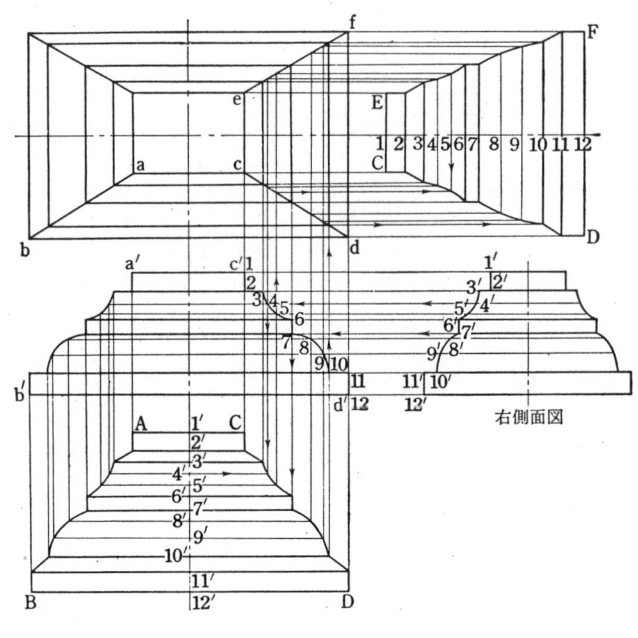

그림 3·17

3.5.3 모울드를 가진 6각형뚜껑

그림 3.18과 같은 입체는 6개의 같은 면으로 이루어지고 있다. 정면도에 프로필곡선(면의 연시도)이 나타나 있는 ABC의 부분을 전개하기로 하자.프로필곡선 a′~b′의 각 꼭지점과 원호의 분활점에 a′, 1′, 2′, ……6′, ……11′의 기호를 붙인다. 각 점에서 수선을 세워 평면도의 이음선 ab 및 ac와 교차시킨다. 꼭지점 a에서 수평방향(모서리 bc에 수직인 방향)에 전개 방향선을 긋고 그위에 점 A를 정하고 다시 정면도의 프로필곡선의 $\overline{a′1′}$, $\overline{1′2′}$, $\overline{2′3′}$, ……$\overline{9′10′}$, $\overline{10′11′}$와 같게 1, 2, 3……11을 취하고 이들 점을 지나는 수선 (전개방향에 수직)을 긋는다. 앞에서 평면도의 이음선 ab, ac위의 각 점에서 그은 수평선과의 대응하는 교점을 구하면 된다(이 그림은 외면전개).

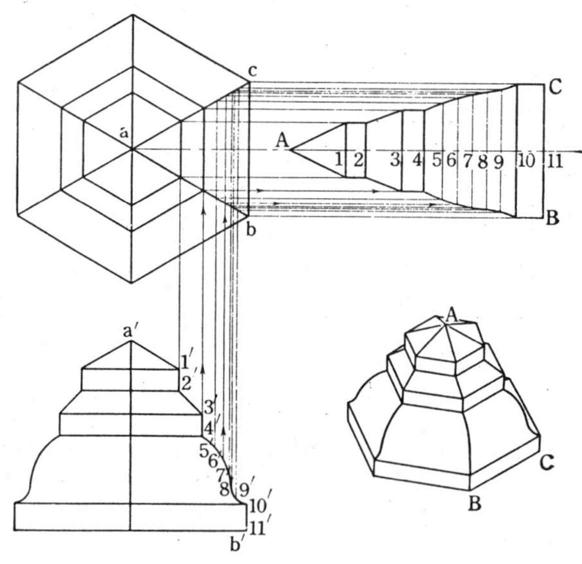

그림 3·18

3.5.4 8각형입체

전항의 경우와 같이 8개의 곡면(원기둥의 일부)으로 이루어져있다. 정면
도에 곡면의 연시도가 나타나있는 VAB부분을 전개하기로 하자. 정면도의프
로필곡선 $v'a'$를 분활(그림에서는 5분활)하고 분활점을 $1', 2', 3', 4'$로 한
다. 그들의 분활점에서 수선을 세워 평면도의 이음선 va 및 vb와의 교점을
구해 이 교점에서 오른쪽에 수평선(모서리 ab에 수직방향)을 긋는다. v에서
수평선을 긋고 그 위에 v를 정해 $\overline{V1}=\overline{v'1'}$, $\overline{12}=\overline{1'2'}$……가 되도록 1, 2… 5
를 정한다. 각 점을 지나는 수선을 긋고, 이음선 위의 각 점에서 그은 수평
선과의 대응하는 교점을 구하면 된다(이 그림은 외면전개).

또는 정면도의 오른쪽 그림과 같이 수선을 세워 그 위에 $\overline{45}=\overline{4'5'}$, $\overline{34}=\overline{3'}$
$\overline{4'}$……가 되도록 5, 4, ……1, v를 구해, 평면도의 점 5, 4, 3, 2, 1을 지나는 수
평면소의 길이를 좌우로 나누어도 된다.

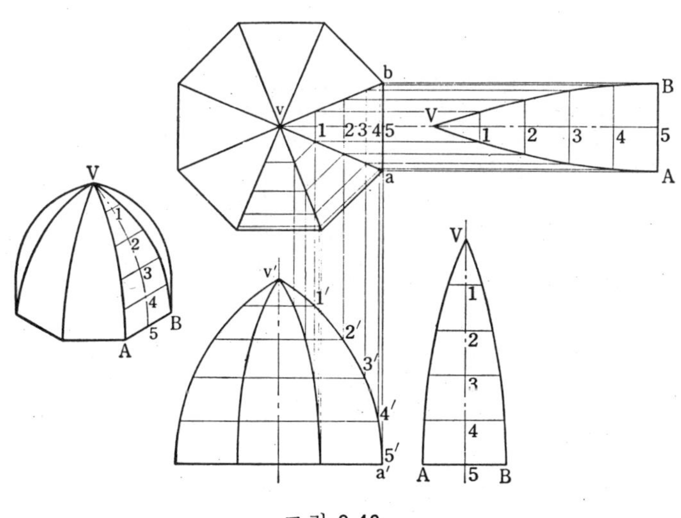

그림 3·19

3.6 회 전 면

3.6.1 구 면

전항의 그림 3.19의 평면도는 정8각형이었지만 정12각형, 정16각형, 정24
각형과 같이 변의 수를 늘여나가면 이 입체는 원호회전면에 가까와진다. 반
대로 원호회전면을 전개하려면 이것을 정n각형 입체라 간주해서 근사전개를
한다. 그림 3.20은 구면에 경선을 그어, n개(12개)의 배모양으로 분활하고
이 배모양을 원기둥의 일부로 간주해서 전개한 것이다. 경선의 길이(반원둘
레와 같다)를 8등분해서 분활점 0, 1, 2, 3의 좌우에 정면도에 있는 동심원의
분활호 $\overset{\frown}{ab}(\fallingdotseq \overline{ab})$, $\overset{\frown}{cd}$, $\overset{\frown}{ef}$, $\overset{\frown}{gh}$의 길이를 배분하면 된다(이 그림은 외면전개).

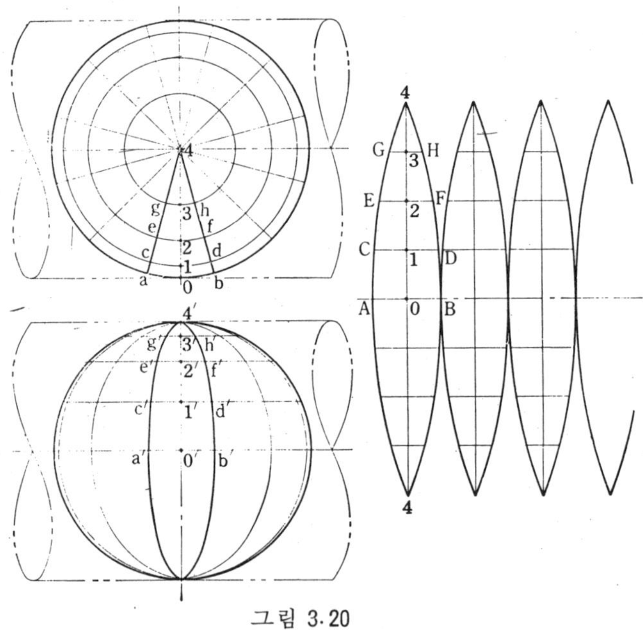

그림 3.20

3.6.2 원고리(円環)

그림 3.21은 원환의 반이다. 회전축 xy를 포함한 평면을 n개(그림에서는 8개)의 부분으로 등분하고 이것을 n개의 짧은 원기둥이 점차 굴절해서 반원형으로 연결된 것이라 간주해서 근사전개를 한다. 원환의 중심 x에서 방사형으로 전개방향선을 긋고 이 위에 0, 1, 2, ……6, …0을 취하고 그 간격을 원기둥(정면도의 작은 원)의 원둘레의 1/12 ($\div \overline{0,1'}$, $\overline{1,'1,'}$, $\overline{1,'2,'}$, $\overline{2,'3,'}$ ……)로 한다. 0; 1, ……6…0의 각 점을 지나 전개방향에 수직으로 평행선을 긋고, 이음선위의 점 a, b, ……g에서 전개방향으로 그은 선과 대응하는 교점을 구하면 된다(이 그림은 외면전개).

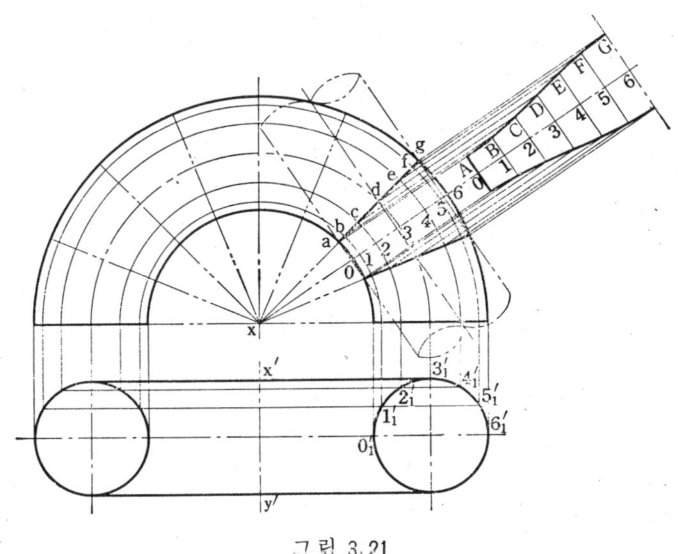

그림 3.21

3.7 특 수 연 결 관

3.7.1 서로 수직인 직 4 각형을 연결하는 연결관 (1)

그림 3.22 (1)의 연결관을 구성하는 4 개의 면은 비틀어진것 같이 보이지만 모두가 기둥면이다. 즉, 면A와 면C는 측면시선에 나란한 축을 가진 기둥면이고 면B와 면D는 정면시선에 나란한 축을 가진 기둥면이다. 따라서 면A와 면C의 면소는 정면도와 평면도에서는 좌우 수평방향이 되고, 측면도에서는 점으로 된다. 또 면B와 면D의 면소는 평면도에서는 상하방향, 측면도에서는 좌우 수평방향, 정면도에서는 점으로 된다. 면A를 예로 전개방법을 설명한다.

정면도에 있어서 면A의 최하단에서 최상단까지의 길이를 1′, 2′, 3′ ……6′ 으로 분활하고 그 점을 지나는 수평선을 긋는다.

이 수평선과 정면도의면A의 외형선과의교점 $a′, b′ c′, d′, e′$ 및 측면도와의 교점 $a″, b″, c″, d″, e″$ 를 정한다.

정면도 윗쪽에 수선을 세워 $\overline{12}=\overline{g″a″}$, $\overline{23}=\overline{a″b″}$, $\overline{34}=\overline{b″c″}$, $\overline{45}=\overline{c″d″}$, $\overline{56}=\overline{d″e″}$가 되도록 1, 2, ……6을 정한다. 1, 2……6을 지나는 수평선을 긋고, 정면도의 $a′, b′, c′, d′, e′$ 에서 세운 수선과의 교점 A, B……E를 구해서, 부드럽게 잇는다. 외측의 외형곡선 GF에 대해서도 같은 방법으로 하면 된다.

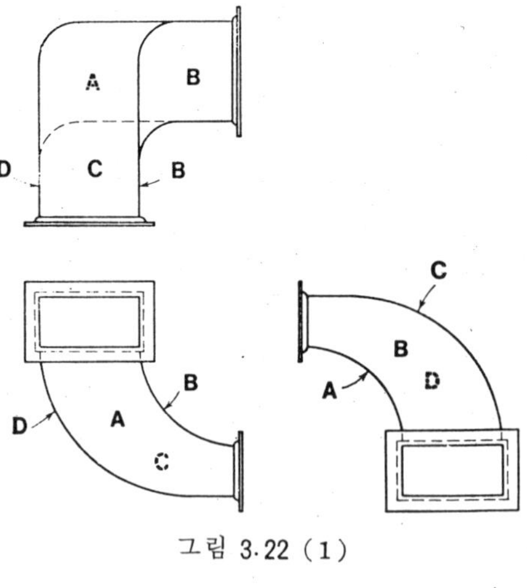

그림 3·22 (1)

면B의 전개에는 측면도의 위쪽에 수선을 세워 $\overline{23}=\overline{a′b}$, $\overline{34}=\overline{b′c′}$, $\overline{45}=\overline{c′d′}$, $\overline{56}=\overline{d′e′}$, $\overline{67}=\overline{e′i′}$ 가 되도록 2, 3, ……7을 정한다. 이 점들을 지나는 수평선을 긋고, 측면도의 $a″, b″, c″, d″, e″$ 에서 세운 수선과의 교점 A, B, ……E를 구한다. 바깥쪽의 외형곡선 HI 에 대해서도 같은 방법으로해서 구한다.

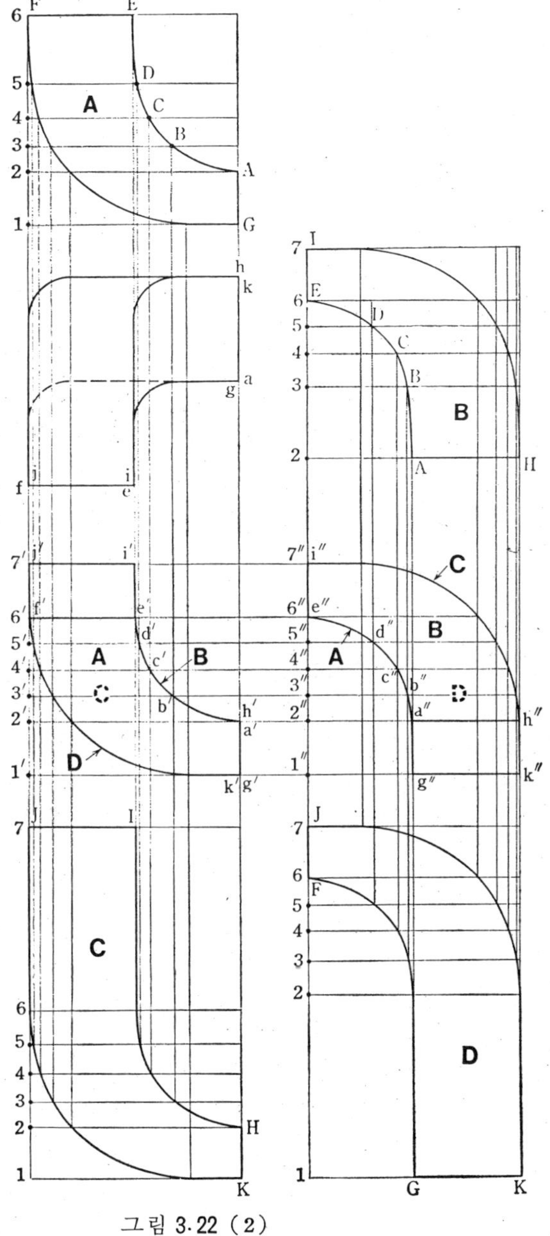

그림 3·22 (2)

3.7.2 서로 수직인 직4각형을 연결하는 연결관(Ⅱ)

그림 3.23(1)의 양끝에 있는 직사각형은 서로 수직이지만 한쪽의 직사각형이 연직면이 아니다.

A,B,C,D,E,F,G,H의 8개의 면으로 형성되고 있다. 정면도에서 면C와 면F는 연시도로 되어있다. 따라서 면F에 수직인 시선방향의 부평면도에서는 실형이 나타난다. 또 이 부평면도에서는 면A와 면E가 연시도로 되어있다.

그림 3.23 (2)에서 부평면도(왼쪽아래 그림)의 면F는 실형이 되고, 면C에 수직인 시선에 의한 부평면도를 만들면 면C의 실형이 얻어진다.

면A의 전개는 다음과 같이 한다. 먼저 부평면도(왼쪽아래)의 a″f″를 n 등분(그림에서는 3등분)하고, 그 분점(分点)에 대응하는 정면도의 면소 1′,2′,9′,10′을 긋는다. e′g′에 평행하게(1′2′,9′10′에 평행) FG를 긋고, 다시 FG와 1,2의 간격을 f″1″와 같게, 12와 9 10의 간격을 1″9″와 같게, 910 A와의 간격을 9″a″와 같게 되도록 FG에 평행선을 긋는다. 1′,2′,에서 f′g′,FG에 수선을 긋고, 앞의 평행선 12와의 교점을 구하면 1,2가 정해진다. 마찬가지로해서 9,10, A를 정해서 이들을 이으면 된다.

면E는 c″b″의 등분점 6″, 14″를 사용해서, 면A와 꼭같이 작도할 수 있다며 H의 작도는 다음과 같다. 정면도의 점 a′9′,1′,g′,7′,15,d′에서 a′d′에 수직인 선을 긋는다. a′d′에서 적당한 거리로 떨어진 위치에 AD를 정하고, D를 중심으로 면F의 실형도(부평면도)의 d″15″와 같은 반지름의 호를

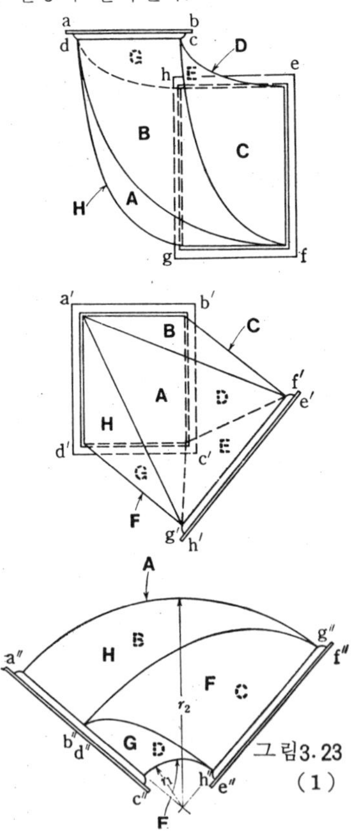

그리고, 15′에서 a′d′에 수선을 그은 선(그림에서는 수평선)과의 교점 15를 정한다. 다음에 15를 중심으로 $\overline{15''7''}$를 반지름으로하는 호와 7′에서 a′d′에 수직으로 그은 선과의 교점 7을 정한다. 다시 7을 중심으로 하고 $\overline{7''g''}$ 를 반지름으로하는 호와 g′에서 a′d′에 수직으로 그은 선과의 교점 G를 정해, 곡선 D157 G를 완성한다.

15, 7에서 AD에 평행선을 긋고, 정면도의 9′, 1′에서 그은 수평선과의 교점 9, 1을 정하면 곡선 A 9 1G를 작도할 수 있다.

면B는 면H와 꼭같이 하면 된다. 면D에 대해서는 면D의 전개도에 있는 곡선 E 4 12B의 길이가 면C의 실형도에 있는 곡선 e″4″12″6″와 같고, E 5 13 C 의 길이가 면E의 전개도에 있는 곡선 E 5 13C의 길이와 같다는 점에 착안해서 작도한다. 면 G에 대해서도 마찬가지다.

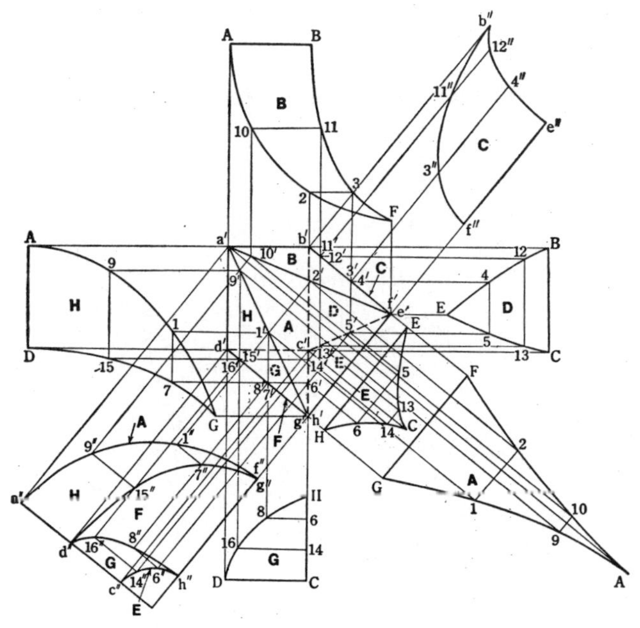

그림 3·23 (2)

4   방사전개법

4.1 직각뿔과 직원뿔

4.1.1 절두정 6 각뿔 (그림 4. 1)

각 모서리의 실장은 정면도의 v′a′와 평면도의 ab에 나타나있다. V를 중심으로 하고 VA(=v′a′)를 반지름으로하는 원호를 그리고, 이 원호를 $\overline{ab}$의 길이로 끊어서 정 6 각뿔의 전개도를 만든다. 다음에 이 전개도의 VA, VB……VF, VA위에 위의 잘린 모서리의 길이를 취하면 되지만 실장이 나타나 있

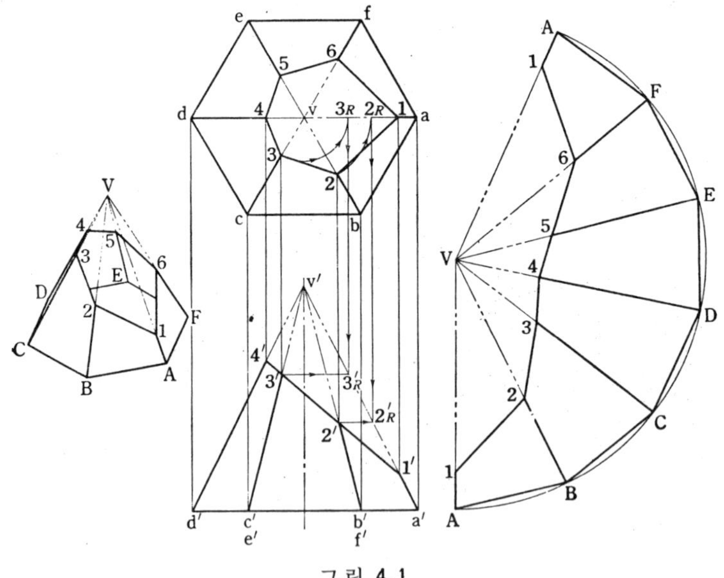

그림 4·1

는 것은 $V_1(=v'1')$과 $V_4(=v'4')$뿐이다. V_2, V_3의 실장은 회전법(7페이지 참조)에 의해서 구한다. 실제의 작도에서는 $2'3'$에서 수평선을 긋고 $v'a'$와 만난 점 $2_R', 3_R'$을 구하면 $\overline{v'2_R'}, \overline{v'3_R'}$가 실장이 된다(이 그림은 내면전개).

4.1.2 절두정 4 각뿔

그림 4.2와 같은 방향으로 그려져 있을 경우에는 옆모서리의 실장은 나타나 있지 않으므로 꼭지점 V를 지나는 연직축을 중심으로 정면평행이 되는 위치까지 회전시켜 실장을 구하지 않으면 안된다(회전법, 7페이지 참조). 평면도에서 v를 중심으로하고 $\overline{va}$를 반지름으로 하는 원호를 그려 a_R을 정해서, a_R에서 대응선을 내린다. 정면도의 a'에서 수평선을 긋고 a_R에서 내린 대응선과의 교점을 a_R'로 하면 $\overline{v'a_R'}$이 실장이 된다. 잘린 윗부분 모서리의 길이 V_1, V_2는 $1'$ 및 $2'$에서 수평선을 긋고, $v'a_R'$와의 교점 $1_R', 2_R'$을 구하면 $\overline{v'1_R'}, \overline{v'2_R'}$이 실장이 된다(이 그림은 내면전개).

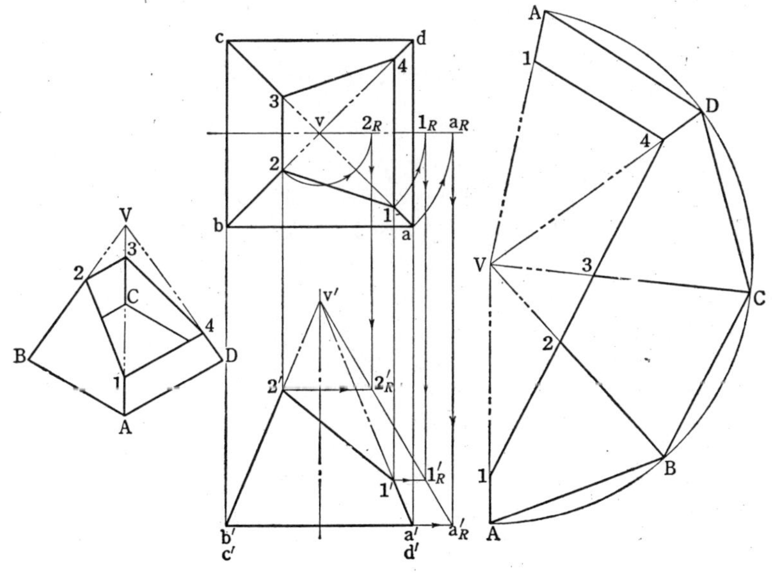

그림 4.2

4.1.3 절두직원뿔

그림 4.3은 윗부분을 경사지게 절단한 직원뿔로서, 직원뿔은 25페이지의 그림 2.6과 같이 전개한다. 단면의 평면도는 전개도의 작도에는 직접 필요하지 않지만, 다음과 같이 그린다. 정면도에서 각 면소가 절단평면 (연시도로 되어 있다)과 만나는 점 0´, 1´, 2´……6´에서 대응선을 세워서 평면도와 대응하는 면소와의 교점을 구하면 된다. 이 방법은 아주 정확하게 하지 않으면 단면이 계란형(실제로는 타원)으로 되기 쉽다. 단면의 정면도 0´6´ 의 중점 m´를 지나는 수평면에서 원뿔을 절단하면 자른 자리의 평면도는 원이 된다. 이 원과 m´에서 세운 대응선의 교점 m, n을 구해 $\overline{mn}$을 단축, 06을 장축으로 하는 타원을 그리면 된다.

잘린 윗부분의 각 면소의 실장은 정면도의 1´, 2´, ……5´에서 수평선을 긋고 v´a´와의 교점 $1_R{}´, 2_R{}´……5_R{}´$를 구하면 $\overline{v´1_R{}´}, \overline{v´2_R{}´}……\overline{v´5_R{}´}$이 실장이 된다(이 그림은 내면전개)

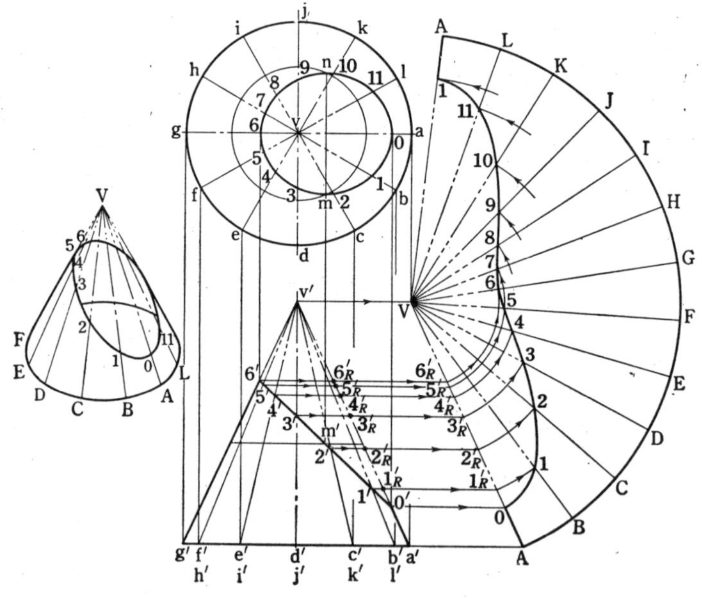

그림 4.3

4.1.4 윗부분은 수평으로 아랫부분은 경사지게 절단한 직원뿔(그림 4.4)

우선 절단하지 않은 원래의 직원뿔의 전개도를 그린다. 정면도에서 각 면소가 아래의 절단면(연시도로 되어 있다)과 만나는 점 $1', 2', \cdots\cdots5'$에서 수평선을 긋고 $v'a'$와의 교첨 $1_R', 2_R', \cdots\cdots5_R'$을 구한다. $\overline{v'0'}, \overline{v'1_R}, \overline{v'2_R'} \cdots$ $\cdots\overline{v'5_R'}, \overline{v'6'}$이 각 면소의 꼭지점 V에서의 실장이 된다. 직원뿔의 전개도에 있는 각 면소위에 이 길이를 옮기면 된다. 위의 단면은 원이고 그 전개도는 VP($=v'p'$)를 · 반지름으로하는원호가 된다(이 그림은 내면전개).

이 예의 경우 평면도는 전개도를 그리기 위해서는 필요하지 않지만 $0', 1'$ $\cdots\cdots6'$에서 대응선을 세워서 평면도의 대응면소위에 점 $0, 1, \cdots\cdots6, \cdots$을 구해서 그린다.

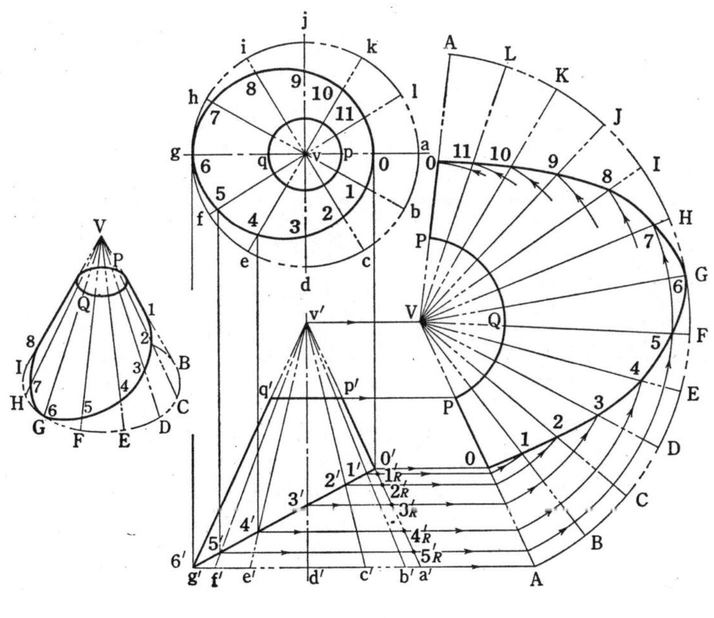

그림 4·4

4.1.5 윗부분은 수평으로 아랫부분은 원형으로 절단한 직원뿔

그림 4.5는 직원뿔의 윗부분은 수평으로 아랫부분은 원뿔의 외형선에 접하는 원에서 절단한 것이다. 먼저 절단하지 않은 직원뿔의 전개도를 그린다. 정면도에서 각 면소가 절단원호와 만나는 점 $1', 2', 3'$ 에서 수평선을 긋고, $v'a'$와의 교점 $1_R', 2_R', 3_R'$을 구한다. $\overline{v'0'}, \overline{v'1_R'}, \overline{v'2_R'}, \overline{v'3_R'}$이 각 면소의 꼭지점 V로부터의 실장이 된다(V6=VO, V5=VI, V4=V2). 직원뿔의 전개도의 각 면소위에 그들의 길이를 끊으면 된다(이 그림은 내면전개).

이 예에서 평면도는 전개도를 그리기 위해 필요하지 않지만 $0', 1'\cdots\cdots6'$에서 대응선을 세워 평면도에 대응하는 면소위의 점 $0, 1, \cdots\cdots6, \cdots$을 구해서 그린다.

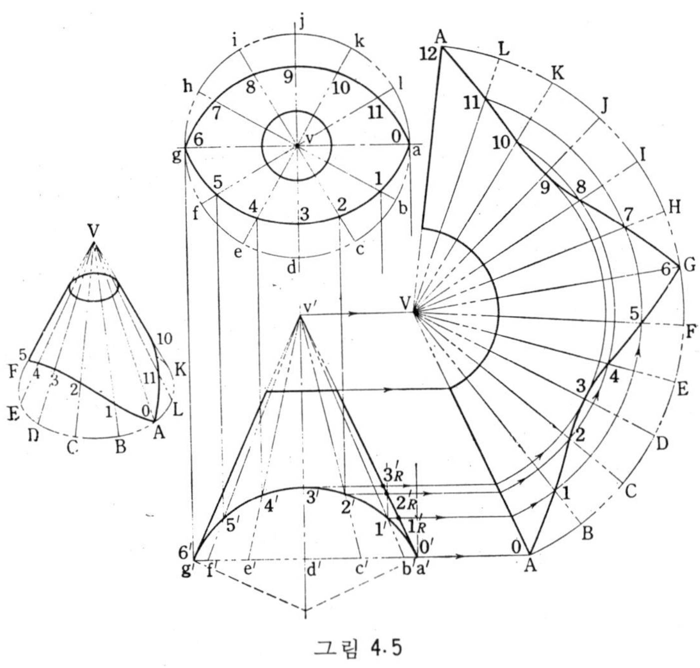

그림 4·5

4.1.6 윗부분은 수평으로 아랫부분은 정4각형으로 절단한 직원뿔

그림 4.6은 절두원뿔의 아래를 연직인 4평면으로 그 평면도가 정4각형이
되도록 절단한 것이다. 끊은 자리의 곡선은 직원뿔과 정4각기둥의 상관선*
에 해당된다. 이 잘린곡선(상관선)을 그리려면, 원뿔면위에 면소(그림에서
는 반원둘레를 6등분)를 그리고, 각 면소가 연직절단면과 만나는 점을 구
하면 된다. 평면도에서 각 면소 $v'a'$, $v'b'$, $v'c'$ …… 위에 $1'$, $2'$, $3'$ …… 을
정하면 된다.

전개는 먼저 절단하지 않은 직원뿔의 전개도를 그리고, 그 전개도의 각 면
소 VA, VB, VC, …… 위에 $\overline{V1}(=\overline{v'1'})$, $\overline{V2}(=\overline{v'2_R'})$, $\overline{V3}(=\overline{v'3_R'}=\overline{v'2_R'})$ …
의 길이를 옮기고 1, 2, 3 ……을 구하면 된다(이 그림은 내면전개).

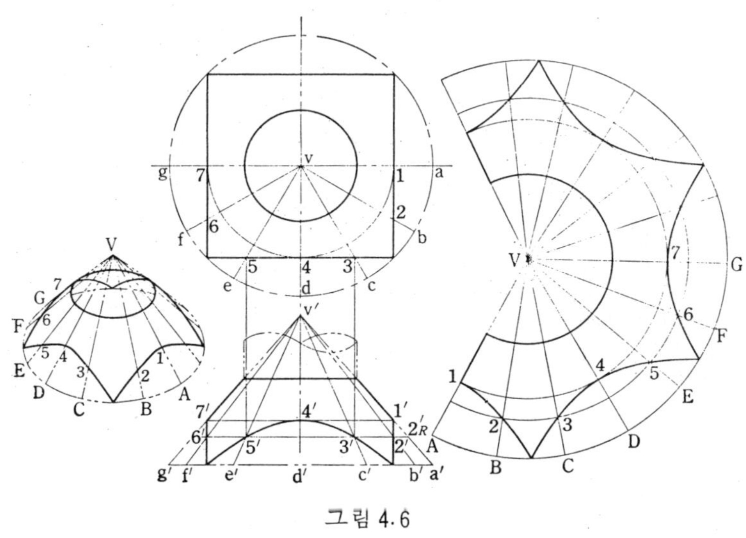

그림 4.6

<hr>

* 상관선에 대해서는 6장 참조할것.

4.1.7 쟁반형용기 (Ⅰ)

그림 4.7은 직원뿔을 2분해서 그 사이를 직사각형으로 이은 형태의 용기이다. V_1을 중심으로 반지름 v', $0'$의 원호를 그리고, 그 길이를 평면도의큰 원의 반원둘레와 같게 취하고(점 0의 양쪽에 반원둘레의 1/6의 길이를 셋씩 취한다) V_1과 연결하고 다시 반지름 v' a'의 원호를 그려서 BF를 정해 부채꼴 03B A F 11을 만든다. 그 양쪽에 직 4 각형 34C B, 1110EF를 잇고 다시 직원뿔 v_2의 4 분전개도 47DC, 107 DE 를 첨가하면 된다(이 그림은 내면전개).

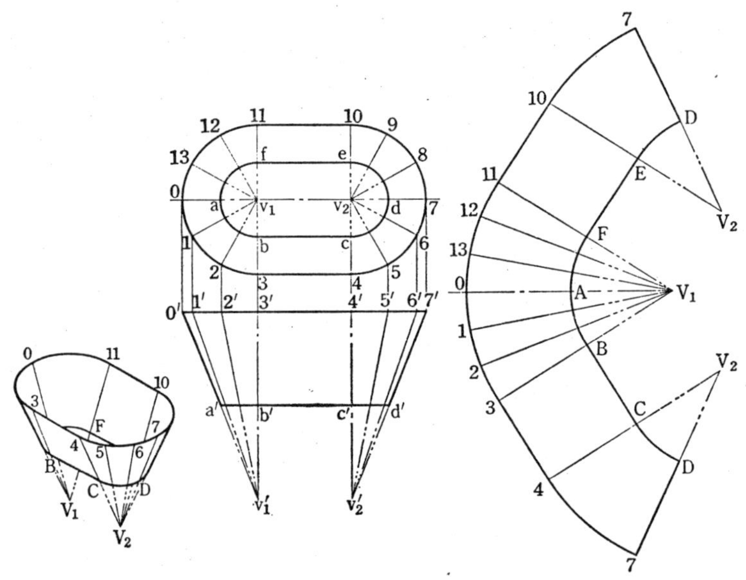

그림 4.7

4.1.8 쟁반형 용기 (Ⅱ)

그림 4.8은 4개의 직원뿔면으로 형성된 쟁반형용기이다. V_3을 중심으로해서 반지름 $v_3'0'$의 원호를 그리고, 호의 길이를 평면도의 $\widehat{15}$와 같게 잡는다. $1V_3$와 $5V_3$의 연장위에 $\overline{1V_1}=\overline{c'v_1'}, \overline{5V_2}=\overline{e'v_2}$인 점 V_1, V_2를 정한다. V_1 및 V_2를 중심으로 반지름 $\overline{V_1 1}, \overline{V_2 5}$ ($\overline{V_1 1}=\overline{V_2 5}$의 원호를 그리고, 그 호의 길이를 평면도의 $\widehat{12}, \widehat{54}$와 같게 취한다. 다시 $\overline{V_1 2}$ 및 $V_2 4$의 위에 $\overline{2V_4}=\overline{3'v_4'}$인 점 V_4를 정하고, V를 중심으로해서 $\overline{V2}(=\overline{V4})$를 반지름으로 하는 원호를 그려, 각각 호의 길이를 평면도의 $\widehat{23}(=\widehat{43})$과 같게 취한다. 0 1 2 3 BAB 3 4 5 0이 필요한 전개도이다(이 그림은 내면전개).

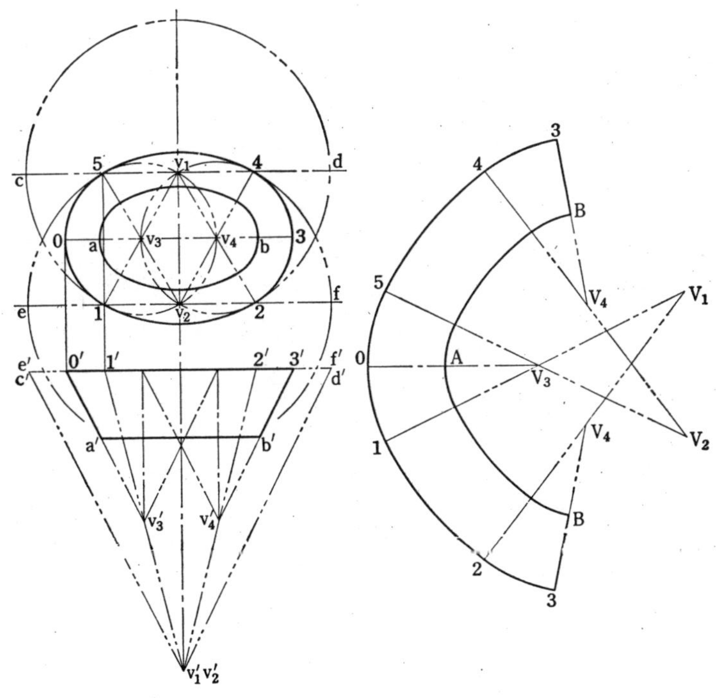

그림 4.8

4.2 원뿔엘보우

4.2.1 원뿔 2 편 직각엘보우 (그림4.9)

이것은 원뿔을 경사평면 c.p. 로 절단하고, 180° 회전시켜 절단면을 맞춘 것이다. 따라서 오른쪽 그림과 같이 직원뿔의 위는 수평으로 가운데는 45° 의 비스듬한 방향으로 절단한 것이라 간주하고 전개하면 된다. 그림4.3, 4. 4, 4.5에서는 정면도의 v′에서 수평으로 옮긴 위치에 전개도의 꼭지점 V를 취하고, 또 VA를 v′a′에 평행하게 취하였으나, 이 그림에서는 v′를 그대로 전개도의 꼭지점에 사용하였다. 그 차이점에 주의하여 작도를 잘못하지 않도록 한다.

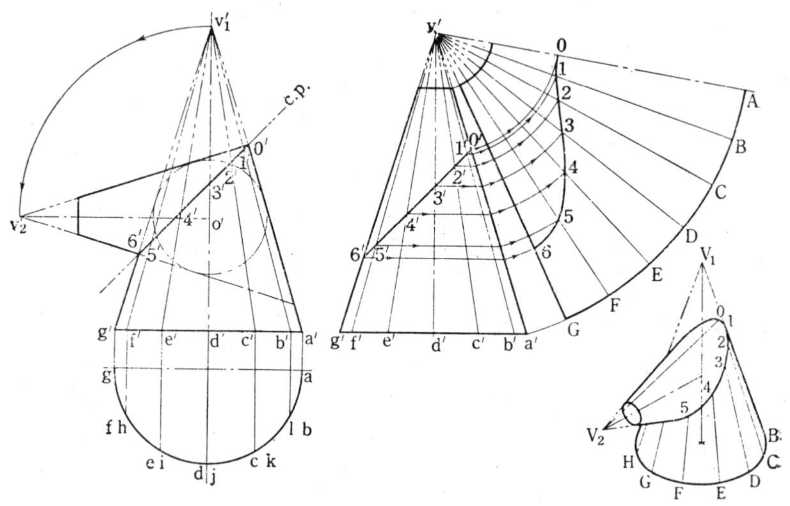

그림 4.9

4.2.2 원뿔 2 편 둔각엘보우 (그림4. 10)

전항의 경우와 마찬가지로 2 편의 이음선에서 끊어서 방향을 바꾸면 오른
쪽 그림과 같게 된다. 따라서 직원뿔의 위를 수평으로 가운데를 비스듬 (이
그림에서는 수평과 30°의 방향)하게 절단한 것이라 간주하고 전개하면된다.
그림4. 9, 4. 10의 엘보우를 그리려면 직원뿔에 내접하는 구를 이용하면 좋다.
내접구의 중심 o′ 를 중심으로해서 반지름 $\overline{o'v_1'}$ 의 원호를 그려서, 그 위에
v_2' 를 취하고, v_2' 에서 내접구에 접선을 긋는다. 원뿔 v_1' o와 v_2' o의 외형선의
교점 0′, 6′ 를 연결한 것이 2 편의이음선(상관선)이 된다.

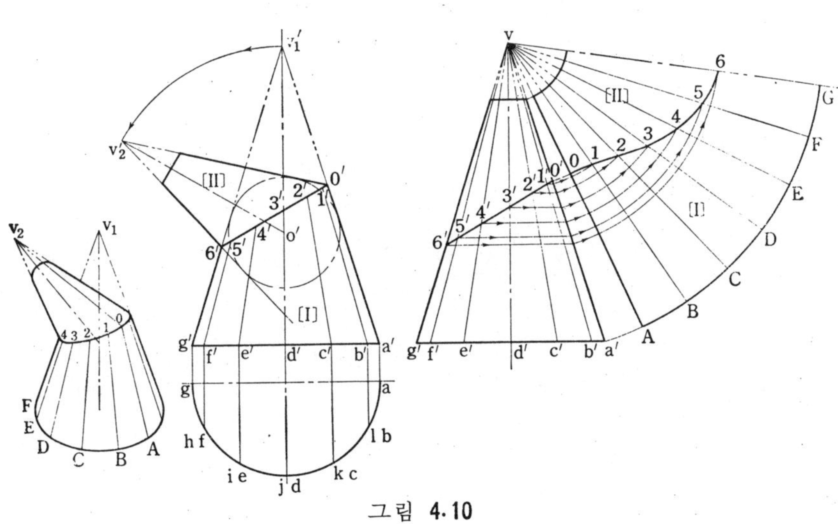

그림 **4·10**

4.2.3 원뿔 3편 엘보우 (그림4. 11)

연직축, 45°의 경사축, 수평축으로된 3개의 직원뿔(비스듬히 절단한) 로
형성된 엘보우이지만, 각각의 이음선에서 끊어서 방향을 바꾸면 가는선으로
그린 직원뿔이된다. 이것의 위를 수평으로 가운데를 2개의 반대방향으로비
스듬히(22.5°) 절단한 것으로 전개하면 된다.

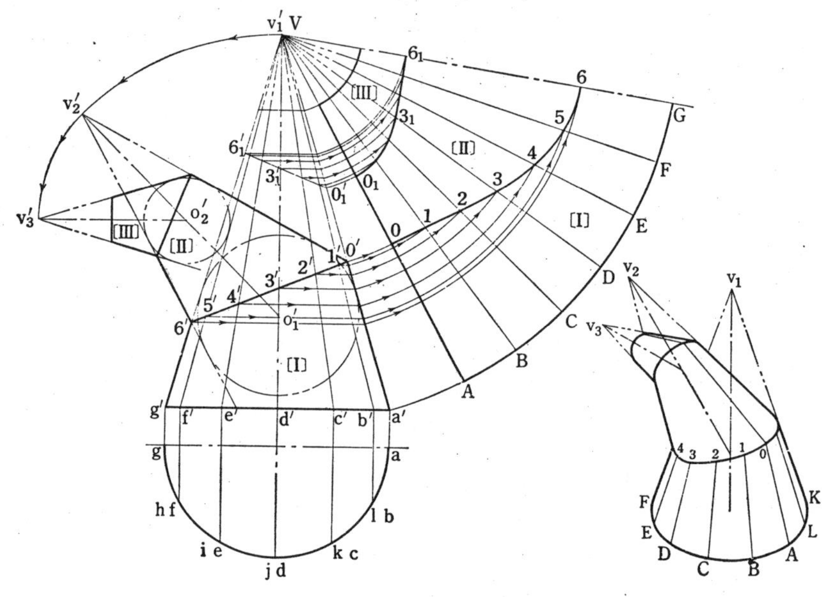

그림 4.11

4.3 원뿔 가지관

4.3.1 원뿔Y자 가지관

그림4.12는 큰지름의관과 작은지름의관을 연결하는 Y자형의 직원뿔 가지
관이다. 이것의 정면도는 다음과 같이해서 작도한다. 큰지름의관과 작은지
름의관의 축위에 o_1' , o_2' 를 취하고 o_1' , o_2' 의 기울기를 일정한 각도(이 그
림에서는 45°)로. 취한다. o_1' , o_2' 를 중심으로 각각 지름이큰관·지름이작은
관에 내접하는 구를 그린다. 원 o_1' , o_2' 의 공통접선을 2줄 그으면 그 교점
이 원뿔의 꼭지점v'가 된다. 지름이큰관, 원뿔, 지름이작은관의 외형선 (또
는 그 연장)이 만난 교점을 연결하면 그것이 상관선이 된다. 원뿔의 꼭지점
v'에서 가장 떨어진 점 x'를 지나 축 v'o_1'에 수직으로 $a'g'$를 긋고, $a'g'$를
지름으로하는 반원을 그린다. 반원을 6등분해서 원뿔위에 면소v'a',v'b',v'c',
…v'f',v'g'을 만들고, 그 면소가 상관선과 만나는 점을 1', 2', 3', …6', 7'로
한다. 우선 직원뿔 v'$a'g'$의 전개도를 만들고, 전개도상의 면소 v'A, v'B,
…v'G 위에 정면도의 면소 v'1', v'2', …v'7' 의 실장(1', 2', …6', 7'의 각 점
에서 축에 수직으로 평행선을 그으면 외형선과의 교점과 v'의 거리가 실장
이 된다)을 옮기고 1,2 …6,7을 정한다. 작은지름쪽의 잘림부(상관선)는 원
뿔을 비스듬히 절단한 것이므로 그림4.6의 잘림곡선 6~3~0의 작도와 같게
해서 그릴 수 있다(이 그림은
외면전개).

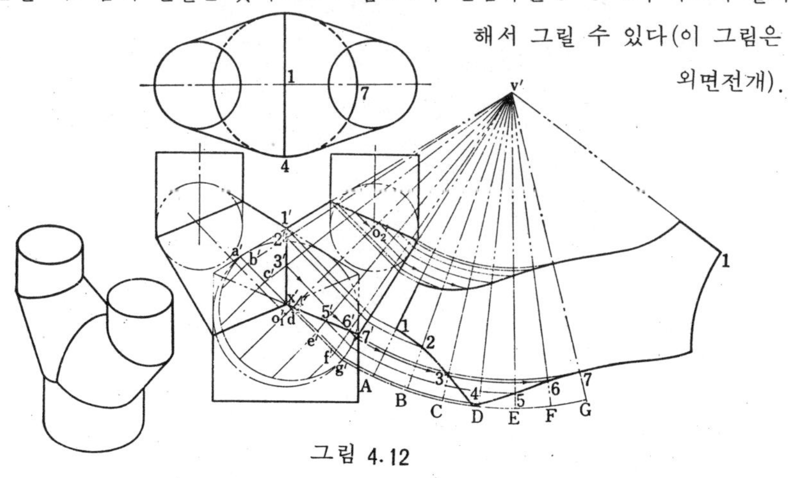

그림 4.12

4.3.2 두 원뿔과 원통의 가지

그림 4.13은 o′에서 서로 120°씩의 각도로된 축을 가진 직원뿔 v_1, v_2, 직원기둥 $w′$로 형성되는 세방향의 가지이다. o′를 중심으로 내접구를 그리고, 여기에 접하도록 각각의 외형선을 그으면 된다. 지면관계로 설명은 생략한다. 이미 배운지식과 그림으로 작도방법을 익히기 바란다. 〔Ⅰ〕〔Ⅲ〕은 내면전개, 〔Ⅱ〕는 외면전개).

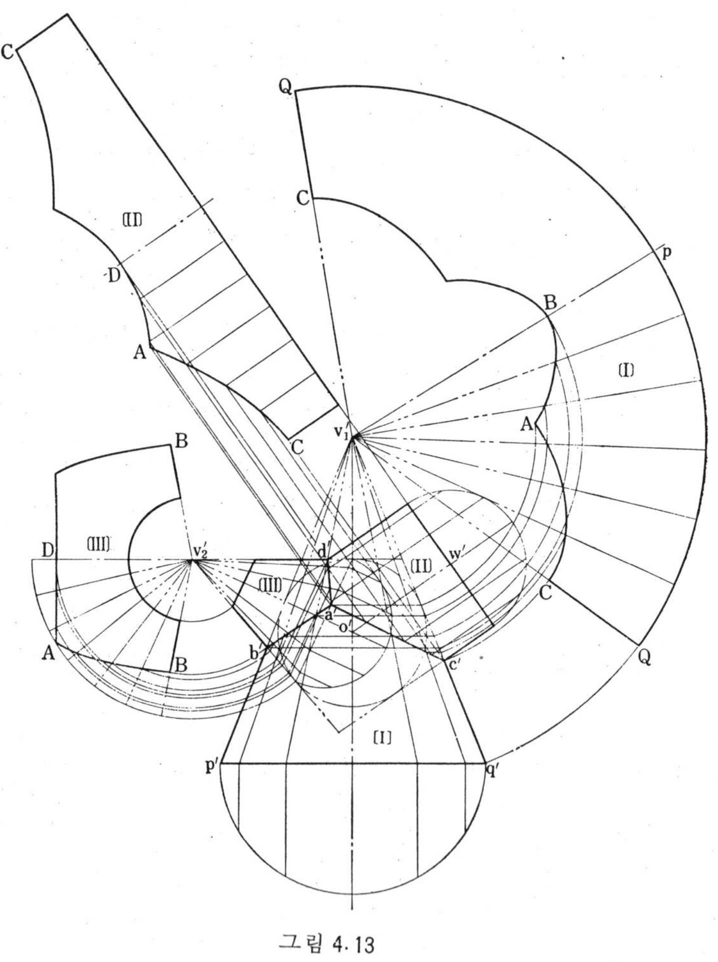

그림 4.13

4. 4 직원뿔의 응용과제

4. 4. 1 아래를 평면과 원기둥면에서 절단한 원뿔

그림 4.14는 〔Ⅰ〕〔Ⅱ〕의 두부분으로 이루어져 있으나, 〔Ⅱ〕는 위를 비스 듬히 절단한 원기둥으로 그림2. 4와 같다. 〔Ⅱ〕에 대해서도, 그림 4. 4 〔57페 이지), 그림4. 5(58페이지)에 준해서 진행하면 된다. 전개도에서 정면도의원 호의 접점 p′나 밑면의 절단점 q′의 위치를 정확하게 그리기 위해 p′, q′를지 나는 면소를 긋고, 인접면소와의 간격 x, y를 전개도에 옮기도록한다. (이그 림은 외면전개).

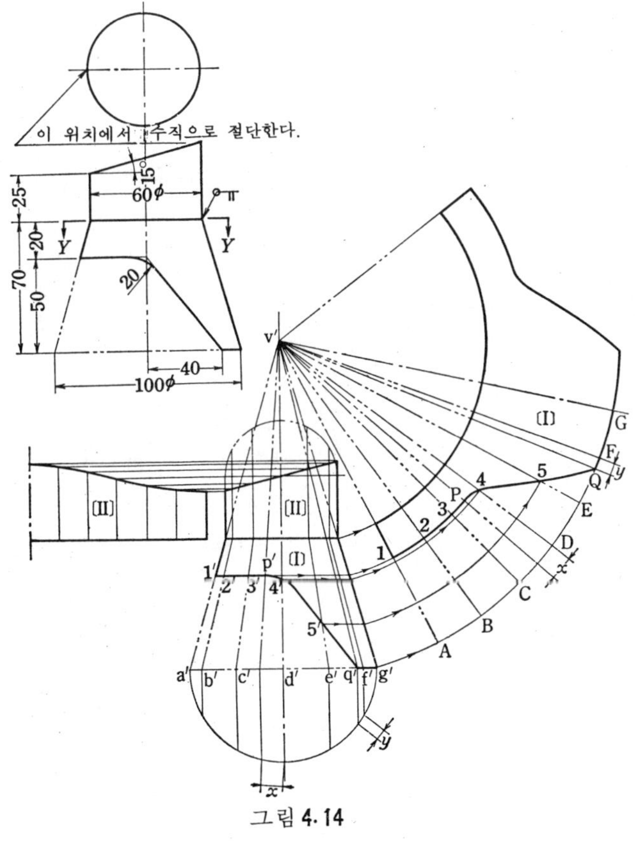

그림 4·14

4. 4. 2 원뿔과 원통엘보우와의 조합

이것은 1962년 스페인에서 열린 제11회 국제기능 올림픽의 기계제도공 경기 과제의 하나이다. 5종류의 부재로 구성되어 있다. 이미 배운 지식과 그림으로 작도방법을 검토하기 바란다.

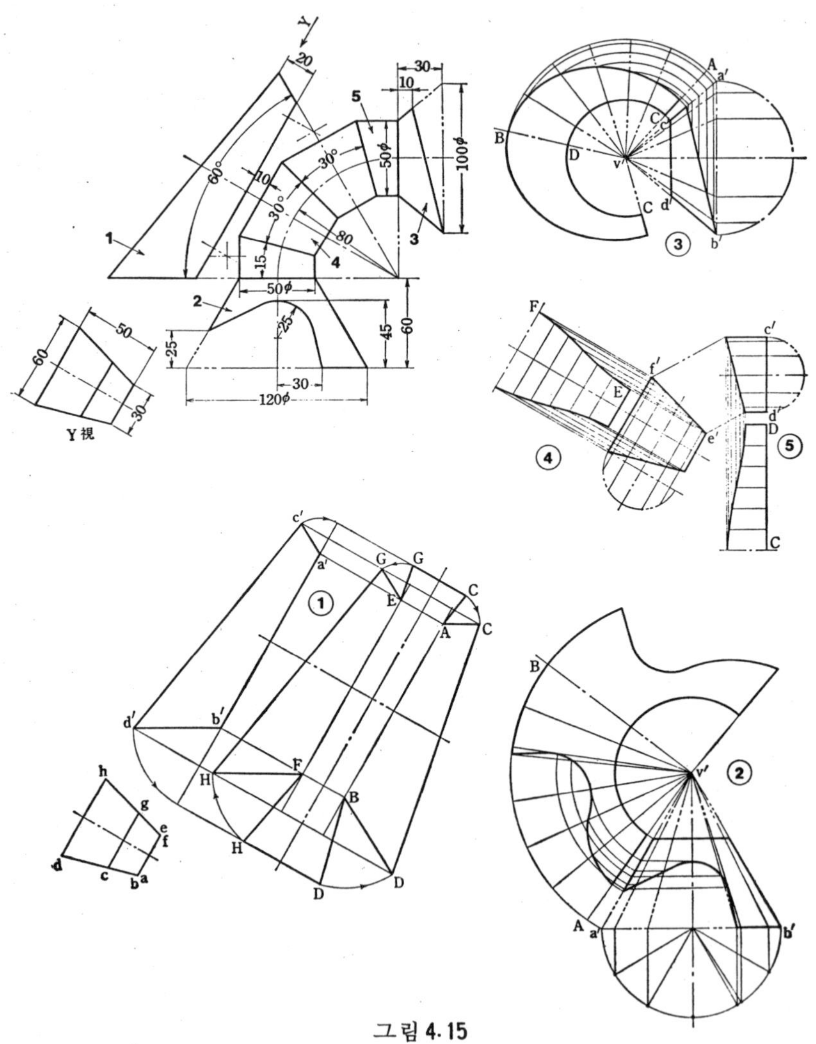

그림 4.15

4.5 경사각뿔과 경사원뿔

4.5.1 경사각뿔

그림4.16은 경사 4 각뿔이고 각 옆모서리 및 밑면의 각 모서리도 모두 길이가 다르다. 밑면의 각 모서리의 실장은 평면도에 나타나 있지만, 옆모서리의 실장은 정면도에나 평면도에는 나타나 있지 않다. 그래서 각 모서리를 꼭지점 V 를 지나는 연직축의 둘레에 정면평행이되도록 회전시켜서 실장을 구한다. 즉, 평면도에서 V 를 중심으로하고 $\overline{va}$ 를 반지름으로해서 va_R 까지 회전하고, a_R 에서 대응선을 내리고 정면도의 a' 에 그은 수평선과의 교점 $a'R$ 을 구하면 $\overline{v'a'_R}$ 가 VA 의 실장이 된다. (다른 모서리에 대해서도 같다). 서로 이웃하는 모서리와 밑면의 모서리로써 측면 삼각형의 실형을 작도하고, 순서대로 그것들을 늘어 놓으면 된다. (이 그림은 외면전개).

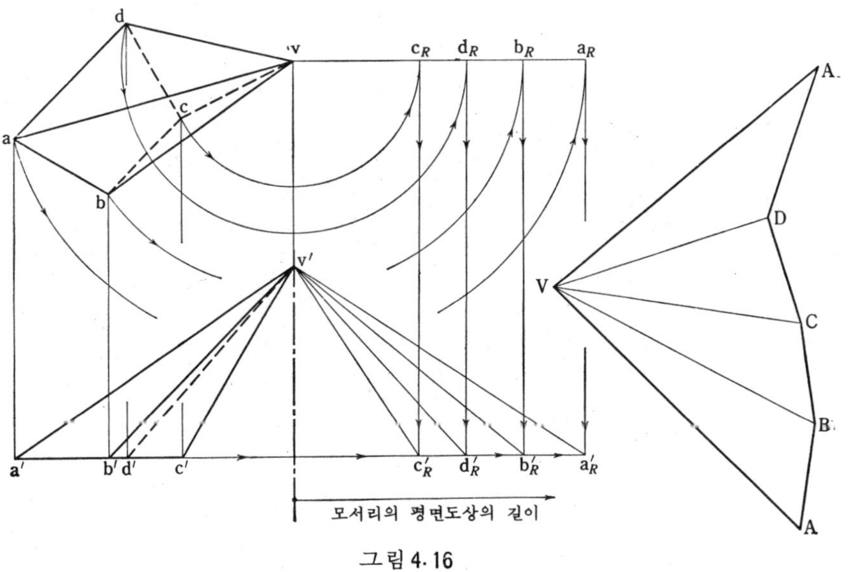

그림 4·16

4.5.2 경사원뿔 (그림4. 17)

밑원을 n 등분(그림에서는 12등분)해서 면소 VA, VB, …VH 을 긋는다. 이들 면소의 실장은 정면도에 도 평면도에도 나타나 있지 않다. 면소의 실장을 구하려면 전항과(그림4.15)같이 회전법에 의하는데 평면도에서 V 를 중심으로 회전시키는 대신, 정면도의 각 점 a', b', …e'…h'에서 회전축에 수직선을 긋고 회전축으로 부터의 거리를 각 면소의 평면도의 길이로 잡으면, $\overline{v'a_1'}$, $\overline{v'b_1'}$, …$\overline{v'e_1'}$…$\overline{v'h_1'}$ 가 각 면소의 실장이된다. 면소 VA 를 잇는부분으로 해서, 우선 면소 VA 의 실장($=\overline{v'a_1'}$)을 그리고, 다음에 V 를 중심으로하고 $\overline{v'b_1'}$ 를 반지름으로 하는호를 그리고, A 를 중심으로하고 밑원둘레의 1/12(=k)을 반지름으로하는호를 그리면, 그 교점이 B 가 된다. 이와 같은 방법으로 해서 C, D, …H, A 를 구해, 이들을 부드러운 곡선으로 연결하면 경사원뿔의 전개가된다. (이 그림은 외면전개).

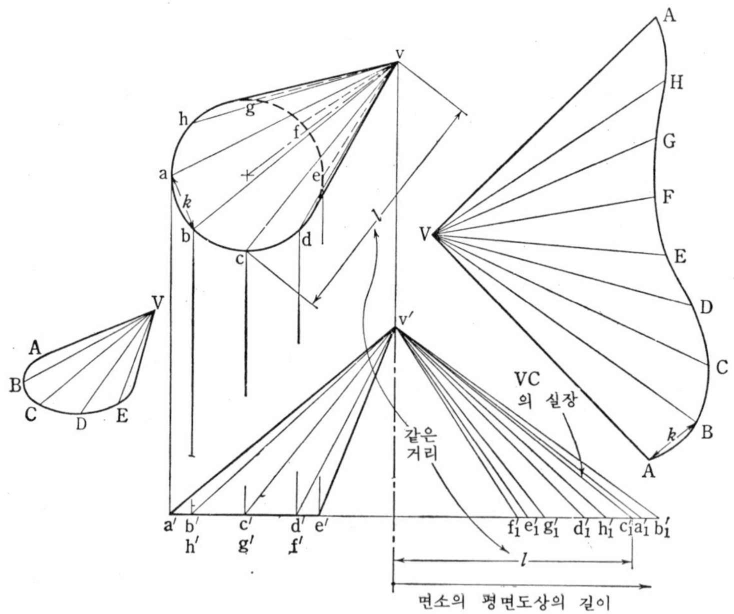

그림 4. 17

4.5.3 원기둥으로 잘라낸 경사원뿔 (그림4.18)

평면도를 6등분해서 12줄의 면소를 긋는다(실제로 긋는 것은 외형선 외에 4줄). 각 면소의 실장은 회전법에 의해서 구하지만, 보통회전법 에서는 작도가 정면도와 겹쳐서 복잡하게되므로, 회전축을 왼쪽으로 옮기고 XY 의 위치에 둔다. XY 에서 왼쪽 수평방향으로 각 면소의 평면도 길이를 취하고, 그들의 점과 v_1' 를 이으면, $\overline{v_1'\,a_1'}$, $\overline{v_1'\,b_1'}$ $\cdots\overline{v_1'\,g_1'}$ 가 각 면소의 실장이 된다. 각 면소의 실장과 평면도에있는 반원둘레의 1/6을 사용해서 경사원뿔의 전개도 V- AGA 를 그린다. 다음에 원기둥면(정면도에서는 원)으로 잘려진 면소의 길이를 구해서 전개도위의 대응하는 각 면소위에 취하면 된다. 잘려진 면소의 실장을 구하려면, 0′, 1′ ⋯5′, 6′ 에서 수평선을 긋고, 대응하는 면소의 실장선과의 교점 $0_1'$, $1_1'$, $2_1'$ ⋯$5_1'$, $6_1'$ 를 찾으면된다. $\overline{v_1'\,0_1'}$, $\overline{v_1'\,1_1'}$, $\overline{v_1'\,2_1'}$ ⋯가 구하려는 실장이다.

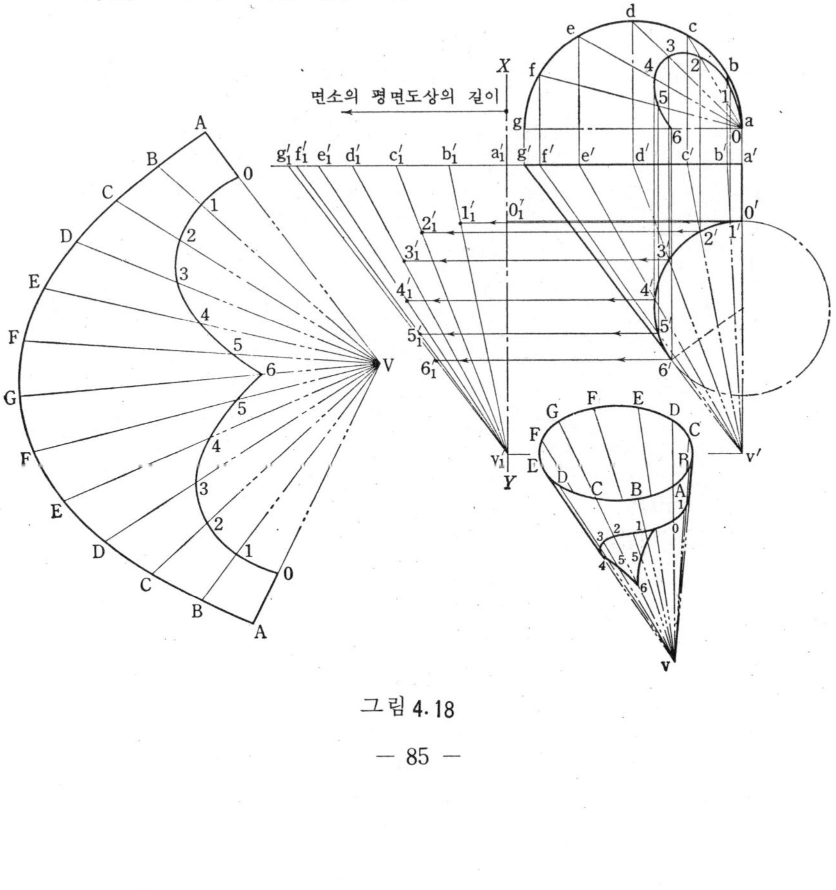

그림 4.18

4. 6 경사원뿔 가지관

4.6.1 두 축이 만나는 관

그림4.19(1)는 좌우대칭인 2개의 경사원뿔의 상관체이다. 안쪽 아랫쪽은 용접하도록 지시되어 있으므로, 이 부분을 잘라서 전개한다. 그림 4.19(2)에 그 전개도를 표시한다. 외형선을 연장해서 꼭지점 v, v′를 구한다. vv′는 수직으로 될 것이다. (그렇지 않으면 작도가 부정확하거나, 원래의 그림이 불량). 평면도(하면도)의 원둘레를 12등분해서 면소를 긋는다. v-v를 지나는 축 XY의 오른 쪽에 각 면소 평면도의 길이를 취하여 v′과 이으면 각 면소의 실장이 얻어진다. 각 면소의 실장과 평면도 원둘레의 1/12을 사용해서 경사원뿔의 전개도 V- AGA (그림에는 $\frac{1}{2}$ 만 그려져 있다)를 그린다. 상관 선상의 점 1′, 2′, 3′에서 수평선(축 XY에 수직으로)을 긋고, 대응하는 면소의 실장선과의 교점 1″, 2″, 3″를 구해, $\overline{v′1″}$, $\overline{v′2″}$, $\overline{v′3″}$의 길이를 전개 도상의 대응하는 면소위에 옮겨서 1, 2, 3을 정한다. (이 그림은 외면전개).

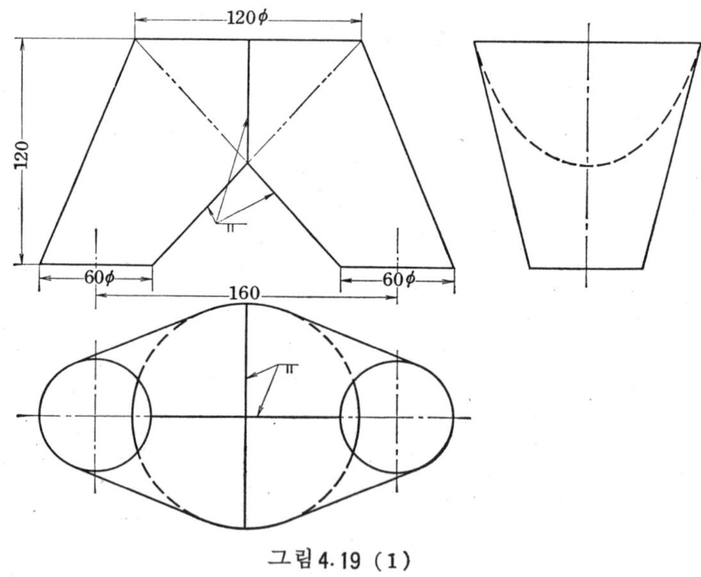

그림 4. 19 (1)

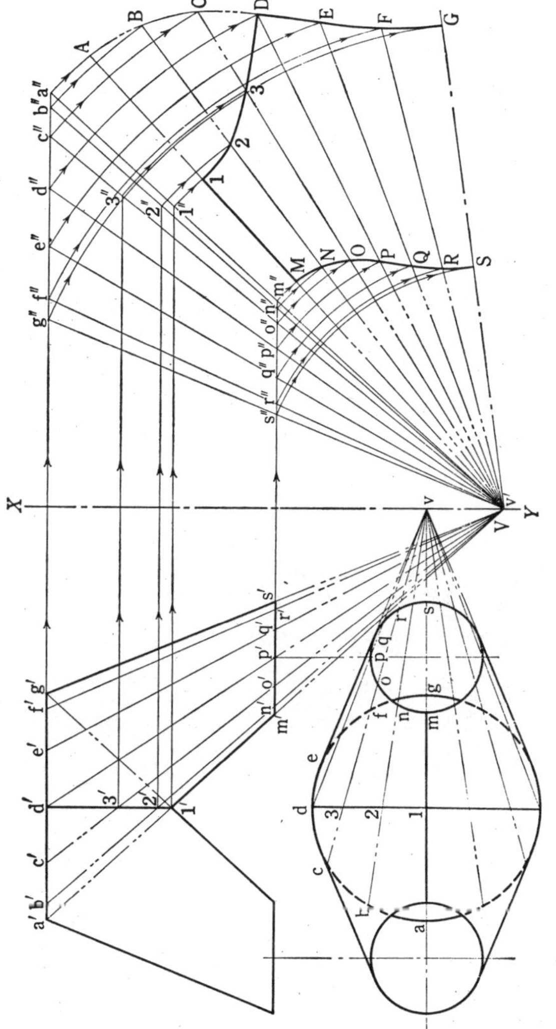

그림 4.19 (2)

4.6.2 비대칭 2축이 만나는관

그림4.20(1)은 그림4.18과는 달리 좌우의 경사원뿔관이 비대칭일뿐만아니라 경사원뿔의 축도 정면평행이 아니다. 그러나 전개의 방법은 그림4.19의 경우와 같다. 단지, 그림4.20(2)에서는 각 면소의 실장을 구하는 작도를 정면도의 오른쪽으로 옮기게하고, 회전축 XY 의 오른쪽에서[I]의 면소 실장을, 왼 쪽에서 [II]의 면소 실장이 구해졌다(이 그림은 [I] [II]모두 외면전개).

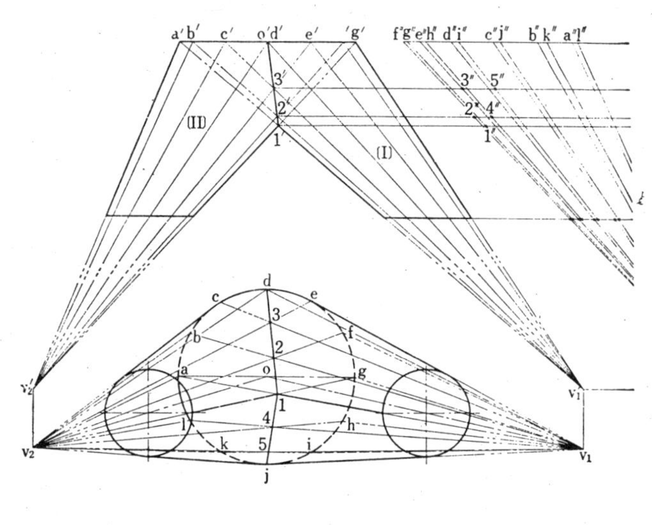

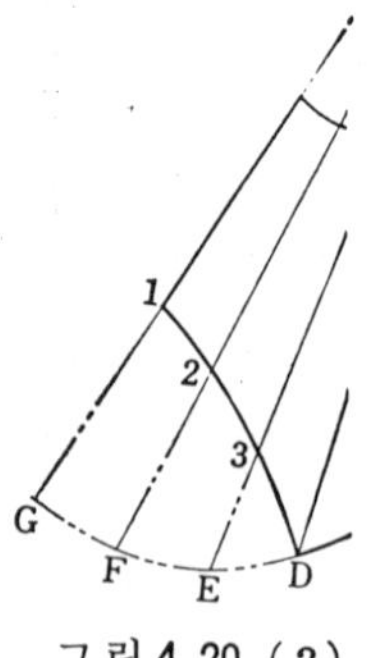

그림 4.20 (2)

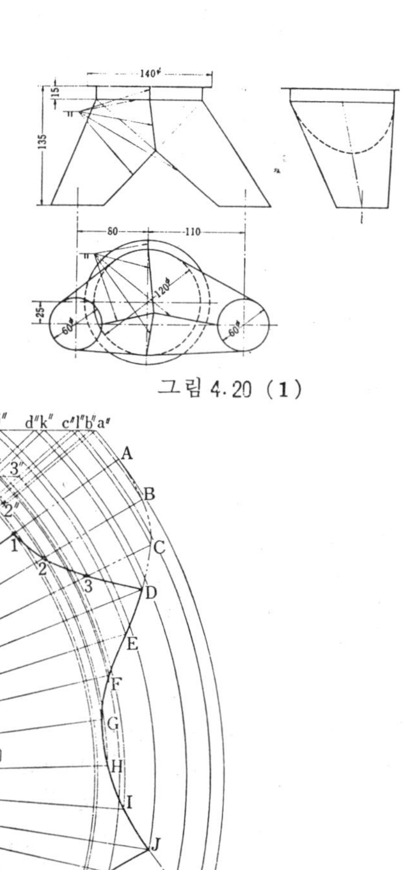

그림 4.20 (1)

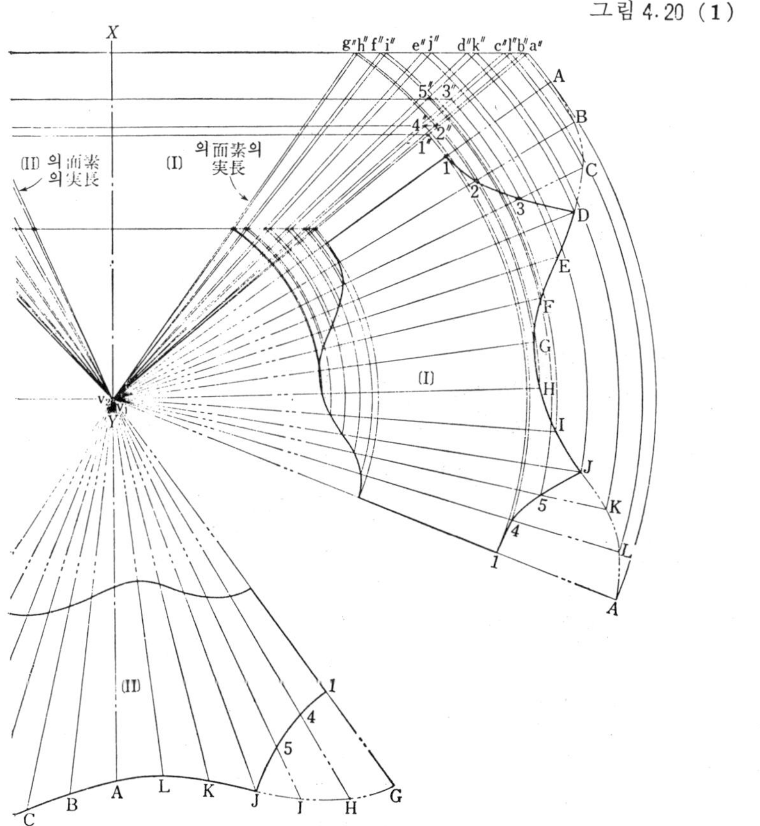

4.6.3 4축이 만나는 관

이것은 대칭인 4개의 경사원뿔의 상관체이다. 상관선의 평면도는 직선이 되어 보이므로, 이것을 이용해서 상관선의 정면도를 그린다. 평면도의 큰원의 반원둘레를 6등분해서 면소를 긋는다. 그들 각 면소의 평면도가 상관선의 평면도(직선)와 만나는 점을 6, 5, … 2로 하고, 여기에서 대응선을 내려, 정면도와 대응하는 면소위에 6′, 5′ … 2′를 구해 상관선 6′ 5′ … 2′ 1′를 그린다. 다음에 경사원뿔의 꼭지점 V를 지나는 연직회전축 XY를 긋고, 그우측에서 각 면소의 실장을 작도하여 경사원뿔 v′-a′ g′의 전개도를 그린다. 그 다음에 상관선상의 점 6′, 5′, … 2′에서 수평방향(축 XY에 수직방향)으로 평행선을 긋고, 대응하는 면소위에 6″, 5″, … 2″를 구해, 전개도위의 대응하는 면소상에 $\overline{v′6} = \overline{v′6″}$, $\overline{v′5} = \overline{v′5″}$, …가 되는 점 6, 5, … 2를 취하고, 이것을 부드러운 곡선으로 잇는다. (이 그림은 외면전개).

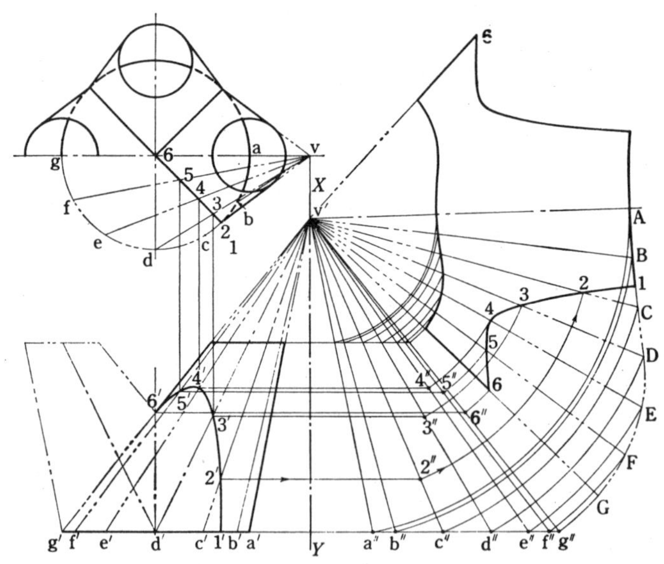

그림 4·21

4.7 각형 연결부

4.7.1 아래는 정4각형이고 윗부분은 원형인 연결부 (그림4.22)

이 형태는 같은 모양의 4개의 평면부 P와, 같은 모양의 4개의 곡면부
E로 이루어지고 있다. 곡면부는 경사원뿔의 일부이다. 평면도에있는 원의
1/4원 $\overparen{03}$을 3등분하고 정4각형의 꼭지점 A(a, a′)에서 곡면에 면소를 긋
는다. 이 각 면소의 실장을 구하기 위해 수직인 기준선 XY (회전축에 해당
된다)를 긋고, XY에서 오른쪽에 면소의 평면도의 길이를 취하여 a″와 잇
는다. $\overline{a''0''}$ (=$\overline{a''3''}$). $\overline{a''1''}$ ($\overline{a''2''}$)가 실장이다. 이와같이 면소나 모서리의실
장을 구하기 위해서, 정면도밖에서 작도한 그림을 **실장선도**라 하고 각형연
결부나 비틀린 면의 전개에는 자주 이용된다. 각 면소의 실장과 윗원의 12
등분길이로 A03부분의 전개도를 작도한다. 평면부P (△A 3 B)의 실형, 곡
면부 E의 전개를 차례로 이어 합쳐서 완성한다. (이 그림은 외면전개).

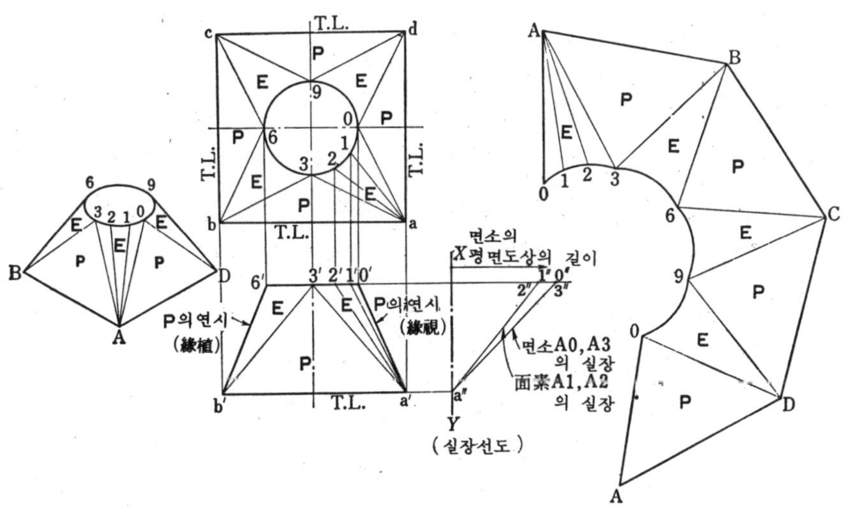

그림 **4.22**

4.7.2 경사면에 따르는 하부직사각형의 연결부(그림4.23)

삼각형의 평면부 **P, Q, R**과 경사원뿔면 **E, F**로 되어 있다. 평면도의 반원둘레를 6등분해서, 등분점과a, b를 연결하고, 뿔면 **EF** 상의 면소를 긋는다. 여기에 대응하는 정면도의 면소 $a'0', \cdots a'3', b'3', \cdots b'6'$를 긋는다. 정면도의 오른쪽에 실장선도를 만들어서 각 면소의 실장을 구한다. 면소의 실장과 원둘레의 6등분길이에 의해서 뿔면부 **E, F**를, 그리고 정면도, 평면도에서 아래 직사각형 변의 실장 $\overline{a'b'}$, $\overline{ad}$, $\overline{bc}$에 의해서 평면부 **P, Q, R**의 실형을 구해 차례로 연결하면 된다. OM에서 절개하였으므로 전개도에서는 **R**

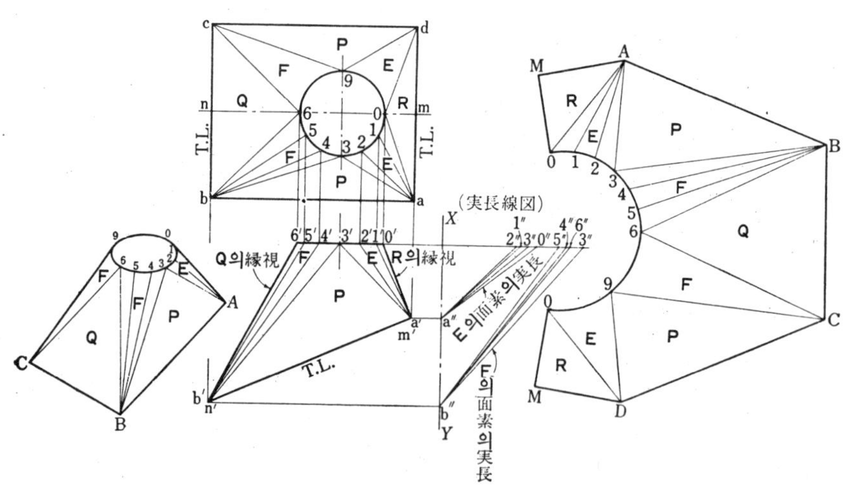

그림 **4.23**

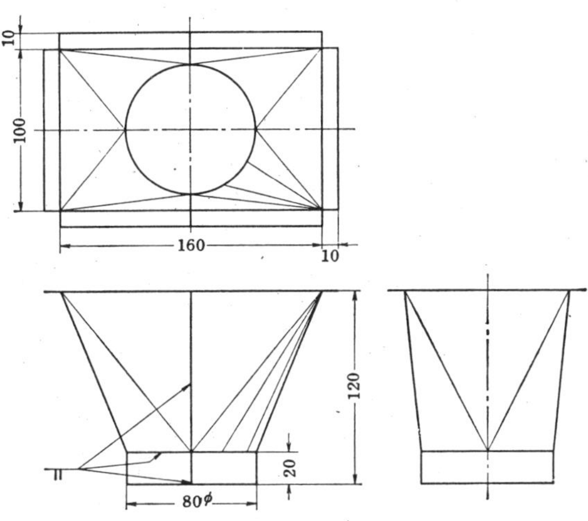

그림 4.24

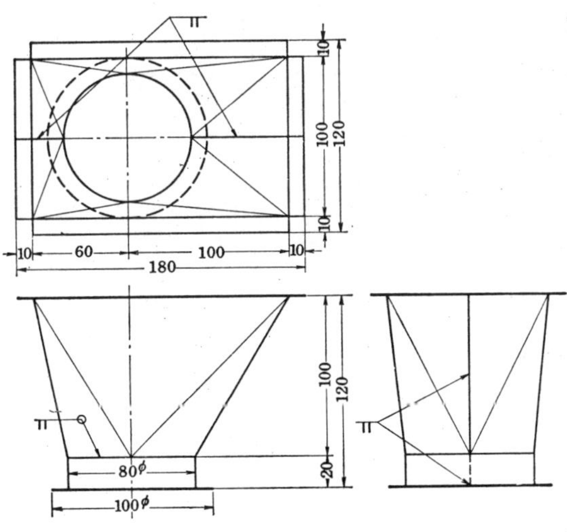

그림 4.25

이 상하 둘로 나누어져 있다. (이 그림은 외면전개).

그림4. 22, 그림4. 23과 같은 각형연결부의 전개는 기능경기대회나 기능검정에 자주 출제되고 있다. 또 실용상으로도 자주 부딪치는 과제이므로 이런 종류의 문제에는 충분히 **연습**해 두어야할 필요가 있다. 그림4. 24, 그림4. 25는 각종 시험문제로 출제될 가능성이 많은 문제이므로 정확히 이해하여야 한다.

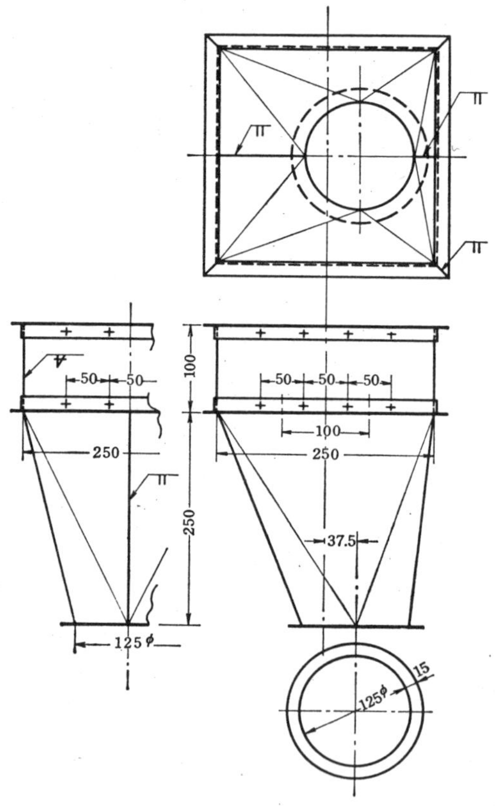

그림 4. 26

4.7.3 직립 4 각관과 수평원관사이의 각형 연결부(그림4.27)

이 각형연결부와 수평관의 이음(상관선)은 타원형이 된다. 이 타원의 실형이 보이는 부투영도(부평면도)를 오른쪽 위에 만든다. 타원 실형의 반원둘레를 6등분하고, 등분점을 0, 1, 2, 3, 4, 5, 6으로 한다. a0, a1, a2, a3 은 뽑면 **E** 의 면소이고 b3, b4, b5, b6 은 뽑면 **F** 의 면소이다. 이에 대응하는 정면도의 면소 a′0′, a′1′, a′2′, a′3′ 및 b′3′, b′4′, b′5′, b′6′, 을 긋는다. 6′→0′ 방향으로 선을 긋고, 여기에 수직인 기준선 XY 를 긋는다. a′, b′ 에서 XY 에 수선을 긋고 a″, b″를 정한다. 6′→0′ 의 연장위 XY 에서 바깥쪽(오른쪽아래)에 부평면도 면소의 길이 a0, a1⋯b3 , b4⋯를 취하여, 이들의 각점과 a″ 및 b″를 이으면 면소의 실장이 얻어진다. 이들 면소의 실장과 타원 반원둘레의 6등분길이를 사용해서 뽑면 **E** 및 뽑면 **F** 부분의 전개도를 그린다. 면**P**, 면**R**, 면**Q** 는 각각 삼각형의 평면이다. 면**P** (삼각형AB3) 의 3 변의 실장은 AB 가 정면도의 $\overline{a'b'}$, A 3 과 B 3 이 실장선도의 $\overline{a''3''}$, $\overline{b''3''}$에 나타나므로 이들을 사용해서 작도하고, 그 양쪽에 뽑면 **E** 및 뽑면**F** 부분의 전개도를 붙이면 된다. 또 면**R** (2등변삼각형AD 0)의 3 변 실장은 평면도의 ad와 실장선도의 $\overline{bc}$와 실장선도의 $\overline{b''6''}$을 사용해서 작도한다. 이 그림에서는 MO 를 자른 전개도의 1/2만을 표시했다. 수평원관의 부분〔Ⅲ〕의 전개는 평행전개법 (24페이지 그림2.4)에 의한다. 이 그림에서는 〔Ⅱ〕의 부분은 외면전개, 〔Ⅲ〕의 부분은 내면전개로 되어 있다.

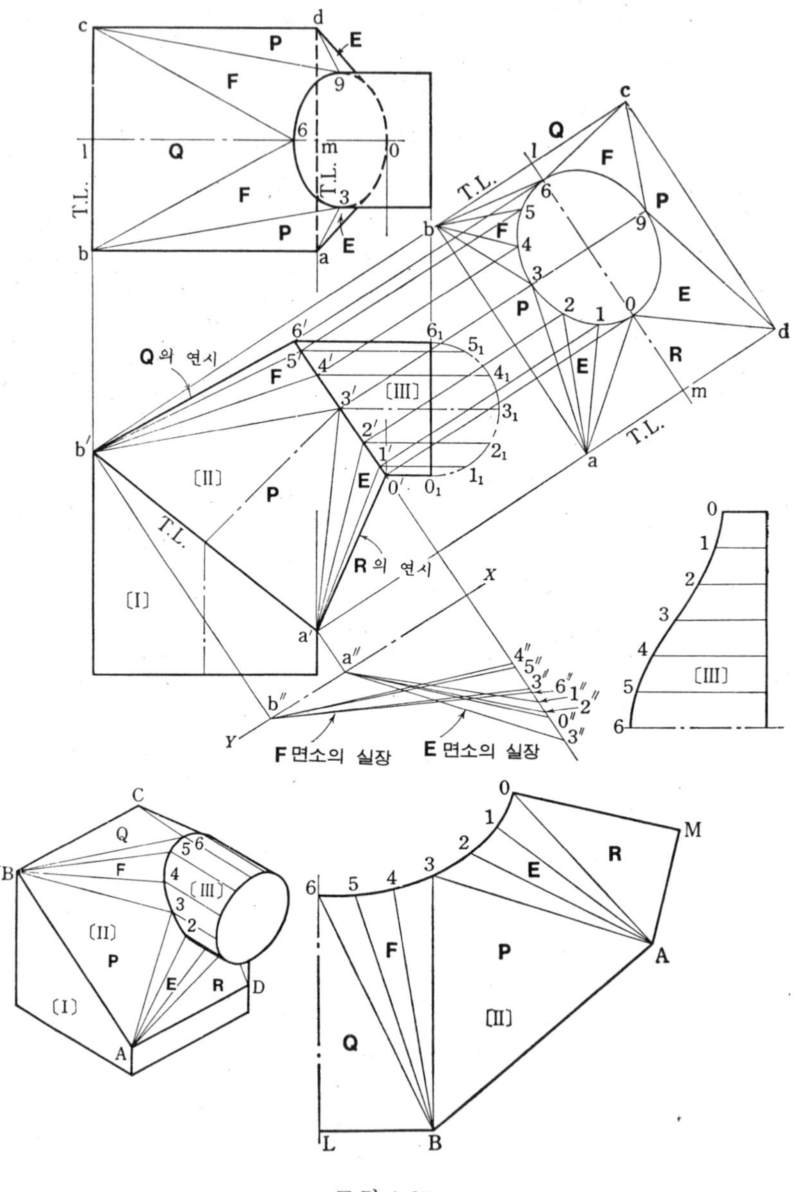

그림 4·27

4.8 회 전 면

앞의 장에서는 축을 포함한 평면에서 작은 편으로 분활하고, 분활된 작은
편을 기둥면의 일부라 간주하고 평행전개하였다. 이 장에서는 수직인 평면
에서 둥글게 끊어 분활하고, 분활한 띠형 작은 편을 원뿔면의 일부로 간주
해서 방사전개한다.

4.8.1 구 면(그림 4.28)

반원둘레를 6등분하고 등분점을 지나는 수평평면에서 둥글게 끊어서 분
활한다. 분활한 작은부분 D를, t를 꼭지점으로 하고 p′를 지나는 위원(緯圓)
을 밑원으로 하는 직원뿔이라 간주해서 전개한다(T를 중심. 반지름 $\overline{t'p'}$ 의
원호의 길이를, p′를 지나는 위원 원둘레에 같게 취한다). 다음의 띠형 작
은 편 C는 n′p′를 연장한 u′를 꼭지점으로 하고, 밑원이 n′을 지나는 위원
에 해당하는 직원뿔이라 간주해서 전개한다(u를 중심, 반지름 $\overline{u'n'}$ 의 원호
의 길이를 n′을 지나는 위원의 원둘레와 같게 취하고, 다시 U를 중심, 반지
름 $\overline{u'p'}$ 의 원호를 그린다). 이와 마찬가지로 띠형 작은편 B, A를 전개한
다.

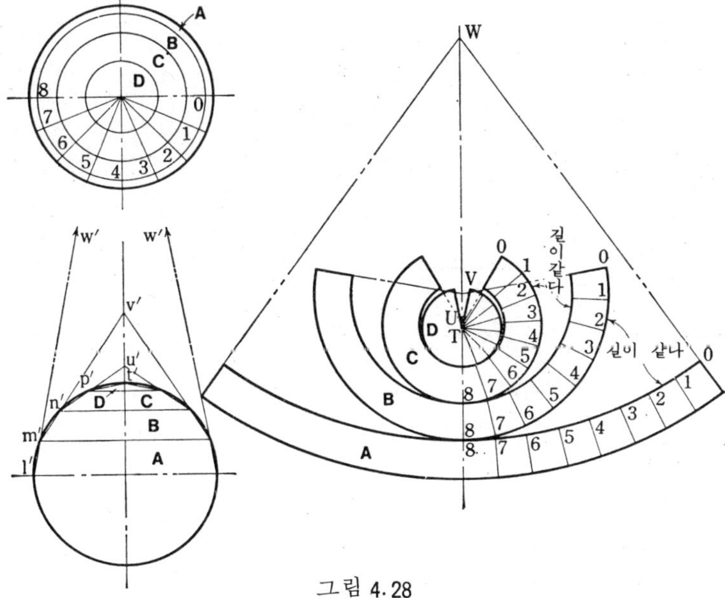

그림 4.28

4.8.2 원 환(圓 環)

그림 4.29는 원환의 $\frac{1}{2}$ 전개를 표시한다. 정면도에 있는 작은 원의 반 원둘레를 6등분하고, $1', m', n', p', q', r', s'$로 한다. 이들의 점을 지나는 수평평면으로 둥글게 끊고 분할된 작은 편을 바깥에서 차례로 A,B,C,D,E, F로 한다. 작은 편 A를 $1'm'$의 연장상에 있는 v_1'를 꼭지점으로 하는 직 원뿔의 일부를 간주해서 띠형으로 전개한다. 마찬가지 방법으로 작은 편 B 는 V_2', C는 V_3', D는 V_4', E는 V_5', F는 V_6'를 꼭지점으로하는 직원뿔 의 일부를 간주해서 띠형으로 전개한다. 이 그림에서는 지면의 형편상 A,B, C,D는 왼쪽 반분, E,F는 오른쪽 반분만이 그려져 있다.

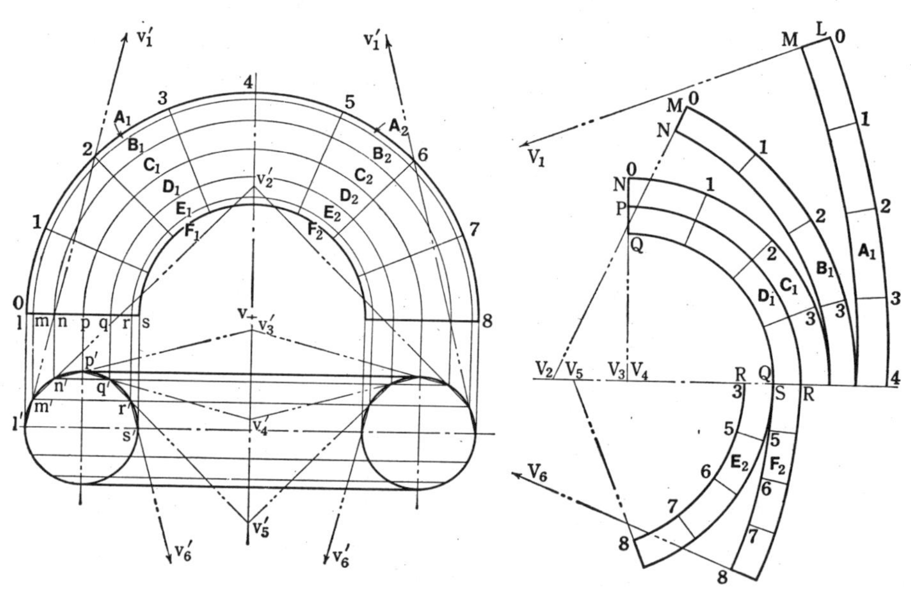

그림 4.29

5 삼각형전개법

5.1 원 뿔 대

절두원뿔은 일반적으로는 방사전개법에 의한다. 그러나 2장 그림 2.7 에서 설명한 바와 같이 꼭지점이 지면 밖으로 나가게 된다거나, 큰 컴퍼스가 없을 경우에는 삼각형전개법에 의해서 전개한다.

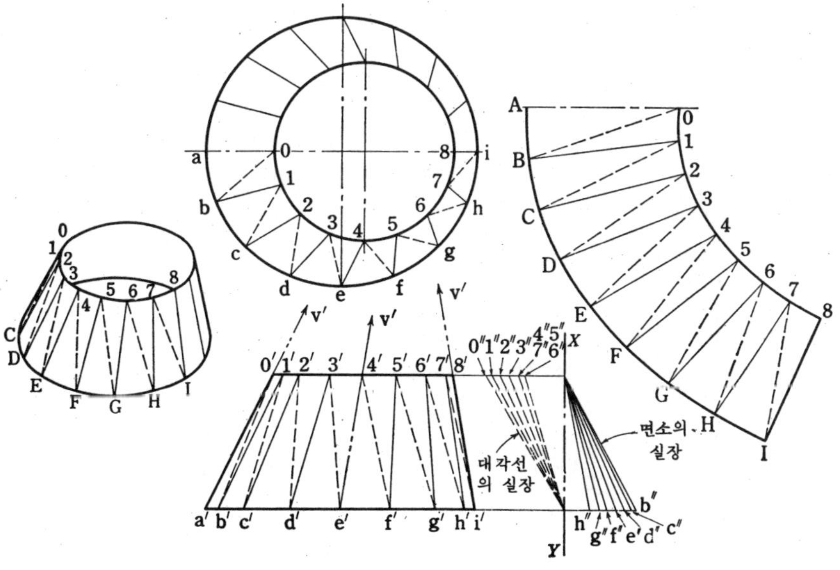

그림 5.1

5.1.1 경사원뿔대

아랫원 및 윗원의 반원둘레를 8등분해서, 각각의 분활점을 이어서 면소를
긋는다. 인접 면소와 두 원으로 둘러싸인 부분을 4변형이라 간주하고, 점선
으로 표시한 것과 같은 대각선을 긋는다. 정면도의 오른쪽에 XY를 기준선
으로 해서 실장선도를 만들고, 각 면소 및 대각선의 실장을 구해서 전개한
다(이 그림은 외면전개).

5.1.2 경사원뿔 2축이 만나는 관

그림 5.2는 4장 그림 4.19와 같은 2축이 만나는 관을 삼각형전개법에의
해서 전개한 것이다. 평면도(하면도)의 큰 원 및 작은 원의 반원둘레를 각각
6등분하고, 각각의 분활점을 이어서 면소 am, bn, co, dp, eq, er, gs를 만든다.
다음에 인접 면소의 대각선 bm, cn……gr을 긋는다. 이들에 대응하는 정면도

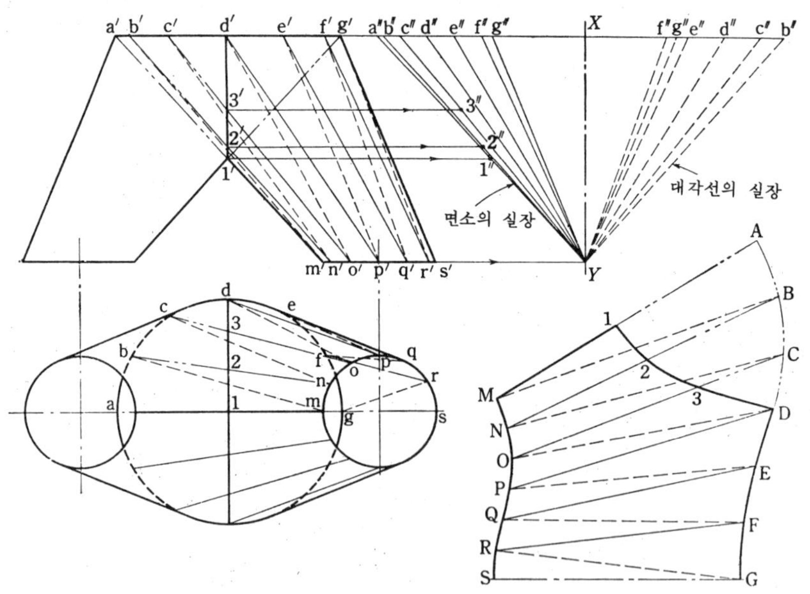

그림 5.2

를 만든다. 정면도 오른쪽에 기준선 XY를 긋고, XY에서 왼쪽에 면소의 평면도의 길이, 오른쪽에 대각선의 평면도를 취하고, 면소 및 대각선의 실장을 작도한다. 면소와 대각선의 실장 및 위의 원(큰 원), 아랫원(작은 원) 원둘레의 1/12의 길이를 기준으로해서 경사원뿔대의 전개도 AGAMSM(그림에는 그 반만 표시함)을 그린다. 다음에 정면도에서 면소 c′o′, b′n′, a′m′가 상관선과 만나는 점, 3′,2′,1′에서 아랫원의 각 분할점까지의 실장을 구해(3′, 2′,1′에서 각각 수평선을 긋고, 대응하는 면소의 실장선과의 교점 3″,2″,1″를 정하면 된다) 그 길이를 전개도의 MA, NB, OC위에 옮겨서, 1,2,3을 결정한다(이 그림에서는 외면전개).

그림 5.3도 그축이 만나는 관을 삼각형법으로 전개한 것이지만, m′(m)으로 부터의 대각선을 b′(b)가 아니고, 2′(2)에, 또 n′(n)로부터의 대각선을 c′(c)가 아니고 3′(3)에 연결되어 있다. 이와같이 하면 그림 5.2의 전개도

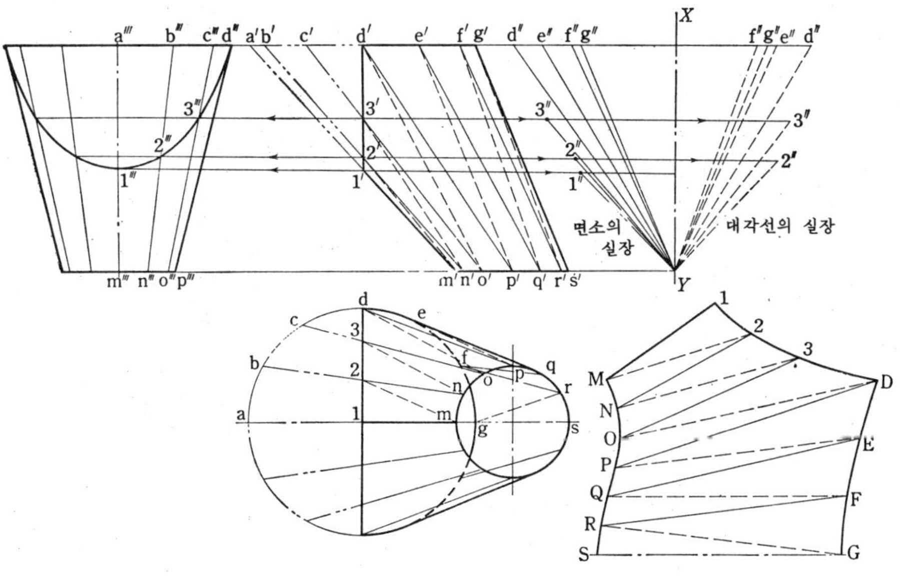

그림 5.3

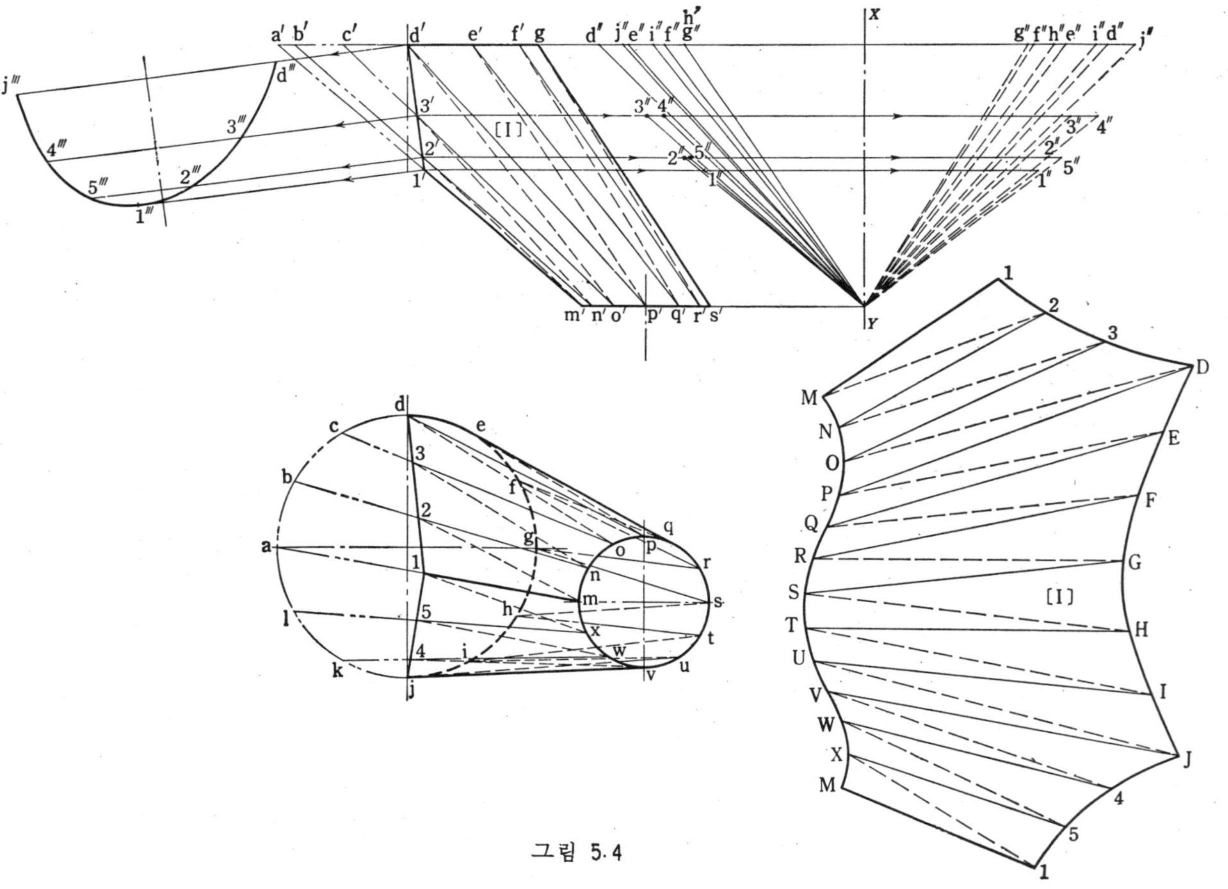

그림 5.4

의 곡선 ABC의 부분을 그리지 않고, 직접 1, 2, 3의 위치를 구할 수가 있다. 그 대신에 $\overline{12}$, $\overline{23}$, $\overline{3D}$의 길이가 필요하게 되고, 그것을 구하기 위해서 상관곡선의 실형이 나타나는 부투영도(이 그림에서는 측면도)를 그리지 않으면, 안된다. 이 측면도의 $\overline{1''2''}$, $\overline{2''3''}$, $\overline{3''d''}$가 실장이다. 따라서 그림 5.2와 비교해서 반드시 작도가 간단하다고만은 할 수가 없다.

5.1.3 비대칭 2축이 만나는 관

그림 5.4는 4장 그림 4.20과 같은 경사원뿔비대칭 2축이 만나는관의 한쪽[1]을 삼각형법으로 전개한 것이다. 원둘레를 12등분해서 면소를 그린다. 면소 ma, nb, oc, wk, xe가 상관선과 만나는 점 1, 2, 3, 4, 5에서 대각선 1x, 2m, 3n, 4v, 5w를 긋는다(여기에 대응하는 정면도도). 윗원(큰원)의 원둘레위의 점 d, e, f, g, h, i, j를 지나는 면소 dp, eq, f r, gs, ht, iu, jv를 긋고, 다시 대각선 ep, f q, gr, bs, it, ju를 긋는다. 정면도의 오른쪽에 기준선 XY를 수직으로 긋고, 정면도의 이들 각 점에서 수평선을 오른쪽으로 긋고, XY의 왼쪽에 면소의 평면도 길이, 오른쪽에 대각선의 평면도의 길이를 취해서, 면소 및 대각선의 실장을 작도한다. 윗원(큰 원) 및 아랫원(작은 원)의 12등분길이는 평면도에 나타나 있다. 상관선에 따라서 길이 $\overline{12}$, $\overline{23}$, $\overline{3D}$……의 실장을 얻기 위해서는 접합면(상관선)의 실형이 보이는 부투영도(부평면)를 만들지 않으면안된다. 정면도의 상관선 d′l′에 수직방향으로 대응선을 그어서 작도한다. 이 그림에서 $\overline{6''3''}$, $\overline{3''2''}$, $\overline{2''1''}$, $\overline{1''5''}$, $\overline{5''4''}$, $\overline{4''J''}$가 실장이 된다.

5.2 비틀린 면

5.2.1 축이 만나는 관

그림 5.5는 그림 5.3의 아래위를 뒤집어 놓은것 처럼 보이지만, 위의 원 (작은 원)과 아래의 원(큰 원)이 나란하지 않다. 이 경우 곡면은 비스듬한 원뿔이 아니고 비틀림 또는 접평면콤보류으트＊가 된다. 이그림에서는 양 끝 원의 등분활점을 잇는 면소로 형성된 비틀림면으로해서 전개하였다. 전개의 방법은 그림 5.3의 경우와 거의 같다. 정면도의 위끝 m′s′를 지름으로 하는 반원을 그려서 6등분하여 면소 및 대각선을 긋는다. 우측에 실장선도를 작도해 놓았으나 m′, n′……s′의 높이가 각각 다르므로 실장선이 1점에 집중되어 있지 않은 점에 주의하라. 상광선에 따르는 실장은 왼쪽의 측면도에서 얻어진다.

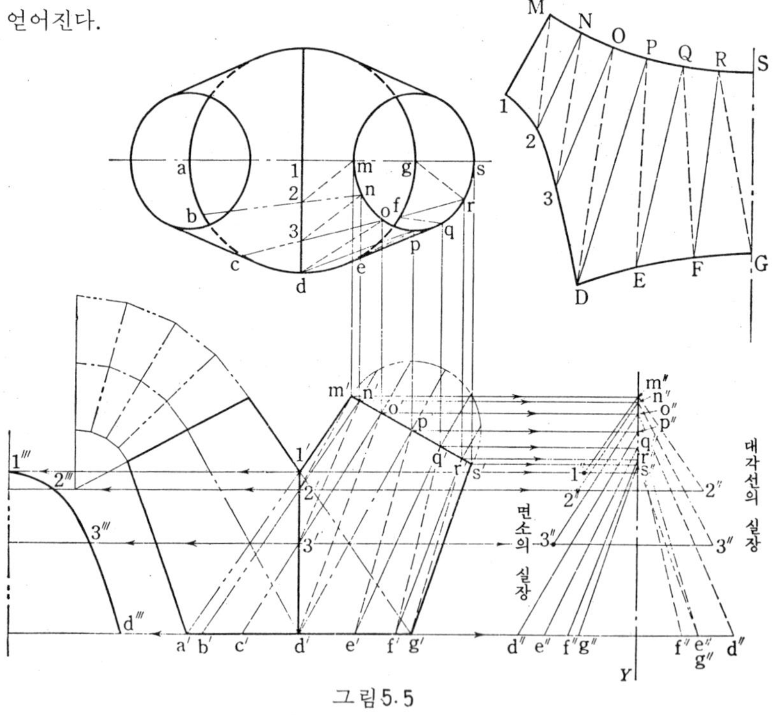

그림 5·5

5.2.2 4축이 만나는 관(그림 5.6)

전개방법은 전항(그림 5.5)과 거의 같으므로, 다른 점만을 들어보기로 한다. 평면도에서 상관선은 직선으로 보이지만 정면도에서는 곡선이 된다. 정면도의 1, 2, ……6에서 대응선을 긋고, 대응하는 면소위에 1′, 2′, ……6′를 구해서 그린다. 상관선에 따른 실장을 구하는데 이제까지의 예에서는 접합면(상관선을 포함한 연직평면)에 수직방향의 시선(視線)에 의한 실형도를 그렸지만, 이 그림에서는 면소와 대각선의 실장은 따로 상관선 분할길이의 실장선도를 작도하였다. 즉, 기준선 UV에서 왼쪽으로 상관선 분활길이의 평면도 길이 $\overline{12}$, $\overline{23}$, $\overline{34}$, $\overline{45}$, $\overline{56}$을 취하여, 그 실장이 작도되어 있다(이 그림은 외면전개).

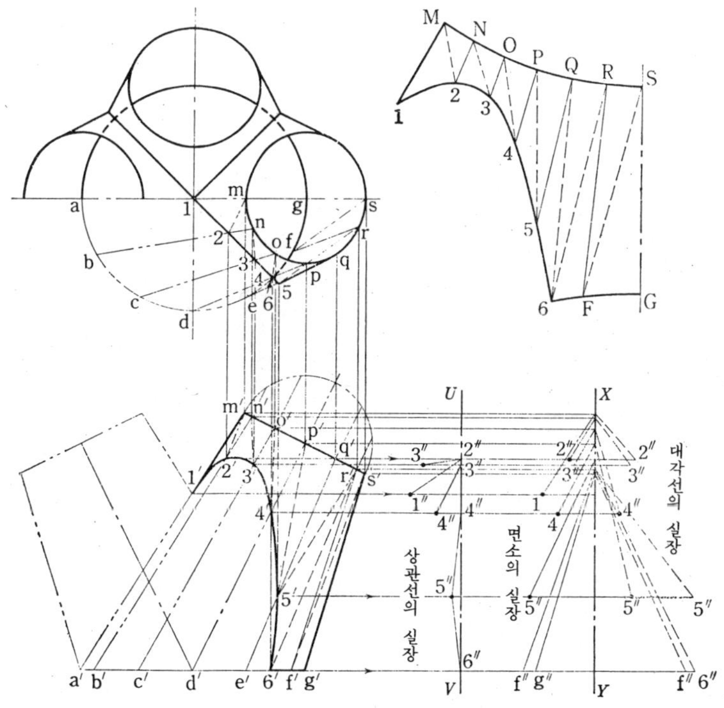

그림 5·6

5.2.3 비틀린면과 접평면콤보류으트

그림 5.7은 서로 수직인 두 원의 등분활점을 잇는 면소를 가진 비틀린면
이다. 그림 5.5와 마찬가지로 면소와 대각선의 실장을 구해서 전개하면 된
다. 이 비틀림면과 아주 비슷한 곡면으로 접평면콤보류으트가 있다. 일반적
으로 접평면콤보류으트라함은 두개의 곡선에 동시에 접하면서 평면이 옮겼을
때에 생기는 포락면(包絡面)이다.

이곡면은 비틀림면과 달라서, 이론상 전개가 가능한 곡면이다. 그림 5.8에 예
시한 것은 그림 5.7과 마찬가지로 서로 수직인 두 원에 동시에 접하는 접평
면군(接平面群)에 의한 포락면이다. 이 경우의 면소는 두 원에 동시에 접하
는 평면을 만들고, 그 접점을 이으면 얻을 수 있다. 즉 (1) 밑원(큰 원)의원
둘레를 12등분하고, 등분점에서 밑원에 접선을 밑평면(밑원의 평면)위에 긋
는다. (2) 밑평면위의 접선이 정면평면(정면원의 평면)과 만나는 점에서 정
면원에 접선을 그어 정면원 위의 접점을 구한다. (3) 두원의 접점을 이으면
면소가 된다.

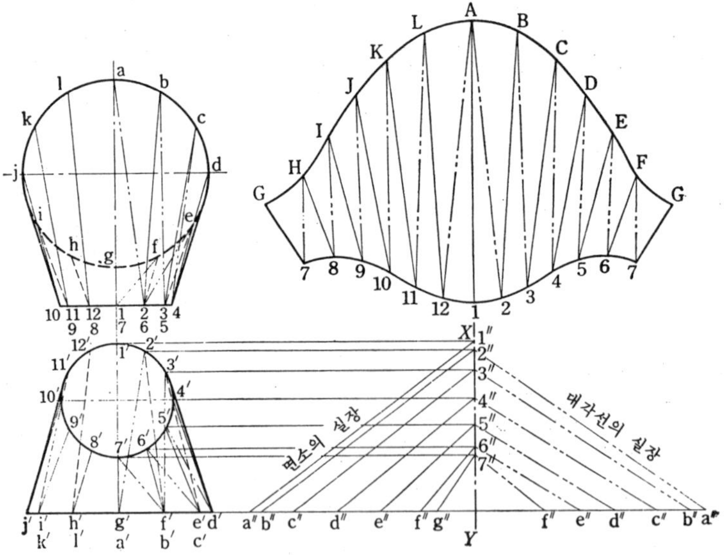

그림 5.7

그림 5.8(2)에는 이 방법으로 12줄
의 면소를 그었다. 정면원의 접점이
원을 등분활하고 있지 않은 점에 주
목하라.

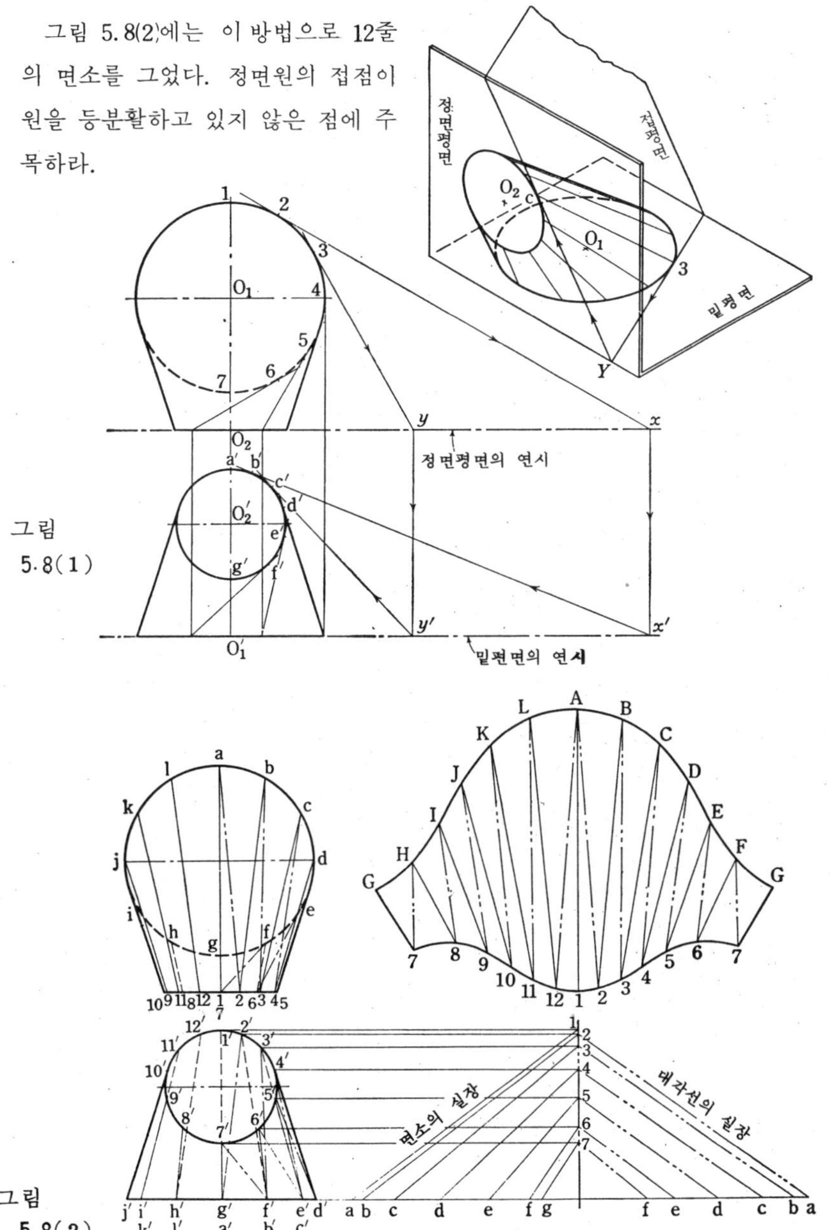

그림
5.8(1)

그림
5.8(2)

5.2.4 구석이 둥글게된 각형연결부(그림 5.9)

이 입체는 평면부분 P, Q, R과 곡면부분 E, F로 구성되어 있다. 곡면 E는 비스듬한 원뿔, 곡면 F는 비틀림면이다. 평면도의 반원둘레를 6등분해서 그 분점을 1, 2, ……7로 한다. 1, 2, 3, 4와 b를 이어서 곡면 E의 면소를 만든다. 또 밑면의 원호부분 $\widehat{cf}$를 3등분해서 c4, d5, e6, f7을 이으면 곡면 F의 면소가 얻어진다. 곡면 F의 입접면소간에 대각선을 긋고, 정면도의왼쪽에 그린 실장선도에 의해서, 이들의 면소와 대각선의 실장을 구해서 3각형전개를 한다. 곡면 E는 비스듬한원뿔의 일부이므로 면소의 실장을 실장선도에 의해서 구하여 방사전개 한다. 윗면 및 밑면 원호부의 실장은 평면도에 나타나있다(이 그림은 외면전개)

5.2.5 복 합 입 체

그림5.10의 입체는 절단선으로 Ⓐ Ⓑ의 두 부분으로 분리된다. Ⓐ는 직원뿔의 4분활체의 꼭지점을 비스듬하게 절단한 것으로 평면부 P. Q와 원뿔면부 E로 되어 있다. 평면도의 1/4원을 3등분해서 원뿔의 면소를 그려서 방사형전개로한다. 비스듬하게 끊은 꼭지점의 면소(및 모서리)의 실장은 정면도에서 각 면소(모서리)가 절단평면과 만나는 점1′.2′, 3′를 구해, 1′, 2′, 3′에서 오른 쪽으로 수평선을 긋고, v′d′와의 교점 1″, 2″, 3″를 구하면 $\overline{v'1''}$, $\overline{v'2''}$, $\overline{v'3''}$가 실장이 된다. Ⓑ는 평면 R, S, T, U와 비스듬한원뿔면 F로 구성되어 있다. 곡면 F의 부분은 면소 ha(h′a′), hb(h′b′), hc(hc′), hd(hd′)의 실장을 구해서 방사전개를 한다. 평면 R, S는 4변형이므로 2장 2.8에 준해서 대각선으로 두 개의 3각형을 만들어 각 모서리 및 대각선의 실장을 구해 3각형법에 의해서 전개한다. 비스듬한 원뿔의 면소와 평면 R, S, T, U의 각 모서리 및 대각선의 실장은 정면도의왼쪽에 그린 실장선도에 의해서 작도하였다.

또 이 그림에서 Ⓐ Ⓑ 모두 외면전개이다.

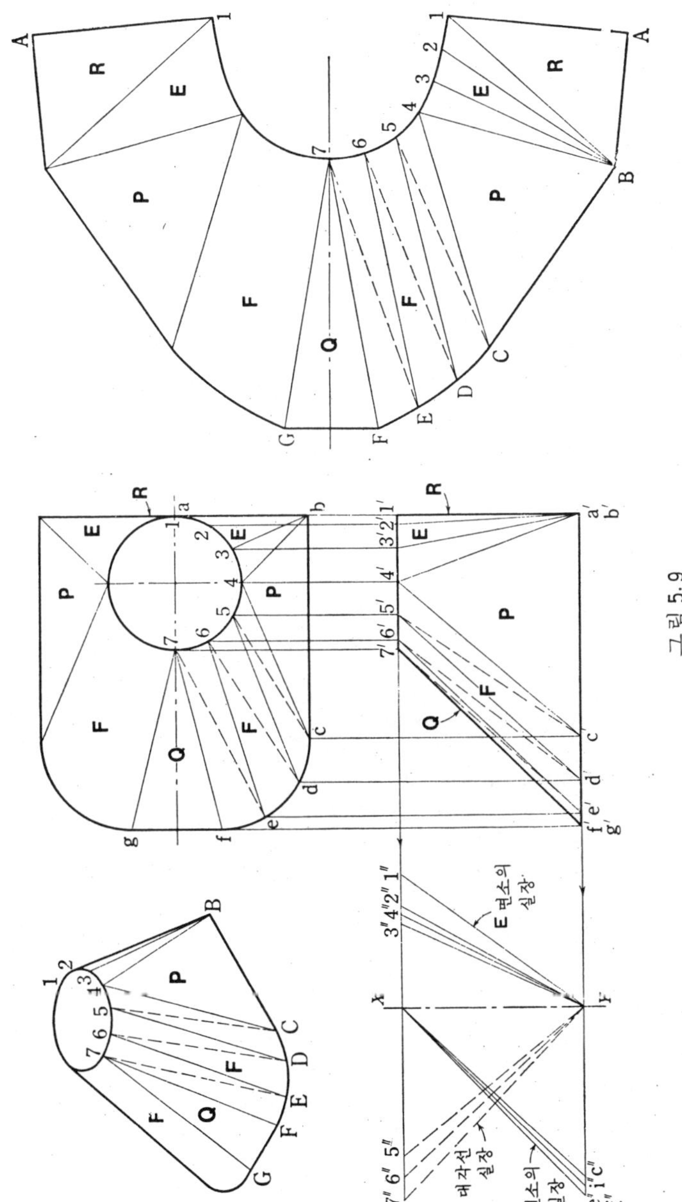

그림 5.9

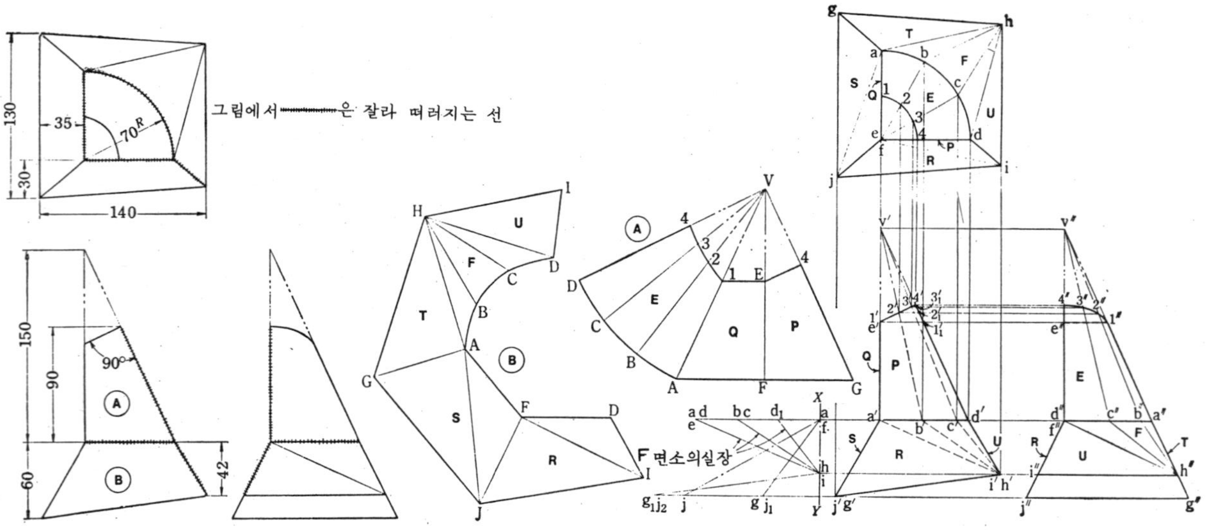

그림 5.10

5.2.6 만곡된 4각관

그림 5.11은 서로 수직인방향으로 세로와 가로의 비가 다른 직각4각형

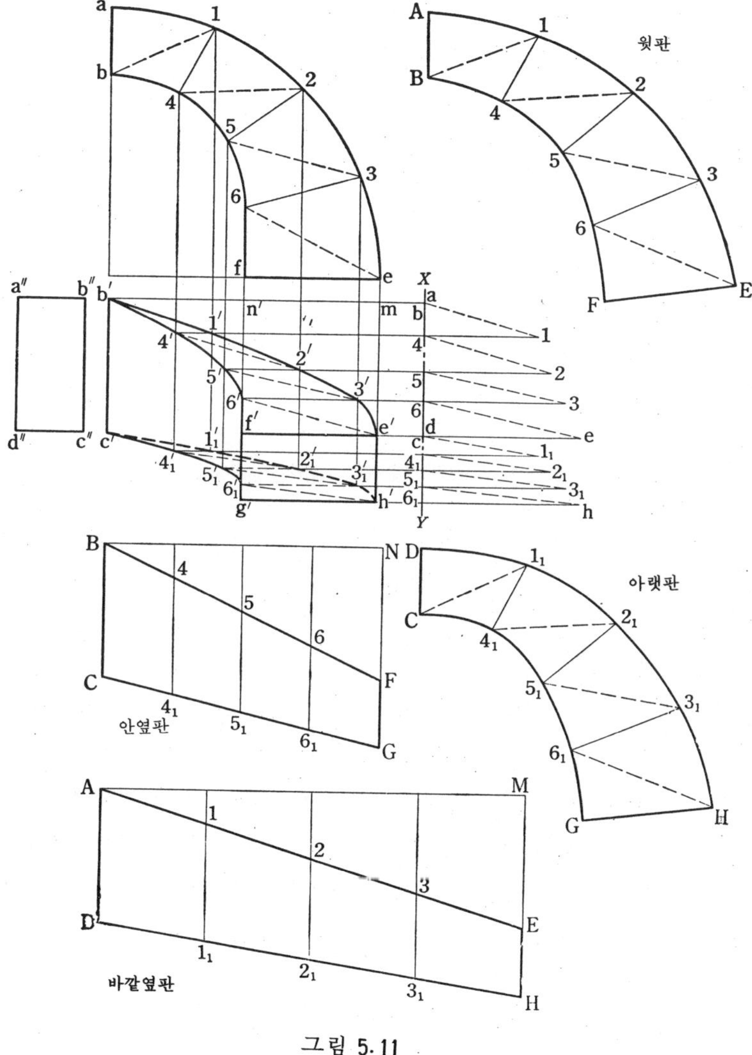

그림 5.11

구멍을 연결하는 4각관으로 안쪽판, 바깥판, 윗판, 아래판으로 구성되어있다. 평면도에서 안쪽곡선 $\overset{\frown}{bf}$, 바깥쪽곡선 $\overset{\frown}{ae}$를 4등분해서 등분점을 통해잇는다. 안쪽곡선이나 바깥쪽곡선은 끊임없이 일정한 비율로 내려가고 있으므로 등분점을 통해서 이은 線 41, 52, 63은 수평으로 평면도에 실장이 나타나 있다.

안쪽판의 전개는 다음과 같이 한다. BC를 $b'c'$와 같게 취하고, 또B에서 수선을 내려 $\overline{NF}=\overline{n'f'}$, $\overline{NG}=\overline{n'g'}$인 점 F, G를 정해, BF, CG를 이으면 된다. 바깥판도 안쪽판에 준해서 작도할 수 있다.

윗판의 전개는 다음과 같이 한다. 대각선, b1, 42, 53, 6e를 긋고(정면도에 대해서도 같음), 이들의 실장은 실장선도를 만들어 구한다. 안쪽곡선의 실장 B 456F 는 안쪽판의 전개도에, 바깥쪽곡선의 실장은 바깥판의 전개도에 나타나 있다. 이들을 사용해서 3각형법으로 전개한다.$(\overline{AB}, \overline{B1},$ $\overline{A1}$에 의해서 $\triangle AB1$를, $\overline{B1}, \overline{B4}, \overline{41}$에 의해서 $\triangle B14$를 순서대로 작도해서 이어나간다). 아랫판에 대해서도 윗판과 마찬가지로 수평면소와 대각선의 실장을 구해, 이실장과 안쪽판, 바깥판 밑변의 길이를 사용해서 전개한다.

5.2.7 나선형 판

그림 5.12는 원기둥에 폭 $\overline{4'd'}(=\overline{10'j'})$의 직각나선면을 감은 형태를 표시한 것이다. 원둘레를 12등분해서 방사형으로 그은 면소 1a, 2b……12I는 모두가 수평직선으로 실장이 나타나있다. 12분할한 작은부분을 다시 대각선으로 둘로 나누어 삼각형으로 간주하고 전개한다. 나선에 따른 분활길이와 대각선의 실장은 실장선도의 $\overline{a''b''}, \overline{1''2''}, \overline{a''2''}$이다. 이것을 사용해서 전개도의 1A2, A2B의 부분을 그린다. 마찬가지 방법으로 나머지 부분도 완성한다.

이 작도는 여간 정확하게 하지않으면 최종면소 M13이 A1과 엇갈리고만다. 실제적으로는 다음과 같이해서 전개도를 만드는 편이 정확하다. 그림의 아래에 표시한것처럼 평면도 바깥쪽 원(큰원)의 원둘레와 같게 A0를 취하

여 0에서 리이드L 의 길이로 수선을 세워, AM을 이으면 AM은 바깥 나선
의 실장이다. 평면도 큰원의 반지름을 r_1, 작은 원의 반지름을 r_2, 전개도
큰원의 반지름을 R_1, 작은 원의 반지름을 R_2 라 하면,

$$R_1 = \frac{\overline{AM}}{2\pi} \quad\text{------------------------------ (1)}$$

$$R_2 = \frac{\overline{AM}}{2\pi} + r_2 - r_1 \quad\text{------------------------------ (2)}$$

이 식으로 R_1, R_2 를 계산해서 동심원을 그리면 된다.

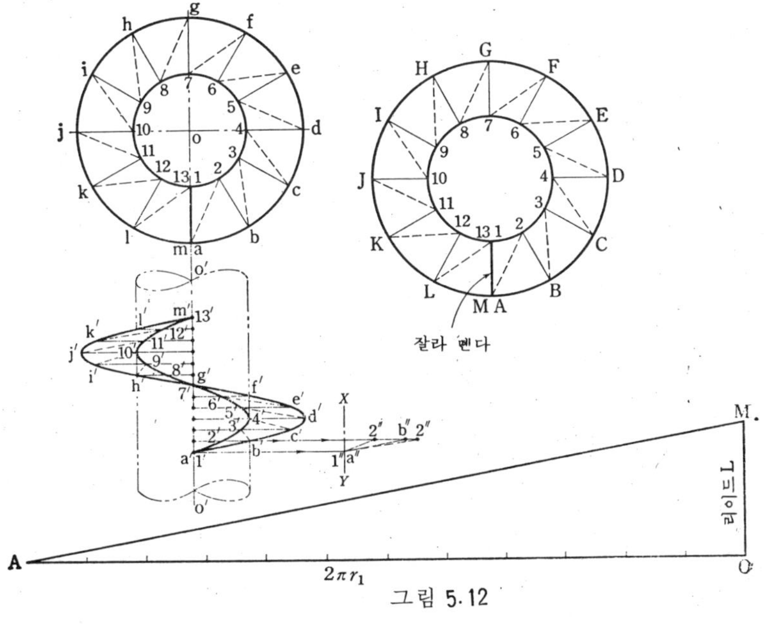

(2) 式은 근사식으로 L 이 r_1, r_2 에 비해서 큰 경우나, r_2/r_1 의 값이 작
을 경우는 오차가 크다. 이 경우에는 AM의 깊이를 구할 때와 같이 평면도
의 작은원(반지름 r_2)의 원둘레 $2\pi r_2$ 와 같게 수평으로 10을 취하여, 0에
서 리이드L 인 길이의 수선을 세운 선끝 13과 1을 이으면 $\overline{1\ 13}$은 안쪽 나
선의 실장으로, 여기에서 $R_2 = \overline{1\ 13}/2\pi$ 를 구하면 된다. 그러나 어느 방
법으로 전개해도 원래 나선면은 전개불능한 곡면이고 근사전개할 수 있는것
은 L 이 r_1, r_2 에 비해서 작고 r_2/r_1 이 큰 경우에 한한다.

6 상관체의 전개

6 ·1 상관체를 그리는 법

두 입체가 서로 상대입체에 끼어들어 간듯이 놓여있을 때, 두입체 표면의 만나는 선(절선 또는 곡선)이 생기게된다. 이 교선(만나는 선)을 상관선이라 하고, 이와같은 상태에 있는 입체를 상관체(相貫体)라 한다.

상관체를 전개하려면, 먼저 상관체를 정확하게 그린 다음, 이미 설명한평행 전개법·방사전개법·삼각형전개법을 이용해서 전개하면 된다. 기계제도에서는 특별한 경우를 제외하고 상관선을 엄밀하게 그리지 않고, 직선 또는 원호로 표시하는 일이 많다.* 따라서 주어진 도면의 상관선을 그대로 사용해서 전개할 수는 없다. 반드시 정확한 상관선을 그릴 필요가 있다. 3장, 4장, 5장의 전개 예 중에도 상관체를 다룬 것이 적지않지만 이들은 정면도나 평면도에 직선이나 원호로 나타나 있는 경우에 한정되어 있다. 이 장에서는 상관선의 투영도가 곡선이 되는 일반적인 상관체의 전개에 대해서 설명하기로 한다.

상관선이라함은 동시에 두 곡면(평면을 포함) 위에 존재하는 점의 집합이다. 따라서 그와같은 조건을 충족시키는 점을 많이 구해서 그것들을 이으면된다. 다면체나 선직면인** 경우는 모서리나 '면소가 서로 상대를 뚫는 점을 구하면된다. 직선면소를 지니지 않은 곡면인 경우는 두개의 입체를 공통으로

---

* 원기둥이 이것에 비해서 상당히 작은 원기둥 또는 모기둥과 만나는 부분의 선은 실제의 투영에 의하지 않고 직선 또는 원호로 표시해도 된다.

** 직선이 옮겨지므로써 생기는 면, 바꾸어 말하면 그 위에 직선을 그을수가 있는 면을 말한다.

절단 하는 보조절단평면을 사용해서 두입체의 면위에 동시에 존재하는 점을 구한다. 전자를 **직선교점법**, 후자를 **공통절단법**이라 이름붙이기로 하자, 뒤에 설명하듯이 공통절단법은 직선면소를 가진 곡면에도 유훈하게 적용된다.

6.1.1 직선교점법 (Ⅰ)

그림 6·1은 직립네 모기둥과 수평세모기둥 이 교차한 경우이다. 이 경우 직립네모기둥의면 은 평면도에서는 연시되 어 있으므로 수평세모기 둥의 각 모서리가 직립 네모기둥을 뚫는 점 1, 2, 3, 4 는 평면도에서 즉시 구해진다. 직립네 모기둥의 모서리가 세모 기둥을 뚫는 점 3,5 는 정면도와 평면도만으로 는 직접 구할 수 없지만 측면도를 만들면 세모기 둥의 면이 모두 연시가 되어 즉시 구해진다.

그림 6·2에서는 세 모기둥의 모서리가 수평 이 아니므로, 그림 6·1 과 같이 측면도를 만들 어도 소용이 없다. 세모 기둥의 모서리에 나란한

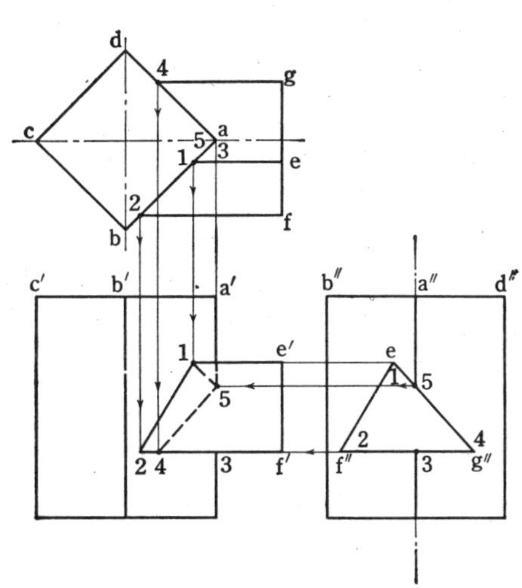

그림 6·1

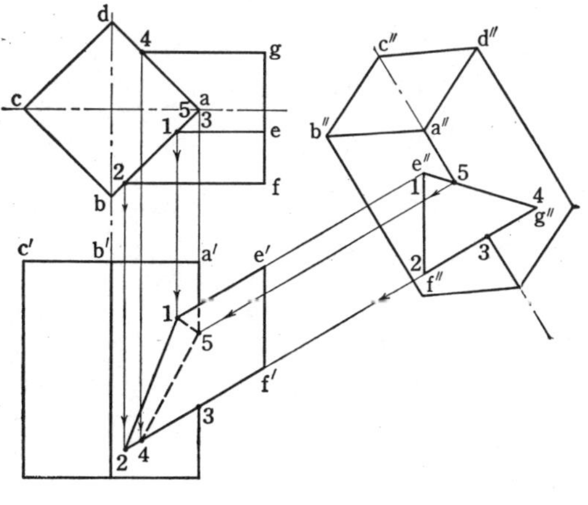

그림 6·2

방향에서본 부투영도(부평면도)를 만들면 세모
기둥의 면이 연시가 되어, 네모기둥의 모서리가
세모기둥을 뚫는 점을 구할 수 있다.

모기둥이나 모뿔의 상관선을 그릴 경우 각 모
서리가 서로 상대를 뚫는 점이 구해져도 막상이
것을 이으려하면 그리 간단하게는 되지 않는다.
그러나 다음에 설명하는 원칙을 알고 있으면 상
당히 용이하게 이을수가 있다.   그림 6·3에서 각각의 모서리가 서로 상
대의 면을 뚫는 점이 구해졌다 고 하면,

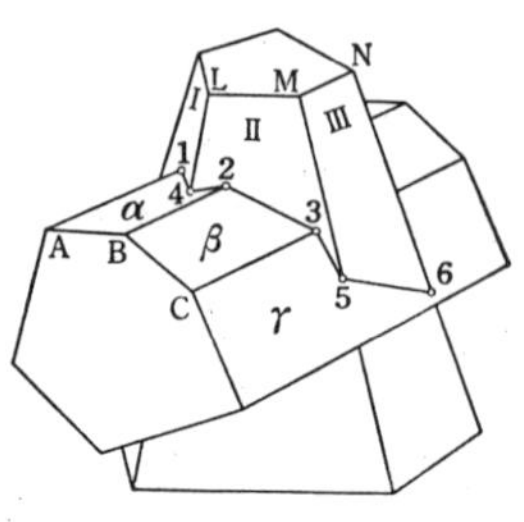

그림 6·3

(1) 모서리 B와 C, 모서리 M과N과 같이, 한편 입체의 서로이웃하는 모
서리가 상대입체의 동일면(Ⅱ, γ)을 뚫을 때에는 그들의 만나는 점은 곧이
어도 좋다(2－3, 5－6).

(2) 모서리 A와 B, 모서리 L과 M와 같이 서로이웃하는 모서리가 뚫는
상대입체의 면이 다를(Ⅰ과Ⅱ, α와γ)때는 서로이웃하는 모서리 사이를 상
대의 모서리가 뚫고 있어, 그 점을 지나는 절선(1－4－2, 4－2－3－5)
으로 잇지 않으면 안된다.

위 설명의 두 가지
예와 같이 뚫리는 면
이 연시되는 그림 (연
시도)에 의해서, 그면
과 모서리(직선)와 의
만나는점을 구하는 방
법은 직선면소를 가진
곡면에도 응용된다.

원기둥과 모기둥 그
림 6·4는 직립원기
둥과 수평세모기둥의
경우로 평면도에서는 원기둥면이 연시로 되

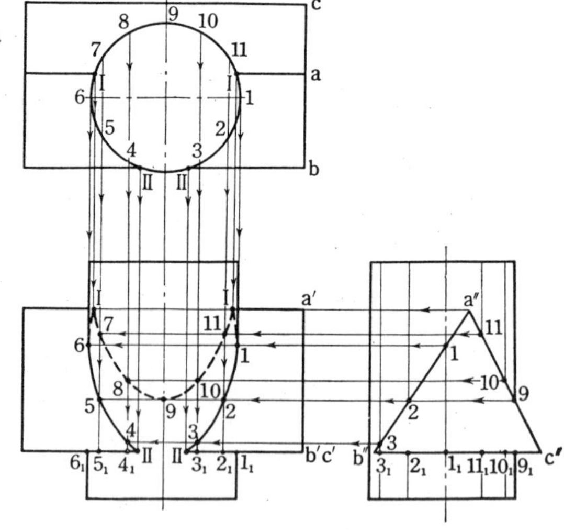

그림 6·4

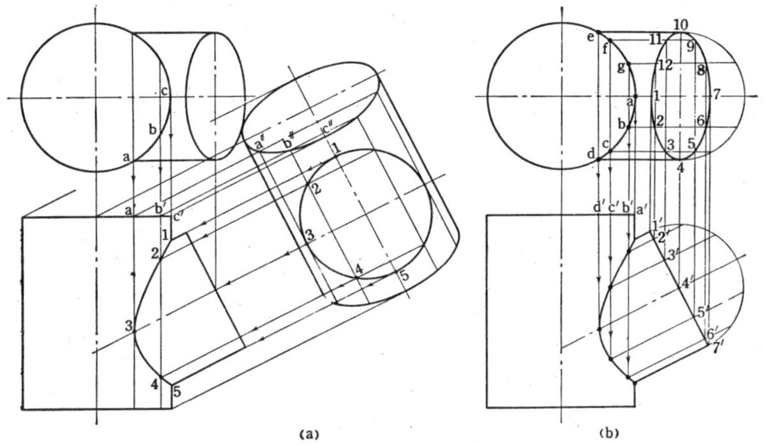

(a)　　　　　　　　(b)

그림 6·5

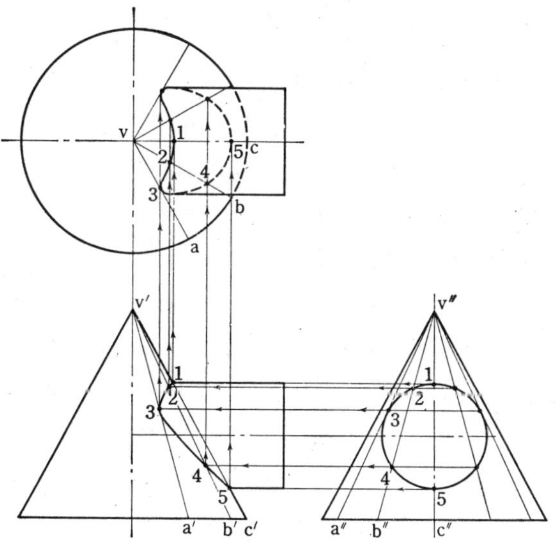

그림 6·6

어 있으므로 세모기둥의 모서리가 원기둥면을 뚫는점은 즉시 구해진다. 원기둥의 직선면소(그림에서는 원둘레를 12등분)가 세모기둥을 뚫는 점은, 측면도에서 구할 수 있다.

원기둥과 원기둥 그림6.6은 직립원뿔과 수평원기둥의 경우이다. 측면도에서는 수평원기둥이 연시가 된다. 평면도에서 반원둘레를 6등분해서 원뿔의 직선면소를 그리고, 여기에 대응하는 정면도, 측면도에도 직선면소를 그린 측면도에서 원뿔의 면소 $v''a''$ $v''c''\cdots$가 수평원기둥(원으로 되어 보인다)을 뚫는 점 3, 2, 4, 1, 5……를 구해, 그들의 점을 정면도 및 평면도의 대응하는 면소위에 옮기면 된다.

6.1.2 직선교점법 (Ⅱ)

그림 6.8은 네모뿔과 세모뿔의 상관이다. 모기둥이나 원기둥의 경우는 앞의 절과 같이 부투영도를 한번(경우에 따라서는 2번) 만들면 모든 면이 연시되지만, 모뿔의 경우는 각각의 면마다에 그 면이 연시가 되는 부투영도를 만들지 않으면 안된다. 이러한 경우에는 그림 6.7과 같은 뚫린 직선(모서리)을 포함한 평면에서 상대의 입체를 절단하고, 그 단면과 직선의 교점을 구하면 된다(잘린 부분의 선과 뚫는 직선이 모두 절단면위에 있다). 이 경우 절단평면으로서는 연직평면 또는 정면수직평면이 사용된다.

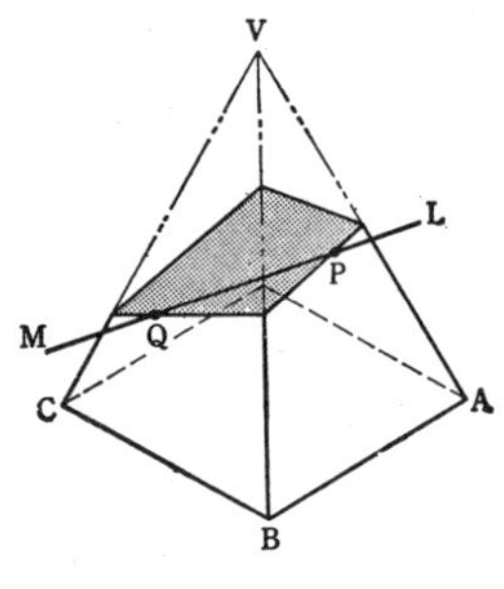

그림 6.7

그림 6.8(a)에서 세모뿔의 모서리가 네모뿔을 뚫는 점을 구하라. 먼저 세모뿔의 모서리 UF를 포함하여 정면수직인 평면(이 경우는 수평평면)에서네모뿔을 절단한다.

정면도의 c.p. 1은 절단평면(연시)을 표시한 것이다. c.p. 1과 $v'a'$, $v'b'$, $v'c'$와의 (교점 3.$1'$, m$'$에서 대응선을 세워 평면도의 절구 31mn을 구한다. ($1'$에서 대응선을 세워도 1, n은 정해지지 않는다. 1m//bc, mn//cd를 이용한다). 절구의 31, 1m과 모서리 uf의 교점 2.7은, 모서리 UF가 네모뿔을 뚫

는 점이다. 마찬가지로 잘린 부분의 1m, 3n과 모서리 ug의 교점 4.8은 모서
리 UG가 네모뿔을 뚫는 점이다.

다음에 모서리 UF를 포함한 정면수직평면(평면도의 c.p.2)에서 네모뿔을
절단한다. 정면도의 c.p.2와 v′a′, v′b′의 교점 o′, q′에서 대응선을 세워서
평면도의 oq를 정한다. c.p.2와 v′b′의 교점p′에서 대응선을 세워도 평면도
의 p는 정해지지 않는다. 그래서 p′를 지나는 수평한 보조절단평면에서 네
모뿔의 밑면과 닮은 단면 cptr가 구해진다. 이p및 r이
앞의 절단평면 c.p.2와 네모뿔의 모서리 VB,VD 교점의 평면도이다. 즉, 절
단평면 c.p.2에 의한 네모뿔 단면의 평면도는 pqrt이다. 이 단면의 pt,pq와

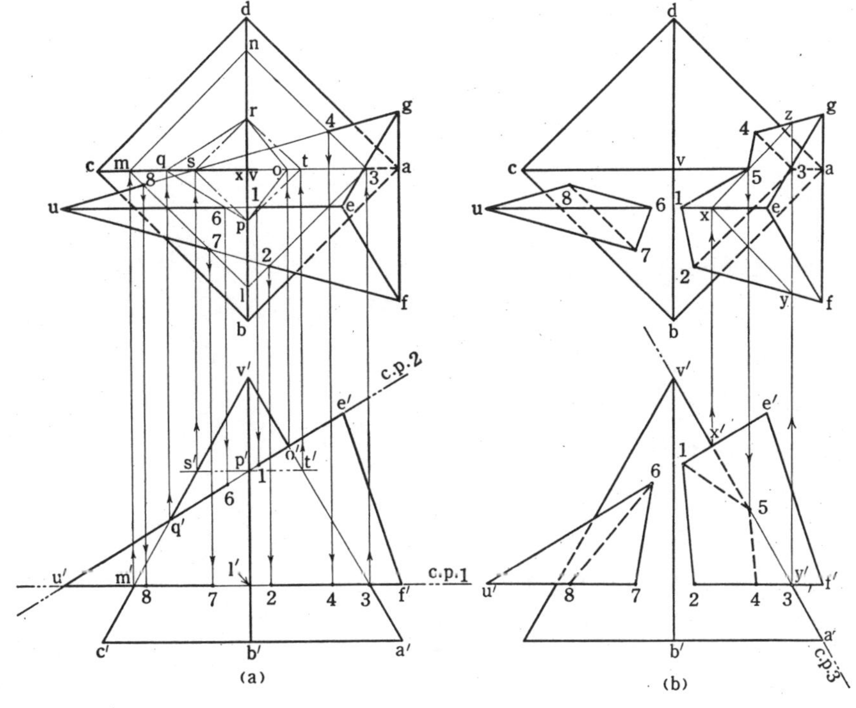

그림 6·8

모서리 ue의 교점 1.6이 모서리 UE가 네모뿔을 뚫는 점이다.

이것으로 세모뿔의 각 모서리가 네모뿔을 뚫는 점은 모두 구해졌으므로, 다음에 네모뿔의 모서리가 세모뿔을 뚫는 점을 구해야 한다. 그러나 앞서의 작도에서 세모뿔의 모서리 UF, UE는 네모뿔의 모서리 VB의 아래를 지나고 있는(VB는 세모뿔을 뚫지 않는다)것을 알수 있다. 또 세모뿔의 모서리 UG 는 네모뿔의 모서리 VC, VD의 밑을 빠져나가고 있으므로 모서리 VC, VD는 세모뿔을 뚫지않고 있음을 알 수 있다. 따라서 모서리 VD에 대해서만 생각 하면 된다.

그림 6.8(b)에서 VA를 포함한 정면수직평면 c.p.3으로 세모뿔을 절단하 면 그 단면의 평면도는 xyz가 된다. va와 yz, zx와의 교점 3.5가 구하려는 점 이다.

다음은 앞에서 설명한 연결법의 원칙을 대조하면서, 또 머리속에 입체적 인 이미지를 만들면서 모순이 생기지 않도록 이들의 점을 이어나가면 된다. 1-2-3-4-5-1 및 6-7-8-6이 바로 그것이다.

6.1.3 공통절단법

그림 6.9과 같이 직선면소를 가지지 않은 곡면끼리의 상관인 경우에는 앞 에 설명한 직선교점법은 사용할 수 없다

이와같은 경우, Ⓐ Ⓑ 두 입체를 동시에 끊도록하는 절단면 T₁을 생각해서 그 단 면을 보게되면, 입체 Ⓐ의 단면곡선 a₁ 과 Ⓑ의 단면곡선 b₁과는 동일평면상에 있고 서로 만난다. 곡선 a₁상의 점은 모 두 입체 Ⓐ상의 점이고, 곡선 b₁상의 점 은 모두 입체 Ⓑ상의 점이므로 a₁, b₁의교 점 p₁, p₁은 입체 ⒶⒷ양쪽 면상의 점이 고, 상관선상의 점이 된다. 따라서 T₁, T₂, T₃……로 많은 공통절단평면에 의한

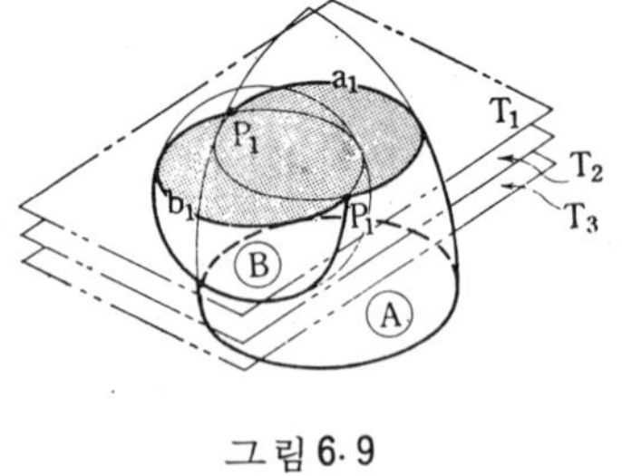

그림 6.9

잘림곡선의 교점을 구해서 이것을 연결
하면 상관선이 얻어진다. 그러나 공통절
단평면에 의한 단면곡선이 복잡하여 작
도에 번거로움을 주는 형태가 되어서는
안된다. 단면이 직선 또는 원이 되도록
하는 공통절단평면을 찾는 것이 중요하
다.

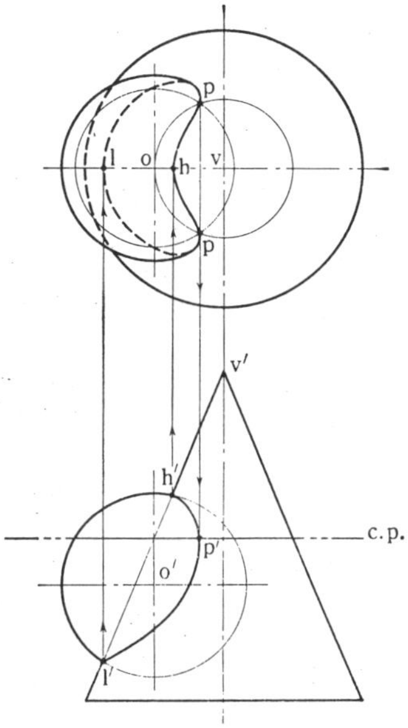

　원뿔과 구(球)　그림 6.10은 직립직원
뿔과 구의 상관이다. 이 경우는 수평한
평면에서 절단하면 직원뿔의 단면도, 구
의 단면도 원이 되고, 평면도에 그 실형
이 나타난다. 평면도에 가는선으로 그린
원의 교점 p가 구하려는 상관선상의 점
이다. 이와같은 절단을 반복해서 많
은 점을 구하고 그것들을 연결하면 된다.

그림 6·10

　원기둥과 원기둥　그림
6.11은 그림 6.5와 같은
것을 공통절단법에 의해
서 작도한 것이다. 이 경
우 공통절단평면은 양 쪽
원기둥의 축에 나란한 평
면(이 그림에서는 정면평
행평면)이고, 단면은 직
선이 된다.

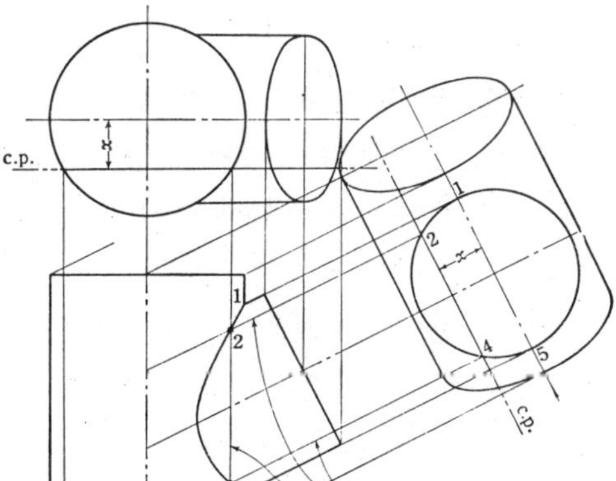

　원뿔과 원기둥　그림6.
12는 그림 6.6을 공통절
단법으로 푼것이다. 수평평면이 공통절단
평면에서 원뿔의 단면은 원, 원기둥의 단

그림 6·11

— 121 —

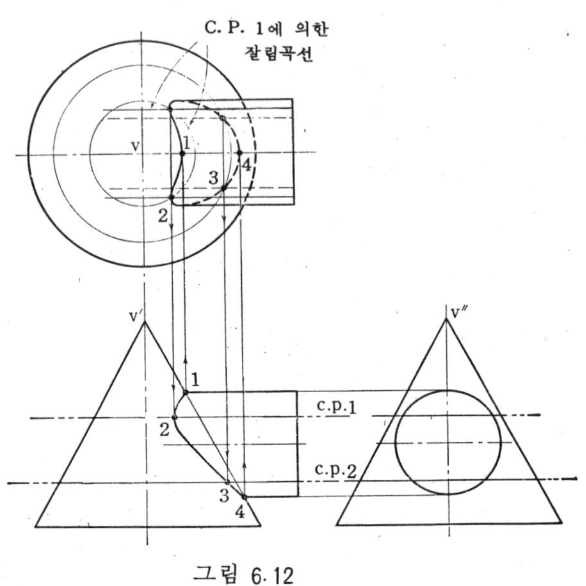

그림 6·12

면은 직선이 된다.

회전면과 회전면 그림 6. 13과 같은 회
전면과 회전면인 경우에는 어떠한 절단평
면을 생각해도, 양쪽의 단면을 모두 간단
한 곡선으로 작도할 수는 없다. 축이 만나
고 있는 회전면의 경우에는 절단평면 대
신에 축의 교점을 중심으로하는 공통절단
구면을 사용한다. 축의 교점을 중심으로
하는 구에서 회전면을 절단하면, 단면은
원이 되지만, 그림 6. 13과 같이 회전면의

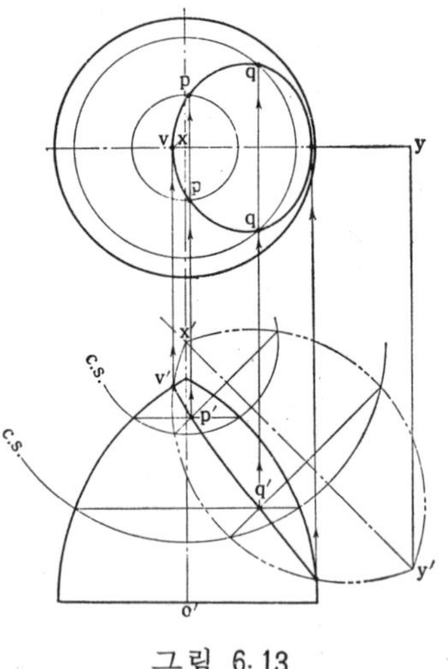

그림 6·13

축이 정면평행인 경우에는, 정면도에서는 단면의 원이 연시되어 직선으로 되
어서 보인다. 즉 구의 외형선(선)이 회전면의 외형선과 만나는 점을 이은 직

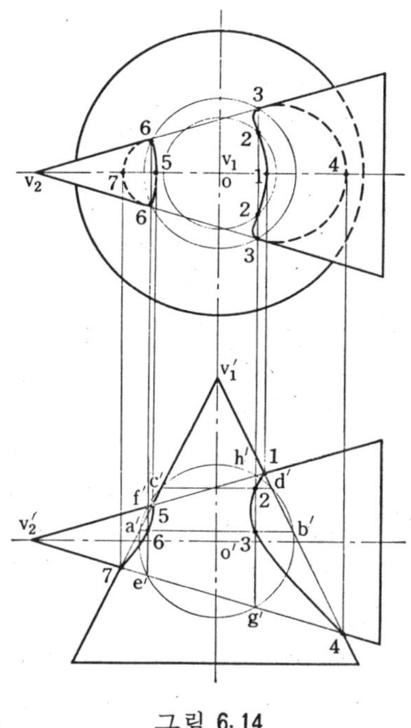

그림 6·14

선이 그것이다. 단면원(직선으로 보인다)끼리의 교점 p', q'가 구하려는 상관선상의 점이 된다.

원뿔과 원뿔 그림 6.14는 축이 만나고 있는 직원뿔의 상관이다. 원뿔끼리의 상관선은 일반적으로는 양쪽 원뿔의 꼭지점을 포함한 평면을 공통절단평면으로 하는 공통절단법으로 풀 수 있지만 상당히 복잡한 작도가 된다. 그림과 같은 직립 직원뿔과 축이 만나고 있는 직원뿔 상관의 경우는 이들을 최전면의 일종으로 간주하고 공통절단구면을 사용해서 푸는 편이 이해하기 쉽고, 작도도 간단하게 된다. 정면도에서 양원뿔 축의 교점 o'를 중심으로 임의의 반지름의 원을 그리고, 이 원과 직립원뿔의 외형선교점 $a'b'$ 및 $c'd'$를 잇고, 또 이 원과 수평원뿔 외형선과의 교점 $e'f'$ 및 $g'h'$를 이으면, $a'b'$와 $e'f'$, $g'h'$의 교점 6,3 및 $c'd'$와 $g'b'$의 교점 2가 상관선상의 점이 된다.

— 123 —

6.2 상관체의 전개예 (Ⅰ)

전형적인, 그리고 실제상으로 자주 만나는 전개의 예를 준비했다. 지면관
계로 상관선을 구하는 방법이나 전개방법에 대해서는 최소한의 설명으로 대
신하였다. 상관선을 구하는 방법에 대해서는 앞의 절을, 그리고 전개방법에
대해서는 3장, 4장, 5장을 참조하기 바란다.

6.2.1 직교(直交)하는 지름이 다른 2원관

그림 6.15는 그림 3.11의 2원관의 지름이 다를 경우에 해당된다. 평면도
에서는 직립원기둥의 면이 연시되므로, 수평원기둥의 직선면소가 직립원기
둥과 만나는 점은 즉시 구해진다(직선교점법 그림 6.5 (b) 참조). 양원기둥
은 각각 면소에 수직인 방향으로 평행하게 전개된다. 이 그림에서는 수평원
기둥의원둘레를 12등분해서 12줄의면소를 그었다. 또 직립원기둥의 전개도에
서 면소의 간격 $\overline{AB}, \overline{BC}, \overline{CD}$는 평면도
의 원호 $\overparen{ab}, \overparen{bc}, \overparen{cd}$와 같게 잡는다(이
그림은 외면전개).

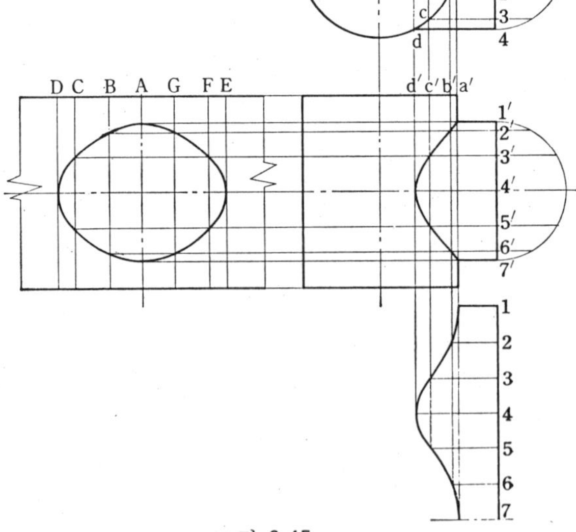

그림 6·15

6.2.2 직교하는 지름이 다른 편심 2 원관

그림 6.16은, 그림15의 수평원기둥의 축이 앞으로 편심되어 직립원기둥의
축과 만나지 않는 경우이다. 상관선은 그림 6.15와 꼭 같게해서 구한다. 그
림 6.16과 달라서 정면도 상관선의 모양은 앞쪽과 반대측은 차이가 있으므
로 전개도도 대칭형으로는 되지않는다. $\overline{EF}=\widehat{ef}, \overline{FG}=\widehat{fg}, \overline{GA}=\widehat{ga}, \overline{AB}=\widehat{ab}, \cdots$
이 그림은 외면전개이다.

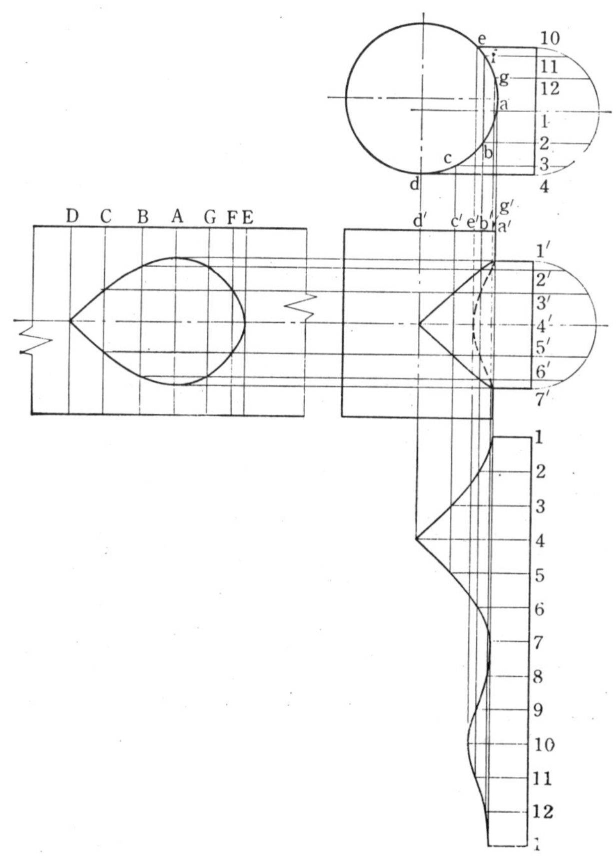

그림 6.16

6.2.3 비스듬히 만나는 지름이 다른 2원관

그림 6.17은 그림 3.12의 2원기둥의 지름이 다른 경우에 해당된다. 평면
도에서 직립원기둥의 면이 연시되므로 비스듬히 만나는 원기둥의 직선면소
(그림에서는 12줄)가 직립원기둥과 만나는 점으로 즉시 구해진다(직선 교점
법, 그림 6.5 (b) 참조). 전개는 그림 3.12와 마찬가지로 면소에 수직인 방
향으로 평행하게 전개하면 된다(이 그림은 외면전개).

경사진 원기둥의 전개도는 면소를 중심으로 대칭형이 되므로, 대칭도형의
반만을 표시하였다. 직립원기둥의 전개도는 구멍의 실형만을 표시하였다.

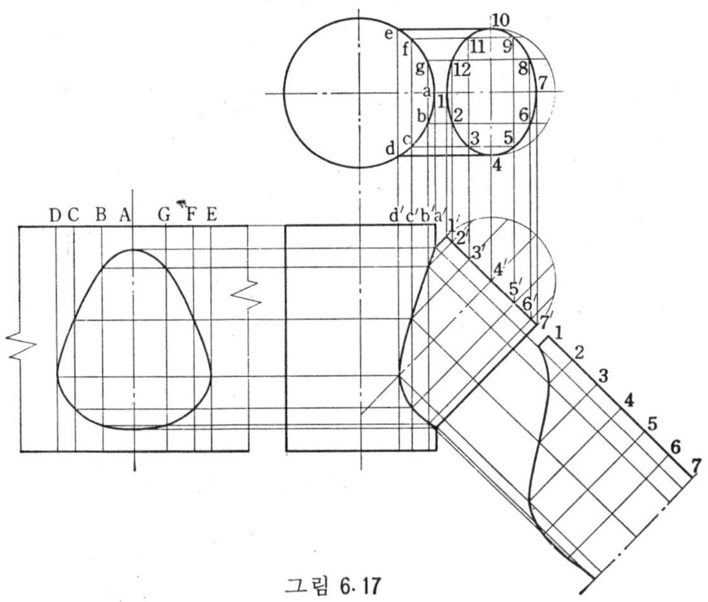

그림 6.17

6.2.4 비스듬히 만나는 지름이 다른 편심 2 원관

그림 6.18은 그림 6.17의 비스듬하게 만나는 원기둥의 축이 앞쪽으로 편
심된 경우로서, 상관선을 구하 는 법, 전개방법은 그림 6.17과 같다. 그림에
서는 비스듬히 만나는 원기둥, 직립원기둥을 모두 외면 전개로 하였다.
비스듬이 만나는 원기둥의 전개도도 직립원기둥의 전개도(구멍의 실형 만을
표시함)도 그림 6.17과는 달리 비대칭형으로 되어 있다.

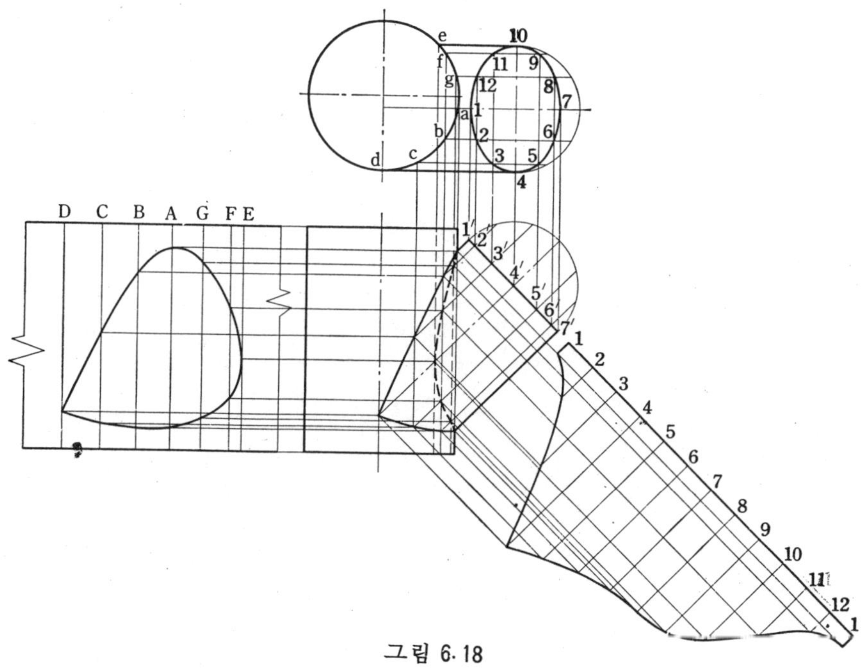

그림 6·18

6.2.5 4편 엘보우에서 갈라진 지름이 다른 관 (Ⅰ)

그림 6.19는 제2편과 제3편의 중간에서 바깥쪽으로 갈라진 지름이 다른 관이 달린 4편엘보우이다. 가지관 및 엘보우 끝부분의 국부투영도를 그리고, 정면평행평면 c, p, 1, c, p, 2……를 공통절단평면으로 하는 공통절단법에 의해서 상관선을 얻는다. 다음은 각각의 원기둥을 평행전개법에 의해서 전개하면 된다(이 그림은 내면전개).

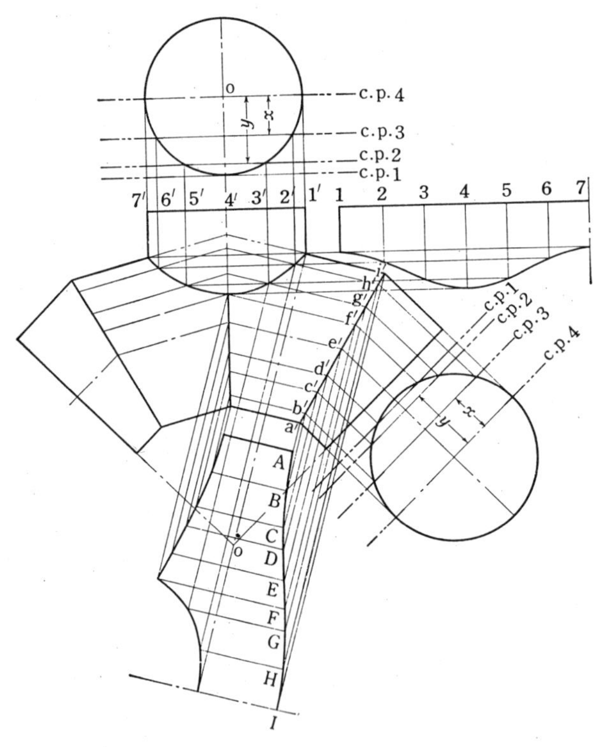

그림 6·19

6.2.6 4 편엘보우에서 갈라진 지름이 다른관 (Ⅱ)

그림 6.20은 가지관이 4편엘보우의 제1편에서 비스듬한 방향으로 튀어 나온 경우이다. 전항과 마찬가지로 정면평행평면에 의한 공통절단법으로 상관선을 그리고, 평행 전개로 하면 된다.

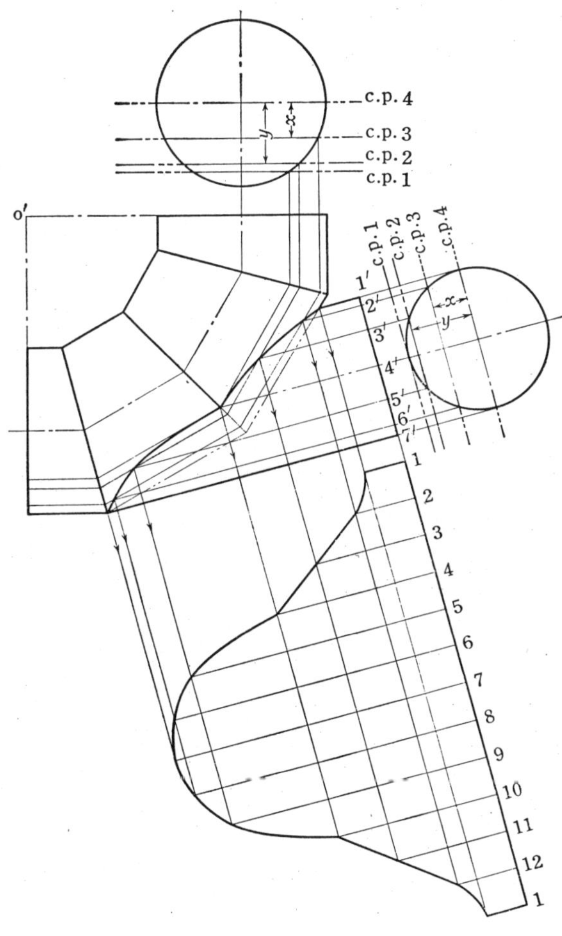

그림 6. 20

6.2.7 원통에서 갈라진 4편엘보우

그림 6.21은 큰지름의 직립원기둥에서 작은 지름의 4편 엘보우가 갈라진 경우를 표시하였다. 전항의 경우와 마찬가지로 공통절단법(정면평행 평면을 공통절단평면으로 한다)에 의해서 상관선을 구하여 평행전개로 한다. 단, 전항의 경우와 같이 각 원기둥의 끝부분에 국부투영도를 그리는 대신, 반원을 그리고, 이것을 사용해서 단면곡선(직선면소)을 구하였다.

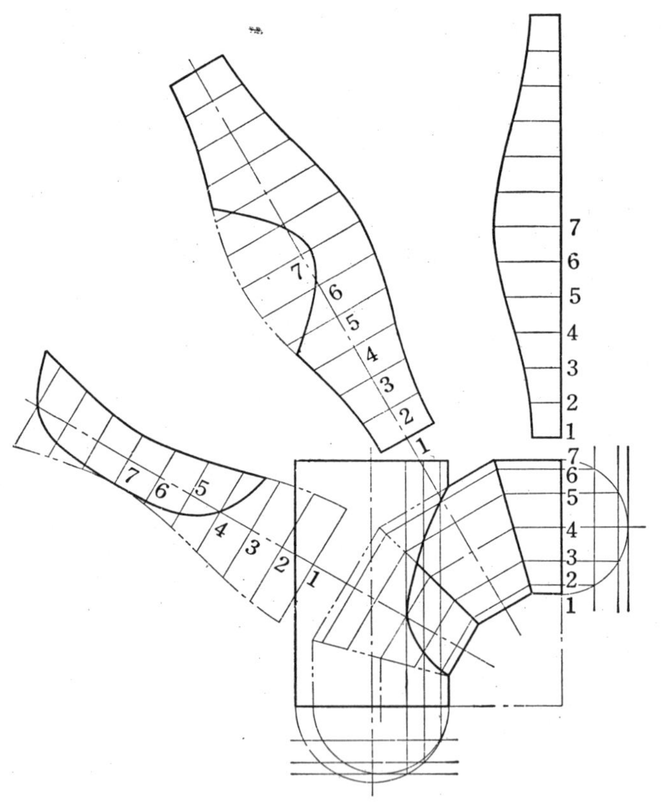

그림 6.21

6.2.8 직교하는 원관과 네모관

그림 6.22은 직립원기둥과 수평네모기둥과 수평네모기둥(단면이 사다리꼴)
의 상관이다. 평면도에서는 원기둥면이 연시되므로 네모기둥의 모서리가 원
기둥을 뚫는 점 1, n, o, p는 즉시 구해지며, 거기에 대응하는 정면도의 1′, n′,
o′, p′도 즉시 구해진다. 네모기둥의 윗면 및 아래면과 윗기둥의 상관선은 원
호(평면도에 실형이 나타난다)가 되지만, 네모기둥의 측면과 원기둥의 상관
선은 타원(원기둥을 평면으로 비스듬히 절단하게 되므로)의 일부가 된다. 이
것을 작도하려면 측면 모서리위에 나란한 면소를 긋고, 그것이 원기둥을 뚫
는 점을 구하면 된다. 그림에서는 2.1의 중점 5를 지나는 면소 5 M (5m, 5′
m′)를 긋고 m→m′를 구해, 1′m′n′를 그렸다(이 그림은 외면전개).

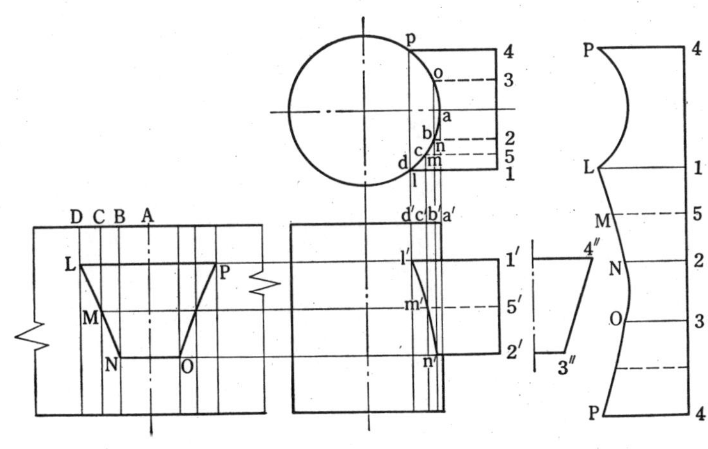

그림 6·22

6.2.9 원뿔 중심에 직립하는 네모관

　　그림 6.23은 직원뿔의 중심에 정네모기둥이 직립해 있는 상관체이다. 직원뿔만 생각하면 원뿔의 중심에 평면도가 정 4 각형이 되게 구멍을 뚫은 것을 말한다. 구멍의 곡선(상관선)은 원뿔면의 면소가 네모기둥의 측면 (연직평면)과 만나는 점을 구하면 그려진다. 즉 평면도에서 각 면소 va, vb, vc, vd‥가 정 4 각형과 만나는 점 1, 2, 3, 4……를 구하고, 다음에 정면도의 각각 대응하는 면소 v′a′, v′b′, v′c′, e′d′… 위에 1′, 2′, 3′, 4′……를 취하면 된다. 직원뿔은 방사전개, 네모기둥은 평행전개로 한다(이 그림에서는 직원뿔이나 네모기둥이나 모두 외면전개로 하였다).

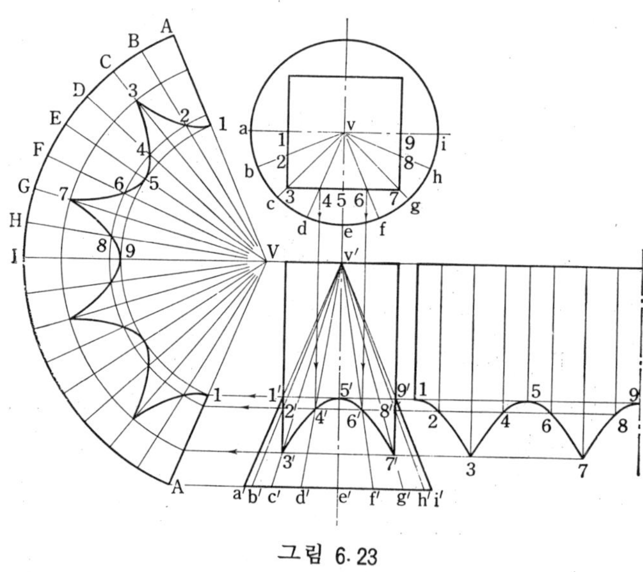

그림 6.23

6. 2. 10 네모뿔의 중심에 직립하는 원관

그림 6.24는 정네모뿔의 중심에 원기둥이 직립하고 있는 상관체이다. 정네모뿔만에 대해서 말하면 네모뿔의 중심에 평면도가 꼭 원이 되도록 구멍을 뚫었다는 것이 된다. 구멍의 곡선(상관선)은 네모뿔의 모서리나 꼭지점에서 측면위로 그은 면소가 원기둥의 면을 뚫는 점을 구하면 그릴수있다. 평면도에서 모서리 및 면소 va, vl, vm, vn, vb가 원과 만나는 점 1, 2…5를 구해, 정면도의 각각 대응하는 면소 v'a', v'l', ……v'b'위에 1', 2', ……5'를 구하면 된다. 전개도를 그리는데 필요한 V1, V2……V5의 길이(실장)는 회전법에 의해서 구한다. ($\overline{v'1_1'} = \overline{V1}$, $\overline{v'2_1'} = \overline{V2}$…). 그림에서는 네모뿔이나 원기둥이 모두 외면전개하였다. 또 각각의 전개도는 모두가 대칭형이 되므로 한쪽 반만을 표시하였다.

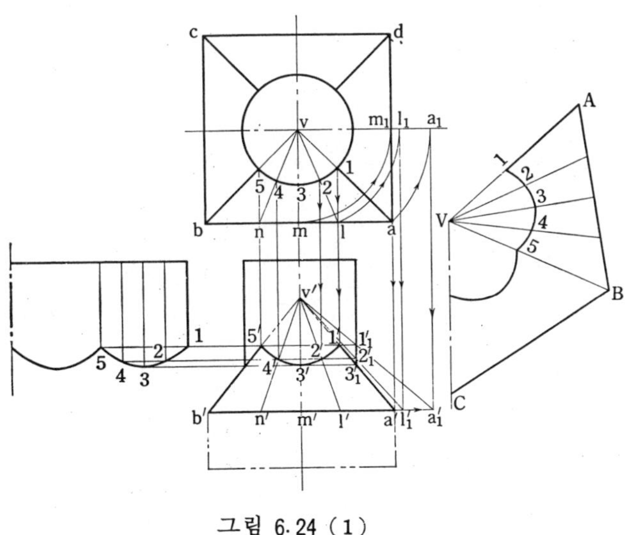

그림 6. 24 (1)

6.2.11 직교하는 원관과 원뿔관

그림 6.24는 직립원기둥과 수평한 축을 가진 직원뿔의 상관이다. 상관선을 그리려면 원뿔의 각 면소가 원기둥을 뚫는 점을 구해서 이것을 부드러운 곡선으로 이으면 된다. 평면도에서는 직립원기둥은 연시로 되어 있으므로 원뿔의 면소가 원기둥의 면을 뚫는 점은 곧 구해진다. 즉, 면소 $v2$가 원과 만나는 점b를 구해 b에서 대응선을 내려서 정면도의 면소 $v'2'$ 위에 b'를 정하면 된다. 원뿔의 면소를 그리기 위해 그 밑원에 해당하는 반원을 그리고, 이것을 6등분하였다. 원뿔의 전개에 대해서는 그림 4.3~그림 4.5를 참조하라. $\overline{VB}=\overline{v'b_1'}$, $\overline{VC}=\overline{v'c_1'}$, $\overline{VD}=\overline{v'd_1'}$ (이 그림은 외면전개).

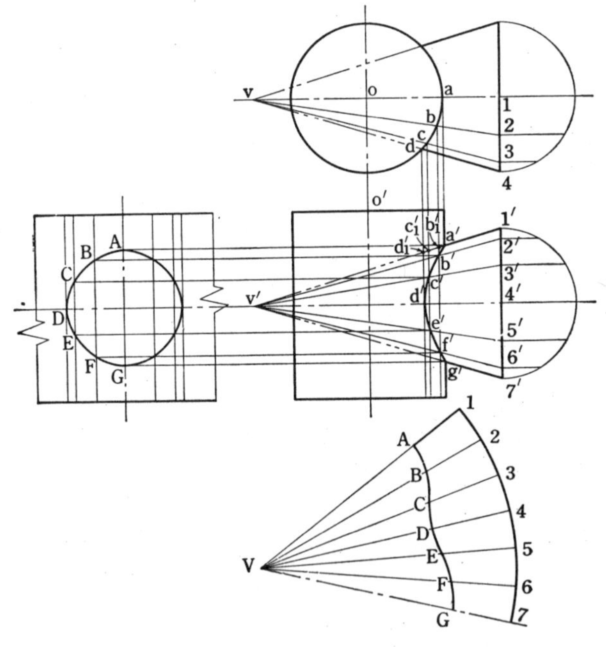

그림 6.24 (2)

6.2.12 육모관에 비스듬하게 만나는 원뿔관

그림 6.25는 직립정육모기둥과 비스듬하게 만나는 직원뿔의 상관이다. 상관선은 전항과 마찬가지로 원뿔의 각 면소가 육모기둥의 면을 뚫는 점을 구해서 이으면 된다. 정면도에서 직원뿔의 밑면(직선으로 보인다) $a'g'$를 적당한 위치에 취하고 반원둘레 $a'g'$를 6등분해서 원뿔의 면소를 그린다. 평면도에서는 이 원뿔의 밑면은 타원이 된다. 정면도의 $a', b', c' \cdots g'$에서 (대응선을 세워서 타원과의 교점 $a, b, c \cdots g$를 정해, 면소 $va, vb, vc \cdots vg$를 그리면, 이들 각 면소와 직립정육모기둥의 교점 $1, 2, 3 \cdots 7$이 구해진다. 원뿔의 전개는 그림 4.3, 그림 4.4를 참조하라(이 그림은 외면전개). 또 육모기둥의 전개도는 생략하였다.

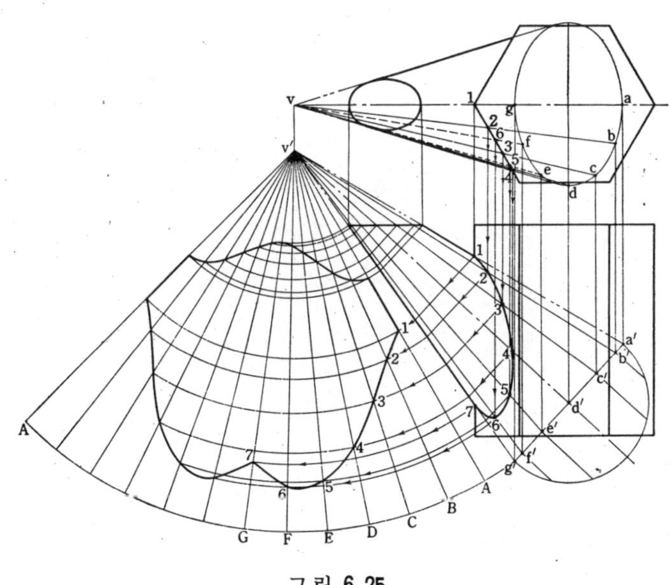

그림 6·25

6 2 13 원관에 비스듬하게 만나는 원뿔관

그림 6·26은 직립원기둥이 비스듬하게 만나는 직원뿔의 상관이다. 상관선을 구하는법 및 전개방법은 전항(그림6.25)와 꼭 같다. 즉 정면도에서 직원뿔의 밑면(직선으로 보인다) a´g´를 적당한 위치에 취하고 반원둘레 a´g´를 6등분해서 원뿔의 면소를 그린다. 평면도에서는 이 원뿔의 밑면은 타원이 된다. 정면도의 a´, b´, c´ …g´에서 대응선을 세워 타원과의 교점 a, b, c…g를 정해, 면소 va, vb, vc, ……vg를 그리면 이들 각 면소와 직립원기둥의 교점 1, 2, 3 …… 7이 구해진다. 원통의 전개도는 생략하였다.

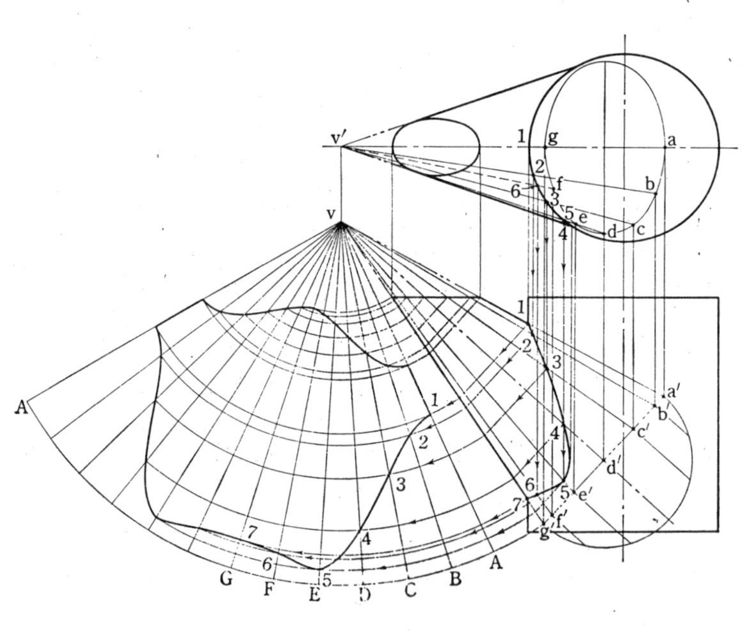

그림 6·26

6.2.14 4각관이 직교하는 정네모뿔

그림 6.27은 직립네모뿔과 수평네모기둥(단면사다리꼴)의 상관이다. 네
모기둥의 각 모서리가 네모뿔의 면을 뚫는 점은 6.1.2 직선교점법 (Ⅱ)에 의해
서 구한다. 즉 모서리1, 모서리4를 포함한 평면(정면도의 c. p. l.)에서 네
모뿔을 절단한 단면의 평면도와 모서리1, 모서리4인 평면도의 교점 m. q 를
구하면 된다. 모서리2, 모서리3에 대해서도 마찬가지로 평면 c. p. 2에서 절단
하면 된다.

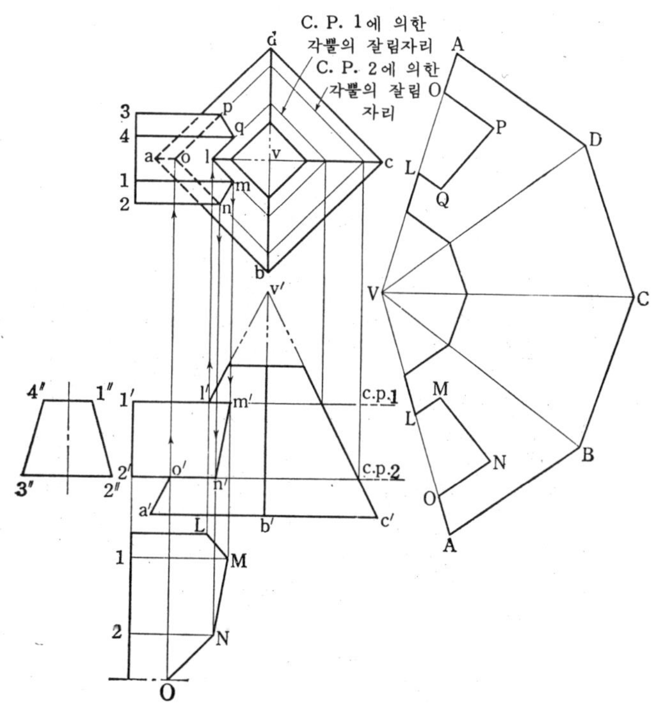

그림 6·27

6.2.15 네모각관이 직교하는 원뿔

　그림6.28은 직립원뿔과 수평네모기둥(단면 직사각형)의 상관이다. 네모 기둥의 윗면 및 아랫면과 원뿔의 상관선은 그 면을 포함한 수평절단평면 c, p. 1. c, p. 3에서 원뿔을 절단한 단면이 원호 $\overset{\frown}{lq}$ (반지름r_1) $\overset{\frown}{no}$(반지름 r_2) 가 된다. 측면과 원뿔의 상관선은 c. p. 1과 c. p. 3의 사이에 있는 수평 절단면(가령. c. p. 2)에서 원뿔과 네모기둥을 공통으로 절단하고 단면을 통한 교점을 구하면 된다(6. 1. 3 공통절단법). 상관선 l′ m′ n′ 은 쌍곡선이 된다. 전개도의 $\overset{\frown}{AB}$, $\overset{\frown}{BC}$, $\overset{\frown}{CD}$의 길이는, 각각 평면도의 $\overset{\frown}{ab}$, $\overset{\frown}{bc}$, $\overset{\frown}{cd}$와 같도록 취한다. (이 그림은 외면전개).

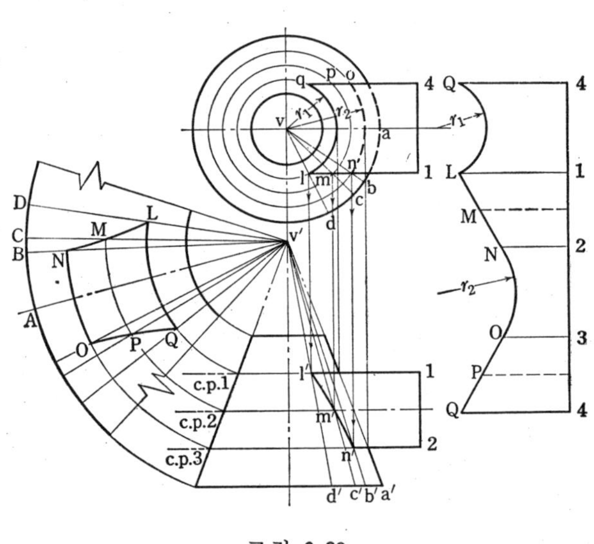

그림 6.28

6.2.16 원관이 직교하는 정네모뿔

그림 6.29는 수평원기둥과 직립정네모뿔의 상관이다. 전항과 마찬가지로 수평인 공통절단면에서 원기둥과 네모뿔을 동시에 절단하고, 각각의 단면을 지나는 교점을 구해서 상관선을 그린다(공통절단법). 실제에는 원기둥의 둘레에 등간격의 면소를 긋고, 이들의 각 면소를 포함한 수평면을 공통절단평면으로 해서 절단하는(면소가 단면으로 된다)것이 좋다. $\overline{AL}=\overline{al}$, $\overline{LM}=\overline{lm}$ $\cdots\overline{PB}=\overline{pb}$. 이 그림에서는 원기둥과 네모뿔을 외면전개하고 있다.

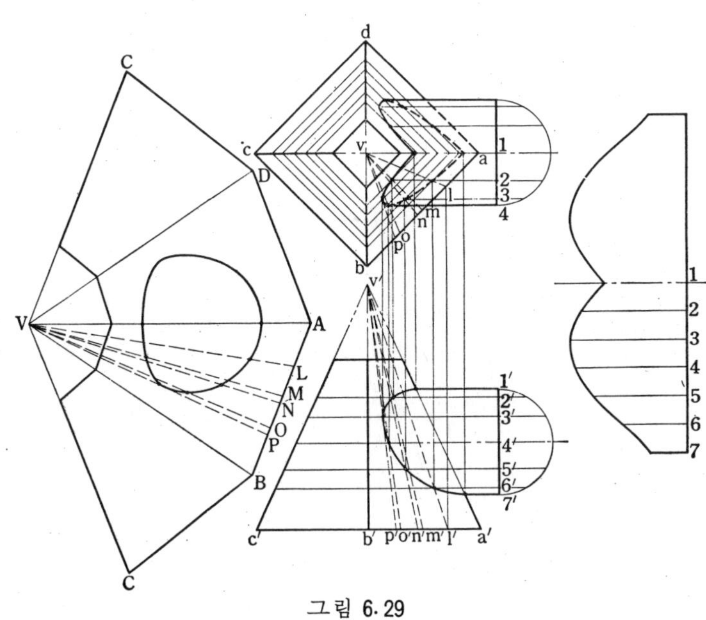

그림 6·29

6. 2. 17 원관이 직교하는 원뿔

그림 6.30은 수평원기둥과 직립직원뿔의 상관이다. 전항이나 전항과 같이 수평인 절단평면에 의한 공통절단법을 사용해도 좋지만 우측면도를 만들면 수평원기둥은 연시(원)가 되므로 이 그림과 같이 직선교점법(Ⅰ)에 의해도 좋다.

정면도. 평면도·측면도에 각각 대응하는 면소를 그리고, 측면도에서 면소가 원(원기둥의 연시)와 만나는 점 $1'', 2'', 3'', 4'', 5''$ 를 구해, 거기에 대응하는 정면도의 $1', 2', 3'$ …, 평면도의 $1, 2, 3$, …을 구한다.

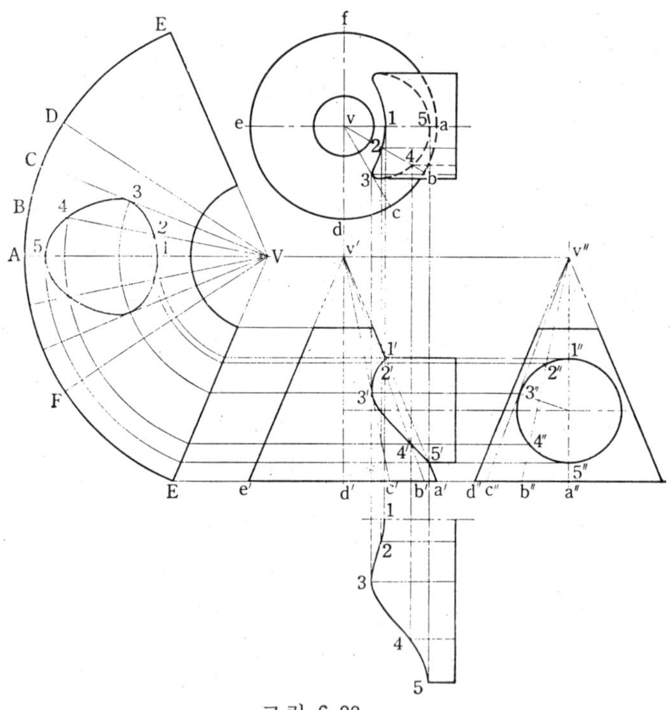

그림 6·30

6.2.18 원관이 편심해서 만나는 원뿔

그림 6.31은 수평원기둥의 축이 직립직원뿔의 축과 만나지 않는 경우를표
시 한다. 수평원기둥의 둘레에 등간격으로 면소를 긋고, 이들 각 면소를 포
함한 수평평면에서 원기둥과 원뿔을 공통절단해서 상관선을 구한다(공통 절
단법). $\widehat{AF}=\widehat{af}$, $\widehat{EF}=\widehat{ef}$.

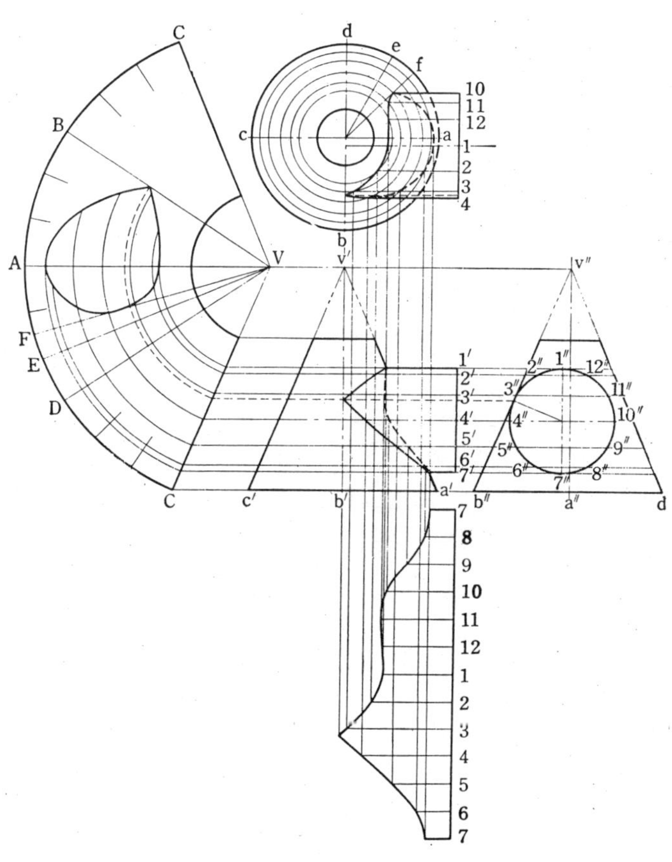

그림 6.31

6.2.19 원관에 직교하는 취관의 끝이 원형인 관(Ⅰ)

(그림 6.32)

상관선의 평면도는 호 $\widehat{ad}$, 정면도는 a′ d′ e′ f′ 가 된다. 취관의 P. Q의
부분은 평면이고 다른 부분은 곡면이다. 끝부분의 반원둘레를 6 등분하고,
취관의 원호 $\widehat{ad}$ 를 3 등분 한다. Al(al, a′ l′), Bl, Cl, D1, D2, D3,
D4 를 잇고, 곡면을 △AlB, (△alb, △a′ l′ b′), △BlC, △ClD, △1D2,
△2D3, △3D4 로 분활하고 삼각형전개법에 의해서 전개한다.

지면관계상 원관쪽은 전개도 구멍의 실형만을 표시하였다.

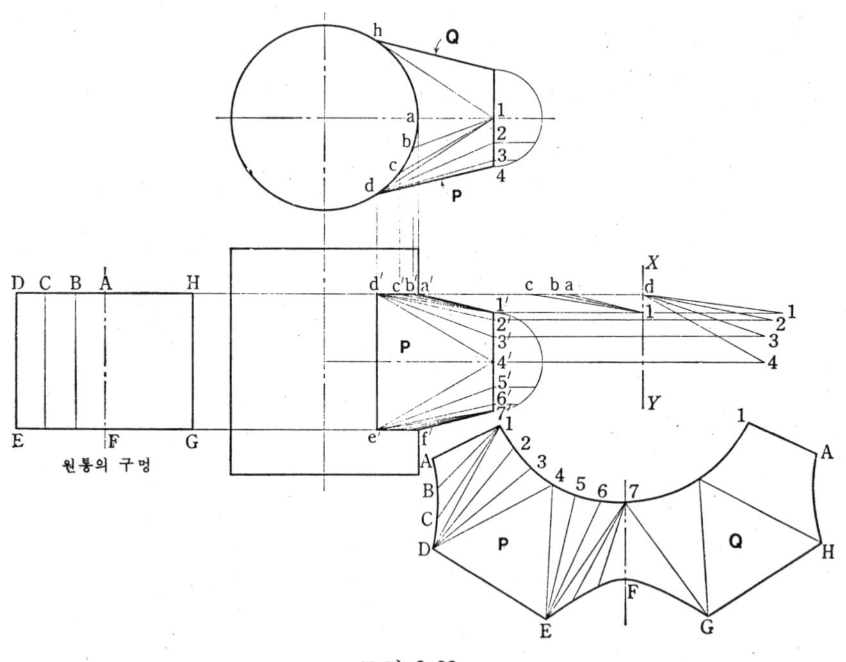

그림 6.32

6.2.20 원관에 직교하는 취관의 끝이 원형인 관(Ⅱ)

(그림 6.33)

전항과 같게 보이지만 정면도의 a′ d′ 가 수평이 아니고, 취관의 외형 선 l′ a′ 의 연장위에 d′ 가 있다. 이 경우는 측면의 P. Q부분이 평면으로되는 외에 윗면의 R. 아랫면의 S부분도 평면이 된다. 따라서 전개도는 비스듬한 원뿔면의 부분(4개소가 모두 같은 모양)과 평면부분 P. Q. R. S로 구성된다. R부분의 실형은 다음과 같이 작도하면 된다.

$$\overline{1L} = \overline{1'd'}, \quad \overline{LD} = \overline{1d}, \quad \angle 1LD = \text{직각}$$

$$\overline{LA} = \overline{d'a'}, \quad \overline{MB} = \overline{d'b'}, \quad \overline{NC} = \overline{d'c'}, \quad LA // MB // NC$$

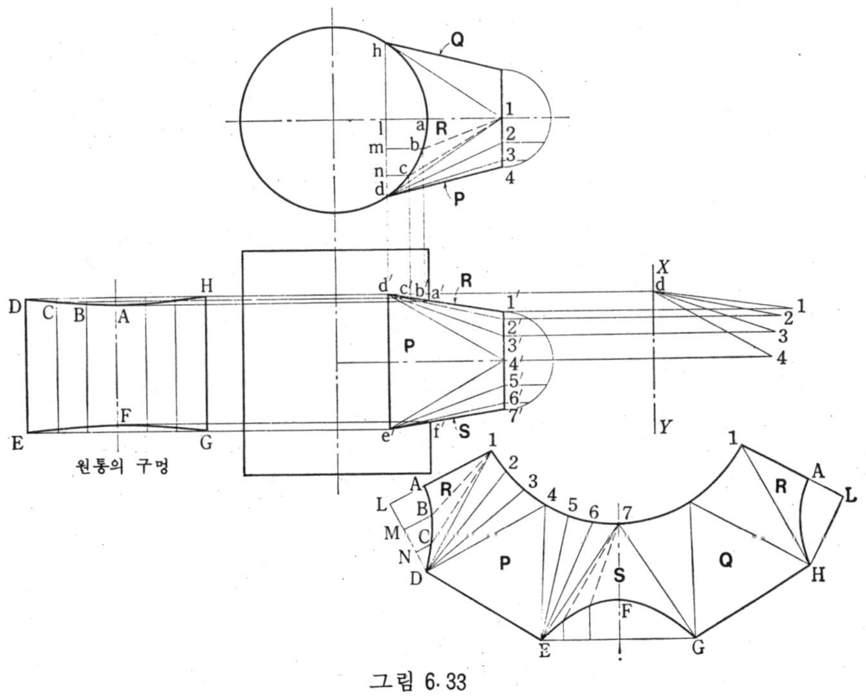

그림 6.33

6 · 2 · 21 직원뿔에 직교하는 취관 모끝의 관(그림 6 ·34)

상관선의 정면도는 a′c′d′g′, 평면도는 acdghia가 된다. 평면도에서 호 $\overset{\frown}{ac}$ 의 중점 b, 호 $\overset{\frown}{dg}$의 3등분점 e, f를 정하고,　또 끝의 반원둘레를　6등분한다. 윗쪽의 곡면부분을 △A1B (△a1b, △a′1′b′), △B1C, △1C2, △2C3, △3C4로 분활해서 삼각형전개법에 의해 전개한다. 아랫쪽의 곡면부분에 대해서도 마찬가지로 △4D5 (△4d5, △4′d′5), △5D6, △6D7, △D7E, △E7F, △F7G로 분활해서 전개한다.

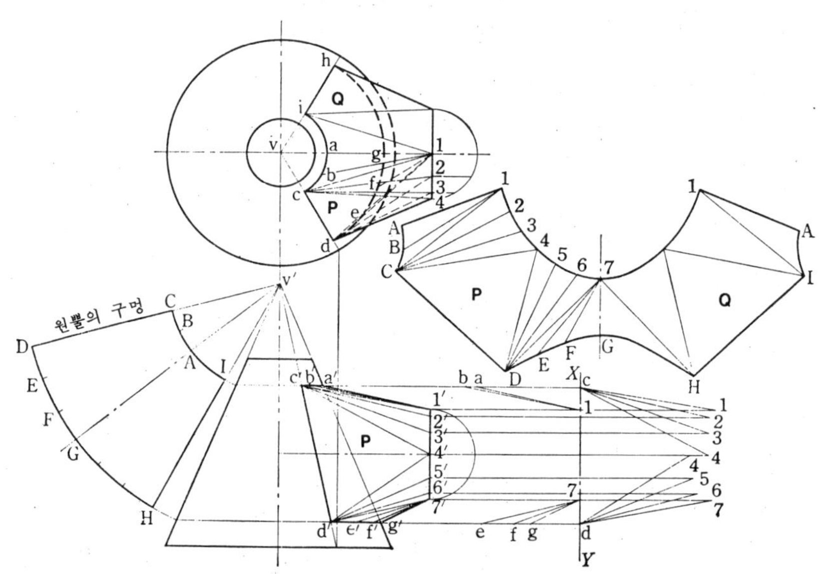

그림 6.34

6.2.22 구(球)와 만나는 직원뿔

그림6.35는 구의 중심을 벗어난 연직축을 가진 직원뿔과 구의 상관이다.
상관선은 수평평면을 공통절단평면으로 하는 공통절단법에 의해서 구한다.
(공통절단평면에 의한 단면은 구나 직원뿔이 모두 원이 된다). 상관선을 그
린 다음, 원뿔의 면소(그림에서는 등간격으로 12줄)를 긋고, 상관선과의 교
점을 구해, 그림 4·4, 그림 4·5의 요령으로 방사전개한다.

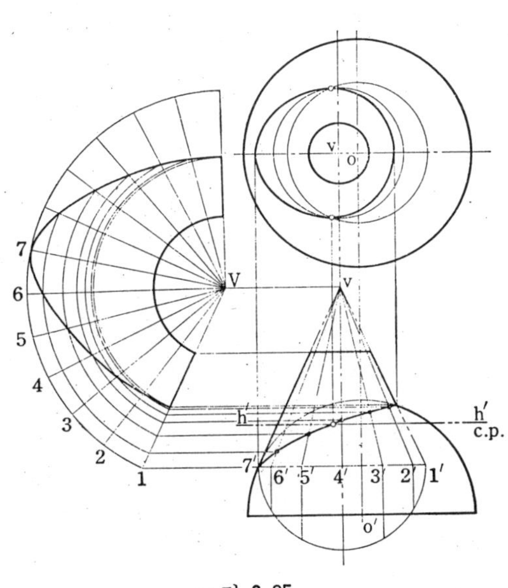

그림 6·35

6. 2 . 23 구와 만나는 경사원뿔

그림 6.36은 바닥이 수평으로된 원인경사 원뿔과 구의 상관이다. 수평한 평면에서 절단하면, 비스듬한 단면이나, 구의 단면도 원이 된다. 따라서 상관선은 수평평면을 공통절단면으로 하는 공통절단법에 의해서 그려진다. 다음에 비스듬한 원뿔의 밑원(거꾸로 되어 있으므로 윗면이 되어 있다)의 반원둘레를 6등분해서 경사원뿔의 면소를 긋는다. 먼저 그린 상관선과 원뿔의 각 면소의 교점을 구해, 그림 4 · 17, 그림 4 · 18에 따라서 방사전개한다.

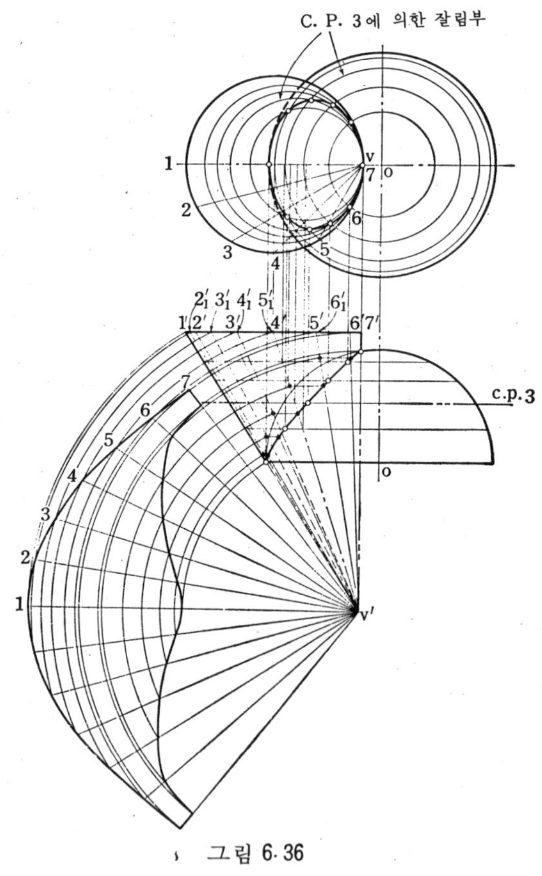

그림 6·36

6.2 .24 원고리와 만나는 원관

그림 6.37은 원고리와 수평원기둥의 상관이다. 상관선은 원고리의 축에수
직인평면(정면평행평면)을 공통절단면으로 하는 공통절단법에 의해서 구한
다. 측면도의 수평원기둥(원으로 보인다)의 반원둘레를 6등분해서 그들의
등분점을 지나는 정면평행평면을 절단평면으로 하면 된다. 원기둥의 둘레에
등간격으로 그은 면소가 단면이 되어 다음의 전개에도 편리하다.

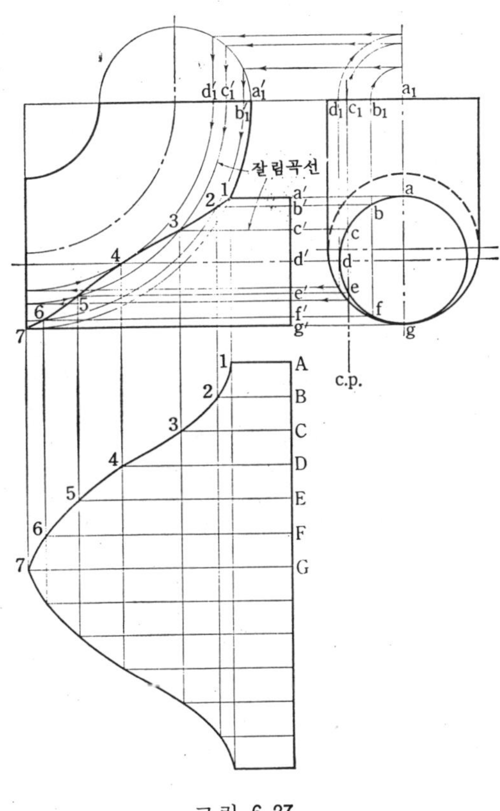

그림 6·37

6.2.25 직원뿔에 비스듬하게 만나는 직원뿔

그림 6.38은 직립원뿔과 비스듬하게 만나는 직원뿔의 상관이다. 6.1.3
에서 설명한 바와같이 두 원뿔축의 교점 0를 중심으로 하는 구면을 공통절
단면으로 잡으면 두 원뿔의 단면은 모두가 원(정면도에서는 직선 m′p′, p′q′)
이 된다. m′n′, p′q′의 교점 t′ 및 거기에 대응하는 평면도 t가 상관선상의
점이다. 경사직원뿔의 둘레에 등간격으로 면소를 긋고, 먼저 그린 상관선과
의 교점을 구해, 그림6.28과 같이 방사전개한다. 직립원뿔의 전개도 에서는

$$\widehat{AB} = \widehat{ab}, \quad \widehat{BX} = \widehat{bx}, \quad \widehat{CX} = \widehat{cx}$$

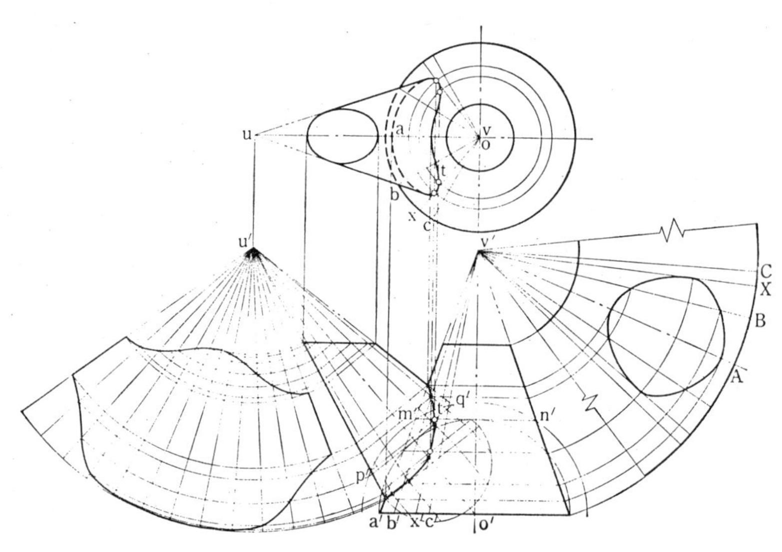

그림 6.38

6.2.26 직원뿔에 비스듬하게 만나는 경사원뿔

그림 6.39는 직립직원뿔과 비스듬하게만난 경사원뿔의 상관이다. 수평평면에서 절단하면 직원뿔이나 경사원뿔도 단면이 원이 된다. 따라서 상관선은 수평평면을 공통절단면으로하는 공통절단법에 의해서 그려진다. 경사원뿔 아랫원의 반원둘레를 6등분해서 경사원뿔의 면소를 긋고, 앞에서 그린 상관선과의 교점을 정해서 전항(그림6.38)과 마찬 가지로 방사전개한다.

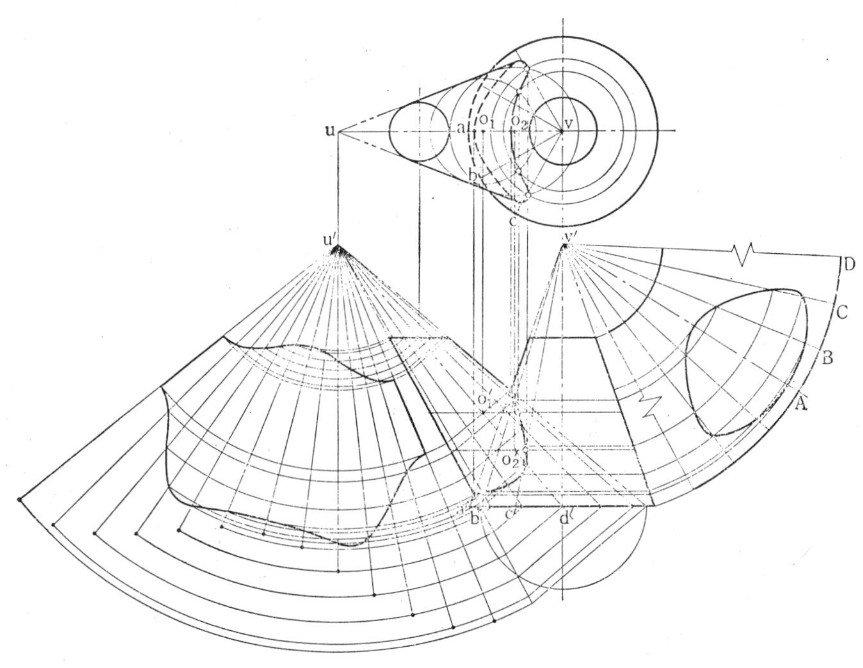

그림 6.39

6.2.27 수평가지관을 가진 끝은 원형이고 밑부분은 모꼴인 연결관(그림6.40)

수평평면으로 절단하면 수평원관도 연결관도 단면이 직선 및 원호로된다.

따라서 상관선은 수평평면을 공통절단면으로 하는 공통절단법에 의해서 그려진다. 원관의 반원둘레를 6등분해서 원기둥면에 면소를 긋고, 이 면소를 포함한 수평평면을 절단면으로 사용하면 된다. 평면도의 wo, zo 위의 X표 는 단면원호의 중심을 표시한다. 전개는 그림 4.22, 그림 4.23에 준해서 하 면 된다(이 그림에서는 면소의 실장을 구하기 위한 실장선도는 생략하였다. $\overline{AW} \doteqdot \overline{a'w'}$, $\overline{BW} \doteqdot \overline{b'w'}$, …)

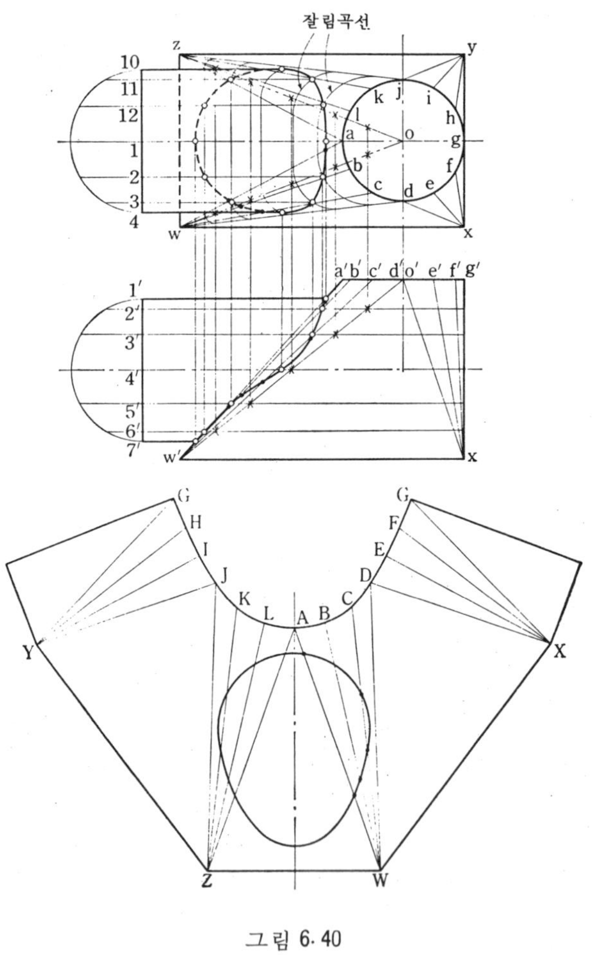

그림 6.40

6.2 .28 원뿔가지관을 가진 끝부분이 원형이고 밑부분은 모꼴인

연결관 (그림6.41, 그림6.42)

어떠한 평면으로 절단해도 두입체의 단면을 동시에 원호 또는 직선으로할 수는 없다. 수평평면에서 절단하면 직립직원뿔의 단면은 원이 되고, 연결관의 단면은 2차곡선이 된다. 그 2차곡선을 그리려면, 그림 6.41에 표시한 바와같이 [A]부의 면소와 수평절단평면의 교점을 구해서 부드럽게 이으면 된다. 즉, 정면도에서 b′7′, b′6′, b′5′, b′4′가 c.p와 만나는 점 (X표의 점)을 구해서, 대응선을 세워 평면도의 b7, b6, b5, b4와 교점을 구하면 된다. 그림 6.24에서는 이와같은 수평절단평면을 8개 사용해서 상관선을 그렸다. 전개는 그림 4.22, 그림 4.23에 준해서하면 된다. (이 그림에서는 면소의 실장을 구하는 실장선도는 생략하였다).

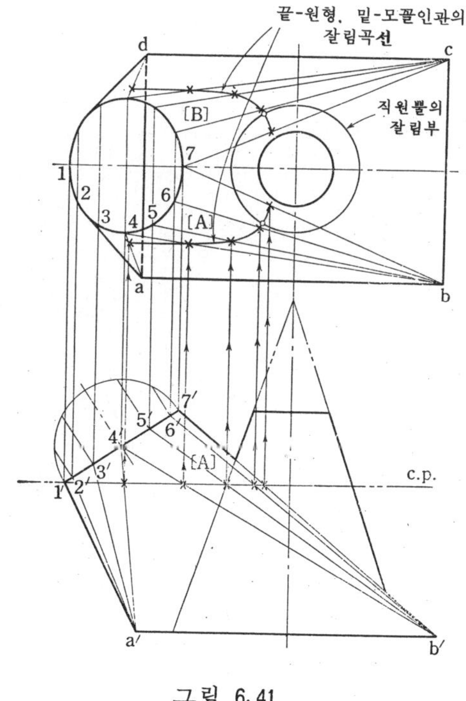

그림 6.41

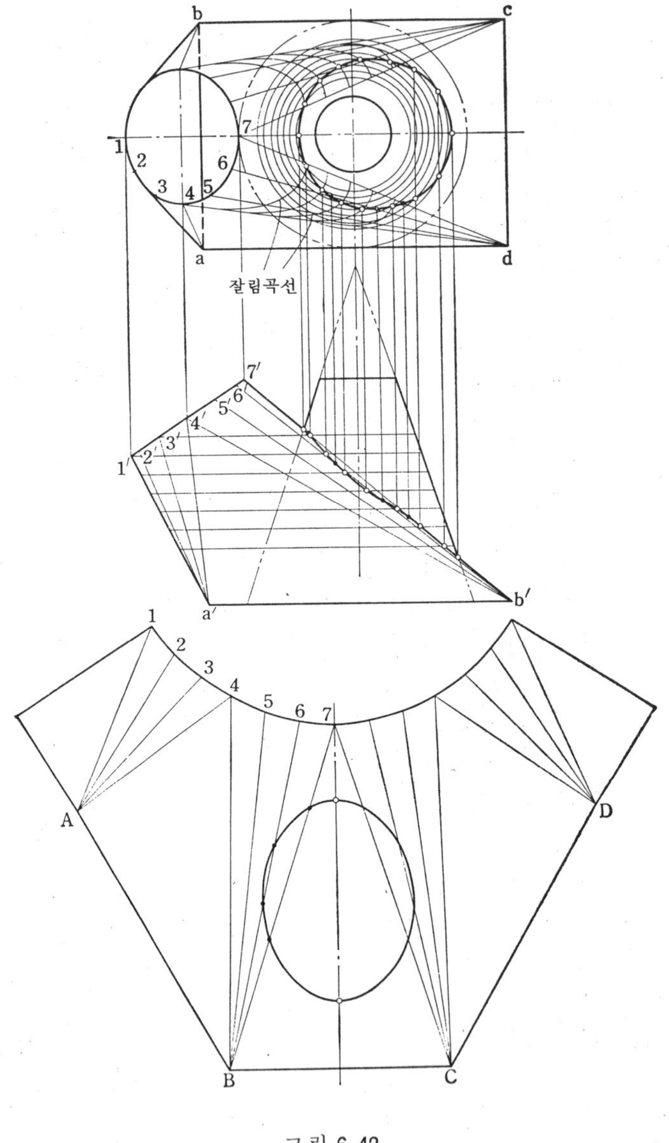

그림 6·42

6.3   상관체의 전개예 (Ⅱ)

각종 기능시험에 자주 출제되리라 예상되는 상관체에 관한 문제를 몇개들 어보았다. 상관선을 그리는 법이나 전개방법에 대한 설명은 최소한으로 하였으므로 이런 사항은 6장 6.1 3장, 4장, 5장을 참조하기 바란다.

6.3 . 1   직원뿔과 원관(그림6.43)

그림은 얇은 강판으로 제작된 부품의 도면이다. Ⓐ Ⓑ Ⓒ 부분의 전개도를 실제칫수대로 작도하라.

注 (1) 주어진 퀜트지에 A 2 (420×594)의 크기로 선을 그어 15mm의 윤곽을만 든다.

(2) 도면의 우측위에 과제에 있는것과 같은 번호, 성명란을 만들고 기입한다.

(3) Ⓒ 의 전개를 할 때에는 90ϕ 의 원둘레를 24등분해서 작도한다.

(4) 작도에 필요한 보조도형이나 보조선은 남겨둘 것.

(5) 칫수, 기호등은 기입하지 말것.

[작도의 요점] 문제의 도면속에는 처음부터 상관선이 그려져있지만, 기계 제도에서는 특별한 경우를 제외하고 상관선을 직선 또는 원호로 비슷하게그

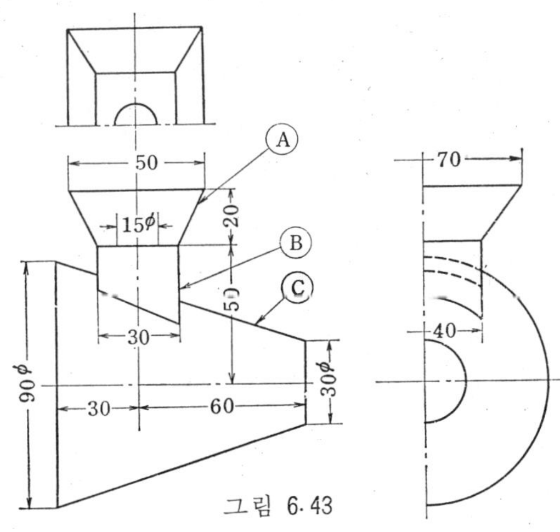

그림 6·43

리는 일이 많으므로 전 개를 할 때에는 반드시 정확한 상관선을 그려볼 필요가 있다. 그림 6.44 에서 정면도의 x´, y´ 에서 대응선(수평선)을 긋고, 측면도의 x″ y″ 를 구해 x″1″, y″3″을그린다. v″ 1″, v″3″ 을 연장해서a″, c″ 를 정하고, a″c″의 2 등분점 (실제에는 적어도

3등분이상) b″를 정해, v″b″와 1″3″의 교점 2″를 구한다. 정면도의 a´ v´,

b′v′, c′v′ 위에, 이들의 대응점 1′, 2′, 3′를 정해서, 부드러운 곡선으로이으면 된다. 1′, 2′, 3′은 직선과 같이 보이지만 직원뿔을 그 축에 나란한 평면(측면도의 c. p)에서절단한 단면곡선이므로 쌍곡선의 일부분이다.

그림 6.45는 전개도를표시한 것이다.

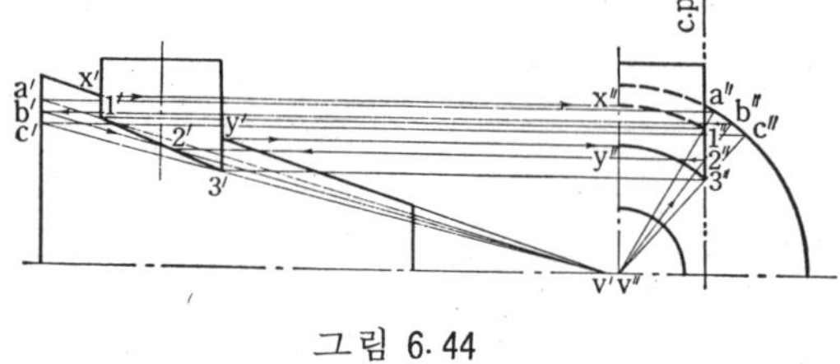

그림 6.44

위의 네모뿔대 Ⓐ의 전개에도 측면의 사다리꼴에 대각선(점선으로 표시)을 긋고, 그 실장을 구해서 작도하면 된다.

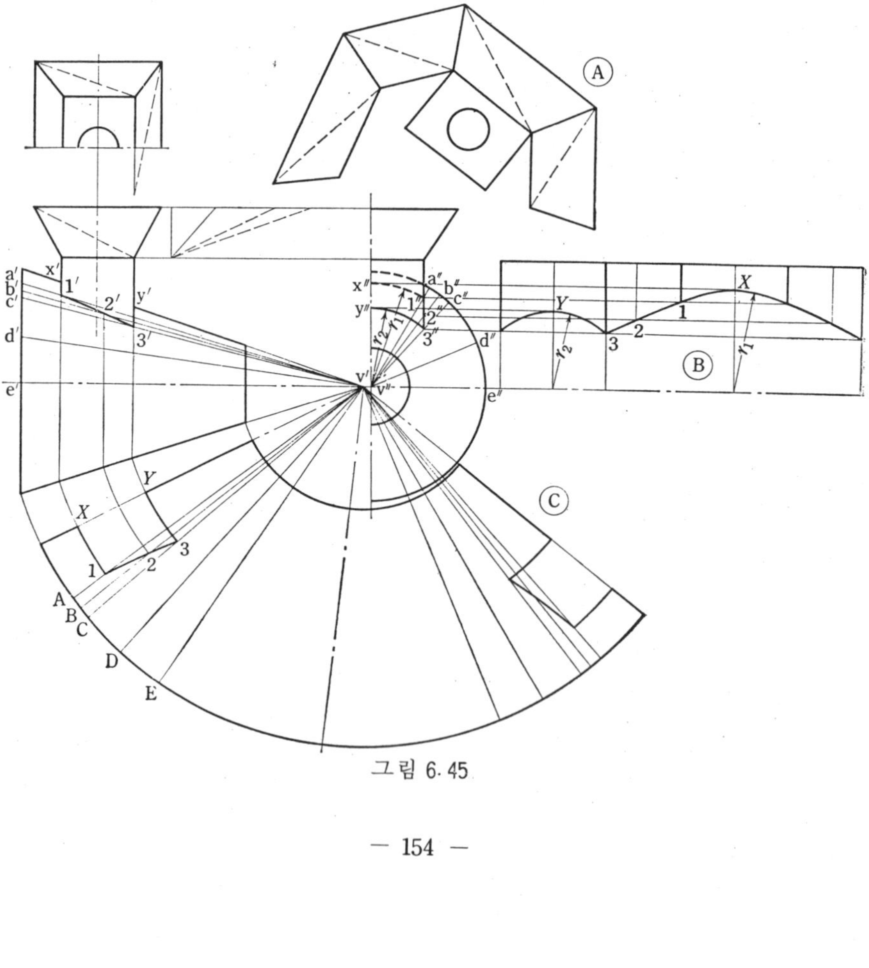

그림 6.45

6.3 . 2 다면체와 원관 (그림6.46)

그림은 강판으로 제작된 부품의 도면이다. Ⓐ Ⓑ Ⓒ를 지시된 선으로 끊고, 전개도를 따로 정확한 칫수로 작도하라.

注 (1) 제한된 시간은 과제 2 (생략)
와 함께 4 시간으로 한다.

(2) 배부된 켄트지의 크기는 B 2
이지만, 작성된 도면의 크기는 A 2
(420×594mm)로 하고, 또 이 속의
네모서리에 10mm의 윤곽을 만들것.

(3) 전개를 할 때에는 강판의 두
께는 고려하지 않아도 된다.

(4) 칫수를 기입할 필요는 없다.

(5) 작도에 필요한 보조선은 가늘
게 남겨둘 것.

[작도의 요점] 부재 Ⓒ 는 경사원
뿔의 부분을 지니고 있어 다면체라할
수는 없지만 상관부분에 대해서 말하
면, 다면체와 원기둥의 상관이다. 상
관선은 원기둥의 각 면소가 평면을뚫

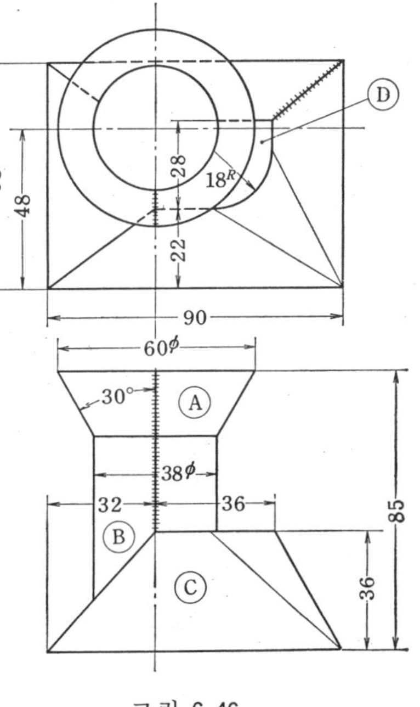

그림 6. 46

는 점을 구해서 그린다(그림 6.47). 왼쪽 면은 정면도이고 반대쪽의 면은측
면도에서 연시도가 되므로, 면소가 상대의 평면을 뚫는 점은 곧 구해진다.
(직선교점법 I).

부재 Ⓒ 의 전개에는 측면 TUWZ, TVYZ, … 를 각각 대각선(그림에는
가는 2점 쇄선으로 표시)에서 반분하여 작도하면 된다. 측면 TVYZ 의 원
기둥과의 상관선 부분을 그리려면, 변 ZY 에서 상관선상의 점 2, 3 ……까
지의 거리를 정면도의 $\overline{y'2'}$, $\overline{y'3'}$, ……와 같게 취하면 된다. 측면 TUWZ
에 대해서도 마찬가지이다. PXS 의 부분은 그림 4.22, 4.23에 따라서 전개
한다. 부재 Ⓓ 는 평면도에 실형이 나타나 있으므로 생략하였다.

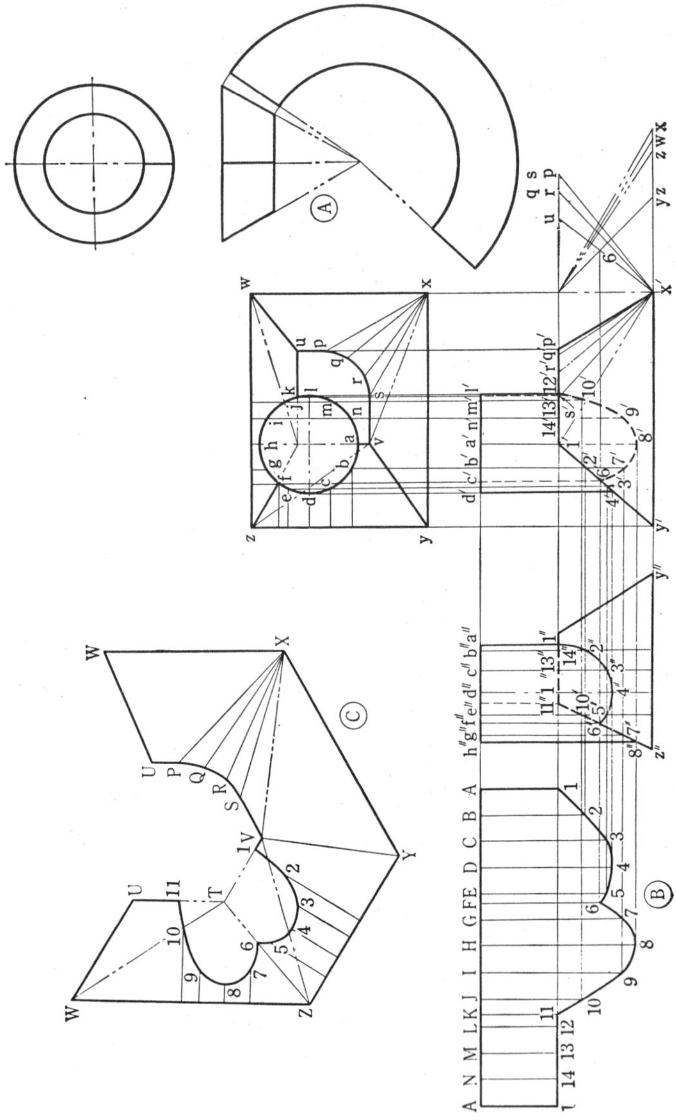

그림 6. 47

6·3·3 다면체와 원기둥면(그림 6·48)

그림은 강판으로 만들어진 부품의 도면이다. 우선 과제의 도면(양투영도)을 정확한 칫수로 그리고, 다음에 Ⓐ Ⓑ 를 지시된 선으로 끊어서, 전개한 도면을 정확한 칫수로 작도하라.

주 (1) 제한시간은 3.5시간으로 한다.
　(2) 과제의 그림에서 Ⓐ Ⓑ 가 서로 만나는 선등은 반드시 정확하게 그려져 있지 않으므로 주의할 것.
　(3) 배부된 켄트지의 크기는 B2이지만 작성된 도면의 크기는 A2(420×594 mm)로 하고, 또 이 속의 네 모서리에 10mm의 윤곽을 만들 것.
　(4) 작도(투영, 전개를 모두)를 할 때에는 강판의 두께는 고려하지 않아도 된다..
　(5) 칫수를 기입할 필요는 없다.
　(6) 작도에 필요한 보조선은 가늘게 남겨 놓을 것.

[각도의 요점] 부재 Ⓐ 인 원기둥면의 부분과 부재 Ⓑ 의 상관선을 그리려면 원기둥면에 그은 면소 L1(1 1, 1′1′), M2……R7의 각각을 포함한 평면에서 부재 Ⓑ 를 절단하고, 그 단면직선과의 교점을 구하면 된다. 예를 들면, 평면도에서 n3을 포함한 평면에서 절단하면 Ⓑ 의 단면은 xy가 된다. 그 정면도 x′y와 n′3의 교점 3이 상관선위의 1점이 된다.

정면도가 반원이 되도록, 뚫린 부분의 평면도는 원기둥의 각 면소가 정면도에서 반원과 만나는 점 12 , 13, 14…22, 23, 24에 대응하는 평면도의 각 점을 연결하면 된다.

전개도에서 원기둥 면소의 간격 $\overline{LM}=\overline{MN}=…=\overline{QR}$ 은 정면도의 윗쪽의 4분원호 길이의 1/3과 같다. 원기둥 각 면소의 실장은 정면도에 나타나 있다. 또 5각형 KL1VU 및 RSTW7의 실형도 정면도에서 직접 얻어진다.

부재 Ⓑ 의 4변형 COEF, ABCF, GHBA의 실형은 대각선(그림에는 가는 점선으로 표시되고 있다.)에 의해서 각각 두개의 세모꼴로 분할해서 작도하면 된다.

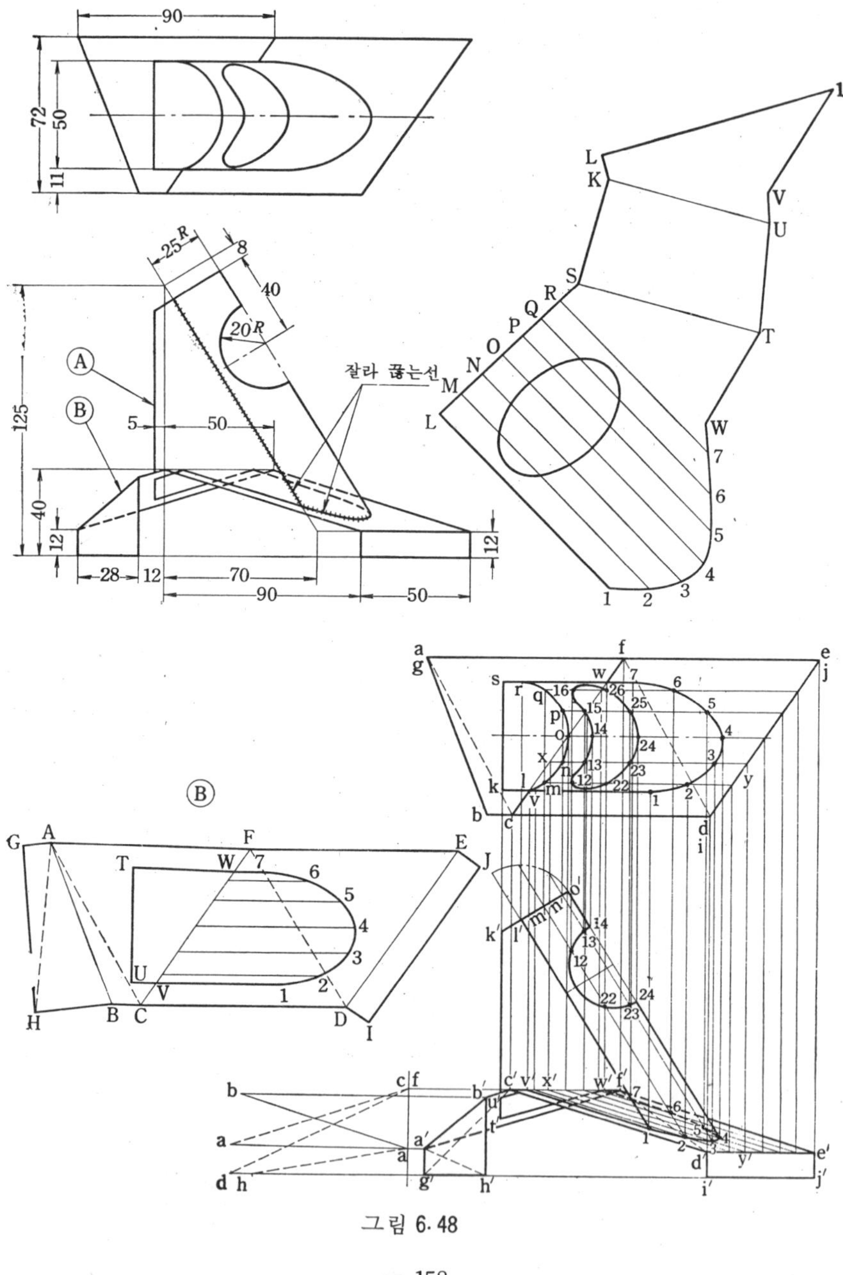

그림 6·48

6·3·4 윗 부분은 원형이고 아랫 부분은 4변형인 관과 원관

다음 재료를 사용해서 다음의 그림(그림 6·49)에 표시한 제품을 제작하라.

       SPC 1   1.0t×900×1200   1장

       SS 41   3 t×25×1050   1개

       SV 34   3 ϕ×7 l 12개

주   (1) 표준제작시간은 10시간, 제한시간은 11시간으로 한다.

      (2) 꺾어 접는 부분은 안쪽에서 3R이내 일 것.

      (3) 윗부분테의 표면은 줄로 마무리질할 것.

      (4) 리벳이음은 가볍게 압축할 정도면 된다.

〔작도상의 주의〕 주어진 도면의 상관선은 매우 부정확하다. 먼저 정확한 상관선을 구해야 한다. 그림 6·50에 표시하였듯이 얇은 판(t1)부분은 ①, ② ×2, ③, ④의 네종의 부재로 구성된다. ①과 ②의 상관선은 ②의 경사 원뿔면 부분에 그은 면소가 ①을 뚫는 점을 구하면 된다. 왼쪽도면에서는 ①이

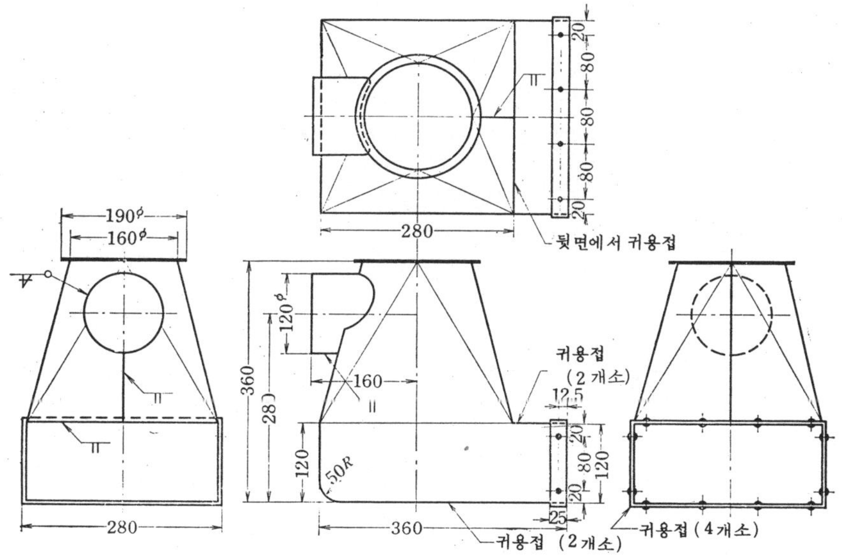

그림 6·49

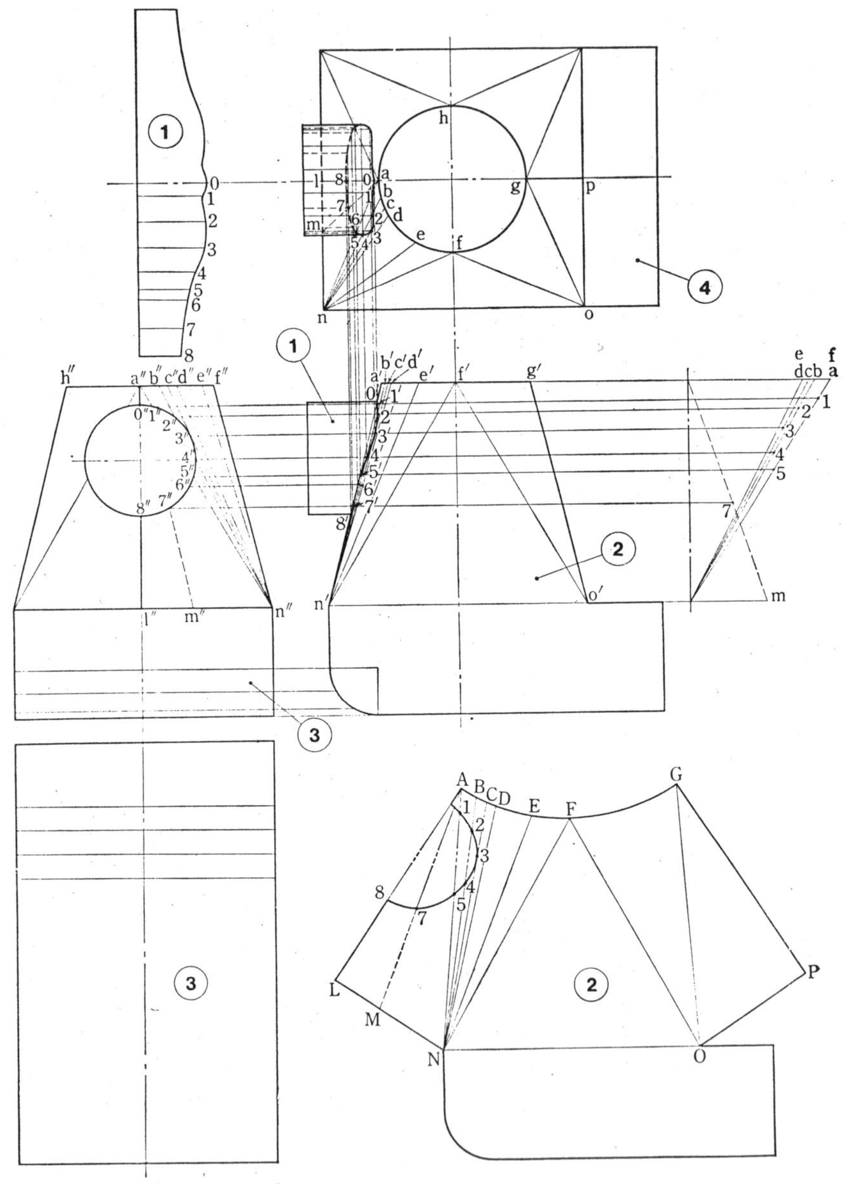

그림 6.50

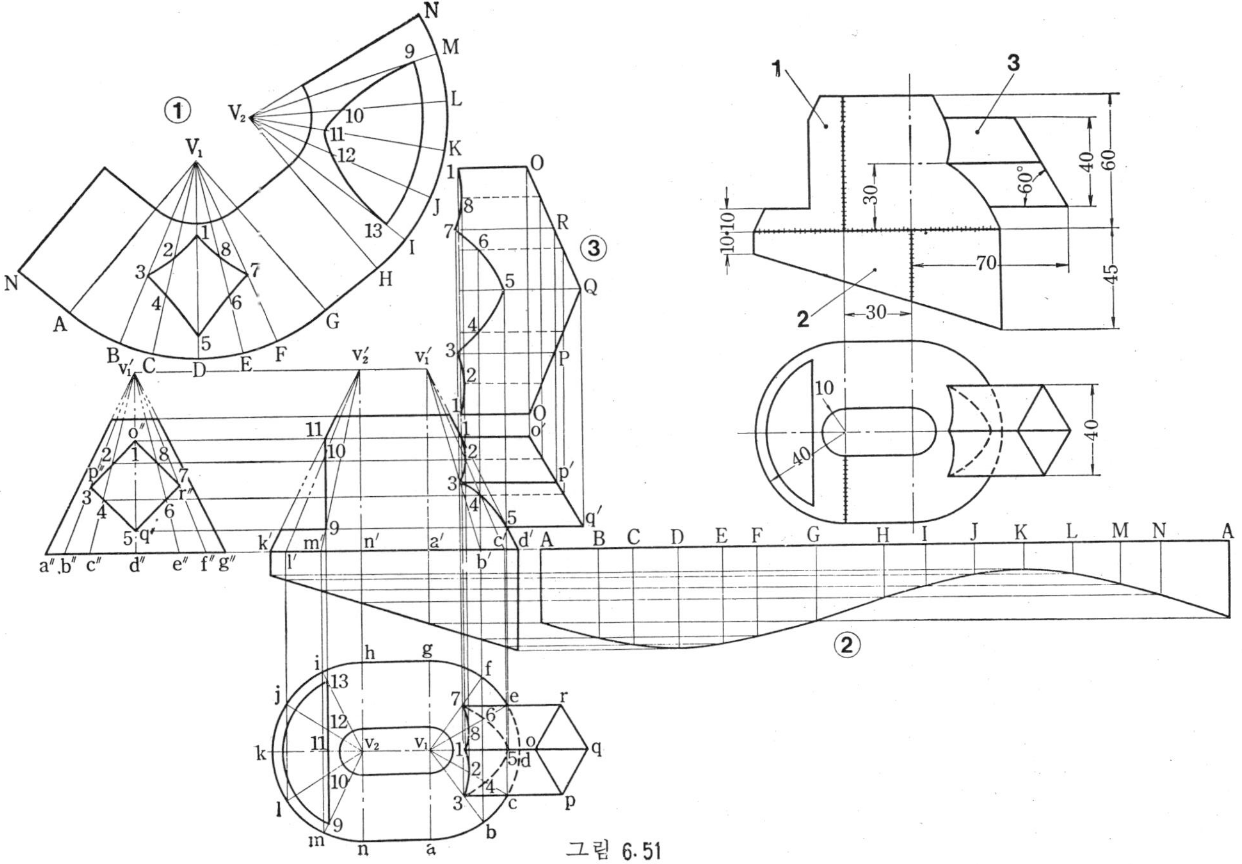

그림 6.51

연시되어 원으로 되어 보이므로 면소가 원기둥을 뚫는 점은 곧 구해진다(직선교점I). ②의 평면부분과 ①의 상관선을 그리기 위해서 평면위에 AM(am, a′m′)과 같은 직선을 긋고, 그것이 원기둥과 만나는 점(7.7′)을 구하였다.

6·3·5 직원뿔과 네모관(그림 6·51)

그림 6·51은 1963년 아일랜드에서 열린 제12회 국제기능올림픽 경기과제의 하나이다.

〔작도의 요점〕 이 그림이 제1각법으로 그려져 있는 점에 주의하기 바란다(국제기능 올림픽에서는 제1각법의 도면이 사용된다). 직원뿔의 부분과 수평정 4각기둥의 상관선을 그리려면, 먼저 입체의 우측면도(정면도의 왼쪽에 온다)를 만들고, 원뿔면의 면소가 네모기둥의 면을 뚫는 점을 구하면 된다.

2. 第一角投影図로부터

展開図 그리기

1. 머리잘린뿔이 円筒과 傾斜되어 交叉하는 形体

그림1은 머리잘린뿔 I 이 円筒 II 에 대해 FGH에서 傾斜로 交叉할 경우의 展開이다. 円筒의 굵기는 平面図의 $KLMN$에서 표시하고 또 $WXYZ$는 머리잘린뿔의 EJ로 切斷한 面의 実形이다.

交叉線 FGH를 그리려면 正面図에 표시하는 것과 같이 直円뿔의 頂点 O 와 切斷線 EJ의 分割点 1·2·3·4···7을 연결하여 延長한다. 또 平面図의 円뿔꼭지点의 投影 O 와 切斷面의 投影 $PQRS$의 分割点을 이어 이것을 延長하여 円筒의 둘레와 TLU에서 交叉시켜 그 교점들을 1′·2′·3′·4′···7′로 한다. 이것들의 交点에서 正面図의 母線 BD에 平行한 分割線을 그어 그 分割線과 앞에 있는 正面図円뿔의 分割線 02·03·04···06의 延長線과 交叉시켜 그交点 $a·b·c·d·e·f·g$를 순서대로 연결한 FGH가 구하는 交叉線이다.

머리잘린 뿔 I 의 展開를 구하려면 正面図의 円뿔分割線 Ob·Oc·Od·Oe·Of 등의 실장을구한다. 그런뒤 交叉点 b·c·d·e·f 에서円뿔의 軸에 該当하는 OG 에 대해서 直角의 線을 円뿔母線 OH 까지 그어 그 交点을 $2''·3''·5''·6''$로 한다. 이것들의 交点에서 頂点 0 까지의 길이 $O2''·O3''·O4''·O5''·O6''$는 각각 Ob·Oc·Od·Oe·Of 의실장이다($O1''=O_a$)

이렇게하여 分割線의 실장이구해지면 O 를 中心으로 하여 OJ 또는 OE 의 길이를 반지름으로 하여 弧$E_1 \sim E_1$을 그려 弧위에 WXYZ 의 길이를 옮겨서 그 分割点 1·2·3···7 과 中心 O 를 이어 이것을 延長한다. 이 延長線과 $O1''·O2''·O3''·O4''···O7''$의 길이를 반지름으로하는 弧와 交叉시켜 그交点 $1''·2''·3''···7''$를 순서대로 연결한 図形 $E_1 F_1 H_1 F_1 E_1$ 은円뿔 I 의 展開図이다.

円筒 II 의 展開는 이미 말했으므로 説明을 省略하기로한다.

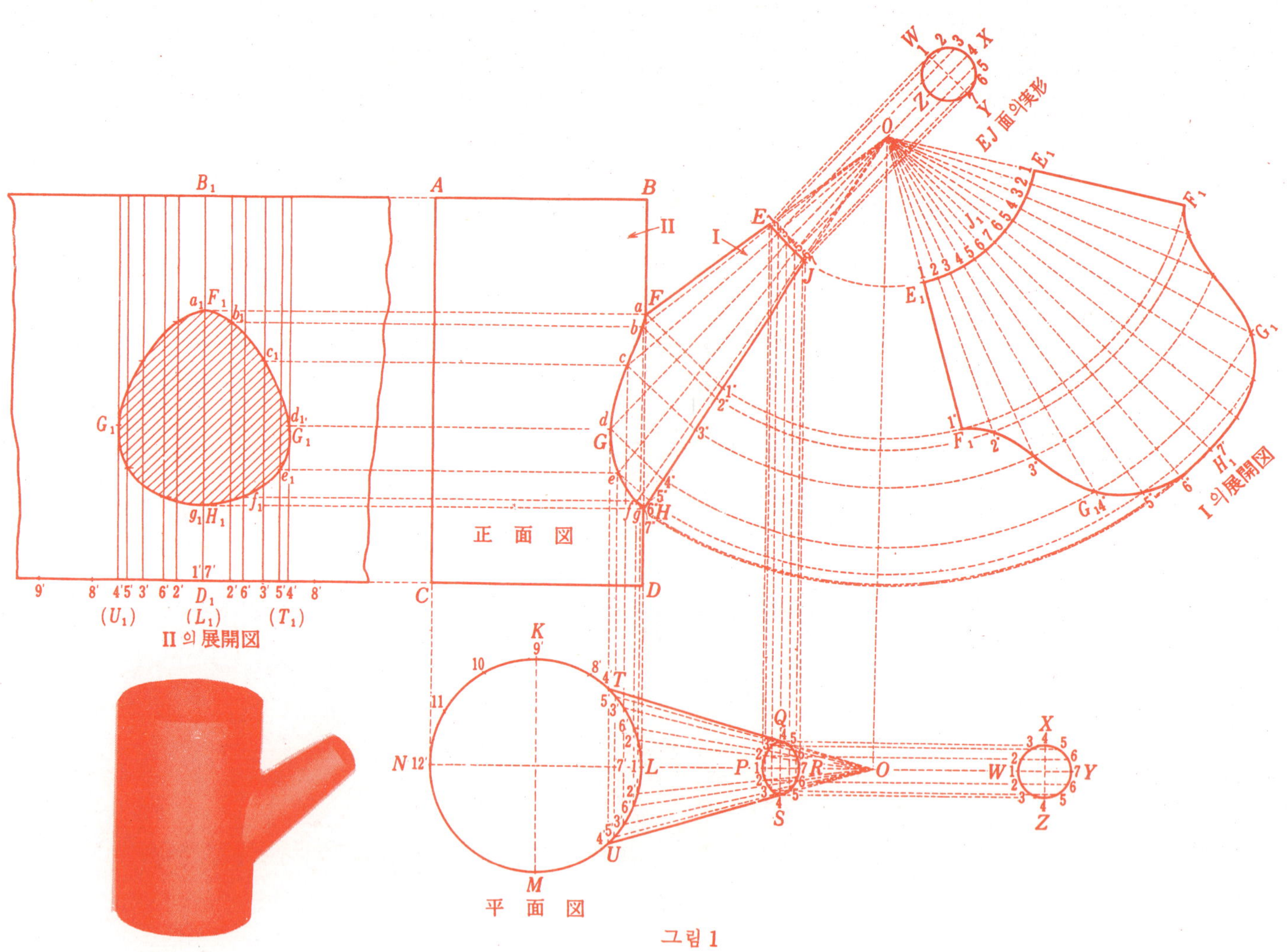

正面図
平面図
II 의 展開図
I 의 展開図
EJ 面의 実形
(U₁) (L₁) (T₁)
그림 1

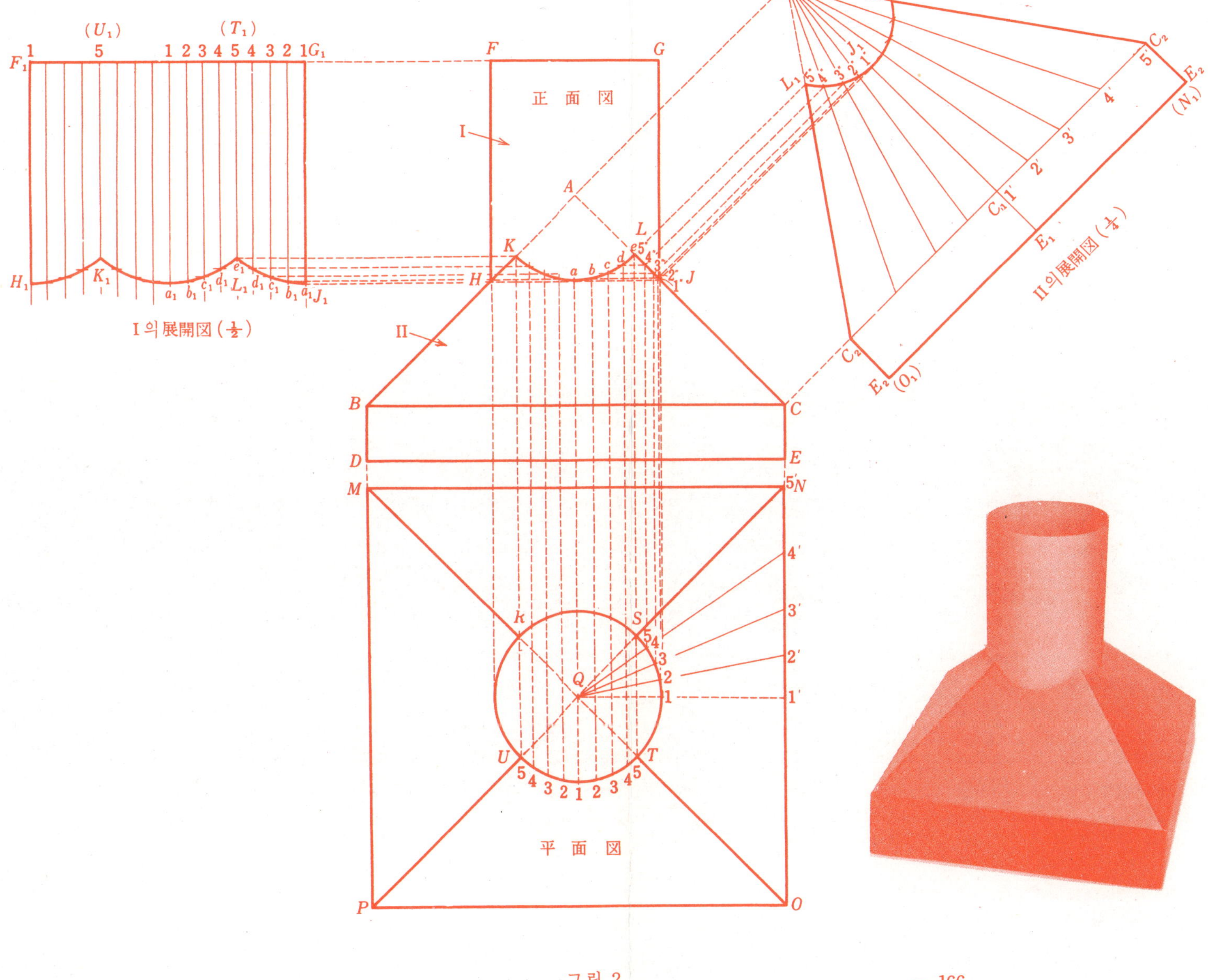
正面図
平面図
I의 展開図 (½)
II의 展開図
그림 2

2. 円筒이 四角뿔에 直立 交叉하는 形体

그림 2 는 円筒 I 이 四角뿔 II 에 대해 HKLJ에서 垂直으로 交叉할 경우의 展開이다. 平面図의 RSTU 는 원통의 굵기, 또 MNOP 는 四角뿔의 밑면둘레를 나타낸다.

상관선 HKLJ 를 그리려면 平面図의 RS·ST·TU·UR 間을 각각 같게 等分하고 各分割点에서 正面図에 垂直으로 導線을 긋고 ST 間에서 그어올린 導線과 正面図의 모서리선 AC 와의 交点을 1″·2″···5″로 한다. 이각 点에서 水平으로 導線을 그어 平面図의 UT 間에서 正面図에 垂直으로 그은 導線과 交叉시켜 같은 数字符号의 導線交点을 각각 a·b·c·d·e 로 하면 이점들을 연결한 HKLJ 는 구하는 상관선이다.

四角뿔 II 의 展開를 구하려면 우선 平面図의 中心 Q 와 円筒둘레의 分割点 1·2···5 를 연결하고 그 延長線과 밑面의둘레 ON 과의 交点을 1′·2′···5′ 로 한다. 다음에 II 의 展開図에 표시하는 것과 같이 正面図의 ACE 의 길이를 AC 에 平行하는 $A_1 E_1$ 線上에 옮겨 C_1 및 E_1 을 通해서 $A_1 E_1$ 선에 대해서 直角의 線 $C_2 E_2$ 및 $E_2 E_2$ 를 그어 이두線을 平面図의 ON 과 같은 길이로 하고 그리고 $C_2 C_2$ 線上에 平面図의 ON 의 分割点 1′·2′···5′ 를 옮겨서 A_1 点과 연결한다. 이것들의 分割線 A_1 1′·A_1 2′···A_1 5′와 正面의 AC 上의 点 5″·4″··· 1″에서 $A_1 E_1$ 에 대해서 直角으로 그은 導線과의 交点 1″·2″···5″를 순서대로 이으면 $L_1 J_1 L_1$ 으로 표시하는 曲線이 되고 그리고이것과 C_2·E_2 등을 순서대로 연결한 図形 $L_1 C_2 E_2 E_2 C_2 L_1$ 은 角뿔의 한 側面의 展開図이다.

円筒 I (HFGJ)의 전개는 이미 앞의 여러 과제의 경우와 같은 방법으로 구할 수 있으므로 설명을 생략한다.

〈부기〉 각뿔의 전개도를 한장의 도형으로 하려면 II 의 전개도의 테두리끝의 $L_1 C_2$ 선에서 도형 $L_1 C_2 E_2 C_2 L_1$ 을 차례로 네개붙이면된다.

3. 원통이 지붕의 한끝에 직립 교차하는 형체

그림3은 겨냥도에서 표시하는 것과 같이 경사진 지붕의 한끝에 원통이 직립하여 교차된 경우의 전개이며 이 형체는 Ⅰ·Ⅱ·Ⅲ의 3부분으로 되어있다.

전개에 앞서 정면도의 교차선 OkP와 측면도의 교차선 Jeh를 그린다. 이것으로 평면도의 안둘레 JNOPQ (JNO=JQP)를 1·2·3…8 및 9·10·11과 같이 분할하여(등분할 필요는 없다) 분할점에서 수직으로 도선을 그으면 정면도에서 AC모서리에 1′·2′·3′…6′의 교점이 구해지며, 또 측면도에서는 AM 모서리상에 8′·9′·10′·11의 교점이된다. 다음에 정면도의 교점 1′·2′·3′… 6′에서 수평으로 도선을 그어서 측면도원통의 분할선과 교차시켜 측면도 1의 분할선(모선TJ)과 정면도1′의 도선과의 교점을 a또는 2의 분할선과 2′의 도선과의 교점을 b로 하여 같은 방법으로 하여 구한 교점 a·b·c…h를 연결한 곡선은 측면도의 교차선이다. 또 측면도AM 모서리상의 8′·9′·10′·11′에서 수평으로 도선을 그어 정면도 원통의 분할선과 교차시켜 정면도8 (4)의분할선과 측면도8′ (h)의 도선과의 교점을h (4′·P)로 하고, 나머지도 같은 방법으로 구한 교점h·i·j·k…o를 연결한 곡선은 정면도의 교차선이다.

Ⅰ의 전개방법은 그림의 Tₗ Tₗ 선위에 평면도 안둘레의 분할 1·2·3…8…11을 옮겨서 이것과 직각으로 분할선을 그어 각분할선을 정면도 및 측면도의 분할선1a·2b·3c…6f…11k와 같은 길이로 하고 그선의 교점을 차례로 연결한 도형Tₗ Jₗ kₗ Jₗ Tₗ 은 구하는 Ⅰ의 전개도이다.

Ⅱ의 전개방법은 그림의 Gₗ Fₗ 선위에 정면도의 BAC와 그 분할을 1′~2′ 2′~3′…6′~Fₗ (6′~Fₗ =정면도의 6′~C)과 같이 옮겨 이것과 직각으로 분할선을 그어 분할선과 평면도 안둘레의 점1·2·3…8에서 수평으로 그은 도선과의 교점aₗ ·bₗ ·cₗ …hₗ 및 다른점들을 순서대로 연결한 도형 Gₗ Dₗ Oₗ Jₗ Pₗ Eₗ Fₗ 은 구하는Ⅱ의 전개도이다.

Ⅲ의 전개방법은 도시의 삼각형 Aₗ Dₗ Eₗ 의 밑변 Dₗ Eₗ 과 그 분할8″·9″·10″·11″는 평면도의 변 DE및 그 분할과 같은 길이이고 또 높이 Aₗ Mₗ 도 그 분할은 측면도의 모서리 AM및 그 분할과 같은 길이로 하고 Dₗ Eₗ 상의 수직분할선과 Aₗ Mₗ 상의 수평선분할과의 교점 hₗ iₗ ·jₗ ·kₗ …hₗ 을 차례로 연결한, 도형 Oₗ Rₗ Pₗ Eₗ D은 구하는 Ⅲ의 전개도이다.

〈**부기**〉 이 형체의 Ⅱ는 평면도의 KJ를 경계로 하여 좌우 동형이다.

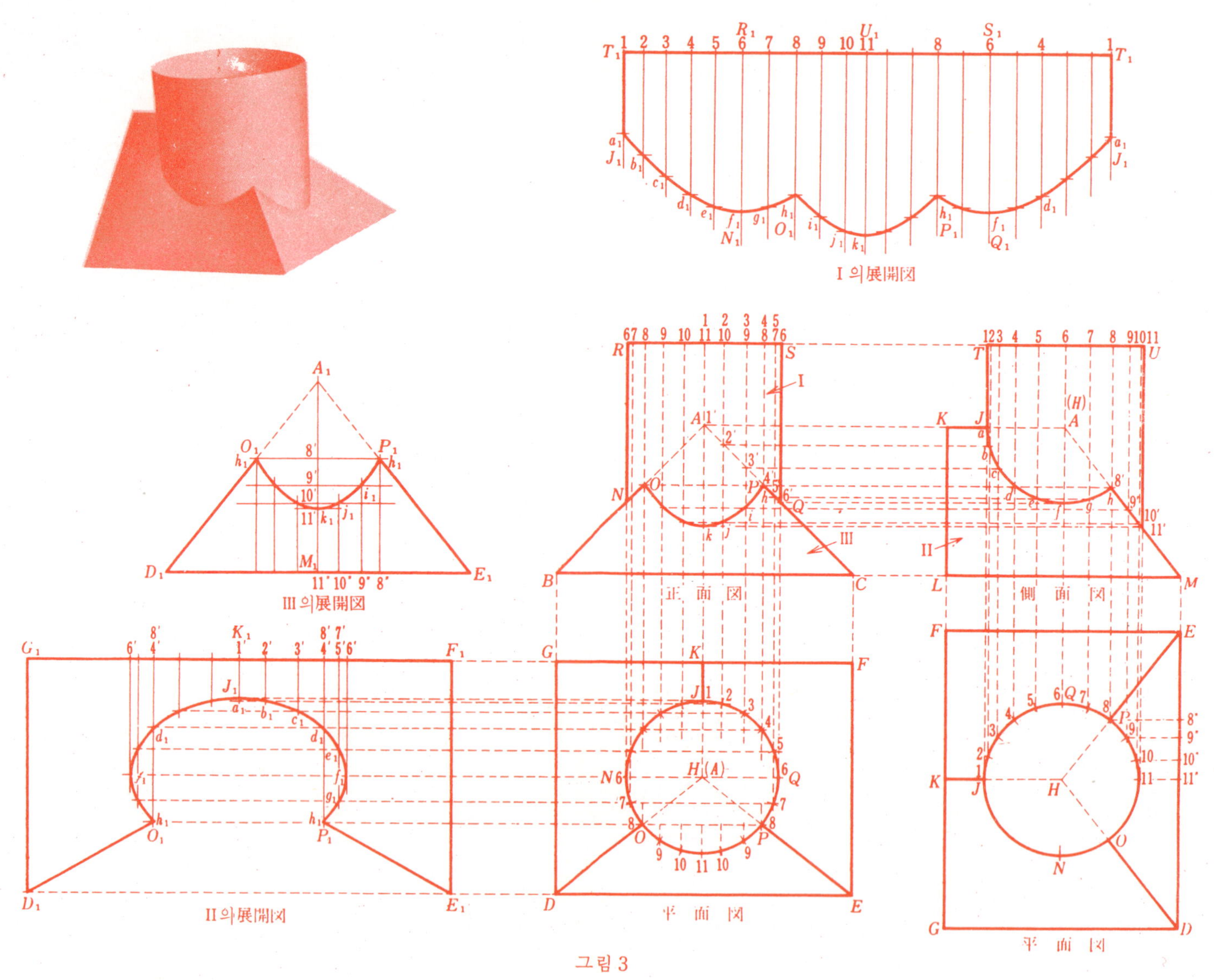

I 의 展開図
III 의 展開図
正 面 図
側 面 図
II 의 展開図
平 面 図
平 面 図
그림 3

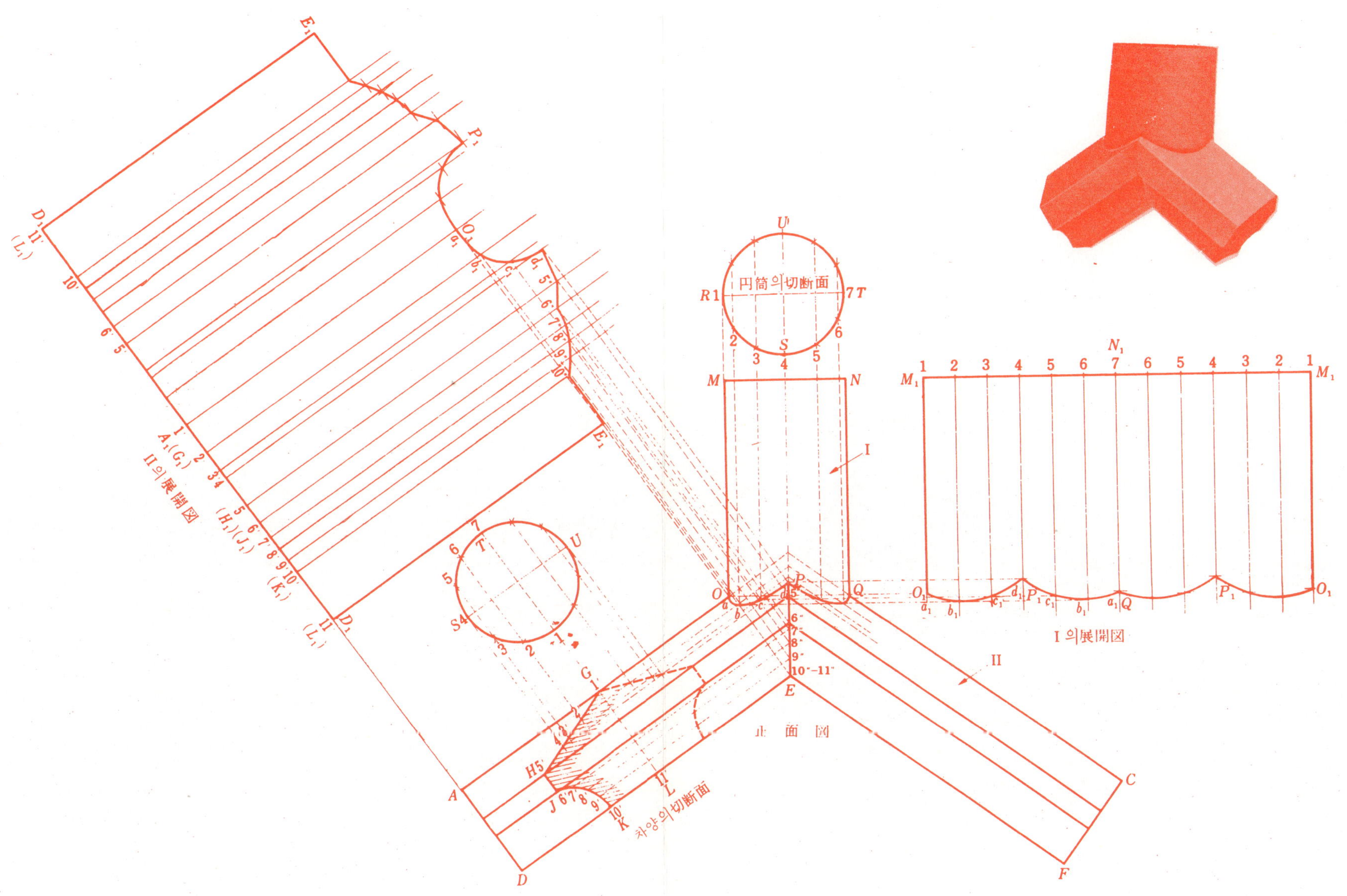
円筒의切斷面
차양의切斷面
Ⅱ의展開図
Ⅰ의展開図
正面図
그림 4

4. 원통이 경사 차양 위에 직립교차하는 형체

그림 4 는 원통 1 이 경사 차양 Ⅱ 의 용마루에 대해 OPQ에서 직립으로 교차할 경우의 전개이다. 그림의 RSTU는 원통의 굵기, 또 GHJKL은 차양의 조형 즉 절단면의 실형을 표시한다.

교차선 OPQ를 그리려면 원통의 절단면 RSTU를 그림과 같이 분할 하고 이 분할에 의해 차양 단면의 GH간을 1′·2′·3′·4′와 같이 분할한다. 이 분할점 1′·2′·3′·4′에서 용마루의 線 AB에 평행한 분할선을 그어 원통의 세로분할선과 교차시켜 그선의 교점을 a·b·c·d로 하고 이것들을 차례로 연결한 OPQ 는 구하는 교차선이다.

차양의 전개를 구하려면 우선 차양의 조형 HJKL·사이을 그림과 같이 분할하고 각점을 통해 AB선과 평행한 분할선을 그어 접선 BE에 교차시켜 그 교점을 5″·6″…11″로 한다. 다음에 용마루의 선 AB와 직각으로 DA를 연장하여 연장선 D,D,상에 조형의 길이를 옮겨 그분할점에서 D,D,선과 직각으로 평행분할선을 긋는다. 이 평행분할선들에 대해서 교차선 및 PE상의 점 a·b·c·d·5″·6″…11″에서 도선을 그어 교차시켜 그 교점들을 순서대로 연결한 도형 D,E,P,O,P,E,D, 은 구하는 차양 Ⅱ 의 전개도이다.

원통의 전개를 구하려면 원통 MOPQN 의 MN을 연장하여 그연장선 M,M,상에 원통의 절단면 RSTU의 분할길이 1~2·2~3…6~7…2~1을 옮겨 이 점들에서 M,M,선과 직각으로 평행선을 그어 이평행선에 대해 정면도의 교차선 OPQ의 점 a·b·c·d에서 수평으로 도선(평행의 점선으로 표시한다)을 그어서교차시켜 그교점을 순서대로 연결한 도형 M,M,O,Q,O, 은 구하는 원통 I 의전개도이다.

5 원통이 직원뿔의 곡면에 직립교차하는 형체

그림5는 원뿔 II 와 원통 I 이 $a_1 b_2 c_2 d_2 e_1$ 에서 교차할 경우의 전개이다. OPQ R은 원통의 굵기, 또 평면도의 HJKL의 원뿔밑면의 둘레를 표시한다.

교차선 $a_1 b_2 c_2 d_2 e_1$ 을 그리려면 원통의 둘레 OPQR을 임의의 수로 분할하고 각 분할점 2, 3, 4에서 내려그은 선과 원통절단면의 OQ선이 직각으로 교차하는 점을 a·b·c·d·e로 하고 이것을 평면도에 옮긴다. 또 원통의 분할선과 원뿔의 모선 AB와의 교점을 $F(1') \cdot 2' 3' 4' \cdot G(5')$ 로 한다. 지금 실체를 정면도에 $2'-2°$ 선으로 밑면에 평행하게 절단하면 겨냥도의 사선으로 표시하는 것과 같이 절단면원뿔의 둘레와 원통의 둘레와는 b_2 에 표시하는 점에서 만난다. 이 교차점 b_2 를 도법으로 구하려면 평면도의 N을 중심으로 Nb를 반지름으로 한 호를 그려 원통의 둘레와 만나는 점을 b_1 으로 한다. 다음에 b_1 에서 정면도에 수직으로 도선을 그어 $2'-2°$ 선과의 교점 b_2 를 얻으면 이 b_2 는 겨냥도의 b_2 에 해당하는 교점이다. 이와같이 하여 정면도의 $C_2 \cdot d_2$ 의 점들을 구해 이것을 순서대로 연결한 곡선 $a_1 b_2 c_2 d_2 e_1$ 은 교차선이다.

원뿔 II 의 전개를 구하려면 우선 평면도의 중심 N과 $b_1 c_1 d_1$ 을 이어 이것을 연장하여 밑면의 둘레와 교차시켜 그 교점을 $2'' \cdot 3'' \cdot 4''$ 로 하고, 이와같이하여 밑면의 둘레 HJ간을 분할한다. 다음에 II 의 전개도에 표시하는 것과같이 A_1 을 중심으로하여 원뿔의 모선 AB를 반지름으로한 호 $L_1 B_1 J_1$ 을 그려 호상에 밑면둘레의길이 $1'' \sim 2'' \sim 3'' \sim 4'' \sim 5''$ 를 옮겨 각분할점과 중심 A_1 을 연결한다. 다시 A_1 을 중심으로하고 모선상의 $AF \cdot A2' \cdot A3' \cdots AG$ 의 길이를 각각의 반지름으로하여 동심의 호를 그려 각호와 위의 분할선과의 교점을 차례로 연결한 도형 $G_1 d_3 c_3 b_3 F_1 \sim G_1$ 은 원뿔구멍의 전개도이다.

원통 I 의 전개를 구하는데는 앞의 여러경우와 같은 방법으로 얻는다. 단 I 의 전개도에서 수평의 선 $E_1 E_1$ 상의 분할간 길이 $a \sim b_1 \sim c_1 \sim d_1 \sim e$ 는 평면도의 원통둘레와 분할 $a \sim b_1 \sim c_1 \sim d_1 \sim e$ 와 같은 길이가 아니면 안된다.

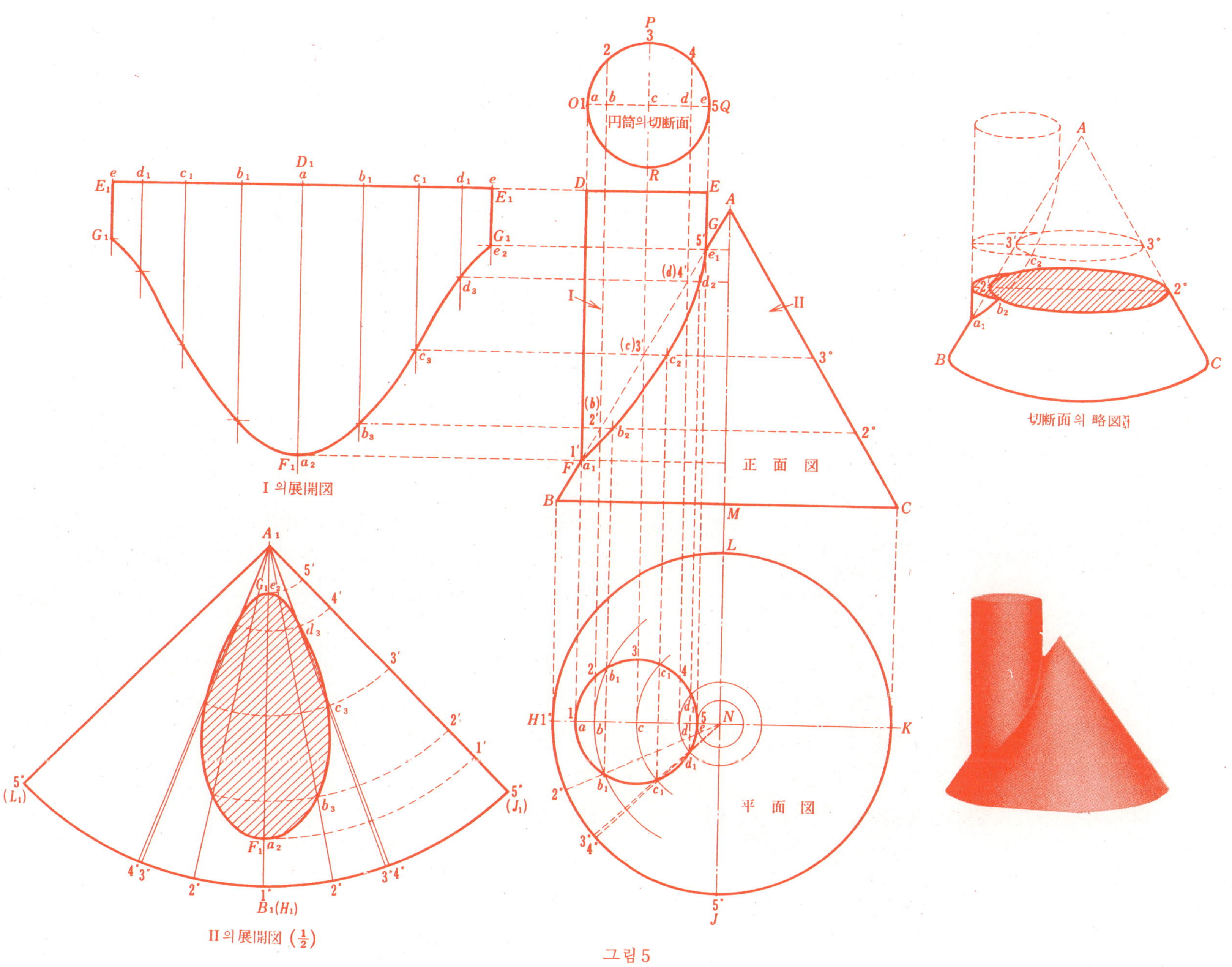

円筒의切断面
I 의展開図
II 의展開図 (½)
正 面 図
平 面 図
切断面의 略図
그림 5

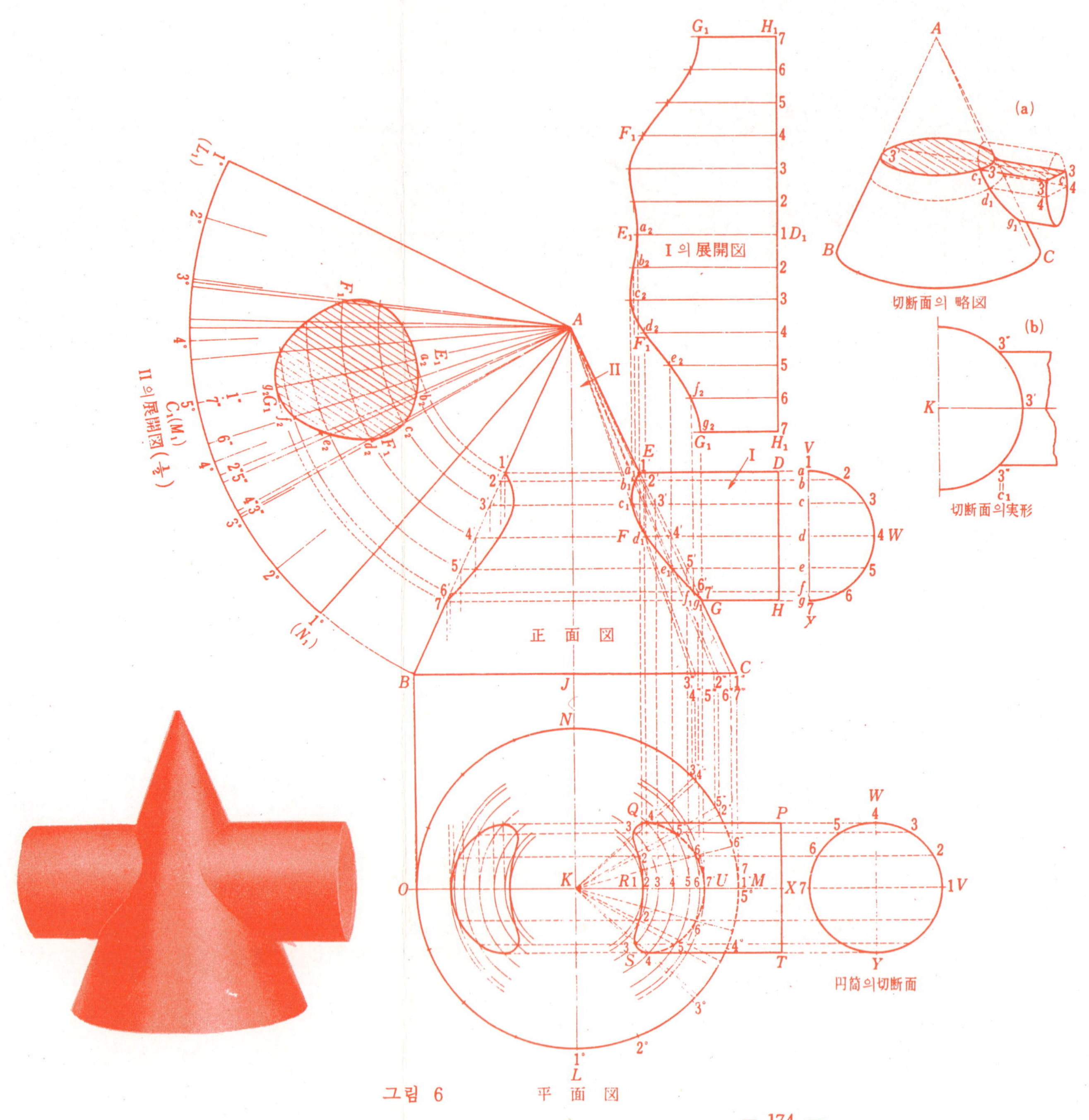

그림 6

6. 원통이 직원뿔과 수평으로 교차하는 형체

그림 6은 원뿔Ⅱ와 원통Ⅰ이 EFG에서 수평으로 교차할 경우의 전개이다. 평면도의 LMNO는 원뿔밑면의 둘레 또 VWXY는 원통의 굵기를 표시한다.

교차선EFG를 그으려면 원통의 둘레 VWXY를 임의의 수로 분할하고, 이것을 정면도의 우측에 표시하는 것과 같이 분할점 1·2·3…7에서 VX에 직각 수평 으로 그은 선의 교점을 a·b·c…g로 하고 이점들을 통하는 원통의 분할선과 원뿔의 모선 AC와의 교점을 1′·2′·3′…7′로한다. 실체를 정면도의 3′—3′선에서 밑면에 평행하게 절단하면 겨냥도(a)의 사선에서 표시하는 것과 같이 절단면의 원뿔둘레와 원통의 분할선은 C_1점에서 서로 만난다. 이 교차점C_1을 도법으로 구하려면 원뿔모선상의 3′에서 평면도의 중심선 KM 에 수직으로 도선을 그어 그 교점 3′와 중심K와의 거리를 반지름으로하고 K를 중심으로하여 호를 그려 이 호와 원통의 3의 분할선(파선으로 표시)과의교점을 3″로한다. 다음에 K와3″를 연결하여 밑면의 둘레까지 연장하고 그 교점3‴에서 정면도의 밑면 BC에 수선을 수어 그 교점3‴와 정점A를 이으면 C_1에서 3′—3′선과 교차한다. 이 C_1은 겨냥도의 C_1에 해당하는 교차점이다. 위의 방법에 의해 다른 교차점 b_1·d_1·e_1·f_1을 구하고, 이것들을 차례로 연결한 곡선 EFG는 구하는 교차점이다.

(b)그림은 위의절단면의 실형이다(평면도와 대조)

원뿔Ⅱ의 전개도를 그리려면 A를 중심으로 하고 모선AB를 반지름으로 하는 호를 그려 그 호상에 정면도의 둘레LMNO 및 그 분할의 길이를 옮겨 각 분할점과 정점 연결한다. 다음에 이와같이 A를 중심으로하고 A1′·A2′…A7′의 길이(A2′·A3′…A6′는 각각Ab_1·Ac_1…Af_1의실장이다)를 반지름으로 하는 중심이 같은 호를 그려 위의 분할선과의 교점 a_2·b_2·c_2…g_2를 순서대로 연결한 도형 $E_1F_1G_1F_1$은 원뿔 구멍의 전개도이다

7. 6각통이 6각뿔과 경사되어 교차하는 형체

그림7은 정6각뿔Ⅱ와 정6각통Ⅰ이 abcd 및 efgh에서 경사되어 교차할 경우의 전개이다. 정면도왼쪽의 1—2—3—4∼1은 6각통의 굵기 즉 절단면의 실형이고 또 평면도의 QRSTUV는 6각뿔밑면 둘레이다.

교차선abcd 및 efgh는 다음 방법으로 그린다. 우선 실체를 6각통의 모서리 HJ와 KL로 절단하면 그림(c) 및 그림(f)에 표시하는 사선의 도형이 된다. 그림(c)에 대해서 설명하면 그림(a) 그림(b)는 정면도의 2″—2′선으로 절단한 6각뿔의 양투영이며 그림(a)의 2″—2′와 그림(b)의 mn·op는 모두 실장이다. 이실장으로 그려진그림(c)에서 6각뿔의둘레와 6각통의 모서리와 서로 만나는 점은 b와 f이다. 이렇게해서 구한교차점b와 f를 정면도에 표시하려면 그림(c)의 중심선에 표시하는 2″fkb2′의 길이를 그대로 정면도의 HJ상에 옮기면 교차점 b와 f의 위치가 정해진다. 또 다른 교차점c와 g의 위치도 위의 방법에 의해 그림(f)에서 정하고 그리고 이점들을 순서대로 연결한 abcd 및 efgh는 구하는 교차선이다.

6각뿔의 전개는 원뿔전개의 경우와 같이하여 구한다. 그림 Ⅱ의 전개도에 표시하는 것과 같이 A₁을 중심으로하고 모서리 실장AB를 반지름으로 하는 호를 그려 호상에 밑면의 온둘레을 옮겨서 B·C·D·E의 각점과 중심A₁을 잇고 다시 A₁b·A₁c···A₁g등의 분할선(파선으로 표시함)을 긋는다. 다음에 이와같이 A₁을 중심으로 하고 A₁a·A₁b₃·A₁c₃·A₁d 및 A₁e·A₁f₃·A₁g₃·A₁h를 각각 의 반지름으로하는 중심이같은 호를 그려 위의 분할선과 교차시켜 그 점들을 순서대로 연결한 도형은 6각뿔과 그구멍의 전개도이다.

6각통 GabcdN의 전개를 구하려면, Ⅰ의 전개도에 표시하는 것과같이 6각통둘레의 길이와 같은 G₁G₁선을 그어 선상의 분할점에서 G₁G₁과 직각의 분할선을 평행하게 그어 이것에 정면도의 6각통모서리의 실장Ga·Jb·Lc·Nd를 옮겨서 abcd와 같이 순서대로 연결한다. 또 다른 6각통 FefghM의 전개도 이와같이 한다.

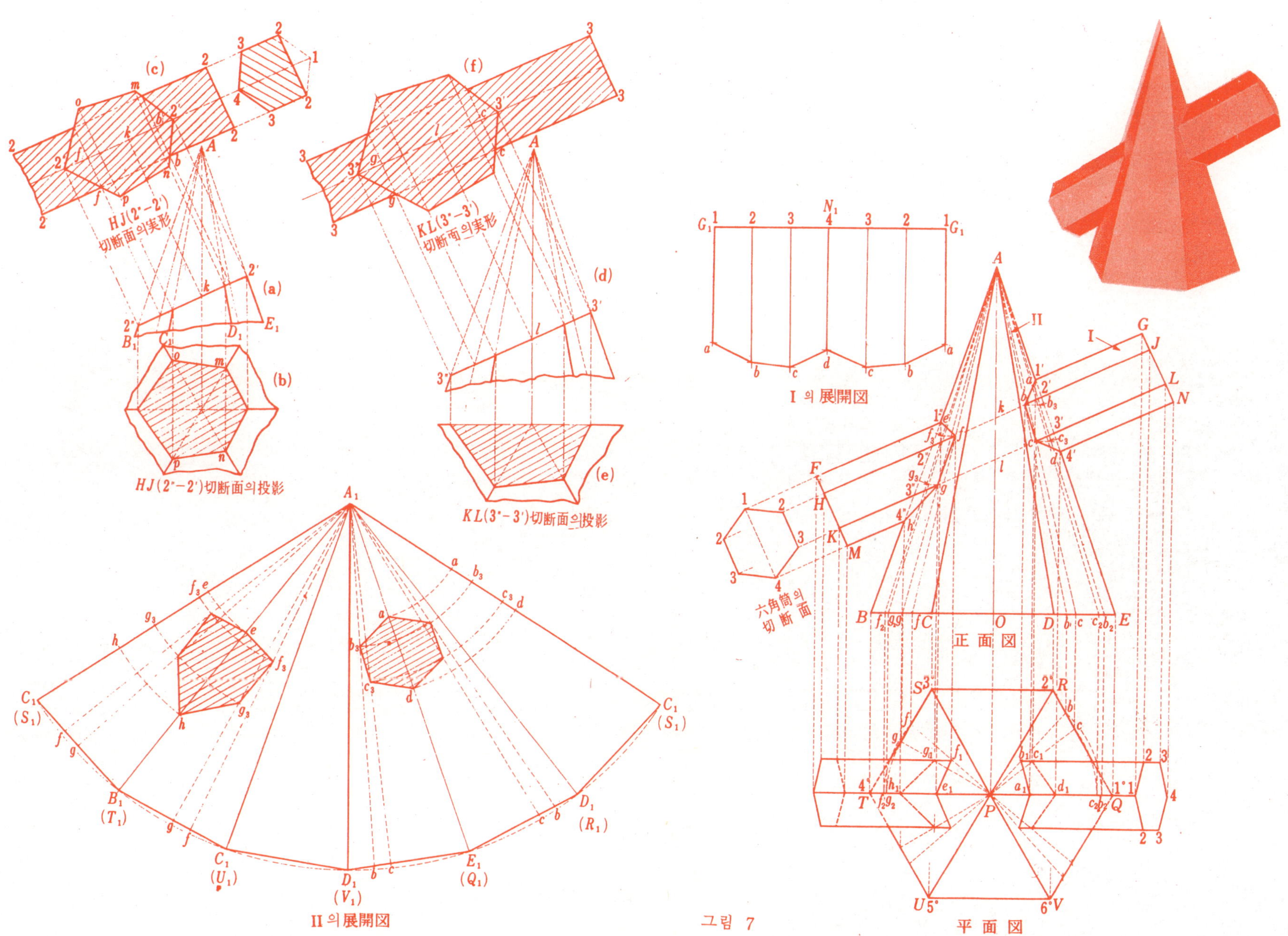

(c)
HJ(2'-2')
切断面의実形
HJ(2'-2')切断面의投影
(a)
(b)
(f)
KL(3'-3')
切断面의実形
(d)
(e)
KL(3'-3')切断面의投影
六角筒의
切断面
I 의 展開図
II 의 展開図
正面図
平面図
그림 7

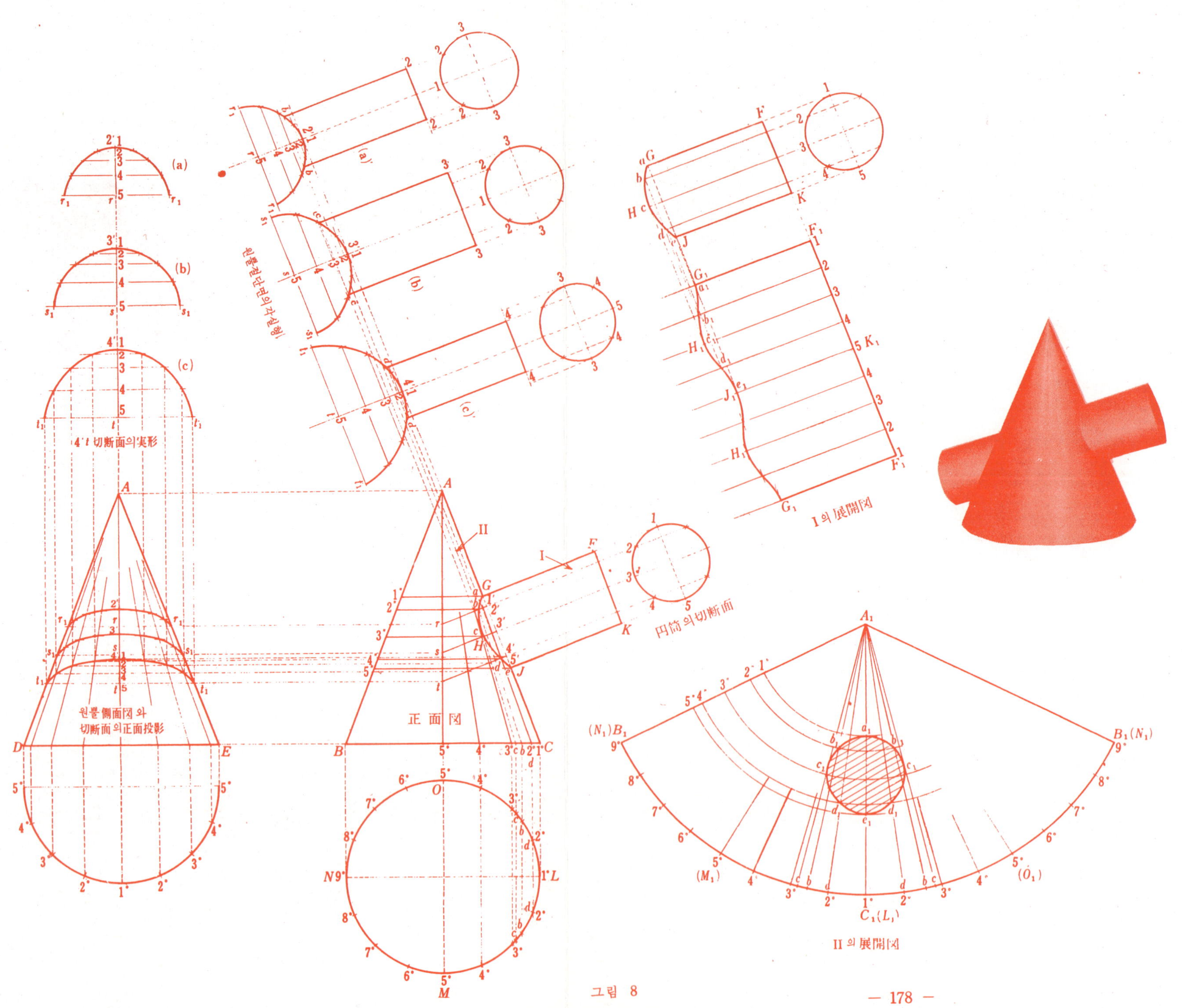

(a)
(b)
(c)
4′t 切斷面의 実形
원통 側面図 와
切斷面 의 正面投影
正面図
円筒의 切斷面
I 의 展開図
II 의 展開図

8. 원통이 직원뿔과 경사되어 교차하는 형체

그림8은 직원뿔Ⅱ와 원통 I 이 GHJ에서 경사되어 교차할 경우의 전개이다. 그림의 LMNO는 원뿔밑면의 둘레 또 1—2—3—4—5~1은 원통의 굵기를 표시한다.

교차선 abcde(GHJ)를 구하려면 다음의 순서에 의한다. 그래서 원통분할선의 연장과 원뿔의 축과의 교점을 r·s·t로 하고 분할선 2′r·3′s·4′t에 따라 원뿔를 절단하면 각절단면의 실형은 그림(a). 그림(b). 그림(c)에서 표시하는 도형이 된다. 4′t의 절단면을그림(c)에 대해서 말하면 밑면둘레의분할점 1°·2°·3°·4°·5°의 각점을 정면도에 옮겨서 정점A와 연결하면 이들의 분할선은 A1°·A2°····A5°가 된다. 이들의 분할선과 원통분할선의 연장 4′t와의 교점에서 측면도에 대해 밑면에 평행한 선을 그어 측면도의 분할선과 교차시켜 그 교점을 연결하면 t₁~4′~t₁으로 표시하는 곡선이 된다. 이 곡선은 정면도의 4′t절단면의 경사진 투영이므로 실형은 아니다. 이 실형을 구하려면 그림(c)에 표시하는 것과같이 수직의 높이를 정면도의 4′t의 길이와 같이 정해 t₁t₁ 및 4·3·2의 점을 통하는 수평의 길이를 측면도의 동일선과 같이 하여 제교점을 연결하면 절단면의 실형 t₁~4′~t₁이 된다. 또 그림(a) 및 그림(b)도 이와같이 구하고 이들의 실형을 그림(a)′, 그림(b)′, 그림(c)′, 의 위치에 옮겨 이 3 도형의 중심선 2′r·3′s·4′t를 정면도의 원통분할선 2′r·3′s·4′t에 대해 평행한 위치로 옮긴다.이들의 실형은 원통을 포함한 절단면이므로 이 도형에 의해 그림(a)′의 b·그림(b)′의 c·그림(c)′의 d의 각교차점이 구해진다〈그림(a)와 그림(b) 참조〉. 이렇게하여 구해진 교차점b·c·d의 각짐에서 정면도의 원통분할선의 연장 2′r·3′s·4′t에 대해서 직각으로 도선을 그어 교차시켜 교점 abcde를 연결한 곡선은 구하는 교차선이다. 원뿔 Ⅱ 및 원통 I 의 전개는 그림의 경우와 같은 방법으로 구해지므로 설명을 생략하기로 한다. 단 정면도의 정점 A와 교차점 b·c·d까지의 길이 즉 A~b·A~c·A~d의 실장은 원뿔선AB상의 A2″·A3″·A4″이다.

9. 대소의 머리가잘린 원뿔이 경사되어 교차하는 형체

그림9 겨냥도에 표시하는 것과 같이 직립하는 머리가 잘린원뿔Ⅱ에 대해서 Ⅰ의 머리잘린원뿔이 MNO(abcde)에서 경사지게 교차할 경우의 전개이다.

교차선abcde를 그리려면 원뿔Ⅰ의 분할선을 연장하여 직립하는 원뿔 Ⅱ의 축및 밑면과 교차시켜 그 교점을 r·s·t로 하고 이들의 교점을 포함한 분할선으로 원뿔Ⅱ를 절단하면 2′r·3′s·4′t의 절단면실형은 각각 그림(a), 그림(b), 그림(c)에서 표시하는 도형이 된다. 그림1 그리고 이들의 도형을 그림(a)′, 그림(b)′, 그림(c′)의 위치로 옮겨 이 3도형의 중심선 Kr·Ks·Kt를 각각 정면도에 경사진 원뿔분할선 Kr·Ks·Kt에 대해서 평행한 위치에 정한다. 그리고 이들의 도형은 원뿔Ⅰ을 포함한 절단면이므로 이 도형에 의해 그림(a)′의 b·그림(b)′의c·그림(c)′의d로서 표시하는 교차점이 구해진다. 이들의 교차점b·c·d에서 정면도원뿔Ⅰ의 분할선에 대해서 직각으로 도선을 그어 교차시켜 각 교점을 순서대로 연결한 곡선 abcde는 구하는 교차선이다.

원뿔Ⅱ의 전개도를 그리려면 A_1을 중심으로 하여 정면도의 모선 AD의 길이를 반지름으로 하는 호를 그려 그 호선 D, D_1 상에 원뿔밑면의 실형 QRST의 각분할간의 길이를 옮겨 분할점 $1°·2°·3°·4°\cdots9°$ 및 a·b·c와 정점A_1을 연결한다. 다음에 이와같이 A_1을 중심으로 하여 정면도의 AB및 $A1''·A2''·A3''·A4''·A5''$의 길이($A2''·A3''·A4''$는 모두가 A~b·A~c·A~d의 실장) 를 반지름으로 하는 중심이 같은 호를 그려 위의 분할선 $A_1 1°·A_1 2°·A_1 3°\cdots A_1 d·A_1 b·A_1 c$등과의 교점을 구해 이들의 교점을 순서대로 연결하면 도형$B_1 C, B_1 D, E_1 D_1$은 머리잘린직원뿔 Ⅱ의 전개도이며 또 내부의 사선도형 $a_1 b_2 c_2 d_2 e_1$은 구멍의 전개도이다.

원뿔Ⅰ의 전개도도 위와같은 방법으로 그릴 수 있으므로 설명을 생략하기로 한다. (그림1의Ⅰ 전개참조) 단 정면도원뿔Ⅰ의 분할선 Kb·Kc·Kd의 실장은 모선KO상에 표시하는 $Kb_1·Kc_1·Kd_1$이다.

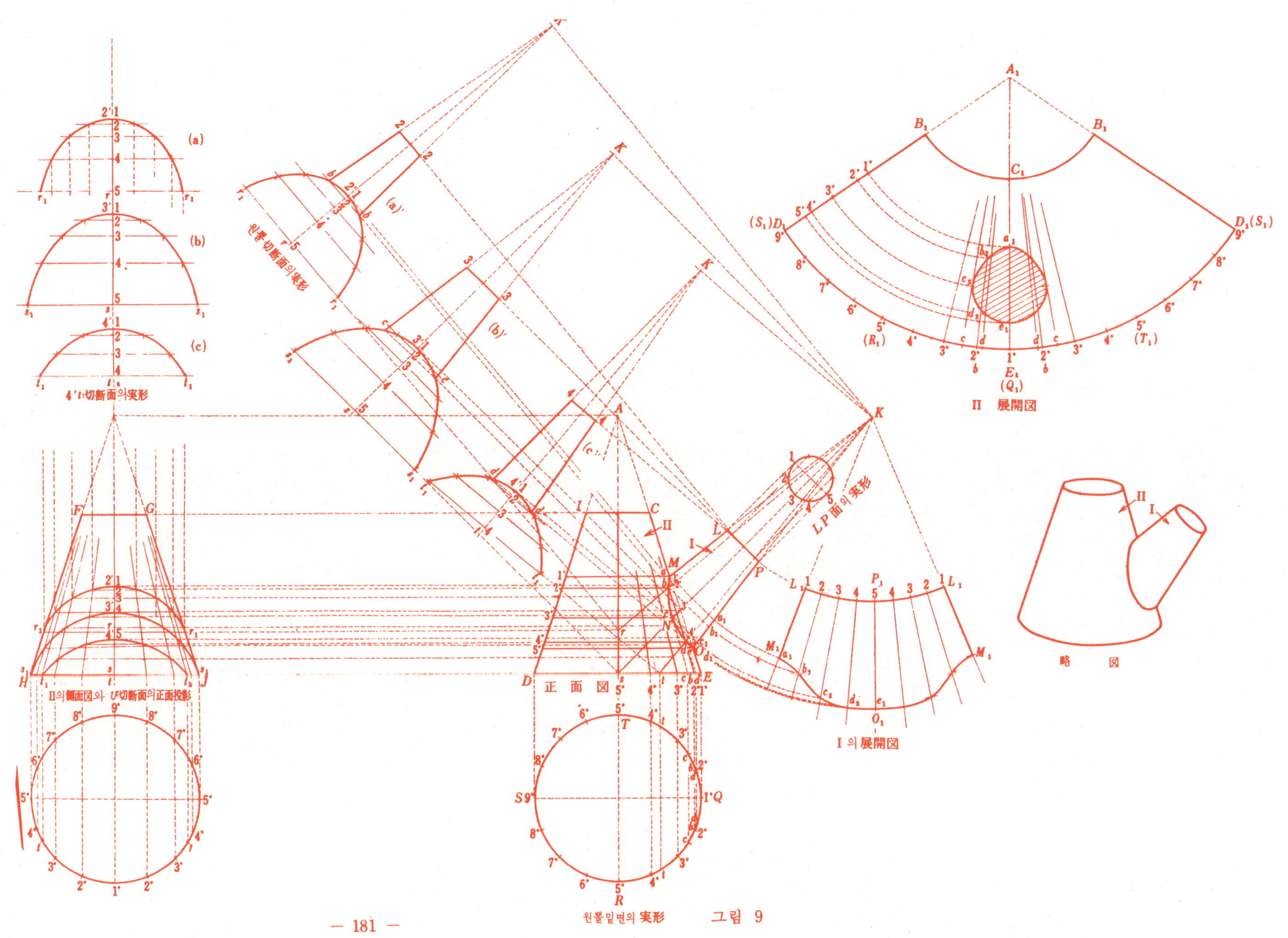
(a)
(b)
(c)
4'의 切斷面의 実形
Ⅱ의 側面図와 b'切斷面의 正面投影
원뿔切斷面의 実形
(a)'
(b)'
(c)'
F G
H J
正面図
LP面의 実形
원뿔밑면의 実形
그림 9
Ⅱ 展開図
Ⅰ의 展開図
略図
Ⅱ Ⅰ

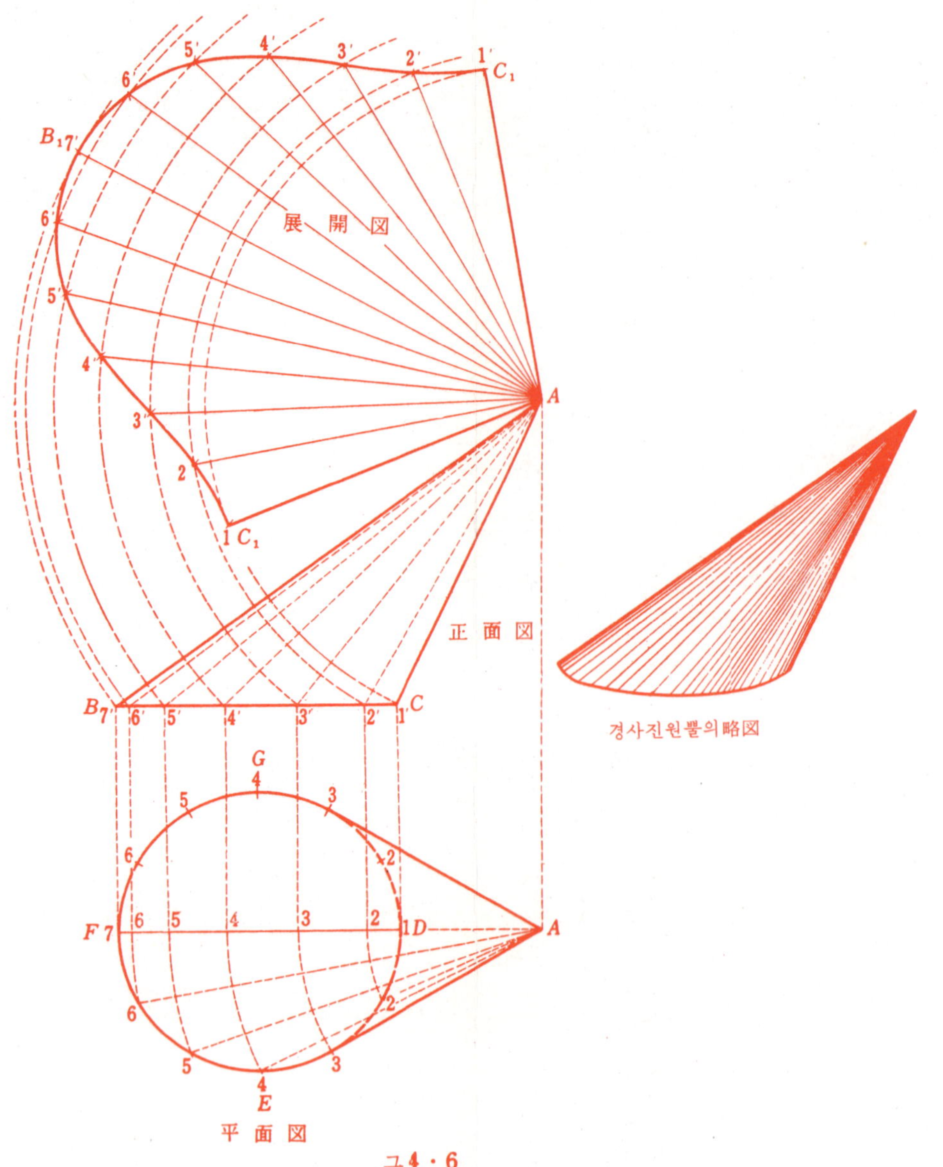

展 開 図
正 面 図
平 面 図
경사진원뿔의略図
그4·6

10.   정점의 투영이 밑면외에 있는 경사진원뿔

그림 10은   A를 정점으로 하는 사원뿔ABC의 전개를 표시하는 것이다.

그림과 같이 정점이 나타나 있는 사원뿔의 전개는 분할선의 실장을 용이하게 구할 수 있으므로 전개도 또한 간단하게 된다. 그래서 처음에 평면도의 밑면둘레를 임의의 수로 나누어 각분할점과 정점을 연결하면 A2·A3···A6의 분할선이 된다. 이들의 선은 모두가 실장이 아니므로 이 실장을 구하지 않으면 안된다. 그래서 A를 중심으로 하고 A2·A3····A6의 길이를 각각의 반지름으로하는 중심이 같은 호를 그려서 중심선FD에 교차시켜 FD선상의 점에서 정면도의 밑면BC에 수선을 그어 2′·3′···6′의 교점을 얻어 이들의 교점과 정점A를 연결한 A2·A3′···A6′는 각각 평면도의 분할선의 실장이된다.

전개도를 그리려면 정면도의 A를 중심으로 하고 모선AB(A7′)·AC(A1′) 및 각분할선의 실장 A6′·A5′···A2′를 반지름으로 하는 중심이 같은 호를 그려 바깥쪽은 호와 중심A를 연결하여 A7′선을 정해 7′점에서 밑면둘레의 각 분할실장 7~6.6~5···2~1에서 중심이 같은 각호를 순서대로 안쪽으로 잡아 6′·5′···1′의 교점을 얻어 교점 및 정점을 순서대로 연결한 도형 AC₁B₁C₁은 구하는 전개도이다.

〈부기〉 정면도의 모선 AB(A7′)와 AC(A1′)는 처음부터 실장으로 나타나 있다.

11. 정점의 투영이 밑면내에 있는 경사진 원뿔

그림 11에 표시하는 것은 경사진원뿔의 기울기가 낮아 정점A의 투영이 밑면 내에 있을 경우의 전개이다.

이 전개는 앞서 여러 경우와 같은 방법으로 구해진다. 처음 평면도의 밑면둘레를 임의의 수로 나누어 각분할점과 정점의 투영A를 연결하면 A1·A2·A3····A7의 분할선이 된다. 이들의 선은 모두가 실장이 아니므로 이 실장을 구하지 않으면 안된다. 그래서 A를 중심으로 하고 A1·A2·A3···A6 의 길이를 각각의 반지름으로하는 중심이 같은 호를 그려 중심선FD에 교차시켜 FD선상의 점에서 정면도의 밑면BC에 수선을 그어 1′·2′·3′···6′의 교점을 얻고 이들의 점과 정점A를 연결한 A1′·A2′·A3′···A6′는 평면도의 분할선의 실장이 된다.

전개도를 그리려면 정면도의 A를 중심으로 하고 모선AB(A7′)및 분할선의 실장 A6′·A5′···A1′(AC)를 반지름으로 하는 동심의 호를 그려 외측의 호와 중심의 A를 연결하여 A7′선을 정하고 7′점에서 평면도에 표시된 밑면둘레의 각분할 실장 7~6·6~5···2~1에서 동심의 각호를 순차로 안쪽에잡아 7′·5′·4′···1′의 교점을 얻으면 모든 교점 및 정점을 순차로 연결한 도형 AC, B, C, 은 구하는 전개도이다.

〈부기〉 정면도의 모선 AB(A7′)와 AC는 처음부터 실장으로 나타나 있고 또 A1′와 AC는 같은 길이이다.

展 開 図
正 面 図
平 面 図
B₁
7'
6'
6'
5'
5'
4'
4'
3'
3'
2'
2'
1'
1'
C₁
C₁
A
B
C
7
6' 5' 4' 3' 2' 1'
G
4
5
3
6
2
F 7 6 5 4 3 2 1 A 1 D
6
2
5
3
4
E

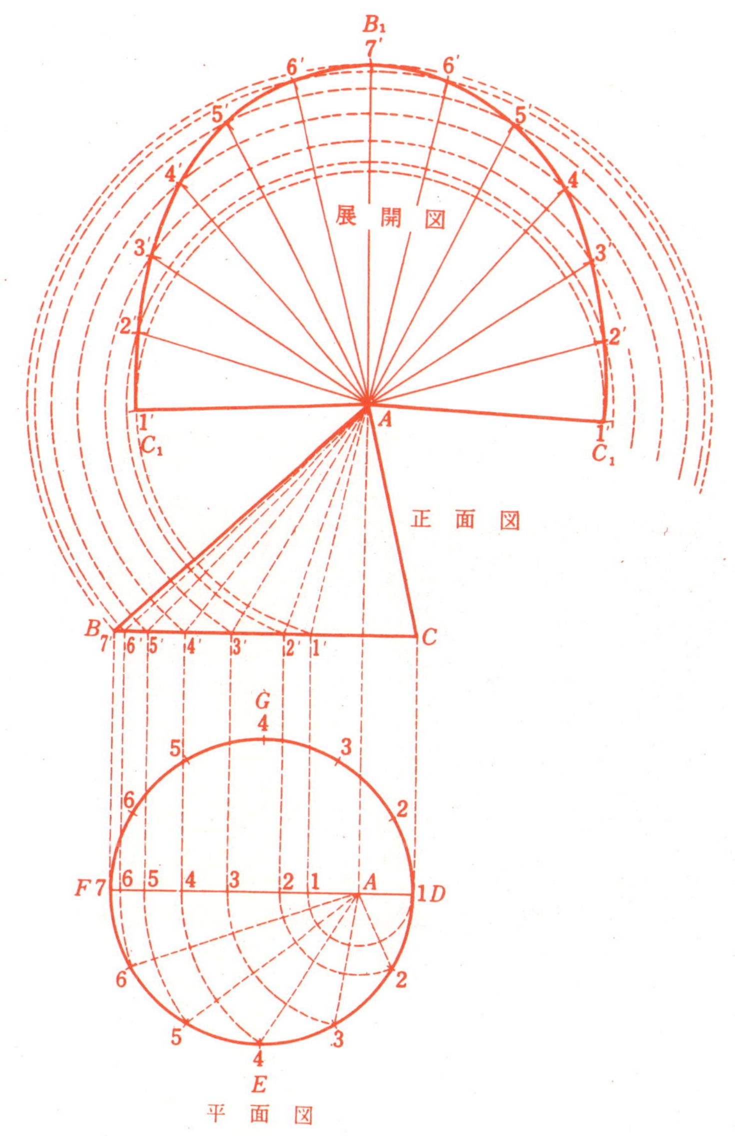

그림11

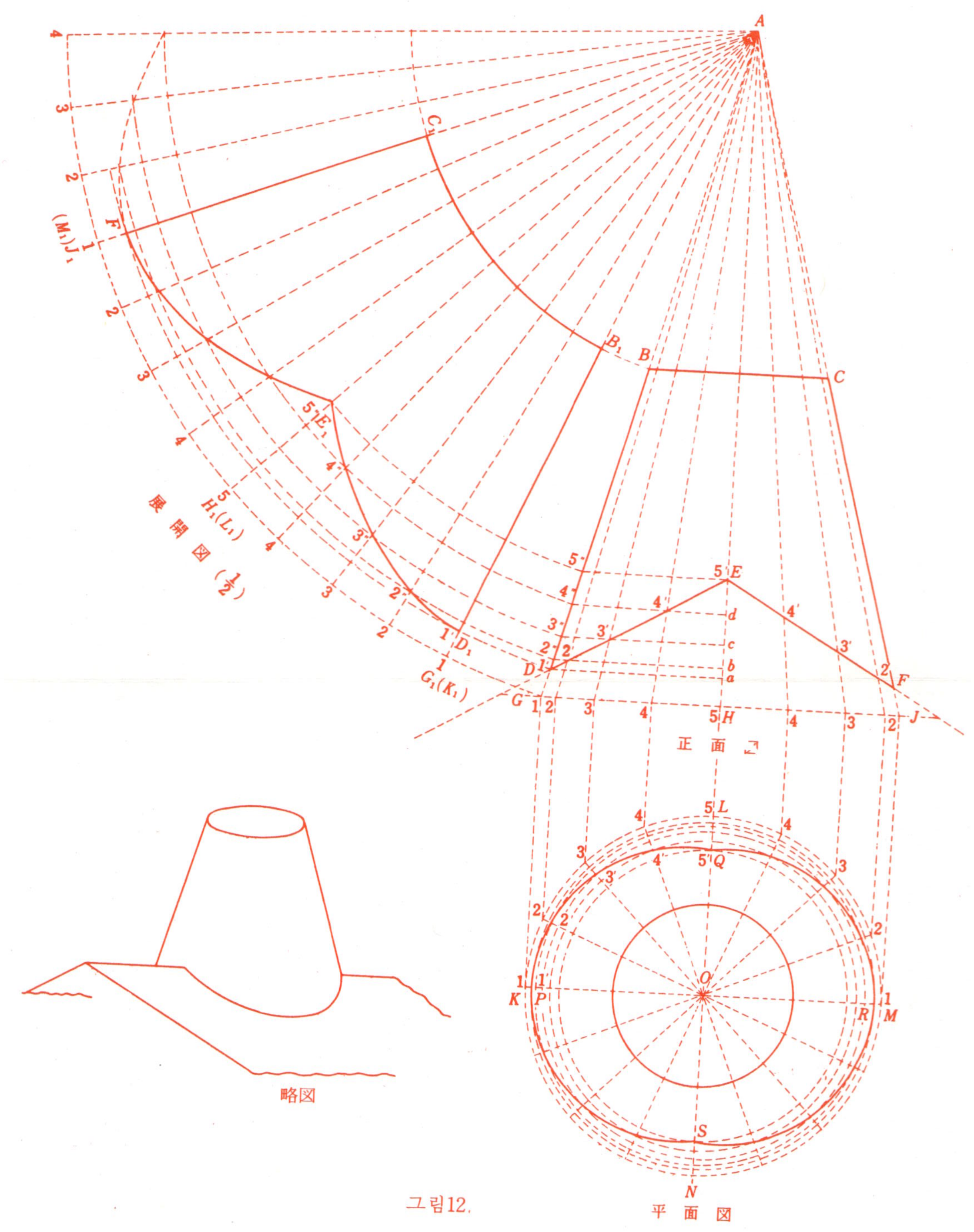

그림 12.

12. 応用形体, 환기통

그림 12 는 겨냥도에서 알 수 있는 것과 같이 지붕용마루에 直立하는 환기통의 展開이며 이 形体 즉 正面図의 BCFED는 直円뿔 AGJ를 BC로 윗부분을 水平하게 또 아랫부분을 DEF로 山모양으로 잘라낸 것이라고 생각하면 된다.

또한 平面図의 KLMN은 直円뿔 밑면의 둘레이며 PQRS는 그 下部切断面 DEF의 投影이다.

展開에 앞서 直円뿔 AGJ를 세로로 任意 분할하고 그 分割線의 실장을 구한다. 즉 平面図의 外周 KLMN을 1·2·3…5…1과 같이 任意로 分割하고 그것들의 分割点과 中心 O를 연결한다. 다음에 外周上의 점들에서 정면도의 밑변 GJ에 垂直으로 線을 그어 그 交点을 1·2·3·4·5와 頂点 A를 연결하고 이것들의 分割線과 DEF와의 交点을 1′·2′·3′·4′·5′로 한다. 다음에 分割線 A2′·A3′·A4′·A5′의 실장을 구하기 위해 DE線上의 交点 2′·3′·4′·5′를 通해서 母線 BD까지 水平(軸 AH와 直角)으로 線을 그어 그 교점을 2″·3″·4″·5″로 한다면 A2″·A3″·A4″·A5″는 각각 分割線 A2′·A3′·A4′·A5′의 실장이 된다(A1′즉 AD는 실장). 또한 平面図의 外周 KLMN도 실장이다.

展開를 구하려면 頂点 A를 中心으로 하고 母線 AG를 半径으로 하여 弧 $G_1 \sim J_1$을 그려 弧上에 平面図의 KLMN의 分割실장 1~2…4~5…2~1을 순서대로 옮겨 그 分割点과 中心 A를 잇는다. 이것들의 실장 A1·A2…A5에대해 다시 A를 中心으로 하여 正面図의 分割線실장 AD·A2″…A5″ 및 AB를 半径으로 하는 弧를 그려서 交叉시켜 이것들의 交点을 1′(D_1)·2″·3″·4″· 5″ 및 $B_1 \cdot C_1$으로 하고 그 交点을 순서대로 曲線 및 直線으로 연결한 図形 $B_1 D_1$ $E_1 F_1 C_1$은 円筒의 展開図 (½)이다.

〈附記〉 1. 平面図의 内周 PQRS는 展開에 필요치 않으나 이것을 그리는 데는 平面図의 分割線 O1·O2…O5를 각각 正面図의 a1′·b2″…E5″의 길이로 하고 이것들의 交点 1′·2′·3′·4′·5′를 순서대로 曲線으로 연결하면 PQRS의 図形이 된다.

2. 正面図에표시 하 는 円筒은 BDEFC이므로 그 母線 BD·CF를 BG·CJ까지 延長할 필요는 없으나 円뿔面의 分割 및 展開를 理解하기 쉽게해서 표시한 것이다.

13. 応用形体, 빗물받이

그림13은 빗물받이의 展開이며 겨냥도에 표시하는 것과 같이 Ⅰ과 Ⅱ로 되어 있고 Ⅰ은 正面図에서 알 수 있는 것과 같이 A를 頂点으로 하는 直円뿔 ABC를 弧狀의 JKL과 平面 DE로서 切断했다고 생각하는 形体이다. 또 Ⅱ는 DE에서 Ⅰ과 接合하고 다른 끝은 縱樋(홈통)에 연결하는 약간 타원의 筒이다.

맨 처음에 正面図에 分割線 A2·A3···A8을 긋는다. 이것은 正面図의 外周 MNOP를 2·3···8과 같이 分割하고(等分은 아니다) 分割点에서 正面図의 BC에 導線을 垂直으로 그어 頂点과 연결한다. 이것들의 分割線은 JKL弧와 交叉하며 그 交点을 3′·4′···7′로 한다. 다음에 각 分割線의 실장을 구한다. 즉 正面図와 JKL弧上의 点 3′·4′···7′ 및 DE線上의 1″·2″·3″···8″에서 母線 CE까지 導線을 水平으로 그어 그 交点들을 3°·4°·5°···8° 및 1‴·2‴·3‴···8‴로하면 母線上의 2°−2‴·3°−3‴ 5°−5‴···8°−8‴는 각각 分割線 2−2″·3′−3″··· 5′−5″···8′−8″의 실장이 된다.

Ⅰ의 전개는 A₁을 중심으로 하고 정면도의 AC를 반경으로 하여 弧 P_1~N_1~P_1을 그려 弧상에 평면도의 외주 PMNO의 분할을 옮겨서 각 분할점 1·2·3···8·9와 중심 A₁을 연결한다. 다음에 위에서 설명한 정면도 각 분할선의 실장을 반경으로 하는 弧를 그려 $A_1$1·$A_1$2···$A_1$9의 선들과의 교점 5°−4°···1···8·7°···5° 및 5‴·4‴···9″·8‴···6‴·5‴를 순서대로 연결한다. 이 도형 H_1K_1 $B_1C_1K_1H_1$은 Ⅰ의 전개도이다.

Ⅱ의 전개에 앞서 이것들의 굵기 WXYZ를 구한다. WY를 FG와 같은 길이로 하고 이것과 直각으로 교차하는 평행선 2″-2″·3″-3″···5″-5″···8″-8″ 는 측면도의 HDHF의 수평폭 2″−2″·3″−3″···5″−5″···8″−8″와 같은 길이로하여 교점들을 곡선으로 연결한다. 이 전개도의 그리는 법은 그림 4.2.1 그림 4.4.2와 같으므로 解説을 생략함.

⟨부기⟩

1. 측면도의 JK선 및 HDHE를 그리려면 정면도의 JKL弧상의 점들 및 DE선상의 점들에서 수평으로 도선을 그어 측면도의 분할선과의 교점을 곡선으로 연결한다.

2. Ⅱ의 절단면은 원형인 것이 요망되나 타원이 되기 쉽다. 그래서 Ⅰ의 원뿔 BAC 의 각도를 24° 또 Ⅰ과 Ⅱ와의 중심각을 110°(KHD=55°)로 하면 대략 원형이 된다. 그림 13에서는 중심각 124°이므로 약간 타원형이다.

3. 전개도 Ⅰ의 점선산형은 처마홈통에 부착시킬때 접는 여분이다.

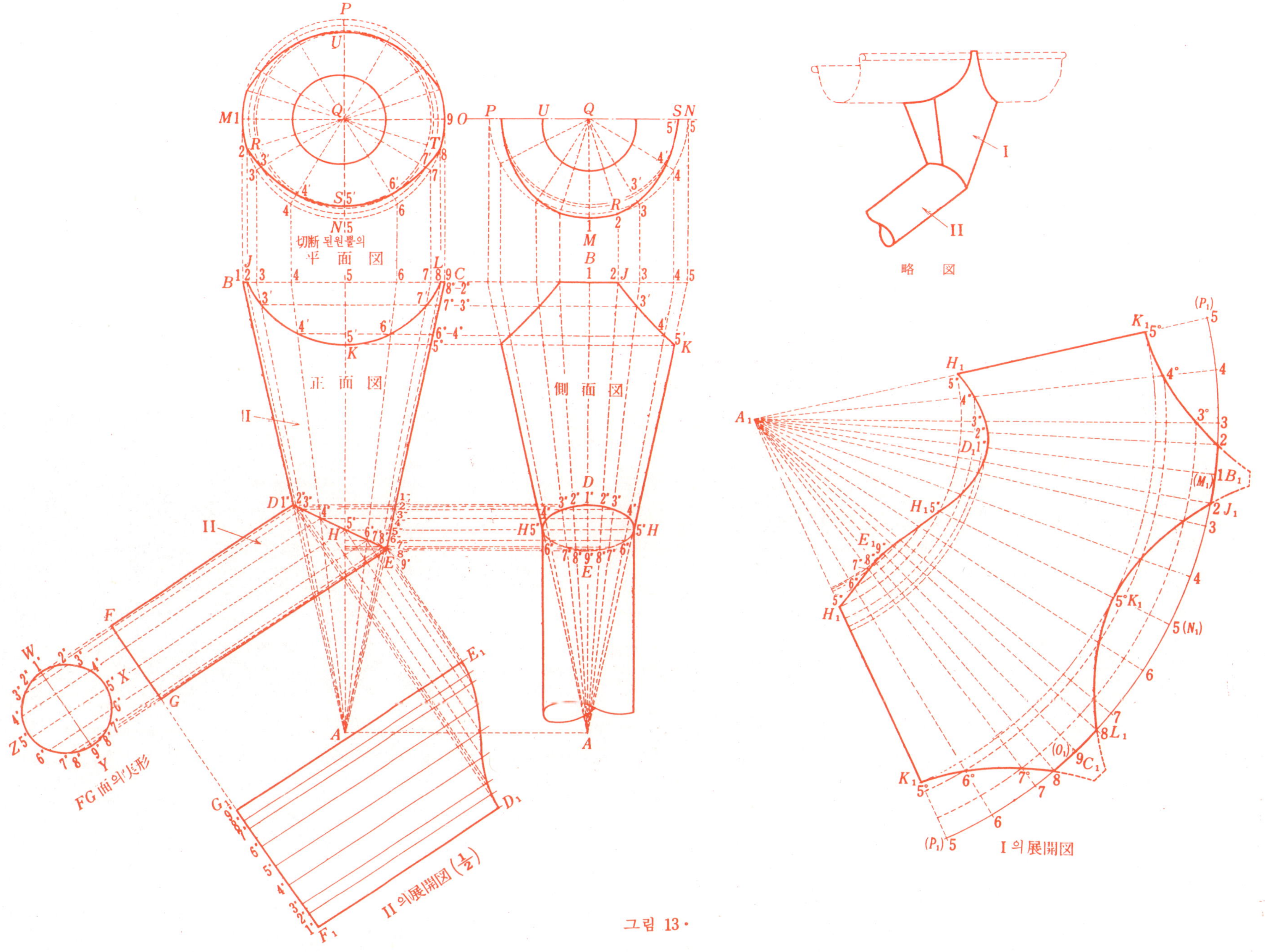
切斷된원통의
平面図
正面図
側面図
略図
FG面의実形
II 의展開図
I 의展開図
그림 13

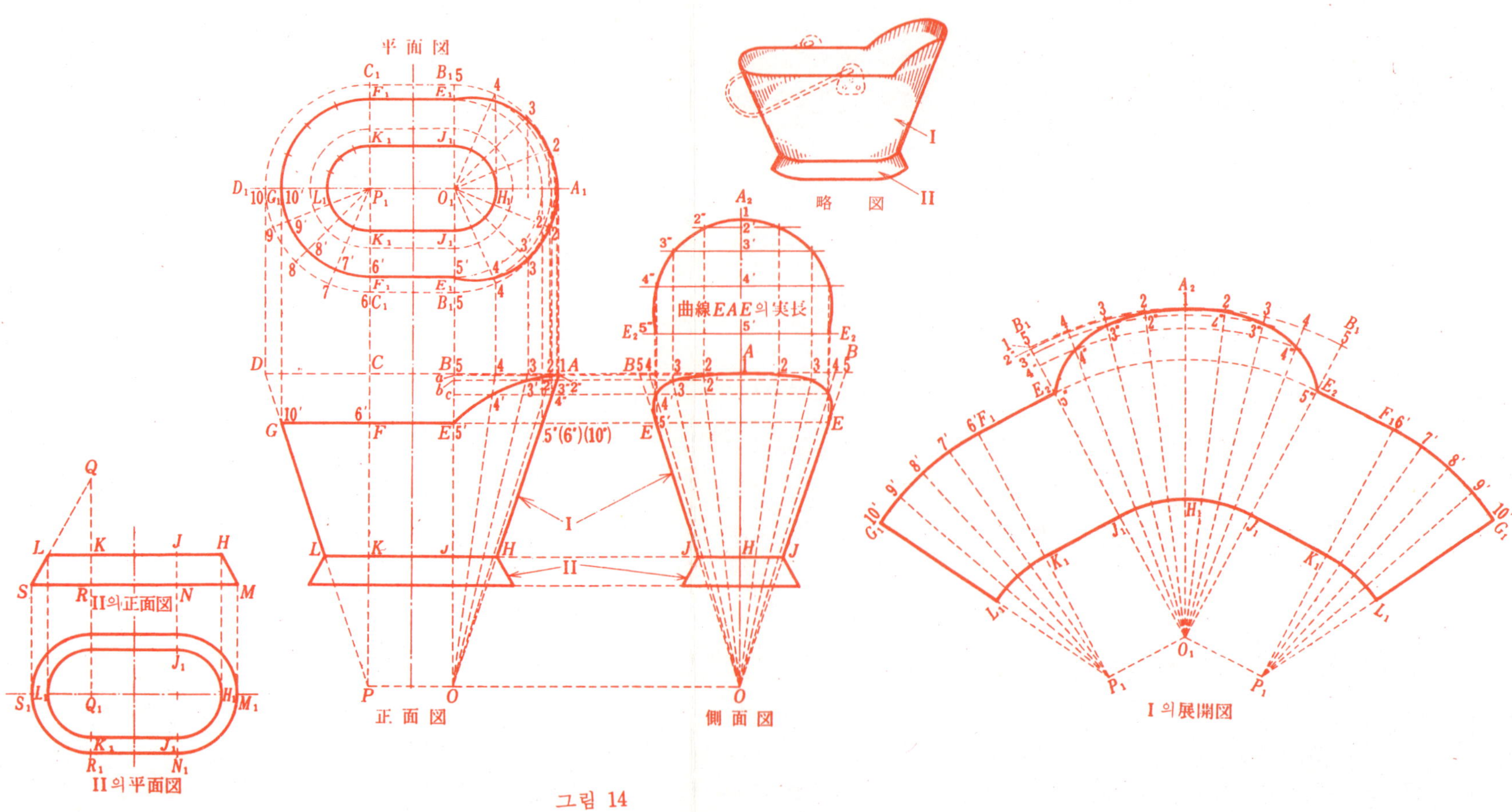

그림 14

14. 응용형체, 석탄용기

이 형체는 그림 14 의 경냥도에 표시하는 것과 같이 Ⅰ·Ⅱ의 각 부분으로
되어 있으며 전개의 주체는 Ⅰ이며 Ⅰ은 타원형용기의 윗면을 정면도와 같
이 AEG로 잘라 낸 형체이다. 전개에 앞서 정면도의 분할선 실장을 구한다.
즉 정면도의 모선 AH를 연장하여 평면도 중심선상의 O_1에서 내려 그은 수
직선과의 교점 O를 구하면 OBA는 평면도의 $O_1B_1A_1B_1$이며 이것은 직원뿔
을 세로로 2등분한 형체이다 (좌측의 PCD도 같음). 이 OBA에 분할선 O2·
O3·O4·O5를 그으면 곡선 AE와 $2'·3'·4'·5'$에서 교차된다. $2'·3'·4'·5'$의 점
들을 통하는 수평선과 모선 AH와의 교점 $2''·3''·4''·5''$에서 정점 O까지의 길
이 $O2''·O3''·O4''·O5''$는 분할선 $O2'·O3'·O3'·O4'·O5'$의 실장이다 (따라서 H
$5''$는 J$5'$의 실장. 이하같음). 또 AE곡선 (측면도의 EAE)의 실장을 구하려
면 측면도의 중심선 OA의 연장선 A_25'상에 AE곡선의 각 분할1(A)~$2'·2'$
~$3'$…$4'$~$5'$를 옮겨 그 점들을 통하는 수평선에 대해서 측면도 EAE상의
점을 $2'·3'·4'·5'$에서 수선을 그어 그 교점 $2'''·3'''·4'''·5'''$를 연결한 곡선
$E_2A_2E_2$ 는 정면도의 AE곡선의 실장이 된다.

　Ⅰ의 전개도를 그리려면 C_1을 중심으로 하고 정면도의 OA·OH를 반경으
로 하여 두개의 弧 $B_1A_2B_1·J_1H_1J_1$ 을 그려 $B_1A_2B_1$弧상에 평면도의 외주1~
2…4~5를 순서대로 옮겨중심 O_1과 연결한다.다시 O_1을 중심으로 하여정면도
의 $O2''·O3''$…$O5''$를 반경으로 하는 弧를 그려 구해진 교점 $2'''·3'''·4'''·5'''$ 를
곡선으로 연결하면 $E_2A_2E_2J_1H_1J_1$의 도형이 된다. 다음에 이것에 인접하는
$E_2J_1K_1F_1$을 그린다. 이 도형의 $E_2J_1·F_1K_1$은 측면도의 EJ와 같은 길이이고
또 $E_2F_1·J_1K_1·O_1P_1$은 각각 정면도의 EF·JK·OP와 같은 길이다. 다음에 E_2
$J_1K_1F_1$에 인접하는 $P_1K_1F_1G_1L_1$을 그린다. 이 도형의 $P_1F_1=P_1G_1$과 $P_1K_1=$
P_1L_1은 각각 정면도의 PG와 PL이며 또 F_1G_1弧상의 각 분할은 평면도의
내주 $F_1G_1F_1$의 분할 $6'$~$7'$…$9'$~$10'$이다.

〈부기〉 1. 평면도의 둘레테두리 $E_1A_1E_1$의 그리는 법은 그림 12를 참조할 것.

　2. 측면도를 그리는 데는 측면도의 OAB를 정면도의 OBA와 동형으로 하고 AB상의
A2·A3·A4·A5를 평면도외주의 분할점 2·3·4·5에서 중심선 A_1O_1에 그은 각 수선과
같은 길이로 정하고 정점 O와 연결한다. 이 분할선과 정면도 AE선상의 점들에서 수평
으로 그은 선과의 교점 $2'·3'·4'·5'$를 곡선으로 연결한다. 또 아래 말발굽 모양의 변 JJ
는 평면도의 J_1J_1과 같은 길이이다.

15. 같은 굵기의 원통이 경사 되어 교차하는 형체

그림 15는 KLMN의 굵기를 갖는 두개의 원통 Ⅰ과 Ⅱ가 FGH에서 경사로 교차할 경우의 전개이다.

교차선 FGH를 그리는 방법은 양 원통을 같은 수로 분할하고 각 분할점에서 각각의 모선에 평행한 분할선을 그어 이것들의 분할선을 교차시켜서 같은 숫자부호로된 분할선의 각 교점을 순서대로 연결한 abcdefg(FGH)는 교차선을 구한다.

교차선이 구해지면 전개를 구하는 방법도 경사진 원형 Ⅱ의 모선과 직각으로 단면 CA를 연장하여 연장선 A_1A_1 상에 절단면 KLMN의 길이를 옮겨 각 분할점에서 A_1A_1과 직각으로 평행분할선 $(A_1B_1 \sim C_1D_1 \sim A_1B_1)$을 긋는다. 이 평행분할선에 대해서 원통의 단면 DB 및 교차선상의 각점 a·b·c…g에서 직각으로 도선을 그어 교차시켜 해당되는 분할선의 교점들을 순서대로 연결한 도형 $A_1B_1B_1A_1$ 및 내부의 사선으로 표시하는 $F_1G_1H_1G_1$은 구하는 경사진 원통 Ⅱ의 전개도이다.

원통 Ⅰ의 모선 FE·HJ와 직각으로 단면 EJ를 연장하여 연장선 E_1E_1 상에 KLMN의 길이를 옮겨 이것에 수직으로 그은 평행선에 대해서 교차선상의 점들에서 수평으로 그은 도선과의 교점을 얻어 이것을 순서대로 연결한 도형 $E_1F_1G_1G_1F_1E_1$은 원통 Ⅰ의 전개도이다.

〈부기〉 1. 같은 굵기의 원통이 교차할 경우의 교차선을 구하는 데는 교차가 직각이거나 경사일 때에도 측면도는 필요하지 않다.

2. 같은 굵기의 원통이 교차할 경우에는 교차선의 정면투영(정면도)은 직선으로 나타난다.

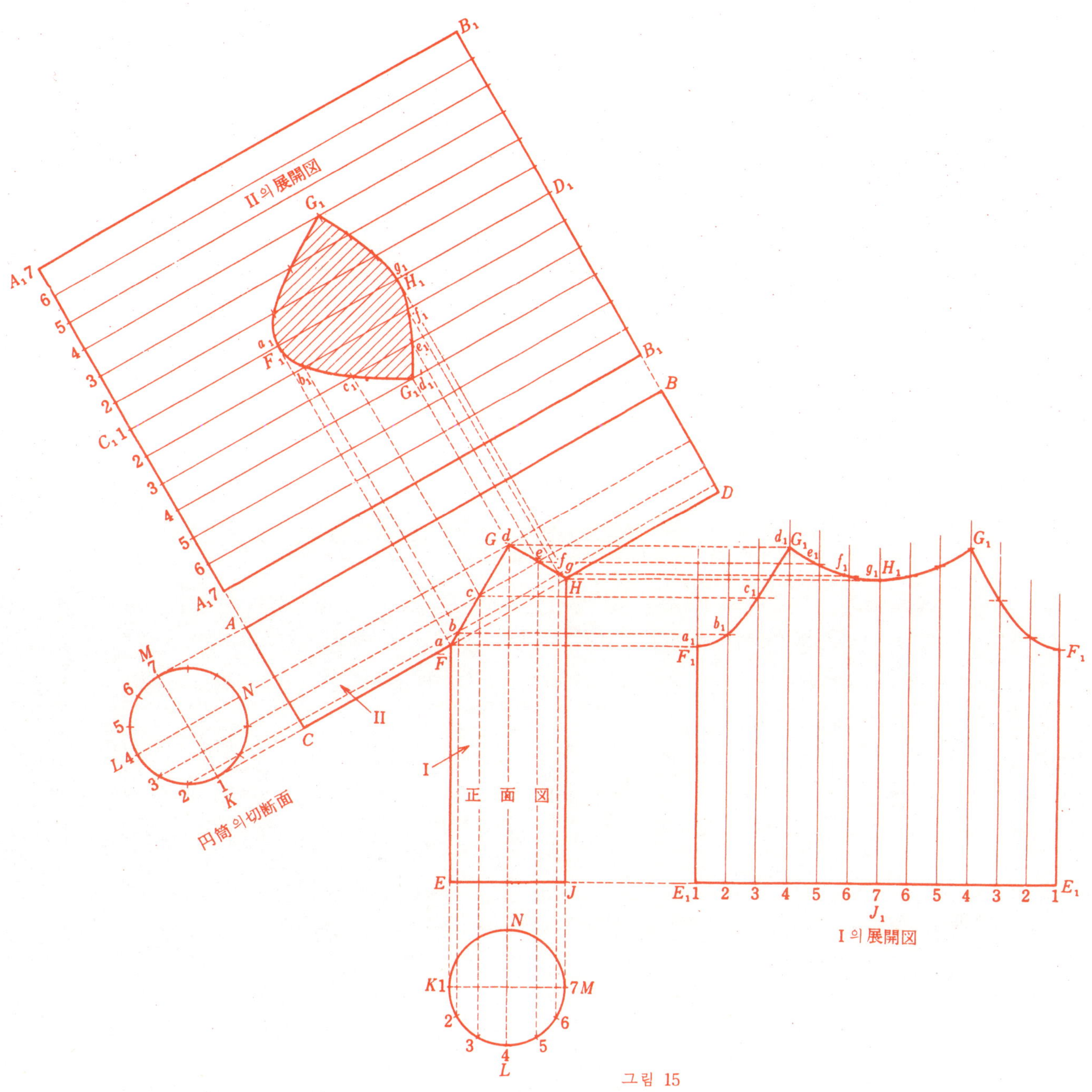

II 의 展開図
円筒의切断面
正 面 図
I 의 展開図
그림 15

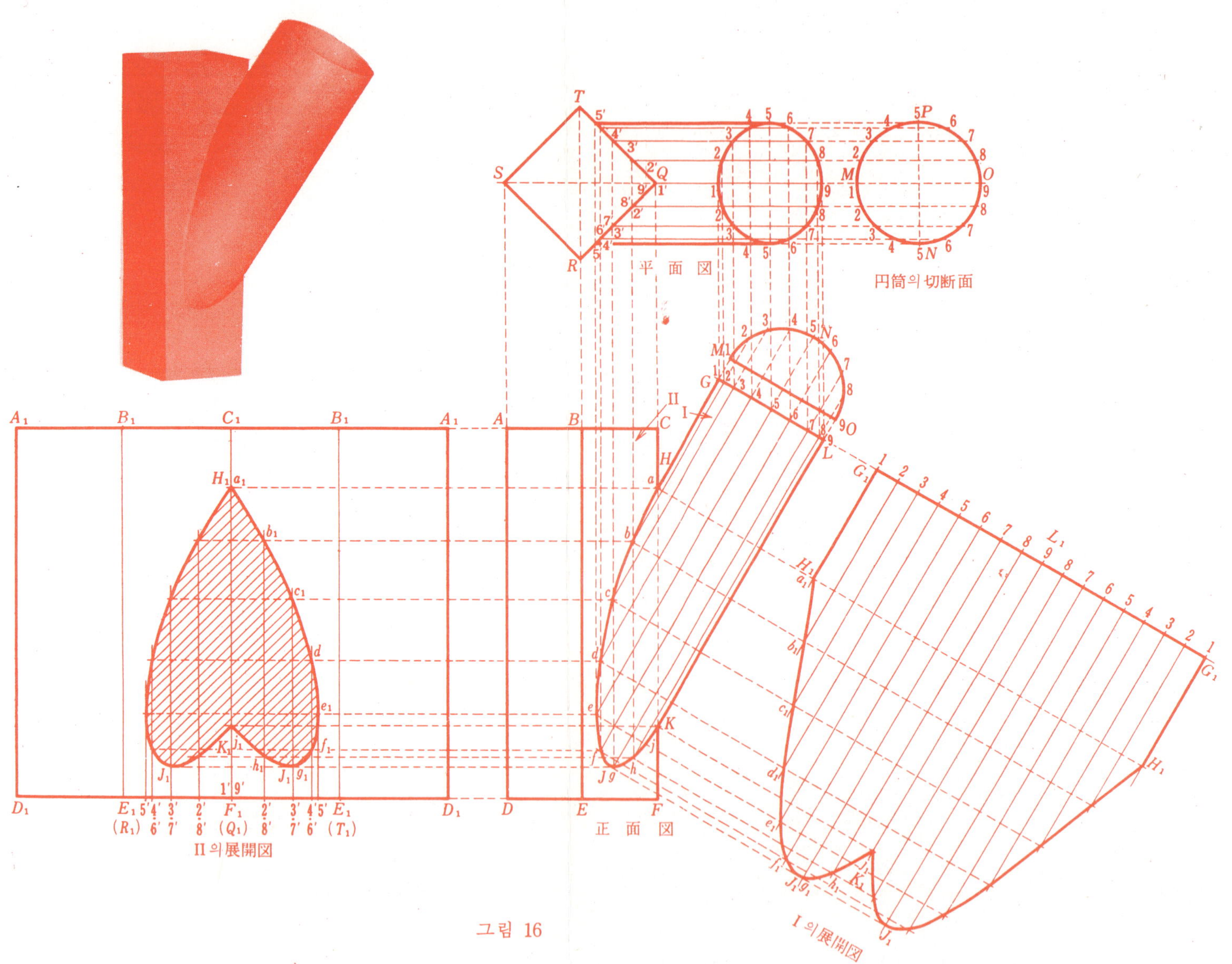

그림 16

16. 원통이 사각통에 경사 되어 교차하는 형체

그림16은 평면도의 정 4 각형 QRST는 각통 II 의 굵기이고 또 평면도우측의 원형 MNOP는 원통 I 의 굵기를 표시한다.

전개에 앞서 교차선 HJK를 긋는다. 이것을 그리려면 평면도 및 정면도의 원통에 분할선(이 그림에서는 16등분)을 그으면 평면도의 분할선은 각통의 RQT와 $1'(9') \cdot 2'(8') \cdot 3'(7') \cdot 4'(6') \cdot 5'$ 에서 교차한다. 이 점들에서 정면도에 도선을 수직으로 그어 원통의 분할선과 교차시켜 그 점 $a(H) \cdot b \cdot c \cdot d \cdot e \cdot f \cdot g(J) \cdot h \cdot j(K)$ 를 연결한 곡선 HJK는 구하는 교차선이다. 이 교차선의 a점과 j점은 각통의 모서리CF와 원통의 모선 GH 및 LK와의 교점이며 b점 및 h점은 평면도의 교점 $2'(8')$ 에서 내려 그은 수선과 원통의 분할선 2b 및 8h와의 교점이다(c점이하 같음).

I 의 전개도를 그리려면 원통의 단면 GL의 연장선 $G_1L_1G_1$ 상에 원통의 둘레 MNOP의 각 분할 $1 \sim 2 \cdot 2 \sim 3 \cdots 8 \sim 9 \cdots 2 \sim 1$ 을 옮겨 그 분할점에서 모선에 평행한 분할선(연장선 $G_1L_1G_1$ 과 직각)을 긋는다. 이것들의 선에 대해서 정면도의 교점 $a \cdot b \cdot c \cdots g \cdots j$ 에서 연장선 $G_1L_1G_1$ 에 평행한 도선을 그어 교차하는 점들 $a_1 \cdot b_1 \cdot c_1 \cdots f_1 \cdot g_1 \cdots j_1$ 을 곡선으로 연결한다. 이렇게 해서 그린 $G_1H_1J_1K_1J_1H_1G_1$ 은 원통의 전개도이다.

II 의 전개도를 그리려면 각통의 아랫 단면 FD의 연장선 $D_1F_1D_1$ 상에 각통의 둘레 QRST 및 RQT상 분할선 $1' \sim 2'(9' \sim 8') \cdot 2' \sim 3'(8' \sim 7') \cdot 3' \sim 4' \cdot 4' \sim 5'$ 를 옮겨 각 분할점 $1' \cdot 2' \cdot 3' \cdot 4' \cdot 5'$ 에서 분할선을 수직으로 그어 이 점들에 대해서 정면도의 교차점 $a \cdot b \cdot c \cdots g \cdots j$ 에서 수평으로 도선을 그어 교차하는 $a_1 \cdot b_1 \cdot c_1 \cdots g_1 \cdots j_1$ 을 연결한 곡선 $H_1J_1K_1J_1$ 은 각통구멍의 전개형이며 또 $A_1D_1F_1D_1A_1C_1$ 은 각통전면의 전개도이다.

17. 타원통이 원통에 경사 되어 교차하는 형체

그림 17은 가느다란 타원통 Ⅰ이 굵은 원통 Ⅱ에 경사로 교차하는 형체의 전개이다. 도형에서 KLMN은 타원통의 굵기 또 PQRS는 원통의 굵기를 표시한다. 전개에 앞서 교차선 FGH를 그린다. 이것을 그리려면 타원의 둘레 KLMN을 그림과 같이 분할한다. 이 분할은 등분하기 곤란하므로 임의의 수와 임의의 간격으로 나눈다. 그림에서는 $1{\sim}2{=}9{\sim}8$, $2{\sim}3{=}8{\sim}7 \cdots 4{\sim}5{=}6{\sim}5$로 한다. 이것들의 분할점에서 타원통에 분할선을 그으면 평면도의 분할선은 원통의 UST와 $1'(9') \cdot 2'(8') \cdot 3'(7') \cdot 4'(6') \cdot 5'$에서 교차된다. 이점들에서 정면도에 수직으로 도선을 그어 타원통의 분할선과 교차시켜 그점 a $(F) \cdot b \cdot c \cdot d \cdot e(G) \cdot f \cdot g \cdot h \cdot j$ (H)를 연결한 곡선 FGH는 구하는 교차선이다.

타원통 Ⅰ의 전개를 구하려면 정면도의 타원통단면 EJ의 연장선 $E_1 J_1 E_1$ 상에 타원둘레 KLMN의 각 분할점 $1{\sim}2 \cdot 2{\sim}3 \cdots 8{\sim}9$를 순서대로 옮겨 각 분할점에서 타원의 모선에 평행한 분할선(연장선 $E_1 J_1 E_1$과 직각)을 긋는다. 이것들의 분할선에 대해서 정면도의 교점 $a \cdot b \cdot c \cdots f \cdots h \cdot j$에서 연장선 $E_1 J_1 E_1$에 평행한 도선을 그어 교차하는 점들 $a_1 \cdot b_1 \cdot c_1 \cdots f_1 \cdots h_1 \cdot j_1$을 곡선으로 연결한다. 이렇게 하여 그린 $E_1 F_1 G_1 H_1 G_1 F_1 E_1$은 타원통의 전개도이다.

Ⅱ의 전개도를 그리려면 정면도의 원통아래 단면 DC의 연장선 YW상에 평면도 원둘레의 일부 UST상의 각 분할 $1'{\sim}2' \cdot 2'{\sim}3' \cdot 3'{\sim}4' \cdot 4'{\sim}5'$를 옮겨 각 분할점 $1' \cdot 2' \cdot 3' \cdot 4' \cdot 5'$에서 수직으로 분할선을 그어 이 선에 대해 정면도의 교차점 $a \cdot b \cdot c \cdots f \cdots h \cdot j$에서 수평으로 도선을 그어 교차하는 점 $a_1 \cdot b_1 \cdot c_1 \cdots f_1 \cdots h_1 \cdot j_1$을 연결한 곡선 $F_1 G_1 H_1 G_1$은 원통구멍의 전개형이다.

〈부기〉 Ⅱ의 전개도에 대해서 원통전면의 전개를 구하려면 세로의 $B_1 D_1$선을 중심으로 하여 XY 및 YW를 원통의 둘레와 같은 길이로 하면 된다.

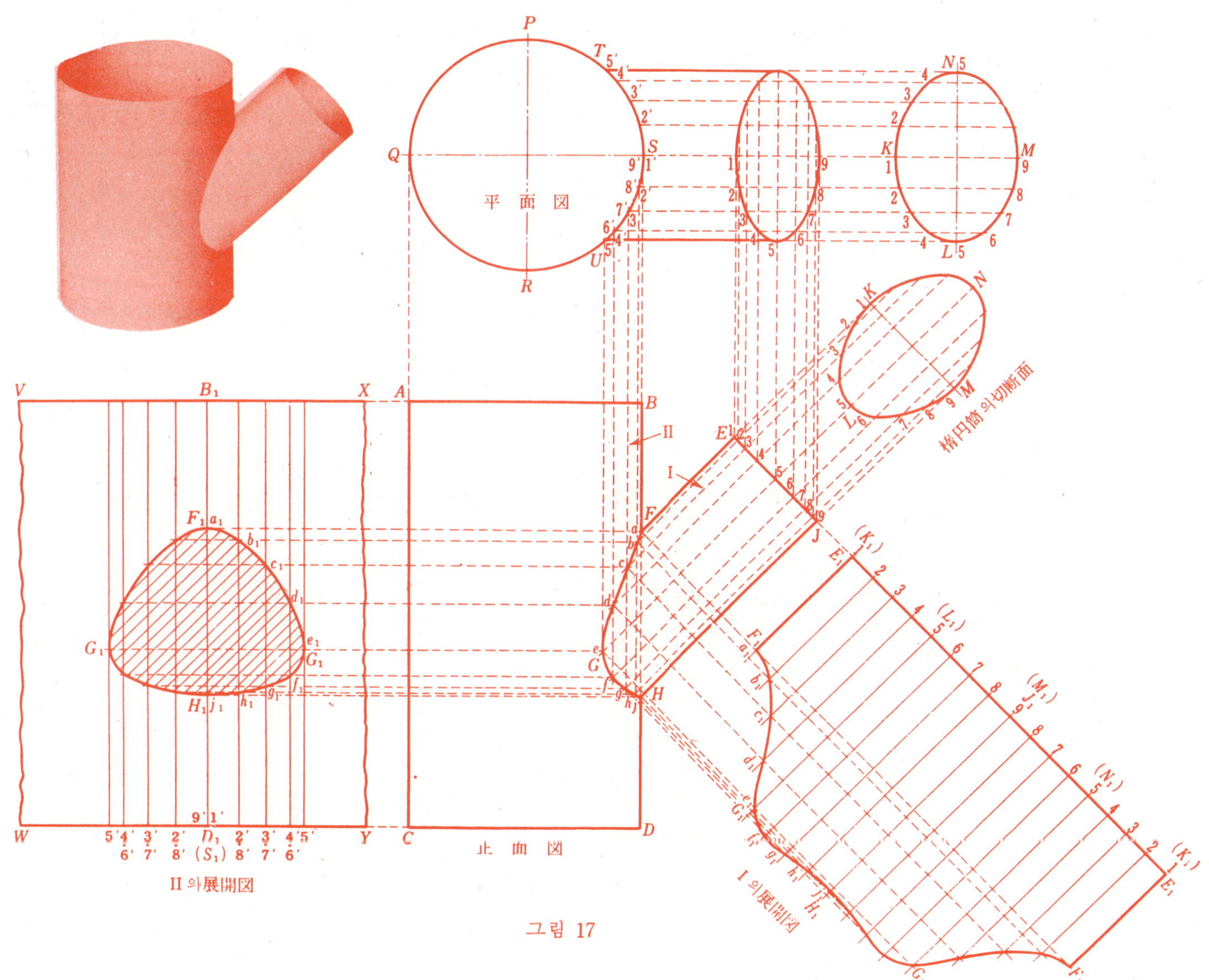

그림 17

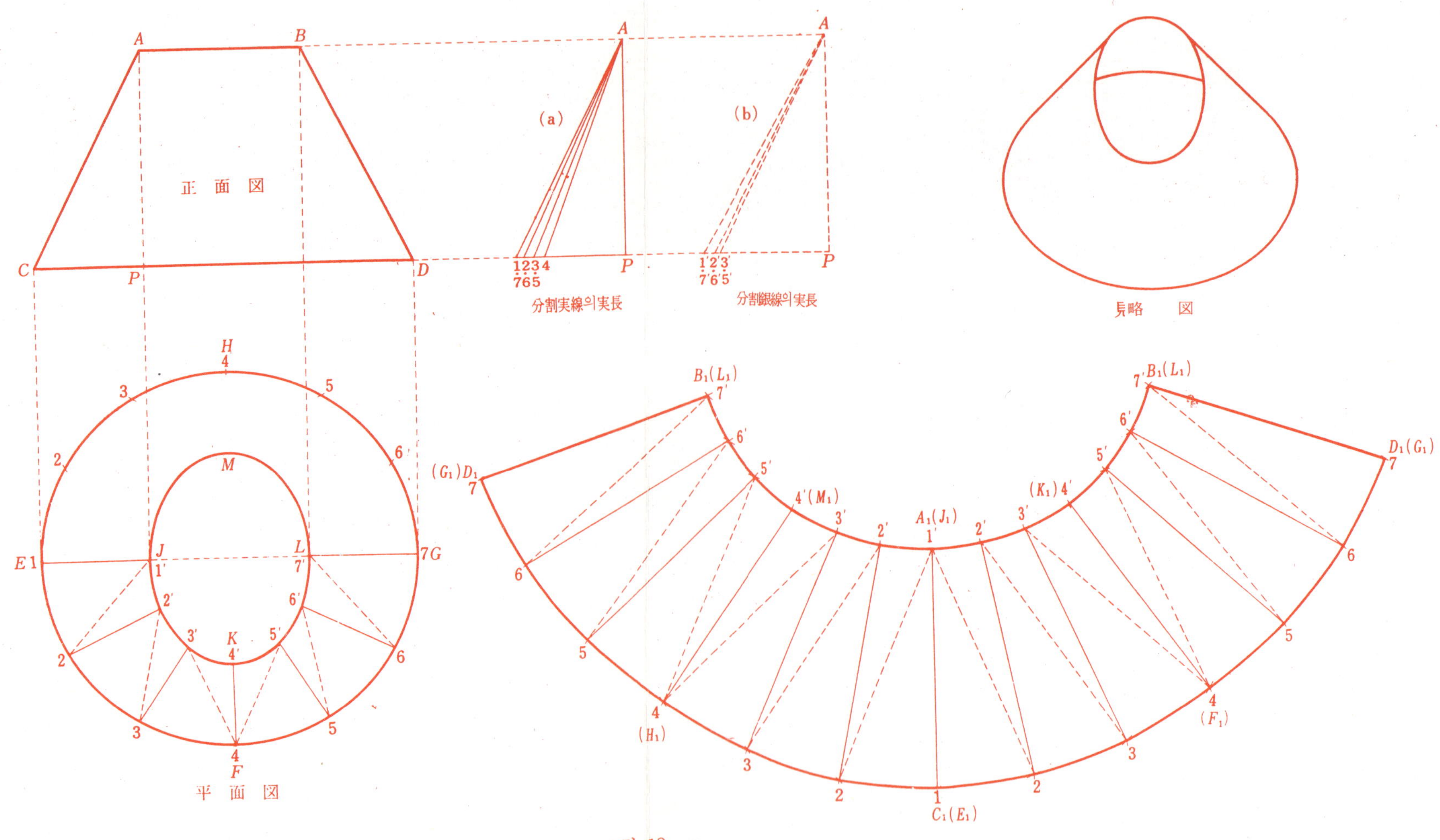

그림 18

18. 응용형체, 타원형과 원통과의 중간연결부

그림 18의 형체는 머리부분(상단부)이 타원 밑면이 원형이며 양단면은 평행하고 또한 중심이 같은 사원뿔이다.

머리잘린사원뿔의 전개는 뿔모양의 전곡면을 몇개의 3변형으로 분할하고 각 3변형의 실체를 구하여 이것을 연결시키는 것이다.

그래서 평면도에 표시하는 것과 같이 원면의 둘레JKLM 및 밑면의 둘레 EFGH를 임의의 같은수로 분할하고 (그림에서는 반면을 6분할) 상하의 분할점을 실선과 점선으로 연결하여 3변형을 그린다. 각 3변형중 곡선은 모두 실장이나 직선은 실선이나 점선이 실장이 아니므로 3각형법에 의해 그림 (a)·그림 (b)에 표시하는 것과 같이하여 실장을 구한다. 따라서 그림 (a)의 AP는 정면도의 높이 AP와 같은 길이로 정하고 또 AP와 직각의 수평선상에 평면도의 분할실선의 길이 1′- 1(JE)·2′- 2…4′- 4…7′- 7(LG)을 옮겨서 P1·P2…P4…P7로 하고 그 점 1·2·3…6·7과 정점A를 연결한 직선 A1· A2…A4…A7(각 직각3각형의 사변)은 평면도의 분할실선의 실장이다. 또 그림 (b)의 사변 A1′·A2′·A3′등도 그림 (a)와 같이하여 구한 평면도의 분할점선의 실장이다.

전개도를 그리는 방법은 〈전개도〉에 표시하는 것과 같이 중앙의 3변형1′- 1- 2(A₁ C₁ 2)의 실선 1′-1(A₁ C₁)은 그림 (a)의 A1과 같은 길이 점선1′-2(A₁ 2)는 그림 (b)의 A1′와 같은 길이 또 곡선1~2는 평면도의 바깥둘레의 1~2 와 같은 길이이다. 따라서 3변형 A₁ C₁ 2(J, E, 2)는 평면도의 3변형 JE2의 실형이다. 다음에 인접하는 3변형1′-2-2′(A₁ 2-2′)의 곡선1′~2′는 평면도 안쪽둘레의 1′~2′와 같은 길이 또 직선2′-2는 그림 (a)의 A2이다. 이렇게해서 3변형의 실형을 차례로 연결하여 사원뿔의 전개도를 그린다. B₁ D₁ C₁ D₁ B₁ A₁ 은 전개의 전도형이다.

19. 응용형체, 닥트의 연결부

이 형체는 그림 19의 겨냥도Ⅱ에 표시하는 부분이며 타원형통Ⅰ과 원통Ⅲ과의 중간연결부이다. 이 Ⅱ는 두개의 3각평면과 두개의 사원뿔곡면으로 되어있다.

전개에 앞서 이 형체Ⅱ의 윗면과 아랫면(정면도의 CD면과 EF면)의 실형 및 사원뿔곡면의 분할선실장의 구하는 방법을 말하면 그림(a)아랫부분의 CnopD는 Ⅱ의 윗면실형(1/2)이며 그림의 CD(정면도의CD)와 직각의 평행선은 AB면의 평행선과 같은 길이로, 이 길이는 평면도에서 정해져 있다. 또 그림(b)의 EmF는 Ⅱ의 아랫면실형(1/2)이며 그림의 EF(정면도의 EF)와 직각의 평행선은 GH면의 평행선과 같은 길이이다. 다음에 그림(c)와 같이 Ⅱ의 곡면을 분할하고 (분할수는 CD간=EF간) 분할선의 실장을 구한다. 그래서 그림(d)의 빗변은 그림(c)의 분할실선의 실장이며 VW우측의 수선 $1°-1'$·$2°-2'$…$7°-7'$는 그림(c)CD면실형의 $1°-1'$·$2°-2'$…$7°-7'$와 같은 길이고 또 좌측의 수선 $V9°$·$V10°$·$V11°$…$V13°$는 그림(c)EF면실형의 $9°-9'$·$10°-10'$·$11°-11'$…$13°-13'$와 같은 길이이며 그리고 우측의 점 $1'$·$2'$…$4'$와 좌측의점 $8°$·$9°$…$11°$…$14°$를 연결한 경사진선 $1'-8°$·$2'-9°$…$4'-11°$…$7'-14°$는 분할실선의 실장이다. 그림(e)는 그림(c)의 분할점선의 실장이며 XY우측의 수선 $Y1°$·$Y2°$…$Y4°$…$Y6°$는 그림(c) CD면실형의 $1°-1'$·$2°-2'$…$4°-4'$…$6°-6'$와 같은 길이이며 또 좌측의 수선 $9°-9'$·$10°-10'$…$11°-11'$…$13°-13'$는 그림(c) EF면과형의 $9°-9'$·$10°-10'$…$11°-11'$…$13°-13'$와 같은 길이이고 그리고 우측의 점 $1°$·$2°$…$4°$…$6°$와 좌측의 점 $9'$·$10'$…$12'$…$14'$를 연결한 경사진선 $1°-9'$·$2°-10'$…$4°-12'$…$6°-14'$는 분할점선의 실장이다.

전개도를 그리는 법은 도면중앙의 2등변3각형 $n_1 E_1 n_1$은 평면도의 NJS 위 실형이며 중심선 $C_1 E_1$($C_1 8°$)=정면도의 CE, 밑변$n_1 n_1$($1'-1'$)=평면도의 NS, 빗변$1'-8°$=그림(d)의 $1'-8°$ 다음에 2등변삼각형에 인접한 3변형 $8°-1'-9'$는 그림(c)의 분할형 $8°-1°-9°$($EC9°$)의 실형이며 전개도 3변형의 $1'-9'$는 그림(e)의 $1°-9'$와 같은 길이이고 또 곡선 $8°\sim9'$는 그림(c)EmF의 $8°\sim9'$와 같은 길이이다. 다음에 3변형 $1'-9'-2'$는 그림(c)의 분할형 $1°-9°-2°$의 실형이며 그림의 $2'-9'$는 그림(d)의 $2'-9°$와 같은 길이이고곡선 $1'\sim2'$는 그림(c)nop의 $1'\sim2'$와 같은 길이가된다. 위와같은 방법으로 그림Ⅱ 분할형의 순서대로 연결하여 전개의 전도형을 그린다.

또 전개도양단의 $D_1 F_1$=정면도의 DF, $p_1 D$=평면도의 PT.

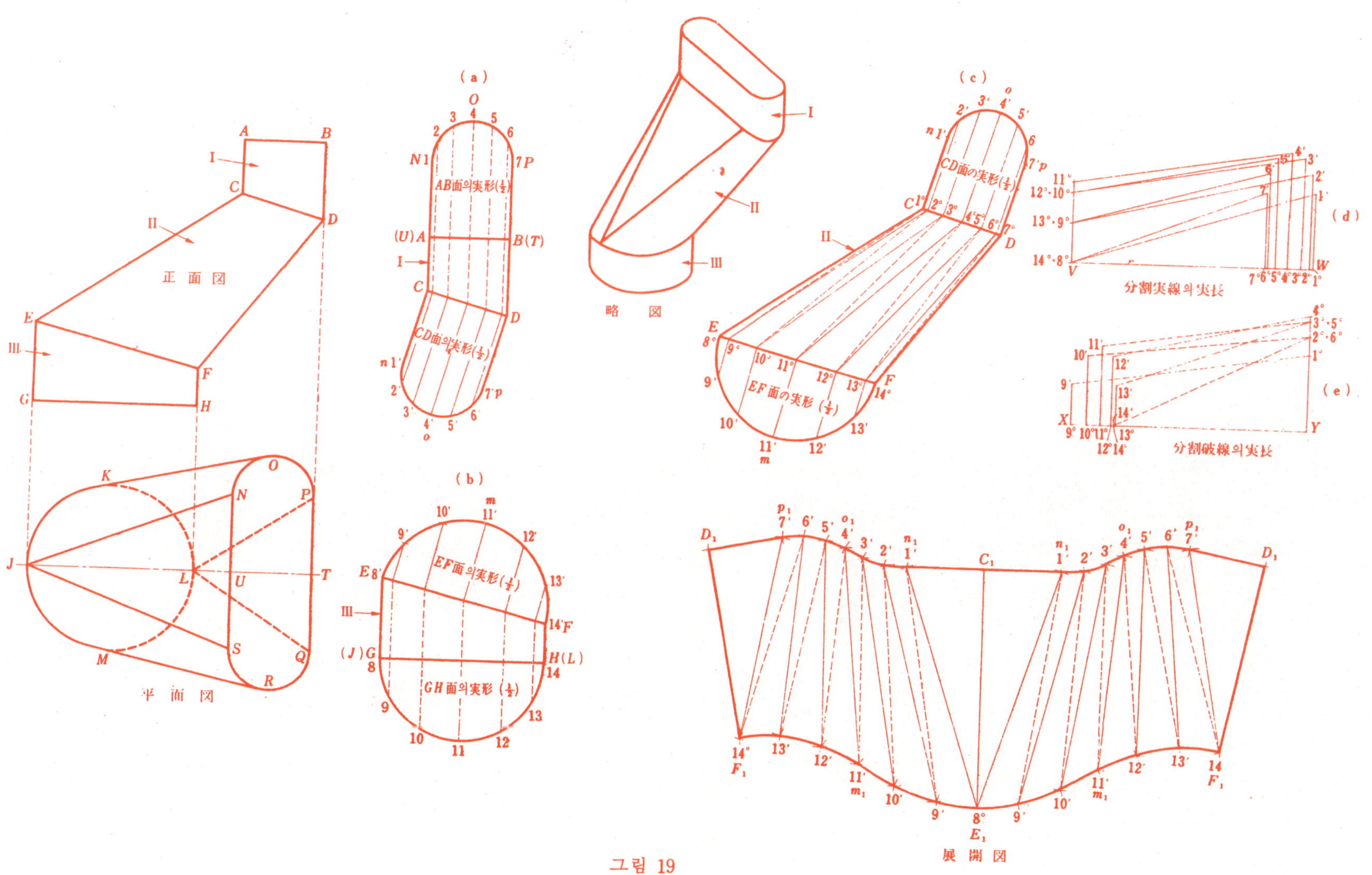
正面図
平面図
(a)
O
N 1
7 P
AB面의実形(½)
(U) A
B(T)
C
D
n 1'
7'p
CD面의実形(½)
o
略図
I
II
III
(c)
CD面の実形(½)
II
C
D
E
EF面の実形(½)
F
m
(d)
分割実線의実長
V
W
(e)
分割破線의実長
X
Y
(b)
m
EF面의実形(½)
E
13'
14'F
(J)G
H(L)
GH面의実形(½)
K
O
N
P
J
L
U
T
M
S
R
Q
D₁
C₁
D₁
F₁
E₁
F₁
展開図
그림 19

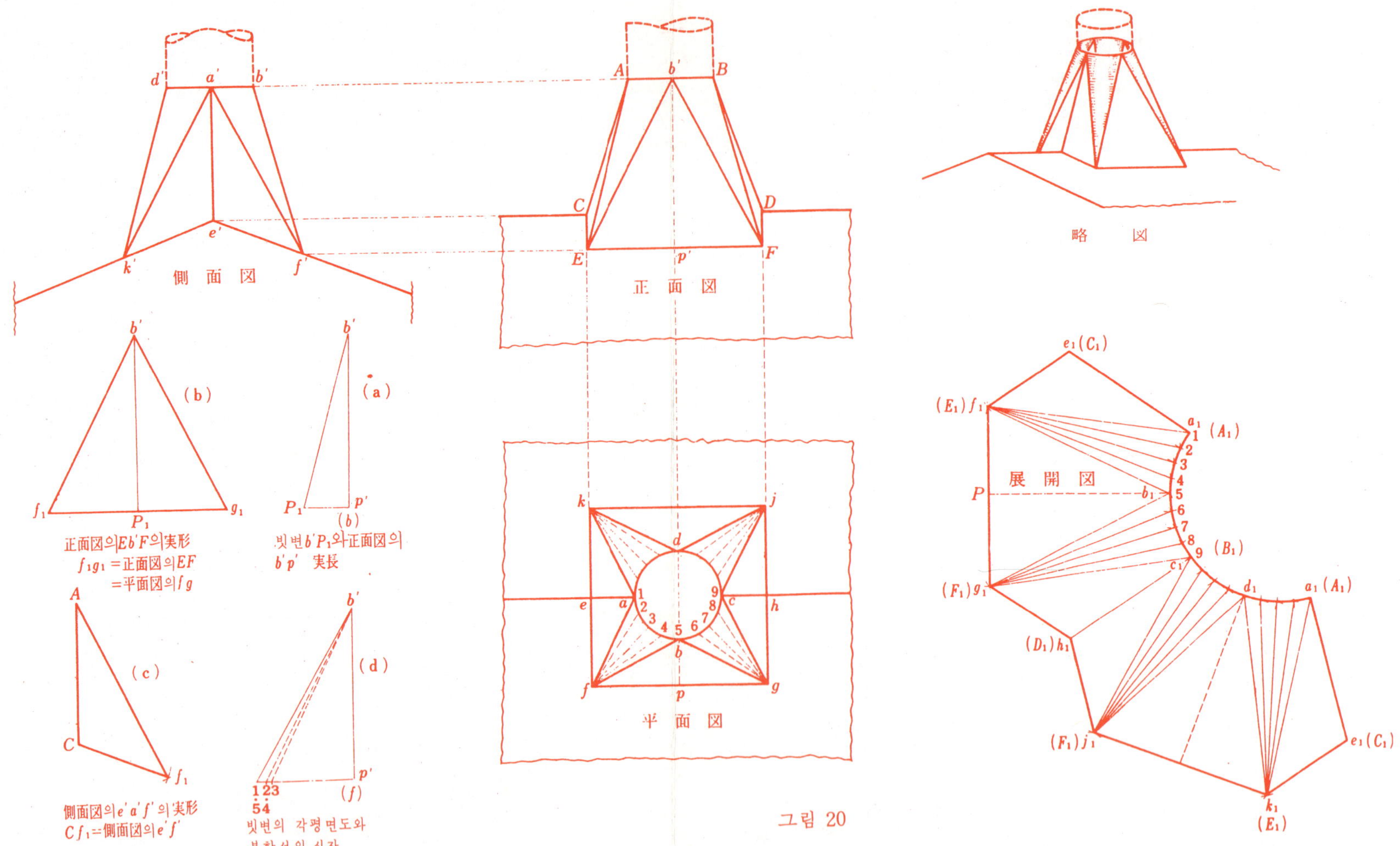
側面図
正面図
平面図
略図
展開図
(b)
(a)
正面図의 Eb'F의 実形
f₁g₁＝正面図의 EF
＝平面図의 fg
빗변 b'P₁과 正面図의
b' p' 実長
(c)
(d)
側面図의 e' a' f' 의 実形
Cf₁＝側面図의 e' f'
빗변의 각평면도와
분할선의 실장
그림 20

20. 응용형체, 벤틸레이터 I.

그림20의 형체는 겨냥도에서 표시하는 것과 같이 윗면이 원형 밑부분의 평면 투영이 정방형이며 4개의 곡면과 6개의 평면으로 되어 있고 용마루에 직립하는 벤틸레이터이다.

전개에 앞서 곡면을 몇개의 3변형으로 분할하고 그 실장을 구한다. 이것을 그림 (d)에서 표시하면 그림 (d)의 직각3각형의 수선 $b'p'$ ($b'f$)는 정면도의 $b'p'$와 같은 길이 또 밑변의 $p'1 \cdot p'2 \cdot p'3 \cdots p'5$는 평면도의 분할선 $f1 \cdot f2 \cdot f3 \cdots f5(g5)$와 같은 길이고 사변 $b'1 \cdot b'2 \cdot b'3 \cdots b'5$는 각분할선의 실장이다. 다음에 정면도의 평면형 $Eb'F$ (평면도의 fbg)의 실형을 구하는데 필요한 중심선 $b'p'$의 실장은 그림 (a)에 표시하고 있고 그림 (a)의 직각3각형의 수선 $b'p'$는 정면도의 $b'p'$와 같은 길이 밑변 $p'P_1$ (bP_1)은 평면도의 bp와 같은 길이 그 사변 $b'p'$의 실장이다. 따라서 정면도의 삼각형 $Eb'F$의 실형은 그림 (b)와 같이 되고 같은 그림의 중심선 $b'P_1$은 그림 (a)의 $b'P_1$과 같은 길이밑변 f_1g_1은 평면도의 fg와 같은 길이 이 2등변삼각형 $f_1b'g_1$은 구하는 3각형의 실형이다. 다음에 그림 (c)의 부등변 삼각형은 측면도의 $e'a'f'$ (정면도의 CAE 평면도의 eaf)의 실형이며 그림 (c)의 AC는 정면도의 AC와 같은 길이 사변 Af_1은 그림 (d)의 사변 $b'1$과 같은 길이 또 Cf_1은 측면도의 $e'f'$와 같은 길이이다.

전개도를 그리는 방법은 〈전개도〉의 좌단에 그림 (c)와 같은 모양의 $a_1 e_1 f_1$ ($A_1 C_1 E_1$)을 그려 다음에 이것에 인접하여 3변형 $a_1 f_1 b_1$을 그린다. 이 도형은 평면도의 3변형 afb의 실형이며 각분할선 $f_1 \cdot 1 \cdot f_1 2 \cdots f_1 5$는 그림 (d)의 각사변이고 또 곡선 $1 \sim 2 \cdot 2 \sim 3 \cdots 4 \sim 5$는 평면도안쪽둘레의 길이 $1 \sim 2 \cdots 4 \sim 5$이다. 다음에 이 3변형에 인접하여 그림 (b)의 같은 모양의 3각형 $f_1 b_1 g_1$ ($E_1 b_1 F_1$)을 그린다. 이렇게해서 4개의 곡면과 6개의 평면의 각 실형을 순차로 인접하여 전개의 전도형을 그린다.

〈부기〉 그림의 전개와 그림 1-20의 전개를 대조하여 연구해 주기 바란다.

21. 응용형체 벤틸레이터 Ⅱ.

그림21의형체는 지붕의 경사면(흐름)에 직립하는 벤틸레이터이다. 이 형체는 윗면이 원형이고 아랫면은 사변형이며 평면도에서 알수 있는 것과 같이 4개의 곡면과 4개의 평면으로 되어 있다.

전개도를 그리는데는 앞단원20의 경우와 같이 곡면을 임의로 분할하고 각 분할곡면의 펼친실형을 구해 이것과 평면형의 실형을 차례로 연결하면 된다.

그래서 평면도의 $1'hb$에서 표시하는 곡면의 실형을 구하는 데는 그 분할선 $1'-1 (1'a) \cdot 1'-2 \cdot 1'-3 (1'b)$의 실장을 구하지 않으면 안된다. 구하는 법은 그림(a)에 표시하는 것과 같이 직각 3 각형의 밑변을 평면도의 분할선과 같은 길이로 定하고 또 높이 $1'C_1$ 은 정면도의 BA의 연장과 C 점과의 수직거리를 같은 길이로 하여 구한 사변 $C_1 1 \cdot C_1 2 \cdot C_1 3$ 은 평면도의 분할선 $1'-1 \cdot 1'-2 \cdot 1'-3$ 의 실장이다.

그림(b)에 표시하는 것은 위와 같이하여 구한 평면도의 $2'bd$ 간 분할선의 실장이며 직각 3 각형의 높이 $2'D_1$ 은 정면도의 $c_1 D$ 와 같은 길이 밑변 $2'-3 (2'-7) \cdot 2'-4 (2'-6) \cdot 2'-5$ 는 평면도의 분할선 $2'-3 \cdot 2'-4 \cdot 2'-5$ 와 같은길이 그리고 사변 $D_1 3 \cdot D_1 4 \cdot D_1 5$ 는 각각 분할선의 실장이다. 또 그림(c)는 평면도의 $3'df$ 간의 분할선의 실장이다. 다음에 그림(d)는 밑면의 둘레 즉 평면도의 $1'-2' \cdot 2'-3'$ 의 실장을 표시하고 그림의 $O 2'$ 는 평면도의 $O 2'$ 와 같은 길이 또 OC_1 과 OE_1 은 정면도의 DC 및 DE 와 같은 길이고 이들 2개의 직각삼각형사변 $C_1 2' \cdot 2'E_1$ 은 각각 둘레 $1'-2' \cdot 2'-3'$ 의 실장이다

위의 실장에의해 구한 분할곡선의 실형과 평면의 실형을 차례로 연결한도형 $A_1 C_1 E_1 C_1 A_1 B_1$ 은 구하는 전개도이며 그 그리는 방법을 그림(e)에 표시하고 있으나 더욱 그림20의 전개도를 그리는 방법을 참조해 주기 바란다.

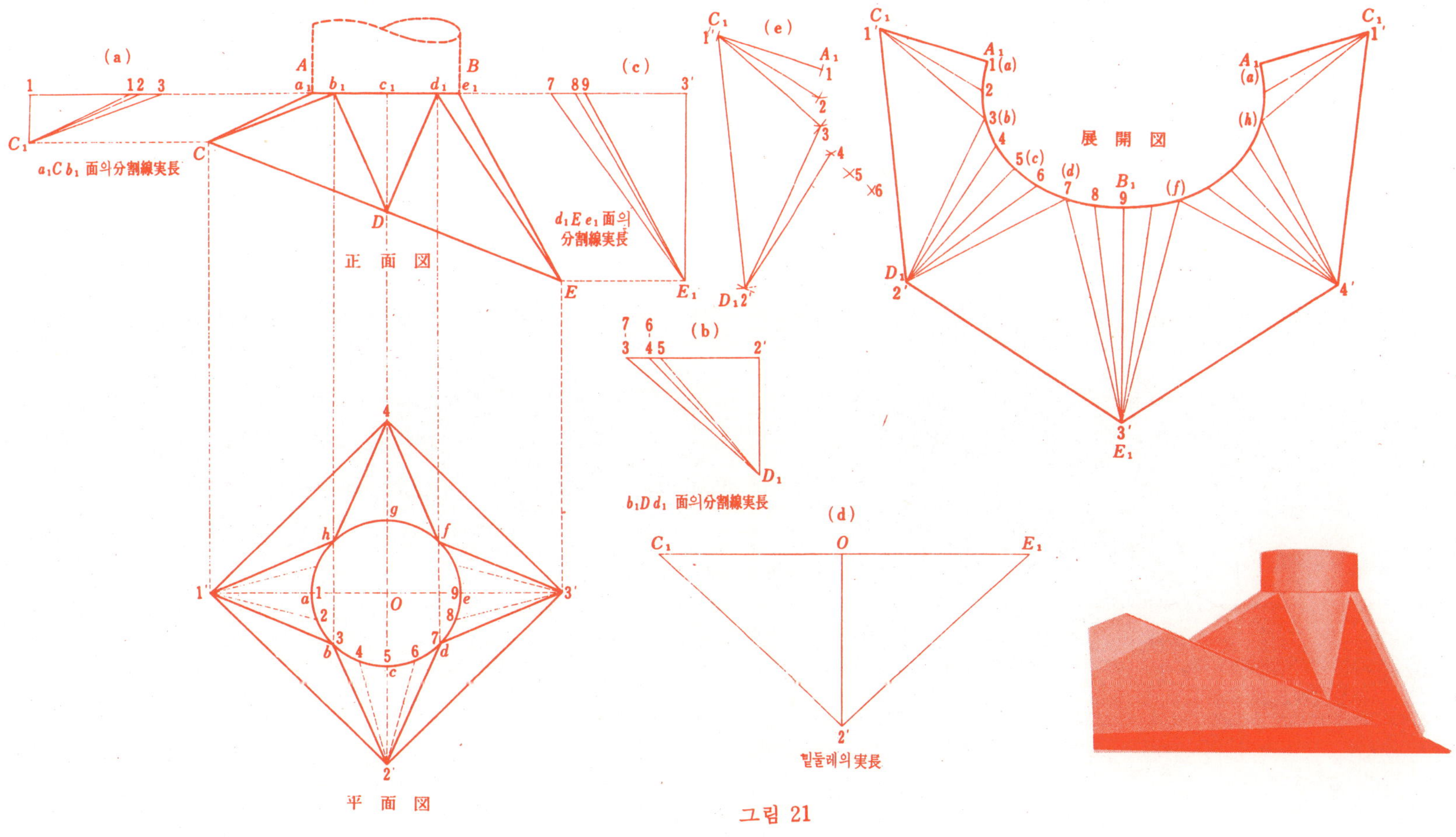
(a)
a₁Cb₁面의分割線実長
正面図
平面図
(c)
d₁Ee₁面의分割線実長
(e)
(b)
b₁Dd₁面의分割線実長
(d)
밑둘레의実長
展開図
그림 21

平面図
R8
N L 0'P
8 0
1
7 6 2
6' 5 4 M 3 2'
5' 4'Q 3'
C8 7 6 5 B4 3 2 1 0 A
正面図
8 E
F₁
8' g
7' f e
6' d E
下端面의 実形(½)
c
b
5' a D
4' E₁ 0'
3' 0' D₁
2' 1'
F 8' g f e d c b a 0'D
(R₁) (P₁)
下端面의 平面図(½)
7' 1'
6' 2'
5' 4' 3'
E(Q₁)
(a)
S U
8'
7'
6'
5'
4'
3'
2'
1'
T V 0'
分割実線의 実長
(b)
W Y
8'
7'
6'
5'
4'
3'
2'
1'
X Z
分割破線의 実長

그림 22

略 図
展 開 図
(R₁)F₁8'
7'
(N₁)C₁8
7 6'
6 5'
5 4'E₁(Q₁)
(M₁)B₁4 3'
3
2 2'
1
(L₁)A₁0 1'
1 0'D₁(P₁)
2 1'
3 2'
(M₁)B₁4 3'
5 4'E₁
6 (Q₁)
7 5'
(N₁)C₁8 6'
7'
F₁8'
(R₁)

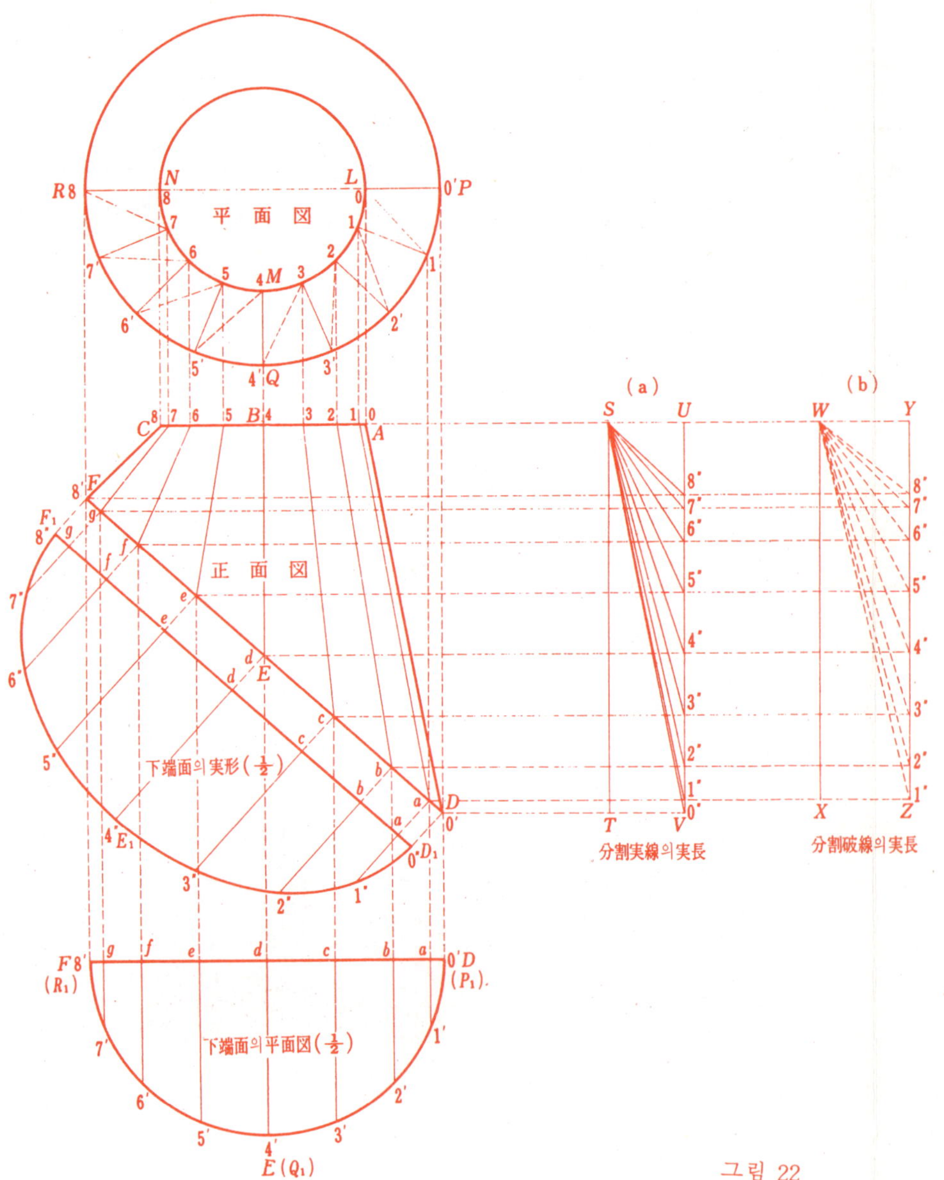

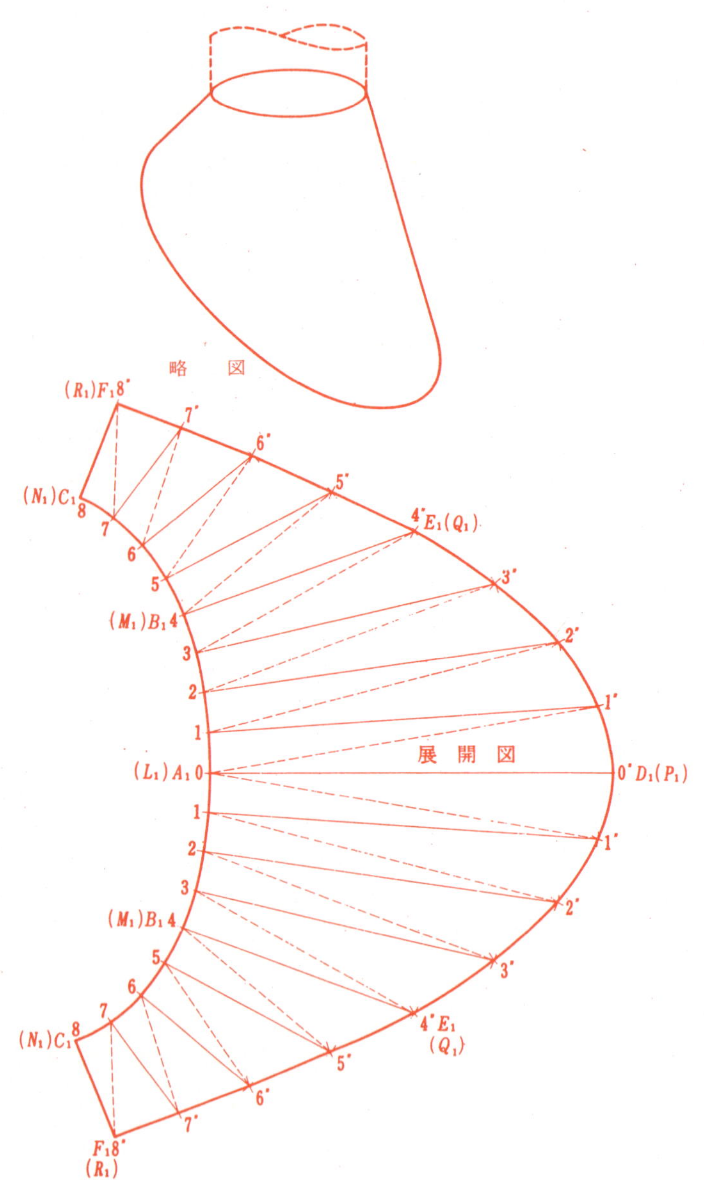

22. 응용형체, 벤틸레이터 Ⅲ·

  그림 22 는 겨냥도에서 표시하는 것과 같이 급구배지붕의 경사에 직립하
는 벤틸레이터의 전개이며 경원뿔의 머리부분을 수평하게 또 아래부분을 경
사지게 절단한 형체이고 그 평면도는 동심원으로 되어있다.

  전개에 앞서 뿔체의 곡면을 임의의 수로 분할하고(평면도 안쪽둘레의 분
할수=바깥둘레의 분할수) 각분할선의 실장을 구한다. 그리하여 그림(a) 는
평면도의 실선으로 표시하는 분할선의 실장이며 그림의 SU=평면도의 LP
UV=경사뿔의 높이(모선AD의 수직거리)또 UV상의 점 $O''\cdot1''\cdot2''\cdots8''$는 정면
도아랫부분의 DF선상의 점에서 수평으로 그은 교점이며 이점과 S를 연결한
$S0''\cdot S1''\cdot S2''\cdots S8''$는 평면도의 분할실선 $0'-0\cdot1'1\cdot2'-2\cdots8'-8$의 실장이다. 또
그림 (b)는 평면도 분할점선의 실장이며 그림의 WY=평면도의 L1′, YZ=
사원뿔의 윗면에서 a까지의 높이(수선거리) 또 YZ상의 점 $1''\cdot2''\cdot3''\cdots8''$ 은
그림 (a)와 같은 교점이고 이점과 W를 연결한 선은 평면도의 각분할점선의
실장이다. 다음에 사원뿔아랫면의 실형을 구한다. 이것은〈실형(1/2) 그림〉의
$D_1 F_1$ =정면도의 DF, 이것과 직각의 선 $al''\cdot b2''\cdots g7''$는 〈평면(1/2그림)의al′
$\cdot b2'\cdots g7'$와 같은 길이 그리고 $O''\cdot1''\cdot2''\cdot3''\cdots8''$의 점을 연결한 도형 $D_1 E_1 F_1$
ga는 아랫면의 실형(1/2)이다.

  전개도를 그리려면 도시외 같이 중앙직선OO''(A, D_1)는 그림 (a)의 SO''와
같은 길이로 하고 O에서 그림 (b)의 $W1''$를 반지름으로한 짧은 호를 그려 호
를 $0''$에서 아랫면실형의 둘레$O''\sim1''$의 길이로 하여 교점을 $1''$로 하고 $1''$와
O를 접선의 직선으로 연결하고 또 $0''$와 $1''$를 곡선으로 연결한 3변형$O''O1''$
는 평면도의 분할선 $O'0_1$ (PL1′)의 실형이다. 다음에 3변형$01''-1$의 $1''-$
1은 그림 (a)의 $S1''$와 같은 길이 또 안쪽둘레곡선$O\sim1$은 평면도 안쪽둘레의
분할 $O\sim1$과 같은 길이이다. 위와같은 방법으로 평면도의 분할3변형의 각
실형을 차례로 연결하여 전개의 전도형$F_1 D_1 F_1 C_1 A_1 C_1$ 을 그린다.

  〈**부기**〉 1. 그림 (a)에 표시하는 $S8''\cdot S7''\cdot S6''\cdots SI''\cdot SO''$는 평면도분할 점선의 실장
인 동시에 각각 정면도의 분할선 $8F\cdot7g\cdot6f\cdots1a\cdot OD$의 실장이다.
  2. 평면도의 실선으로 표시하는 분할선은 모두 같은 길이이고 또 점선의 분할선도 같은
길이이다.

23. 응용형체, 용마루에 직립하는 벤틸레이터

그림23은 정면도에서 알 수 있도록 뿔모양 머리부분을 수평으로 또아랫 부분을 지붕구배로 잘라낸 형체이며 평면도는 동심원으로 되어 있으므로 이형체는 직원뿔이 아니고 사원뿔임을 알수 있다(그림1—1과 대조해 주기바란다.)

그래서 전개에 앞서 뿔모양의 곡면을 임의의 수로 분할하고(평면도안쪽둘레의 분할수=바깥둘레의 분할선) 각 분할선의 실장을 구한다. 즉 직각3각형 그림 (a)의 사변O1·O2…O5는 각각 측면도의 분할실선1′—1·2′—2…5′—5의 실장이며 수선 O_e 및 O_e 상의 O_a·O_b…O_d는 측면도의 O_e 및 $O_a O_b$…O_d 와 같은 길이 또 각밑변a1…e5는 모두 같은 길이이며 이들은 평면도의 분할실선과 같은 길이이다. 또 직각삼각형 그림 (b)의 사변 O2′·O3′…O5′는 각각 측면도의 분할점선2′—1·3′—2…5′—4의 실장이며 수선Od및 Od상의 Oa…Oc는 측면도의 Od 및 Oa…Oc와 같은 길이 또 각 밑변 a2′…d5′는 모두 같은 길이이며 이들은 평면도의 분할점선과 같은 길이이다. 다음에 뿔모양의 밑부분둘레(측면도의 FGH)의 실형을 구하지 않으면 안된다. 그림 (c)는 그 실형이며 그림의 XY및 XY상의 각분할1~2…4~5″는 정면도의 XY및 XY상의 분할선과 같은 길이이며 분할점을 통하는 수평선의 길이 1″~9″·2″~8″…4″~6″는 측면도의 수평선 1~9·2~8…4~6과 같은 길이이다. 그리고 1″·2″·3″…9″의 점을 연결한 곡선 F₁~G₁~H₁은 밑부분둘레의 실형(1/2)이다.

전개도를 그리려면 도시와 같이 중앙의 직선1′—1″를 그림 (a)의 O1과 같은 길이고 하고 1″에서 그림 (b)의 O2′를 반지름으로 하여 짧은호를 그려 호를 평면도 안쪽둘레의 분할1′—2′의 길이로 하여 교점을 2′로 하고 2′와 1″를 점선의 직선으로 이어 2′와1′를 곡선으로 연결한다. 이 3변형1′—1″—2′(C₁F₁2′)는 측면도의 분할형1′—1—2′(CF2′)의 실형이다. 다음의 3변형1″—2′—2″는 측면도의 분할형 1—2′—2(F2′—2)의 실형이며 그림의 직선2′—2″는 그림 (a)의 O2와 같은 길이 또 곡선1″~2″는 그림 (c)의 1″~2″와 같은 길이이다. 위와 같은 방법으로 측면도분할형의 실형을 차례로 연결하여 전개의 전도형 D₁H₁F₁H₁D₁을 그린다.

〈부기〉 1. 측면도의 분할선과 평선은 중앙의 OG선을 경계로 하여 좌우같은 길이이다.

O
(a)
(P) (K)
a 1·9
b 2·8
c 3·7
d 4·6
e
分割実線의実長
O
(b)
(P)
a 2'·8'
b 3'·7'
c 4'·6'
d 5'
分割銀線의実長
(c)
F₁ (X) H₁
1' 1 9'
2' 2 8'
3' 3 7'
4' 4
5' G₁ 6'
(Y)
밑둘레선의実形(½)
A 1' 2' 3'4'5' B
O
C 1'2'3' 4' 5' 6' 7'8'9' D
F 1
(X) 2
3 4 5 G
E 正面図 (Y)
F 1 a H
2 b 9
3 c 8
4 d 7
5 e 6
G
側面図
R 9 8 S
7
M 6
S N L 5' Q
K 1' 2' 3' 5
4
P 2 3
平面図
S
N
P 1' K M 9' R
1 2' L 6' 7' 9
2 3' 8
3 7
4 5 6
Q
平面図
(M₁)D₁ 9' 9' D₁(M₁)
8' 7' 6' (N₁) (K₁) (L₁) 6' 7' 8'
5' 4' 3' 2' 1 2' 3' 4' 5'
C₁
(R₁)H₁ 9' 9' H₁(R₁)
8' 8'
7' 7'
6' 6'
(S₁) 5' 1' 5'
G₁ 4' 3' 2' F₁ 2' 3' 4' G₁(Q₁)
(P₁)
展開図

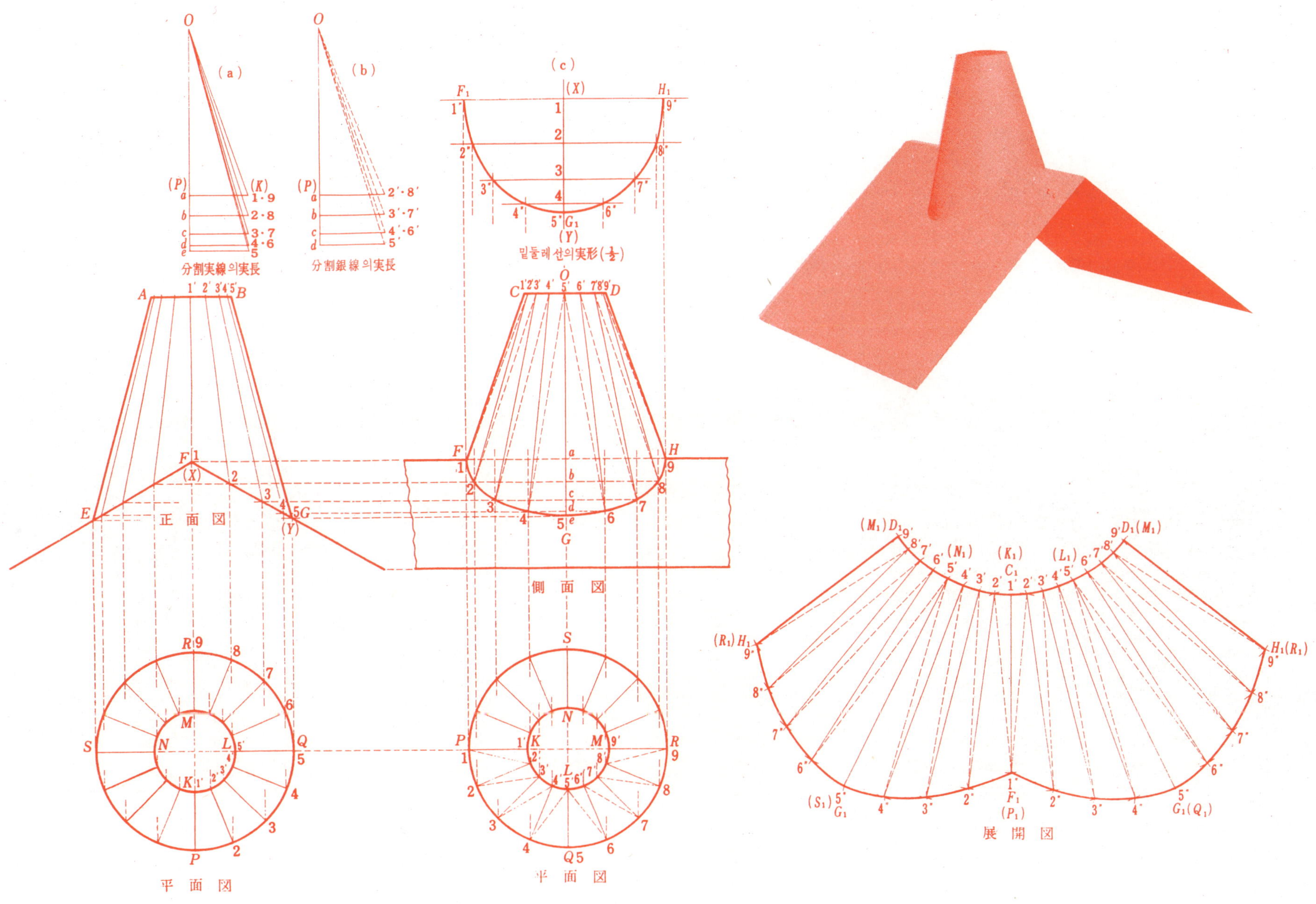

그림 23

上端面
正面図
下端面
(밑 面)
切断面의実形 (縮小図)
切断面 의略図 (縮小図)
上端面の実形
正 面 図
下端面의実形
展 開 図
分割実線의実長
分割破線의実長
(b)
(a)
(c)
(d)
(e)

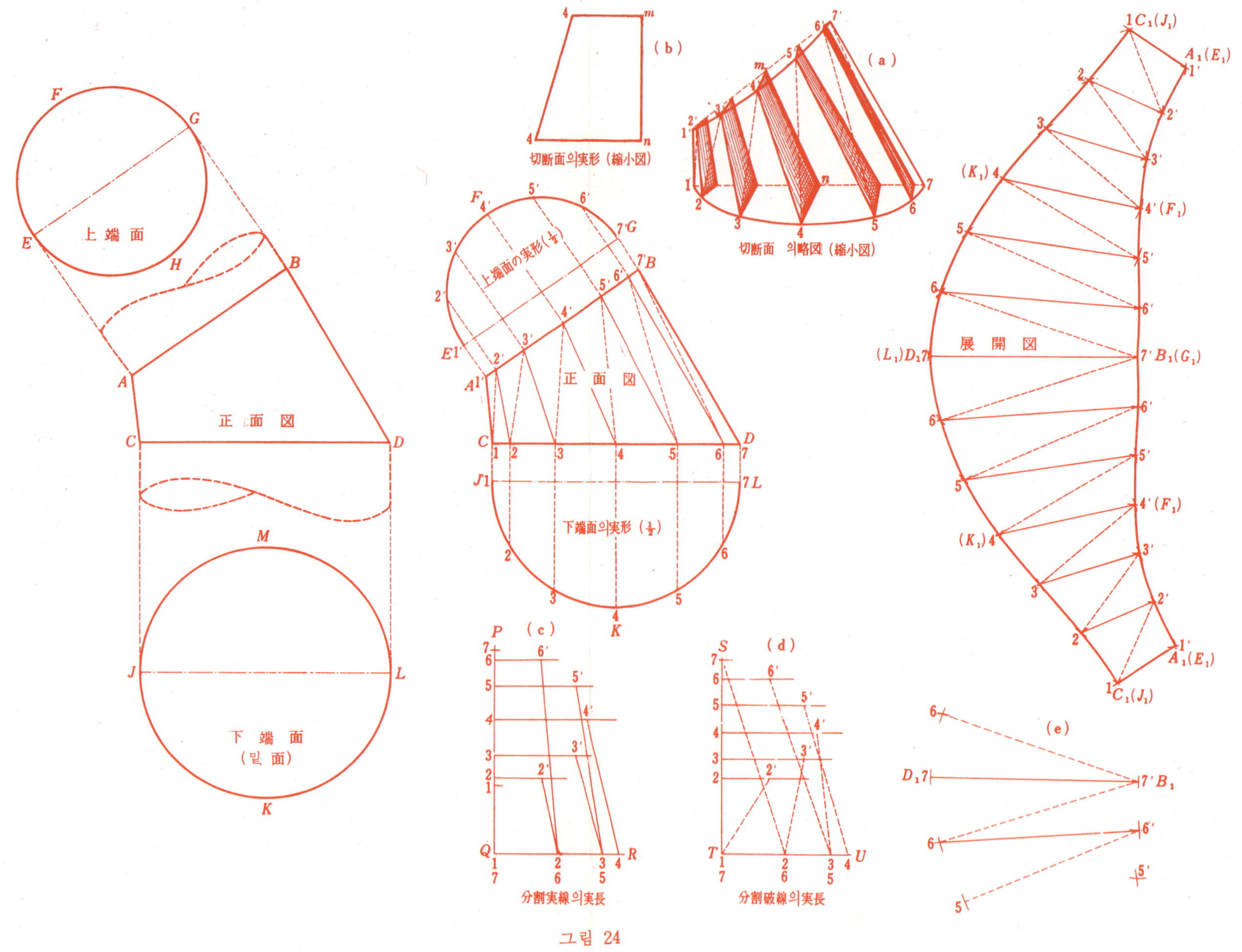

그림 24

24. 응용형체 닥트의 엘보우

그림24는 지름이 틀리는 2원통이 비스듬히 결합될 경우의 중간연결부 이며 닥트의 엘보우 기타에 사용되는 형체이다. 그림의 EFGH는 윗면의 둘레 또 JKLM은 밑면(아랫부분)의 둘레이며 모두가 원형이고 그리고 실형이다.

이 형체는 사원의 뿔이므로 전개에는 곡면의 분할선 실장을 구하지 않으면 안된다. 그림에서는 정면도에서 분할하여 그 실형을 구한 것이다. 그래서 정면도의 3변형중 외측에 2변 AC와 BD는 실장이지만 다른 변은 모두 지축한 투영이므로 다음 방법으로 실장을 구한다. 실체를 정면도의 실선으로 표시하는 분할선으로 절단하면 절단면은 그림(a)의 사선으로 표시하는 4변형(중심으로 종단한반 쪽이 되고 사변2′—2·3′—3…6′—6은 분할선의 실장을 표시하는 것으로 된다. 더욱 상술하면 실체를 분할선4′—4로 절단하면 절단면은 그림(a)의 사선으로 표시하는 4′mn4의 4변형이 되고 사변4′—4는 정면도의 분할실선4′—4의 실장이 된다. 그림(b)는 이 절단면의 실형을 표시하고 mn을 정면도의 분할실선 4′—4의 길이로 하고 4′m을 윗면도의 4′에서 EG선까지의 점선의 길이로 또 4n을 아랫면도의 4에서 JL선까지의 점선의 길이로 하면 사선4′—4 는 정면도의 분할실선 4′—4의 실장이 된다.〈그림(b)는 축소한 실형〉.

그림(c) 및 그림(d)는 위의 방법으로 구한 각분할선의 실장이며 그림(c)에 대해서 설명하면 PQ에는 정면도의 각분할실선의 길이를 옮겨 PQ에 직각인 QR에는 하단면의 각분할점선(평행선)의 길이를 또 QR에 평행하는 선 6—6′·5—5′…2—2′에는 상단면의 각분할점선(평행선)의 길이를 옮긴다. 이렇게해서 구한 사선2′—2·3′—3…6′—6은 정면도의 각 분할실선의 실장이다. 또 그림(d)는 위와같은 방법으로 구한 정면도의 분할점선의 실장이다.

위의 분할선의 실장과 양단면둘레의 실상에 의해 사분할 3변형의 실형을 차례로 연결한 도형 C, D, C, A, B, A, 은 구하는 전개도이다.

〈**부기**〉 전개도의 그리는 법을 그림(e)에 표시하면 정면도의 모선 DB를 옮겨서 D, B, (7-7′)로 하고 B,에서 그림(d) 7—6의 길이를 반지름으로한 호를 그려 다음에 D,에서아 랫면둘레의 분할 7-6의 길이로 앞에의 호를 잘라 그 교점 6과7′(B,)을 접선으로 연결한다. 다음에 B, -6-6′의 6-6′는 그림(c)의 6′—6과 같은 길이이고 B, ~6′는 원단면둘레의 7′~ 6과 같은 길이로 한다. 위 같은 방법으로 3변형의 실형을 차례로 연결하여 D, ~6~C, B, ~6′~A, 을 곡선으로 연결하면 전개도가 된다.

25. 응용형체, 3각관

그림25의 형체는 겨냥도에서 알수 있도록 같은 모양의 세개의 사원뿔이 3 각으로 접합하고 있고 접합면은 평면도의 KJ·KL·KN및 JMLN이다. 또한 JMLN은 원형이며 실형으로 나타나 있다. 정면도의 A'CDEB는 3각관의 하나를 표시하고 OP Q는 윗면AB의 실형(절반) 또 곡선C~F는 평면도의 KN 접합면의 실형이다. 다음에 정면도의 곡선C~D는 평면도의 KL=KJ접합면의 경사투영이며 그 실형은 C~F와 같은 모양이다.

이 전개를 구하는데는 우선 정면도의 곡선C~D를 정확하게 그리지 않으면 안된다. 이것을 그리는 것이 이 과제의 주안이다. 그래서 그리는 방법은 곡선C~F의 분할점 9'·10'에서 평면도의 KN에 수선을 그어 K를 중심으로 하여 이들의 교점까지를 반지름으로 하는 호를 그려 KL과의 교점 9″·10″를 구해 9″—10″에서 정면도에 수선을 그어 곡선 C—F의 9″·10″에서 수평으로 그은 점선과의 교점 9·10을 얻어 이들의 점을 연결하면 구하는 곡선 C~D가 된다. 또 정면도의 각분할선 실장을 구하는 방법은 그림24의 해설과 같으며 그림(a)와 그림(b)에 표시하고 있다. 그래서 그림(a)의 수평선 lb에는 분할실선의 길이를 옮겨 b단에 그은 수선에는 정면도의 단면 OPQ의 평행점선 b2·c3·d4… f6의 길이를 또 l·m…j에 그은 수선에는 평면도의 평행점선 j9″·k10″…n13″의 길이를 옮겨 2와 9·3과 10·4와 11…6과 13을 연결한 각사선은 위의 분할실선의 실장이다. 또 그림(b)도 이와같이 하여 구한 정면도 분할점선의 실장이다.

전개도는 위의 각분할선의 실장 및 둘레의 실장에 의해 그림24의 해설부기의 방법으로 그린다. 그래서 전개도의 3변형 D₁4-12(11-4-12)는 정면도의 분할3변형 D4-12(11-4-12)의 실형이며 그 실선D₁4(11-4)= 그림(a)의 11-4점선 12-4=그림(b)의 12-4 둘레의 곡선D₁~12=평면도 LM상의 11″~12'이다. 또 다른 3변형도 그림(a)·그림(b)사변의 길이 및 정면도의 C~F·O~P~Q 분할의 길이 평면도의 L~M분할의 길이 등으로 그린다.

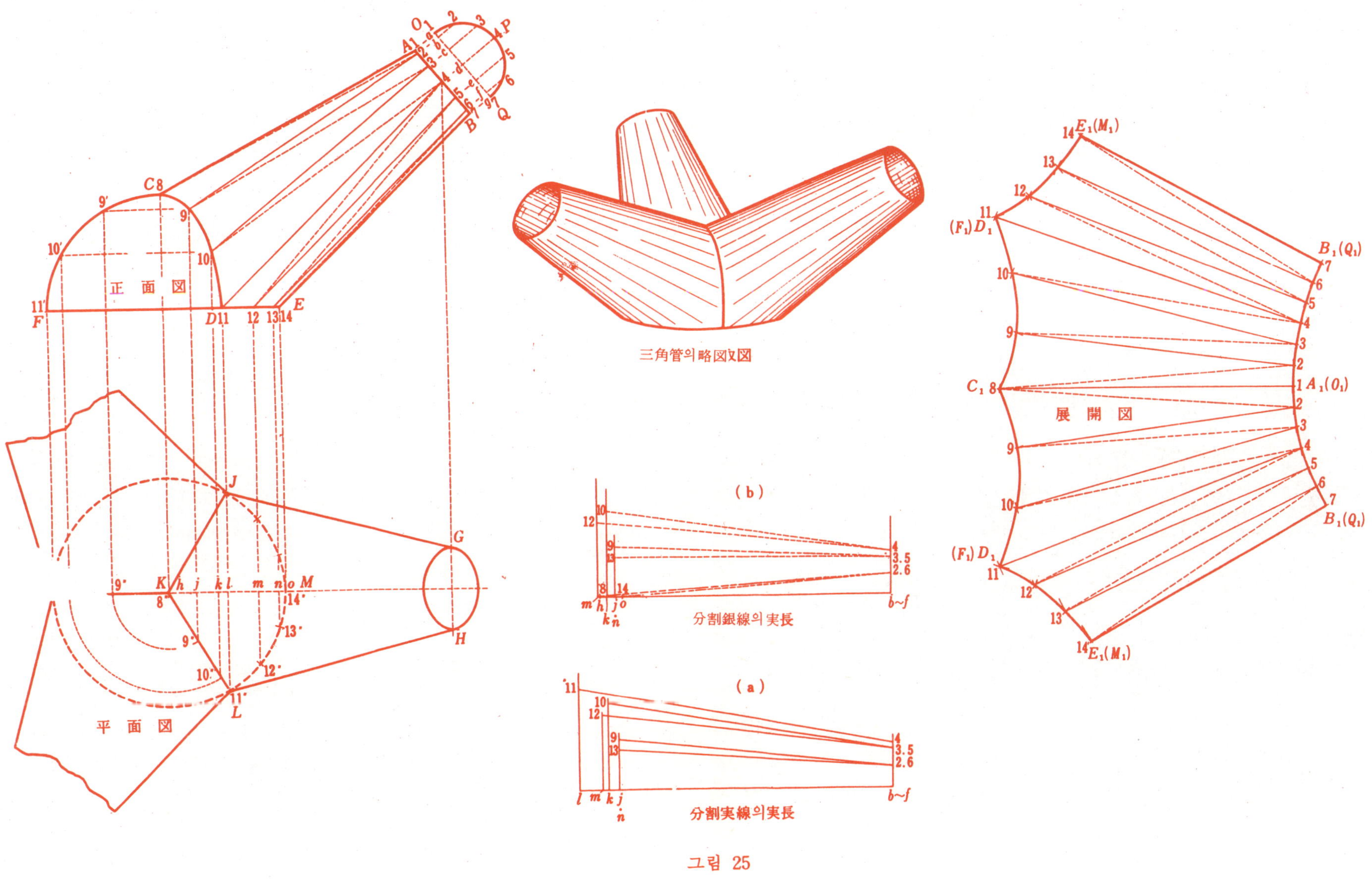

그림 25

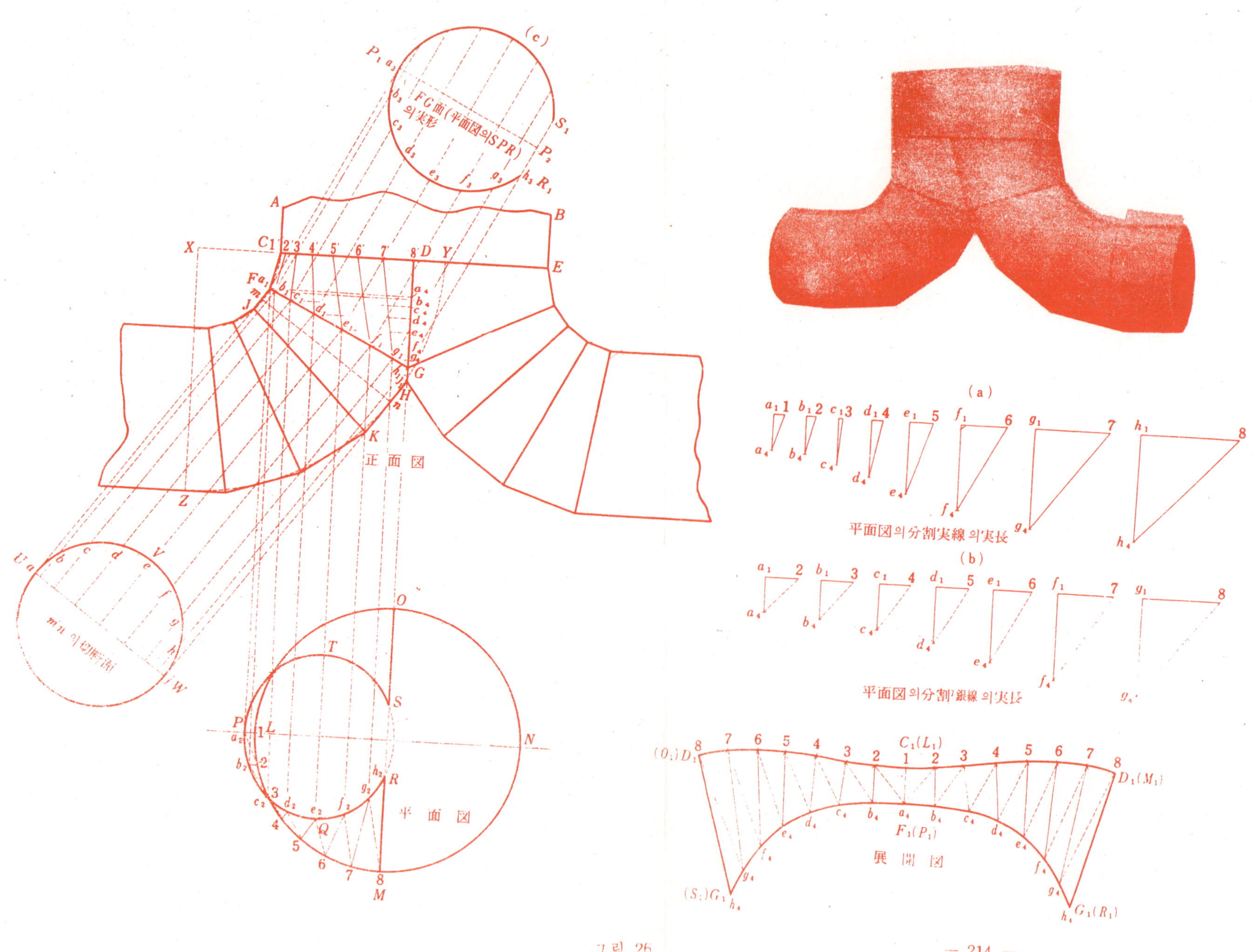
(c)
FG面(平面図의SPR) 의 實形
正面図
平面図
m n 의 切斷面
平面図의 分割實線 의 實長
(a)
平面図의 分割銀線 의 實長
(b)
展 開 図

26. 응용형체, 닥트의 연결부

그림26은 사진으로 표시하는 것과 같이 굵은 원통에서 가는 원통이 2 각으로 갈라지는연결부의 전개이며 정면도의 ACEB는 굵은원통 FGHKJ는 가는 원통(GH로 잘라냄) 또 CDGF는 연결부의 반쪽이며 그 CDGF는 사원뿔의 곡면으로 생각되는 형체이다.

평면도의 LMNO는 굵은 원통의 굵기이며 연결부윗면의 실형이다. 또 정면도 아래쪽의 UVW는 가는 원통의 굵기이며 원통을 mn으로 절단한 실형이다. 또한 정면도의 XYZ로 표시하는 점선의 4분원은 가는 원통이 만곡하는 정도를 표시한다.

전개에 앞서 가는 원통의 FG면. 즉 연결부 아랫면(그 투영은 평면도의 STPQR)의 실형을 구하지 않으면 안된다. 이것을 구하려면 그림(c)에 표시하는 것과 같이 P_1P_2의 길이를 FG에 같도록 하고 이것과 직각의 평행점선 길이를 평면도의 안쪽둘레SPR내의 각 평행점선 길이에 같도록 정하고 a_3 · $b_3 \cdots h_3$의 각점을 차례로 곡선으로 연결한 도형$S_1P_1R_1$은 연결부아랫면 FG의실형이다.

그러므로 그림(a)는 평면도의 분할실선의 실장이고 직각3 각형의 높이a_1a_4· $b_1b_4 \cdots h_1h_4$ 를 정면도의 Da_4 · $Db_4 \cdots Dh_1$에 같도록 하고 또 밑변a_1 1 · b_1 2 $\cdots h_1$ 8을 평면도의 a_21 · b_2 2 $\cdots h_2$ 8에 같도록 하면 사변은 분할실선의 실장이된다. 또 그림(b)도 이와같이 하여 **구한** 평면도의 분할점선의 실장 이다.

전개는 전개도의 3 변형$G_1D_1g_4$ (h_4 8 g_4)는 평면도의 분할3 변형 RMg_2 (h_2 8 g_2)의 실형이며 그 실선D_1G_1=그림(a)의 8h4. 점선D_1g_4=그림(b)의 8 g_4, 둘레의 곡선$G_1 \sim g_4$=그림(c)의 $h_3 \sim g_3$ 또 인접한 3 변형D_1g_4 7 의 실선g_4 7 =그림 (a)의 g_4 7 둘레의 곡선$D_1 \sim 7$ =평면도 바깥둘레의 8 ~ 7 이다.

27. 응용형체, 벤틸레이터

그림1-27의 형체는 수개의 부분으로 되는 벤틸레이터이며 측면도의 V는
원통이지만 기타의 部分은 연차로 넓어져 1의 타원이 되는 머리잘린 원뿔이
다. 그림(i)은 각접합면의 실형(둘레)을 표시하고 또 그림(ii)는 I의 NO면
의 실형($\frac{1}{2}$) 및 둘레의 각 분할점에서 LM(정면도의 ABCD면)까지의 수직거
리1′6·2′c…7′h를 표시한다.

본그림에서는 각 부분중 외측에 있는 I만의 전개를 표시하기로 한다. 그
래서 정면도에서 표시하는 것과 같이 I의 곡면을 3변형으로 분할하고 3변
형의 실형을 그리기 위해 그 분할선의 실장을 구한다. 구하는 법은 그림(a)
의 직각3각형kbm 및 kbn의 밑변 6 m과 bn에는 정면도의 실선으로 표시하
는 분할선1−1″·2−2″…7−7″를 옮겨또 높이 kb에는 그림(ii)의 1′b·2′
c…7′h를 옮겨서 1′와 1,2′와 2…7′와 7을 연결하면 이것들의 사변은
정면도의 분할실선의 실장이된다. 또 그림(b)도 위와같이 하여 구한 정면도
의 분할점선의 실장이다.

전개도는 위의 각분할선의 실장과 둘레의 실장에 의해 그린다. 그래서 전
개도 중앙의 3변형 $A_1E_2 2$ (1−1″−2)는 정면도의 3변형 $AE_1 2$의 실형
이며 그 실선A_1E_2(1−1″)=그림(a)의 1′−1, 점선 $E_2 2$=그림(b)의 1′–
2 바깥둘레선A_1∼2=정면도의 A∼2, 또 다음의 3변형 $E_2 2−2″$의 실선
2−2″=그림(a)의 2′−2, 안쪽둘레곡선E_2∼2″=그림(ii)의 E∼2′ 이렇게
하여 정면도의 각 분할3변형실형을 차례로 연결하면 $C_1A_1C_1G_2E_2G_2$로 표
시하는 I의전개도가 된다.

〈부기〉　① 본그림 측면도의 호선 LNP와 MOQ는 작도하기 전에 적의이 정한다.

　　　　② (i)의 윤곽 ABCD·EFGH등의 형상은 측면도와 대조하여 차례로 원형T
UVW가 되도록 그린다.

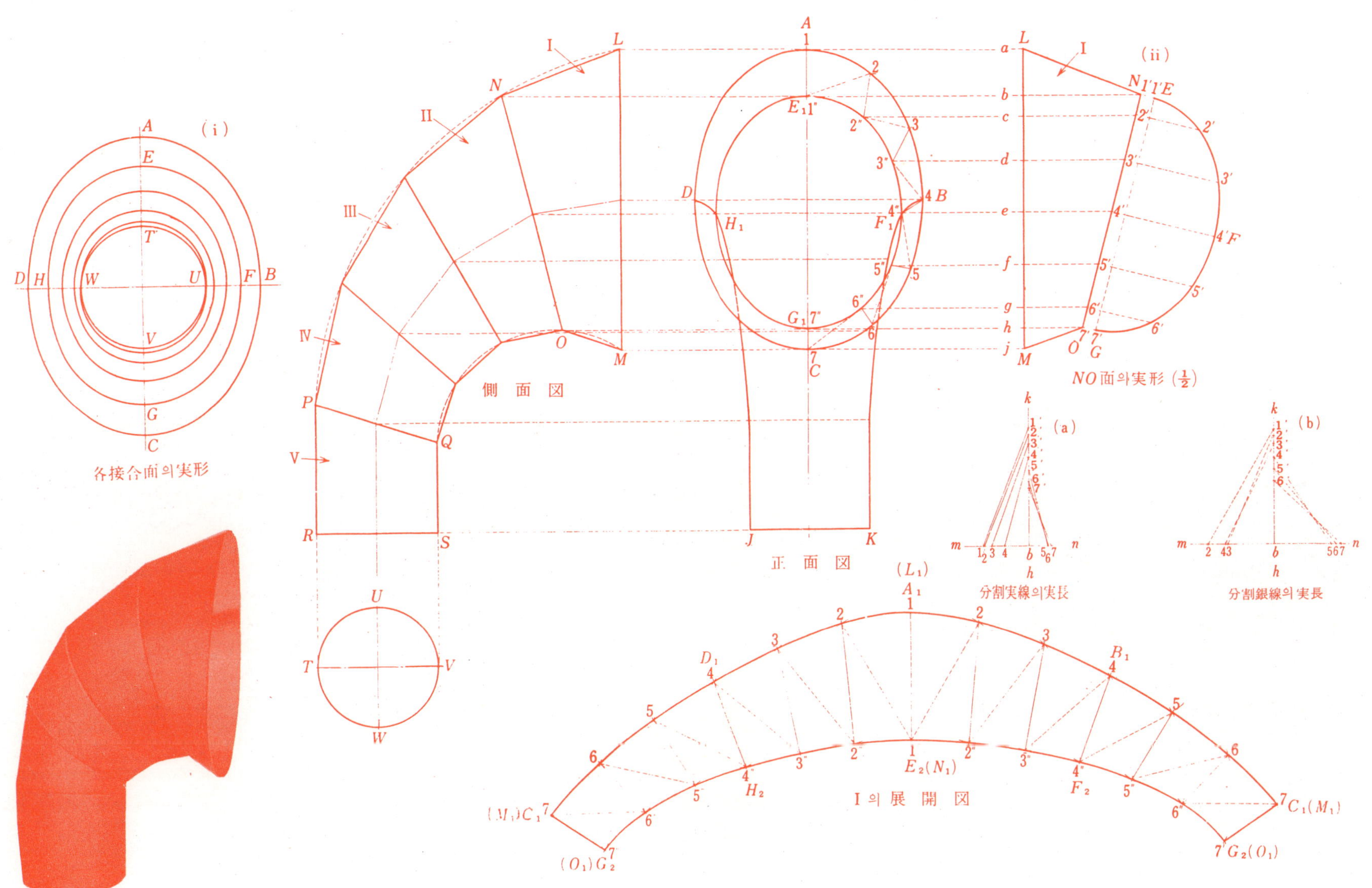

그림 27

NO = QP
Na = aO
Qb = bP
正面図
MmM_2面의実形
EeE_2面의実形
正面図内側의平面
(中心線E~J~M)의
実形(1/2)
M_1M=Na=aO
正面図外側 平面(中心線E_2~J_2~M_2)
의実形(1/2)   M_3M_3=bP=bQ
正面図의e~j~m線으로절
단한面의横幅実長(1/2)
m_3m=MmM_2面実形의cd
略圖
II의展開図
II의分割実線의実長
II의分割破線의実長
VI의分割実線과 分割銀線의実長
k_1L_2는(k)図의銀線k_1L_2 同長
k_3L_3는k_1L_2의実長
VI의展開図
FfF_2面의実形(1/2)
EeE_2面의実形(1/2)
GgG_2面의実形(1/2)
FfF_2面의実形(1/2)
HhH_2面의実形(1/2)
JjJ_2面의実形(1/2)
LlL_2面의実形(1/2)
KkK_2面의実形(1/2)

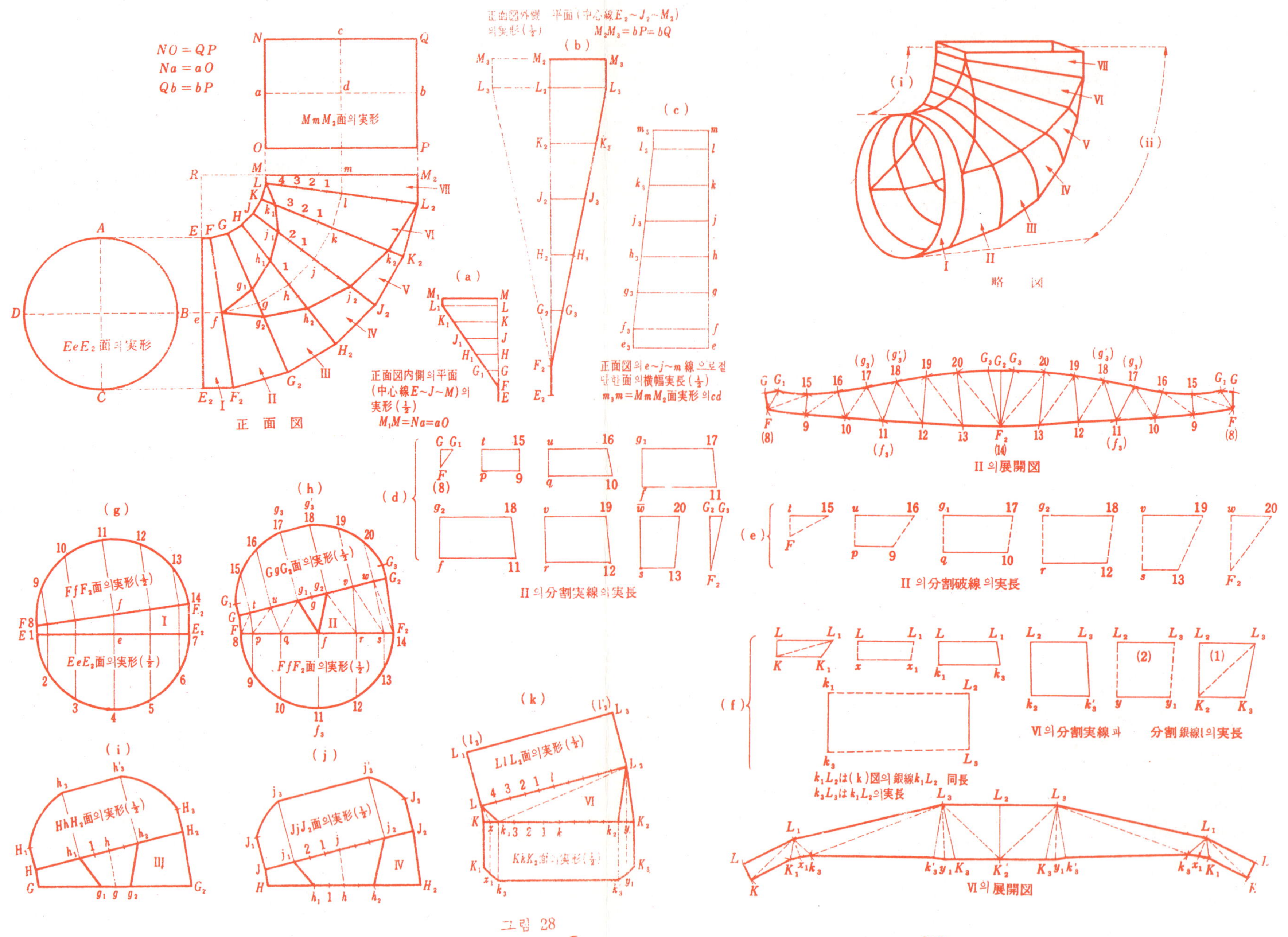

그림 28

28. 응용형체, 닥트의 엘보우

그림1-28은 겨냥도에 표시하는 것과 같이 원통에서 4 각통으로 변형하는 엘보우이며 7 개의 통이 연결하고 있고 I과 Ⅶ은 제외한 각통은 모두 네개의 평면과 네개의 곡면으로 되어 있다. 그림의 전개는 7 통중 Ⅱ와 Ⅵ을 표시하는 것이다.

전개에 앞서 1∼Ⅶ 각통의 평면과 곡면의 실형을 구한다. 그래서 그림(a)와 그림(b) 겨냥도의 (i)·(ii)로 표시하는 내측과 외측의 평면실형(½)이며 그림(a)의 E−J−M＝정면도의 안쪽둘레 E∼J∼M이고 이것과 직각의 횡선 MM₁·LL₁＝정면도 Ⅶ의 MmM₂ 면실형의 aN, 그리고 M₁·L₁·F·M을·연결하는 도형은 겨냥도내측면 (i)의 실형(½)이다. 또 그림(b)의 E₂−J₂−M₂＝정면도 바깥둘레 E₂∼J₂∼M₂ 이것과 직각의 횡선 M₂M̃₃·L₂L₃ ＝Ⅶ의 MmM₂면실형의 bQ 그리고 M₃·L₃·F₂·M₂를 연결하는 도형은 엘보우 외측평면즉 겨냥도의 (ii)의 실형(½)이다. 그림(c)는 엘보우 양측면간의 폭(간격)을 표시하고 e-i-m＝정면도의 중심원호 e-j-m 이것과 직각의 횡선 mm₃·LL₃＝그림(b)의 M₂M₃·L₂L₃ 또 아래쪽의 ff₃ee₃＝정면도의 I 의 ABCD면의 반지름 그리고 m₃·l₃·f₃·e₃·e·m를 연결하는 각 4 변형의 횡폭 l₃l·k₃k는 정면도Ⅵ의 윗면과 아랫면(V의 상단면)의 횡폭(½), 또 j₃j는 V의 아랫면(Ⅳ의상단면)의 횡폭(½)이다. 다음에 그림(g)는 I 통의 양단면실형이며 E_eE₂면은 반원 또 EfF₂면의 둘레FF₂를 긴지름·11−f를 짧은지름으로하는 타원호이다. (h)·(i)·(j)·(k)의 각 도형은 Ⅱ·Ⅲ·Ⅳ·Ⅵ 각통단면의실형이며 각 둘레의 호선은 I 의 FfF₂ 면의 타원호와 같은 형이다. 다음에 그림(d)는 그림(Ⅱ)＝그림(h)의 분할실선의 실장을표시하고 각도형의 수선GF·tp…g₁f·g₂f…G₂F₂는 각각 그림(Ⅱ)의 분할실선GF·tp…g₁ f·g₂f…G₂F₂와같은길이이고상부수평선GG₁·t15…g₁17…_w20 및 하부수평선 p 9·f11…S13은 그림(h)의GgG₂면과 FfF₂면의평행수선GG₁·t15…g₁17…w20 및 p 9 …f11…S13과 같은 길이 그리고 상하수평선의 양면을 연결하는 각도형의 사선 G₁F·15−19…17−11…20−13은 그림(Ⅱ)의 분할실선의 실장이다. 그림(e)는 그림(Ⅱ)의 분할점선의 실장을 표시하며 각도형의 수선은 그림(Ⅱ)의 분할점선과 같은 길이이고 상부 및 하부 수평선은 그림(h)의 GgG₂면과 FfF₂면의 평행수선과 같은 길이 그리고 상하수평선의 양면을 연결하는 사변은 그림(Ⅱ)의 분할점선의 실장이다.

Ⅱ의 전개도는 그림(Ⅱ)의 각분할 3 변형의 실형을 차례로 연결하여 그린다. 그래서 〈전개도〉 중앙의 3 변형 G₃F₂20·20F₂13은각각그림(Ⅱ)의 분할 3 변형 G₂F₂w·wF₂s의 실형이며 〈중앙의 직각3 각형 G₂F₂G₃＝그림(d)의 G₂F₂G₃〉 또 타의 각 3 변형의 실선과 점선은 그림(d)와 그림(e)의 사변과 같은 길이 그리고 상부의 호와 직선으로 연결한 G∼G₂∼G는 그림(h) GgG₂면 둘레G∼g₃∼G₂와 같은 실이니 하부곡선 F∼F₂∼F는 그림(h)FfF₂면의 둘레 F∼f₃∼F₂와 같은 길이이다.

(3 변형의 그리는 법은 그림24참조)

Ⅵ의 전개도 Ⅱ와 같은 방법으로 구한다. 그림(f)의 각 사변은(그림Ⅵ＝그림K)의 분할선의실장으로 표시하고 이들의 실장과 그림(K)Lℓ₁L₂면 및 K_kK₂면 둘레의 길이로 분할의 실형을 알고 각 분할실형을 차례로 연결한다. 즉 〈Ⅵ의 전개도〉 중앙의 선L₂K₂면 경계로하는 4 변형 L₂K₂K₃L₃는 그림(f)의 (I)로 표시하는 L₂K₂K₂L₃와 동형이고 인접 3 변형 L₃K₃y₁ 은 (Ⅵ)의 분할형 L₂K₂y의 실형이며 그점선 L₃Y₁은 그림(f)의(2)로 표시하는 L₂yy₁L₃ 사변L₃y₁와 같은 길이 또 곡선K₃∼y₁은 그림(k)의 K_kK₂면둘레의 K₃∼y₁과 같은 길이이다.

29. 응용형체, 나선판 Ⅰ

그림29는 원통에 감기는 나선판의 전개이며 나선판은 원통에 대해서 직각으로 감아있고 그 판폭은 평면도에서 알 수 있도록 전장 같은 치수이다.

전개에 앞서 평면도의 바깥둘레를 같은수로 분해하고 다시 정면도에서도 1선회간격(1피치)을 평면도와 같은수로 안쪽둘레분할한다(본그림에서는12등분). 다음에 평면도에 표시한 것과 같이 나선판면을 3변형으로 분할하고 각 분할형의 분할선실장을 구한다. 그리고 그림(a)의 사변 1′a는 평면도의 분할점선Ba(Ba=Cb=Dc)의 실장을 표시하고 그림의 직각3각형밑변 Ba는 평면도의 Ba와 같은 길이이며 수선1′B(1′−2′)는 정면도의 1′−2′(1피치의½₂)와 같은 길이이다. 다음에 그림(b)의 사변 1′A는 평면도 바깥둘레의 분할 A∼B(A∼B=B∼C=C∼D)의 실장을 표시하고 그림의 직각3각형밑변 BA는 바깥둘레분할 B∼A와 같은 길이 수선1′B(1′−2′)는 정면도의 1′−2′(½₂피치)와 같은 길이이다. 그림(c)의 사변 1′a는평면도 안쪽둘레의 분할선a∼b(a∼b=b∼c=c∼d)의 실장을 표시하고 그림의 직각3각형밑변ba는 안쪽둘레분할선a∼b와 같은 길이 수선1′∼2′는 정면도 의 1′∼2′와 같은 길이이다. 또한 평면도의 분할실선 Aa(Aa=Bb=Cc)는 실장으로 나타나 있으므로 그림(a)와 같은 식으로 구 할 필요는 없다.

전개도는 위의 각 분할선의 실장에 의해 평면도의 분할3변형실형을 연결하여 그린다. 그래서 〈전개도〉의 3변형 A₁a₁B₁은 평면도의 분할3변형AaB의 실형이며 A₁a₁을 평면도의 Aa와 같은 길이로 하고 a₁점에서 그림(a)의 1′a를 반지름으로 하여 짧은 호를 그리고 다음에 A₁점에서 그림(b)의 1′A를 반지름으로 하여 단호를 그려 양호의 교점 B₁과 a₁을 직선(파선)으로 또 B₁과 A₁을 곡선으로 연결한다. 다음에 B₁점에서 평면도의 Bb를 반경으로 하여 호를 그리고 또 a₁점에서 (c)도의 1′a를 반경으로 하여 호를 그려 양호의 교점 b₁과 B₁을 직선(실선)으로 또 a₁과 b₁을 곡선으로 연결한다. 이렇게 분할실형을 인접한 도형 A₁∼G₁∼N₁(A₁)은 나선판 1선회의 전개도이다. 이 전개도형은 동심의 원형이 된다.

〈부기〉 1. 본항의 전개도는 주의깊게 정확하게 그리지 않으면 작도상의 오차가 생겨서 원형이 안되며 A₁a₁과 N₁n₁이 일치하지 않고 서로 엇갈리게 된다.

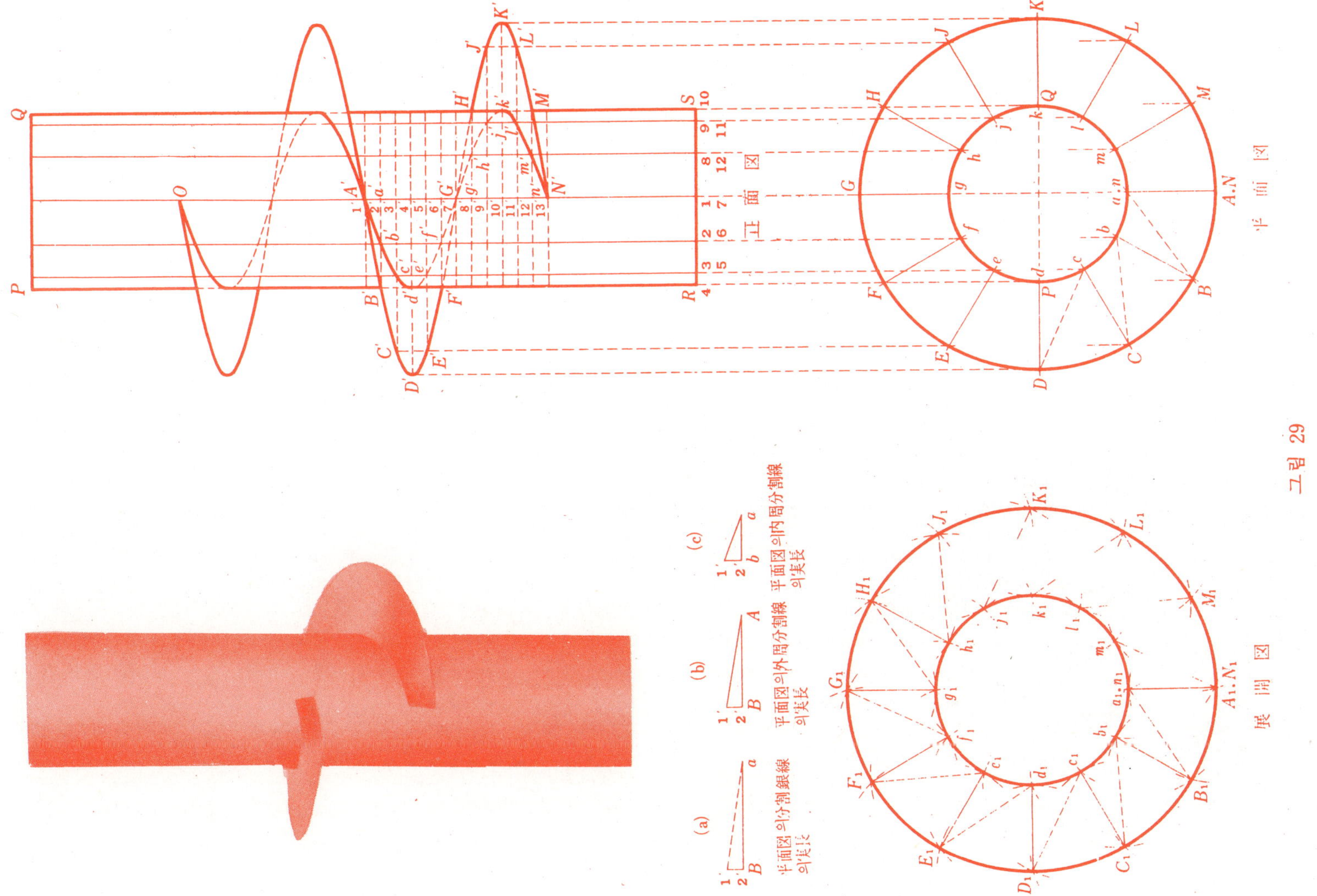
正 面 圖
平 面 圖
展 開 圖
그림 29
平面圖 의外周分割線 의實長
平面圖 의內周分割線 의實長
平面圖 의分割線 의實長
(a)
(b)
(c)

(b)
平面図의螺旋板外周
分割線의実長
1°−A＝平面図 A〜B의実長
(a)
平面図의螺旋板分割
線의実長
1°…A＝平面図 A…b의実長
(c)
平面図의螺旋板内周
分割線의実長
1°−a＝平面図 a〜b의実長
正面図
平面図
展開図
略図

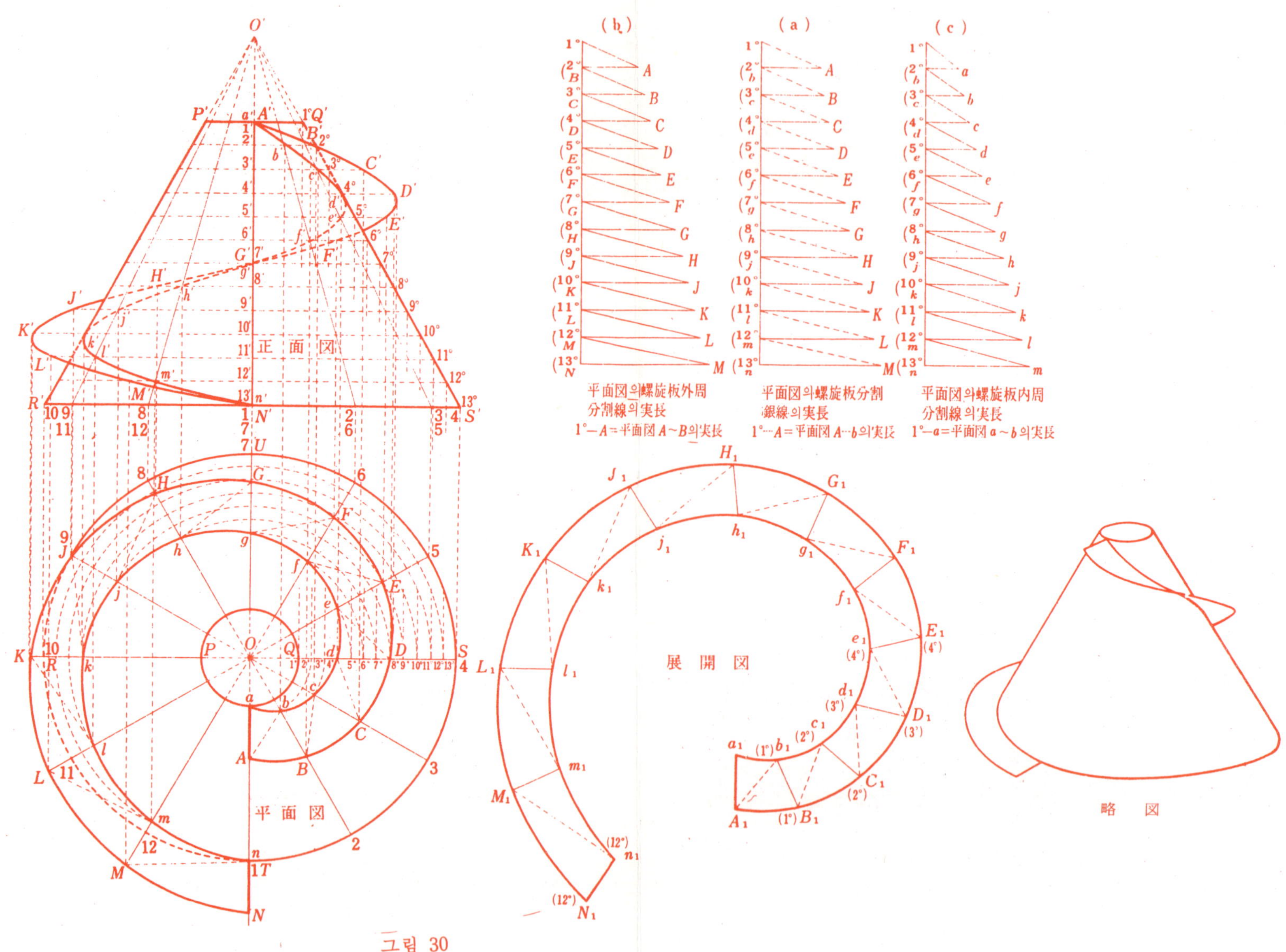

그림 30

30. 응용형체 나선판 II

그림 30은 머리짤린 뿔 P′Q′S′R′에 감기는 나선판의 전개이며 나선 판은 원뿔의 축에 대해서 직각으로 감기어 있고 그 판폭은 어느 부분도 같다.

1. 나선판양투영을 구하는 법　평면도의 원뿔밑면 TSUR을 꼭지점(중심) O에서 01·02·03…012와 같이 등분한다. 이것들의 분할선은 정면도의 0′1·0′2·0′3…0′12 이다. 다음에 정면도의 나선판의 1선회(1 피치＝정면도의 A′N′)를 전기 분할선과 같은 수로 등분하고 분할점 1′·2′·3′·4′…13′를 통하는 수평점선과 모선 Q′S′와의 교점을 1°·2°·3°·4°…13°로 하여 교점에서 평면도의 OS에 수선을 그어서 얻은 교점을 1°·2°·3°·4°…13°로 한다. 다음에 평면도의 이것들 교점과 O까지의 길이를 반지름으로 하여 O에서 중심이 같은 호를 그려 호와 불할선과의 점들 a·b·c·d…g…k…n 및 A·B·C·D…G…K…N을 얻어 순서대로 곡선으로 연결한 나선의 도형은 나선판의 평면도이다. 다음에 상기의 점들 a·b·c…n 및 A·B·C…N에서 정면도에 수선을 그어 수평점선과의 교점 a′·b′·c′·d′…g′…k′…n′ 및 A′·B′·C′·D′…G′…K′…N′(n′)를 각각 곡선으로 연결한 도형은 나선판의 정면도이다(나선판의 폭 d′D′＝K′k′는 실장).

2. 전개에 앞서 평면도에 표시하는 것과 같이 나선판면을 3변형으로 분할하여 각 분할형의 분할선실장을 구한다. 즉 그림(a)는 3변형의 분할점선의 실장을 표시하고 도의종선 1° n 및 그 각분할 1°−2°(1°−b)·2°−3°(bc)…12°−13°(mm)는 각각 정면도의 모선 Q′S′ 및 그 각 분할1°−2°·2°−3°…12°−13°와 같은길이이고 또 횡선bA·cB…nM은 평면도의 분할점선 Ab·Bc…Mn와 같은 길이 그리고 사선 1°A·bB…mM은 각 분할점선의 실장이다. 그림(b)는 평면도의 나선판바깥둘레 분할선의 실장을 표시하고 그림의 종선 1°N 및 그 각 분할선은 정면도의 모선 Q′S′ 및 그 각 분할선과 같은 길이 또 횡선 BA·CB…NM은 평면도의 라선판 바깥지름의 분할 A～B·B～C…M～N과 같은 길이 그리고 사선 1°A·BB·CC…MM은 바깥지름 각 분할선의 실장이다.

그림(c)는 평면도의 나선판 안둘레분할선의 실장을 표시하고 그림의 종선＝정면도모선 QS′각 횡선＝평면도안둘레의 각 분할선길이 그리고 각 사선은 안둘레분할선의 실장이다. 또 평면의 분할실선 aA·bB…nN은 모두 실장이다.

3. 전개도를 그리는 법　전개도의 3변형 $a_1A_1b_1$은 평면도의 분할3변형 aAb의 실형이며 그리는 방법은 a_1A_1을 평면도의 aA와 같은 길이로하고 A_1에서 그림(a)의 1°A를 반경으로 하는 호와 a_1에서 그림(c)의 1°a를 반경으로 하는 호와의 교점 b_1을 얻어 b_1과 A_1을 직선으로 또 b_1과 a_1을 곡선으로 연결한다. 다음의 3변형 $A_1b_1B_1$에 대해 b_1B_1＝평면도의 bB바깥지름의 $A_1～B_1$＝그림(b)의 1°A가 된다. 이하 같은 방법으로 하여 3변형의 실제모양을 순서대로 연결한 도형 $A_1～J_1～N_1～n_1～j_1～a_1$은 나선판 1선회의 전개도이다

31. 꼬인사각통

그림 31은 꼬인통의 전개이며 이 형체는 횡판 2 매와 후판·전판 각 1 매로 부터 되어 있고 이것은 꼬인아귀등의 기본형이다.

전개에 앞서 각 조각의 모서리(접선) 를 임의의 수로 분할한다. 그리고 정면도의 모서리 A~D를 1·2·3…6…11 또 B~C를 a·b·c…f…j로 분할한다. 〈25·24…20…16…12 및 w…v…s…o…k는 맞은 편의 횡판 II와 후판·전판과의 접합선(접선)의 분할〉

1. 횡판 I 의 전개   정면도하부의 수평점선 F_0-F를 오른쪽으로 연장하여 연장선 $1-D_1$ 위에 평면도의 모서리 U~S·T~S의 분할 1 (2)~3~4…7~8…10~11 및 a (b)~c~d…f~g…i~j를 순서대로 옮겨서 이것들의 분할점에 수선을 그어 수선에 대해 정면도의 모서리 A~D 및 B~C의 분할점 1·2·3…11, a·b·c…j에서 오른쪽에 수평으로 그은 도선과의 교점 $1'·2'·3'…11'$ 및 $a_1·b_1·c_1…j_1$을 얻어 교점을 순서대로 곡선으로 연결한다 ($1'-a_1·j_1-11'$는 직선).

2. 횡판 II 의 전개   이것은 I 과 같은 방법으로 구할 수 있으므로 설명을 생략하나 전개도아래쪽의 횡선 $24-F_1$ 상의 분할 25 (24)~23~22~21…13~12 및 w (v)~u~t~s…l~k는 평면도의 바깥모서리 P~R·Q~R사이의 분할과 같은 길이이다.

3. 전판의 전개   평면도하부의 S–R선을 오른쪽으로 연장하여 연장선 $a-R_1$ 상에 정면도의 모서리 B~C~E사이의 분할 a (w)~b (v)~c (u)…h (p)~i…m~k (l)을 순서대로 옮겨서 분할점에 수직을 그어 이것들의 수선에 대해 평면도의 모서리 T~S 및 Q~R의 분할점들 a…b…g…j 및 w…s…o…k에서 오른쪽에 수평으로 그은 도선과의 교점 $a_1·b_1·c_1…g_1…j_1$ 및 $w_1·v_1·u_1…o_1…k_1$을 얻어 교점을 순서대로 곡선으로 연결한다 ($w_1-a_1·j_1-k_1$은 직선).

4. 후판의 전개   이것은 전판의 전개와 같은 방법으로 구할 수 있으므로 설명을 생략하나 전개도하방의 전횡 $1-F_1$ 상의 분할 1~2~3 (25~24~23)…15~14~12는 평면도의 아랫쪽 U~S 및 P~R간의 분할과 같은 길이이다.

横板 I
後板
前板
横板 II 의 展開図
横板 II
横板 I 의 展開図
正面図
後板 의 展開図
横板 I
前板
平面図
横板 II
前板 의 展開図

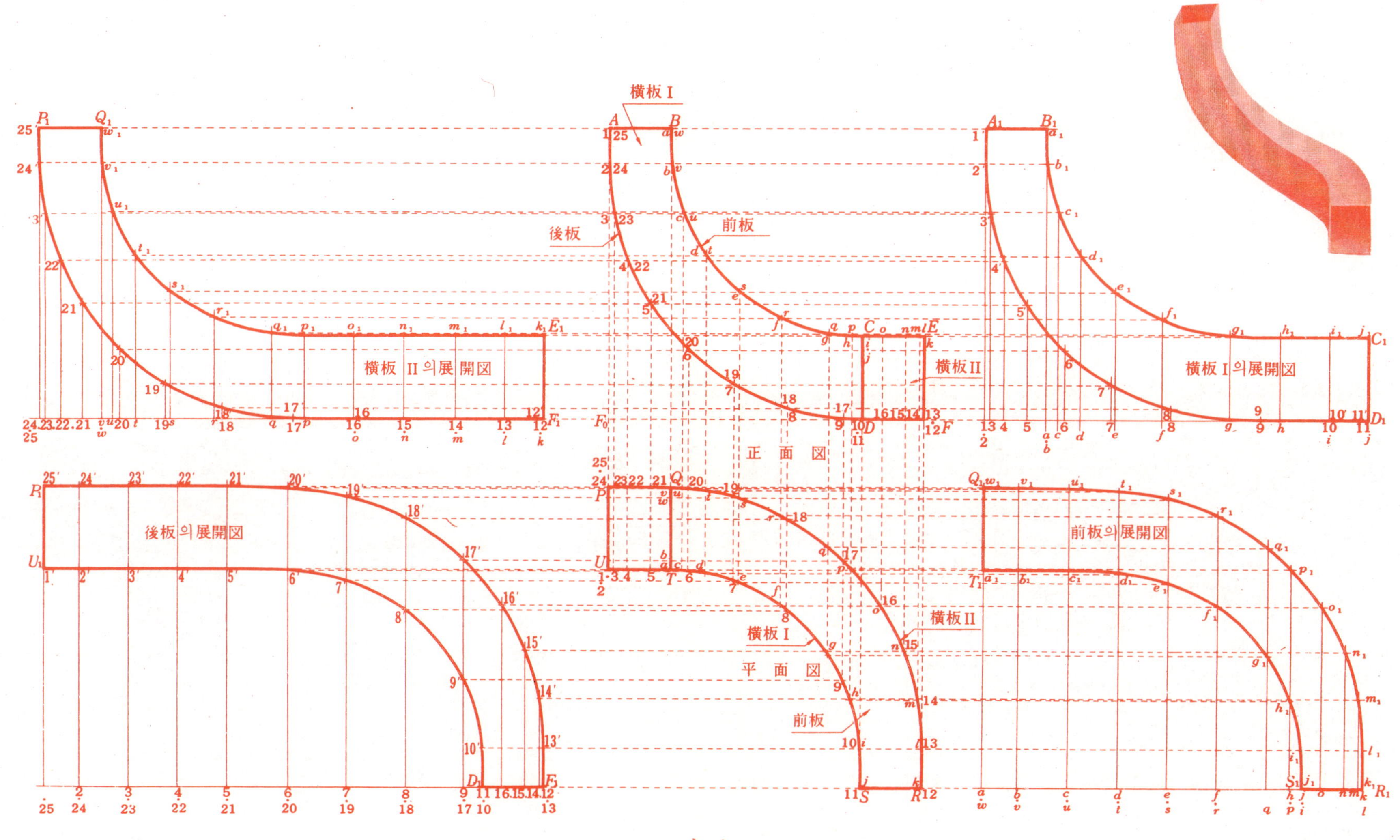

그림 31

平面図
正面図
裏板
横板
腹板
側面図(i)
(腹板正面図)
側面図(ii)
(裏板正面図)
横板의 展開図
参 考 図
(正面図)
略 図
裏板
腹板
横板
裏板의 展開図
腹板의 展開図

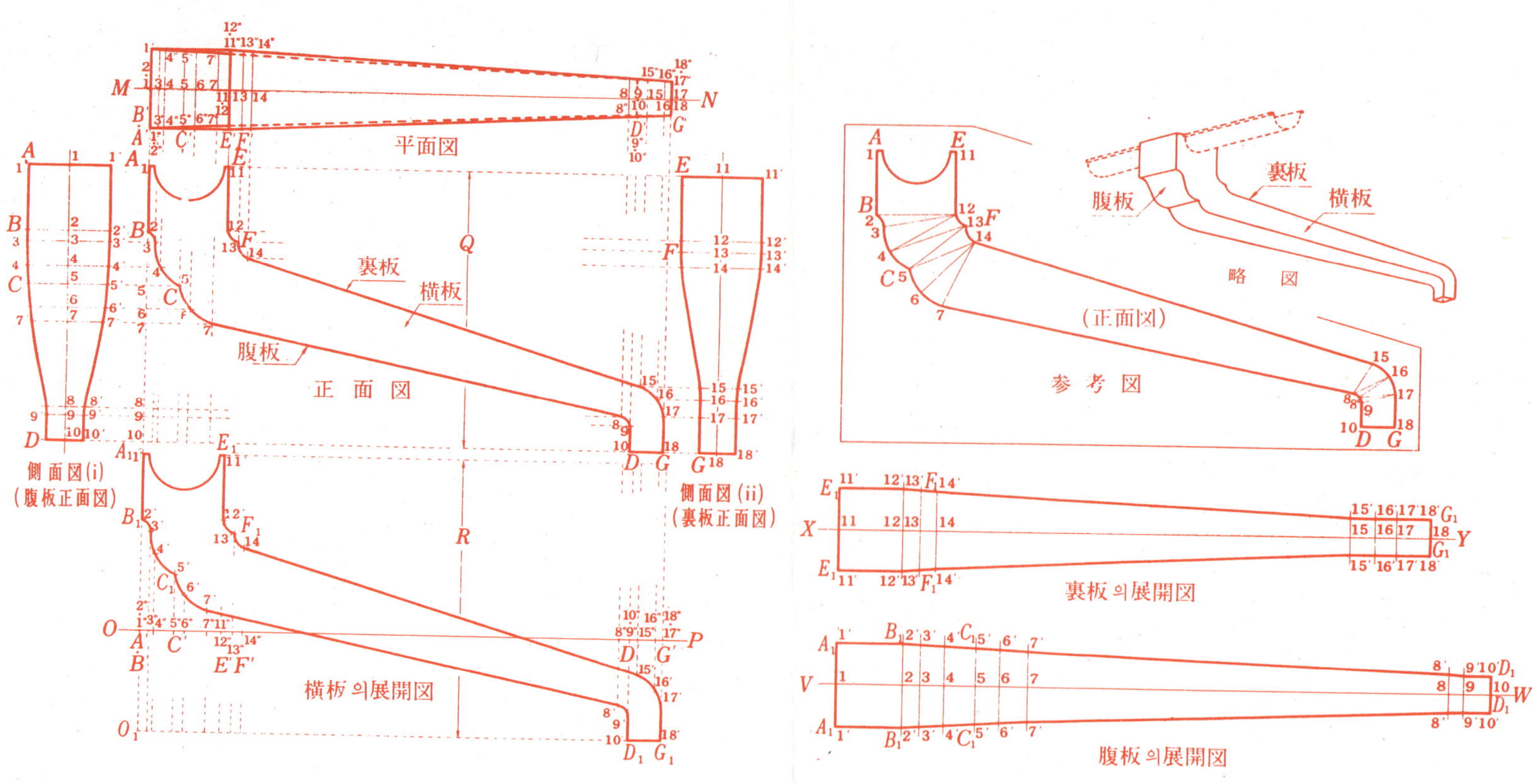

그림 32

32. 각   아   귀

그림 32의 각아귀는 전개에 앞 서 정면도의 모서리 A∼B∼C∼D를 1·2
·3…5…7·8…10 또는 E∼F∼G를 11·12·13…15…18과 같이 임의의 수로 분
할한다. 이 양 모서리는 횡판과 복판·이판과의 접합선(접선)인 동시에 복
판·이판의 중심선의 실장이다.

  1. 복판의 전개   이 전개는 상기와 같은 방법으로 구한다. 그래서 전
개도에 표시하는 중심선 VW상의 분할 1∼2·2∼3…9∼10은 정면도의 모서리
A∼B∼C∼D의 분할과 같은 길이이고 또 VW선과 직각의 평행선은 측면도
(i)의 횡폭 A1′·B2′… D10′와 같은 길이이다.   또한 전개도 둘레테두리
의 2′∼7′· 8′∼9′는 곡선이 된다.

  2. 이판의 전개   전개도의 중심선 XY상의 모든 분할은 정면도의 모서
리 E∼F∼G의 분할과 같은 길이이다. 중심선과 직각의 평행선은 측면도(ii)
의 각 횡폭과 같은 길이이다.

  3. 횡판의 전개   전개도의 높이 R은 정면도의 높이 Q와 같은 길이로
하고 중폭의 횡선 OP상에 평면도의 모서리 A′∼C′∼D′(접선)의 분할 1°
(2°)∼3°·3°∼4°…7°∼8°·8°∼10°(9°) 및 E′∼F′∼G′의 분할 11°(12°)∼13°
…16°∼18°(17°)를 옮겨 분할점을 통하여 OP선과 수직으로 평행점선을 긋는
다. 이 평행점선을 정면도 각부의 높이(양측면도의 중심선 각부의 높이)와
같은 길이로 한다. 즉 전개도의 1′·2′·3′…7′…9′에서 하부의 횡선 O₁D₁까지
의 각 높이는 측면도(1)의 중심선상의 1·2·3…7…9에서 D10′선까지의 높이
와 같은 길이이다. 이와 같이 11′·12′·13′…17′에서 O₁G₁선까지의 높이도 측
면도 (ii)에서 정한다. 이와 같이 하여 얻는 교점 1′·2′·3′…5′…8′…10′   및
11′·12′·13′…15′…18′를 순서로 연결하면 그림의 전개도가 된다.

  〈부기〉 1. 상기 횡판의 전개는 간편방법이나 판뜨기의 오차는 약간이므로 실제로는
지장이 없다. 전개의 일반적방법은 참고도에 표시하는 **삼각형법**에 의해 만곡부를 적의하
게 3변형으로 분할하고 분할선의 실제길이를 구해 3변형의 실형을 인접한다.

  2. 측면도(i)을 그리는 법   중심선의 높이 1-10＝정면도의 높이 Q 중심선상의 분할
점 1·2·3…10을 통하는 횡선의 폭 1′(A)-1′·4′-4′·9′-9′는 평면도의 중심선 MN와   직각
의 분할선 1°-1°·4°-4°·9°-9°와 같은 길이로 하고 각 횡선의 **양단**을 순서대로·연결한다
측면도(ii)의 그리는 법도 이와 같이 한다.

33. 평 차 양

그림33은 평차양이 나온 모퉁이와 들어간 모퉁이에서 결합하는 전개이며 이 차양은 겨냥도에서 표시하는 것과 같이 Ⅰ·Ⅱ·Ⅲ·Ⅳ의 4부분으로 되어 있고 (Ⅱ와Ⅳ는 정면도에 나타나 있지않음) Ⅰ과Ⅱ 및 Ⅲ과Ⅳ는 나온모퉁이의 접선이지만 Ⅱ와Ⅲ은 들어간 모퉁이의 접선이다. 이 차양의 절단면(조형) 실형은 4부분 모두 동형이며 정면도 우단의 조형C~F(1~14)가 이것이며, 이것은 처음부터 정해진 형상이고 조형인 동시에 Ⅳ의 측면도이다. 또한 각 차양의 절단면이 같으므로 평면도에서 알수있는거와 같이 각 접선의 연결한 각도가 모두x°와 같기 때문이다.

전개에 앞서 정면도의 조형B~E를 그린다. 이것은 우담의 조형C~F를1~ 2~3…7~8…13~14와 같이 임의로 분할하고 분할점에서 좌측에 AD 선 까지 수평으로 평행점선을 긋는 동시에 평면도의 접선NK에 수직으로 도선 을 그어 그교점에서 접선OJ·PH·QG까지 나타낸바와 같이 평행선(실선과 점선)을 긋는다. 다음에 접선OJ상의 교점에서 정면도에 수직으로 도선을.그 어서 C~F에서의 분할평행선과의 교점 1′·2′·3′…7′·8′…13′·14′를 얻어 교점을 연결하면 C~F와 같은 형의B~E가 된다. 이것은 조형인 동시 에 Ⅱ의측면도이다.

전개도를 그리는 법 정면도의 옆의 길이는 실제길이이므로 Ⅰ과Ⅲ의 전 개는 정면도에서도 구할 수 있다. 그래서Ⅲ의전개는 XY선을 정면도Ⅲ에 대 해서 수직으로 임의의 곳에 그어 선상에 조형C~F분할의 길이 1~2~3… 7~8…13~14를 옮겨 분할제점을 통해 XY와 직각으로 평행선을 긋는다. 이것들의 평행선과 조형C~F 및 B~E상의 제점에서 수직으로 그은 도선과 교차시켜 같은 숫자부호선의 제교점 1°·2°·3°…7°·8°…13°·14° 및 1″·2″·3″…7″·8″…13″·14″를 순차 로 연결하면 Ⅲ의 전개도형이 된 다. Ⅱ의전개도 Ⅲ과 같은 방법으로 구한다. 그래서 X_1Y_1선을 Ⅱ와 직각으로 임의의 장소에 그어 X_1Y_1선상의 조형B~E의 분할1′~2′… 3′…13′~14′ 를 옮겨서 이것들의 제점을.통하는 평행수선을 그어 평행선에 대해 평면도 의 접선 OJ·PH에서 수평으로 도선을 그어서 교차시켜 제교점1″·2″·3″ …14″ 및 1‴·2‴·3‴…14‴를 순서대로 연결한다. Ⅳ의 전개도 이와같이 하여 구한다

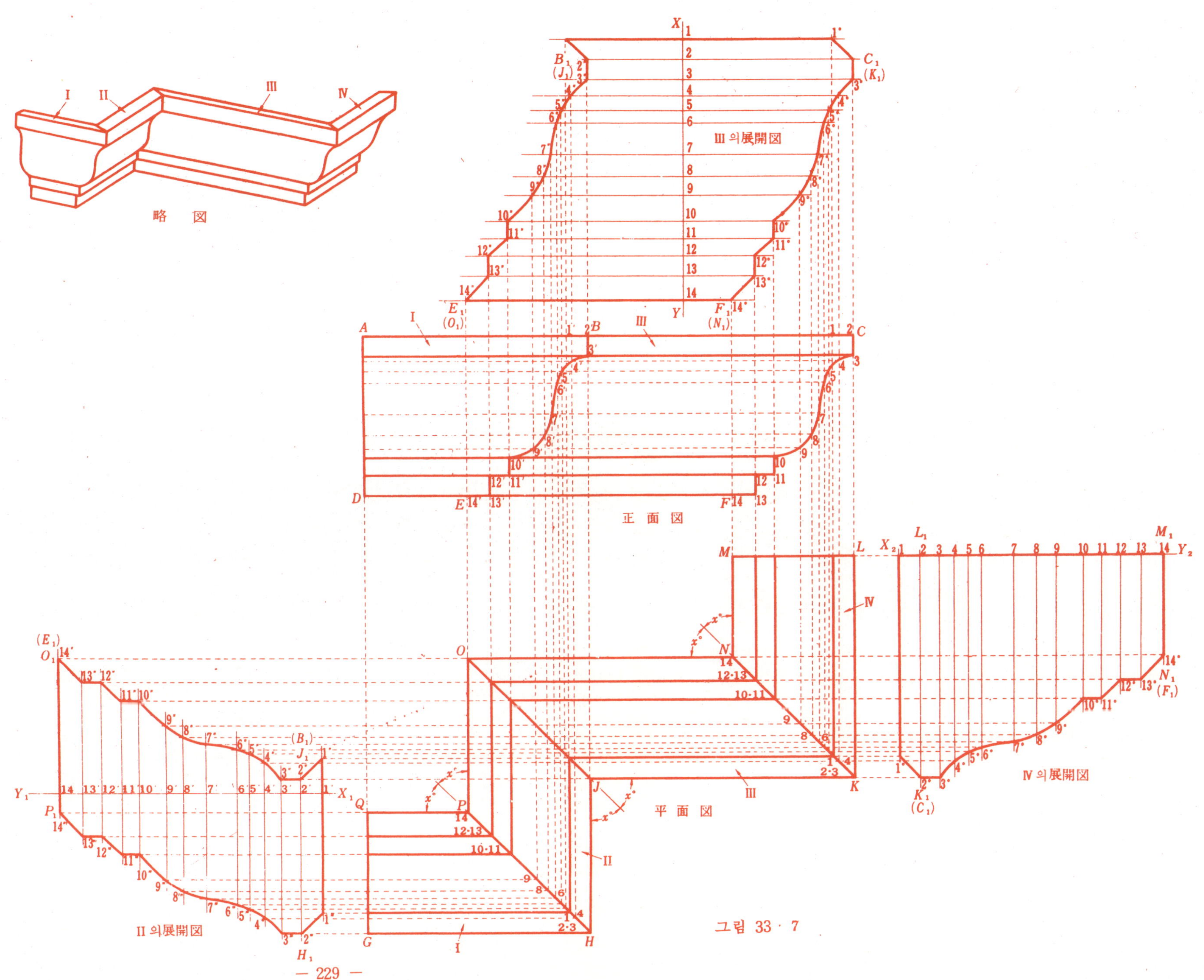

略　図
Ⅲ 의展開図
正　面　図
Ⅳ 의展開図
平　面　図
Ⅱ 의展開図
그림 33·7

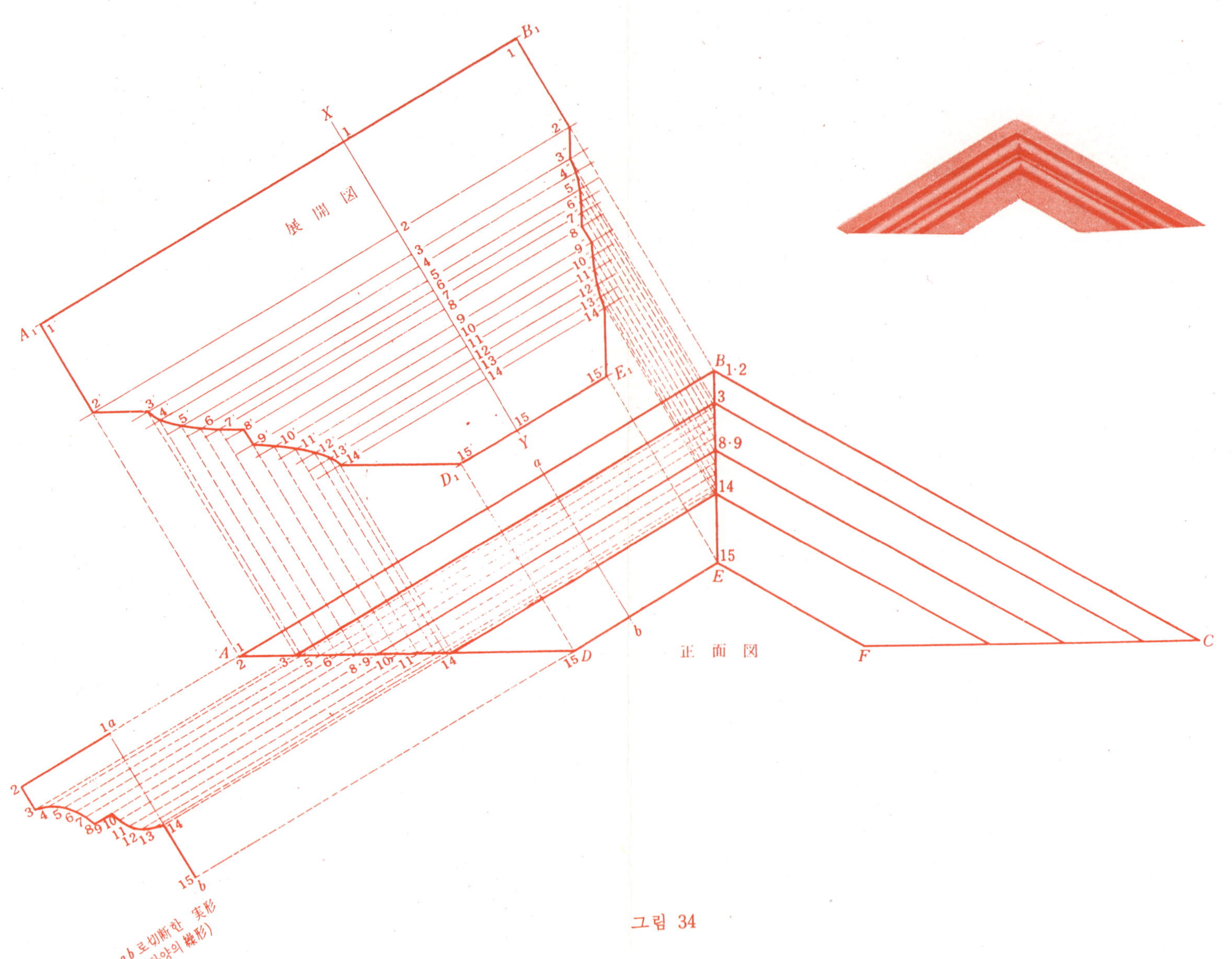

그림 34

34. 경 사 차 양

그림 34는 간단한 경사진차양의 전개이며 이차양은 정면도의 접선 BE 를
경계로하여 좌우 같은 형이므로 전개는 어느 쪽이나 한쪽만 구하면 된다. 이
겨냥도의 아랫쪽 AD와 FC는 수평이며 접선 BE는 아랫쪽에 대해서 수직이
다.

이 경사진차양의 조형은 정면도의 좌측에 표시하고 있으나 이것은 처음부
터 정해진 형상이며 정면도의 a-b(위테두리 AB와 직각)의 절단면이다.

이 과제의 평면도는 없으나 전개는 정면도에서 구할 수 있다. 그것은 정
면도의 옆길이 AB·DF 및 이것에 평행하는 모든선은 실제길이로 표시 하고
있기 때문이다.

전개도법은 전개에 앞서 조형 즉 절단면형을 1~2~3···7~8···14~15와 같
이 적의분할하고 분할점에서 정면도의 접선 BE까지 분할선을 그어(분할선
은 AB에 평행) 차양의 하단 AD상에 교점 1·2·3···6···15를 또 접선 BE상에
도 이와 같이 교점을 구하고 전개의 준비를 끝내며 다음에 정면도의 AB에
대해서 직각으로 XY선을 임의의 곳에 그어 선상에 조형의 분할길이 1~2~
3···7~8···14~15를 옮겨 분할점들을 통해서 XY와 직각으로 평행의 분할선
을 긋는다. 다음에 정면도의 AD 및 BE상의 제점에서 전기의 평행분할선에
대해 직각(XY와 평행)으로 도선을 그어서 교차시켜 같은 숫자부호의 도선
과 평행분할선과의 교점 1'·2'·3'···7'·8'···15' 및 1"·2"·3"···7"·8"···15"를 순
서로 연결한다. 이 도형 A₁D₁E₁B₁은 구하는 경사진 차양의 전개노이다.

〈**부기**〉 평차양(수평차양)에 대해서 경사가 있는 차양을 경사차양이라 한다.

35 경사차양과 평차양의 결합체 (1)

그림 35는 경사차양과 평차양이 수개소에서 결합하는 형체의 전개이며 이 형체는 Ⅰ·Ⅱ·Ⅲ·Ⅳ·Ⅴ·Ⅵ의 6부분으로 되어 있고 (Ⅰ과 Ⅵ은 정면도에 나타나 있지 않음) 경사차양의 접선 CH (평면도의 UO)를 경계로 하여 좌우같은 형이다. 그리고 정면도의 접선 CH·BG·DJ 및 평면도의 접선 SM·WQ의 연결각도는 각각 $x°·y°·z°$이며, 접선의 양측각도는 각각 같으므로 각 차양의 조형은 모두 같은 형상이며 정면도양단의 A~F(1~7~12)＝E~K가 이것이다. 이 조형은 처음부터 정해져 있는 형상이며 차양의 절단면실형인 동시에 평차양 Ⅰ과 Ⅵ의 측면도이다.

본 과제는 경사차양과 평차양의 Ⅲ과 Ⅱ 및 Ⅳ와 Ⅴ의 접선의 전개가 주안이지만 이것들의 형체도 상기와 같이 접선의 연결각도가 같으므로 조형도 동형이 되어 전개는 간단히 구할 수 있다. 단 경사차양 Ⅲ과 Ⅳ는 평면도에서는 구할 수가 없다. 이것은 평면도의 옆길이는 실제길이가 아니기 때문이다.

전개도의 그리는 법 전개에 앞서 조형 A~F를 1~2~3…7~8…11~12와 같이 임의로 분할하고 분할점들에서 정면도의 각 차양에 평행분할선을 그어서 접선 BG·CH·DJ 및 조형 E~K상에 교점을 구하는 동시 조형 A~F에서 평면도의 접선 SM까지 수직으로 도선 (분할선)을 그어 다음에 SM상의 교점에서 순서로 각 차양에 평행분할선을 그어서각접선에 교점을 구한다.

다음에 전개로 옮기나 평차양 Ⅰ과 Ⅳ·Ⅱ와 Ⅴ 경사차양 Ⅲ과 Ⅵ는 각각 같은 형이므로 전개는 그중 하나를 구하면 된다. 그래서 Ⅳ의 전개는 그림과 같이 정면도의 경사초양 Ⅳ와 직각으로 X_2Y_2선을 임의의 곳에 그어 선상에 조형 A~F의 분할길이 1~2~3…7~8…11~12를 옮겨 이것들의 분할점을 통해서 X_2Y_2선과 직각으로 평행분할선을 긋는다. 다음에 정면도의 접선 CH와 DJ상의 제교점에서 상기의 평행분할선에 직각(X_2Y_2선과 평행)으로 도선을 그어 같은 숫자부호의 도선과 평행분할선과의 교점 $1''·2''·3''…7''·8''…11''·12''$ 및 $1'''·2'''·3'''…7'''·8'''…11'''·12'''$를 순서로 연결하면 겨냥도의 전개도형이 된다.

또 평차양 Ⅰ·Ⅱ의 전개는 그림 34의 Ⅳ와 Ⅲ하고 같으므로 설명을 생략하나 전개도의 XY선·X_1Y_1선의 분할길이도 조형A~F의 분할과 같은길이이다.

　〈부기〉 평면도의 접선 V~p~P의 그리는 방법은 정면도의 접선 DJ상의 모든교점에서 수직으로 도선을 그어 평면도의 평행제선과 교차시켜 같은 숫자부호의 교점을 순서대로 연결한다.

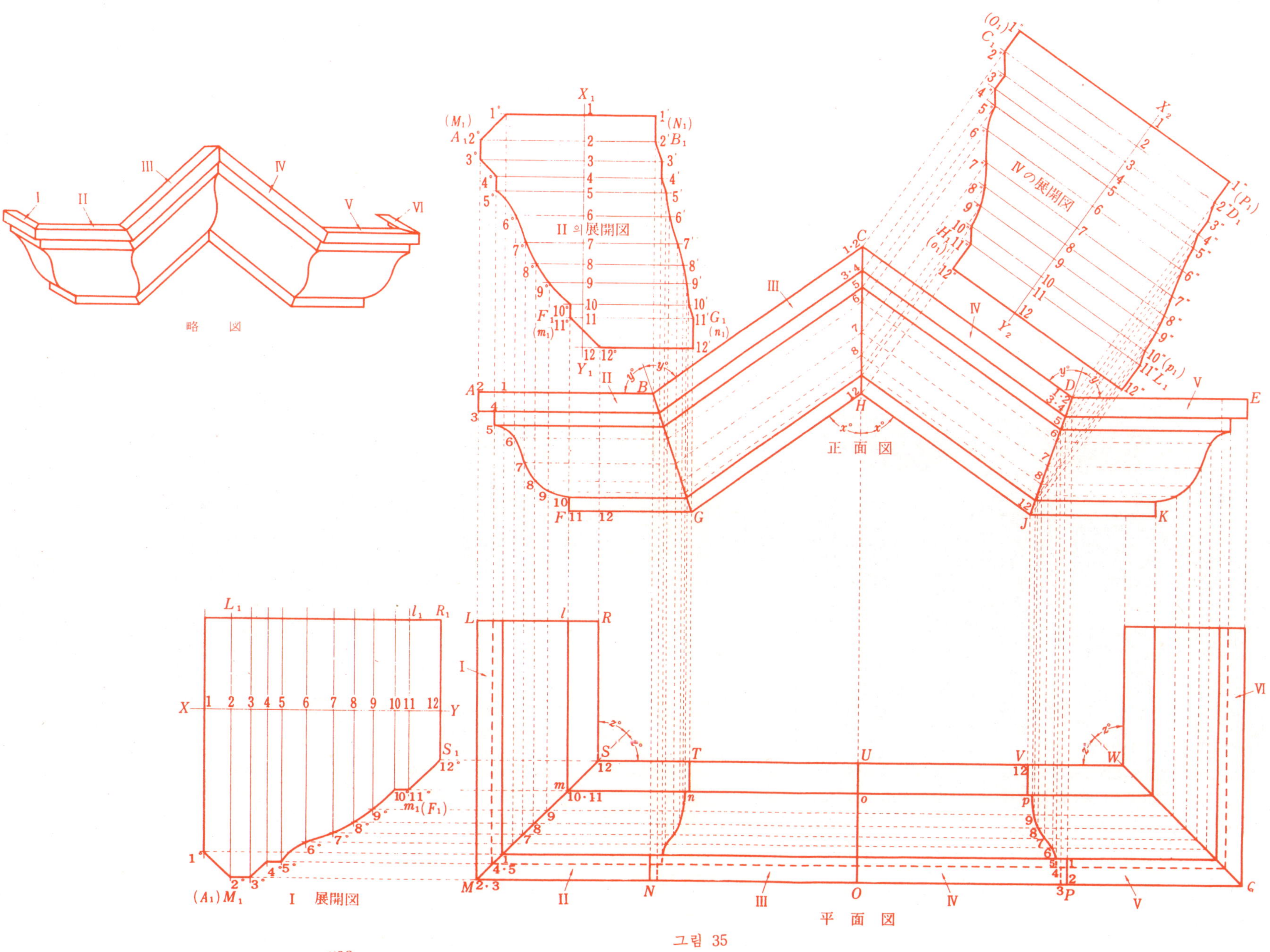

그림 35

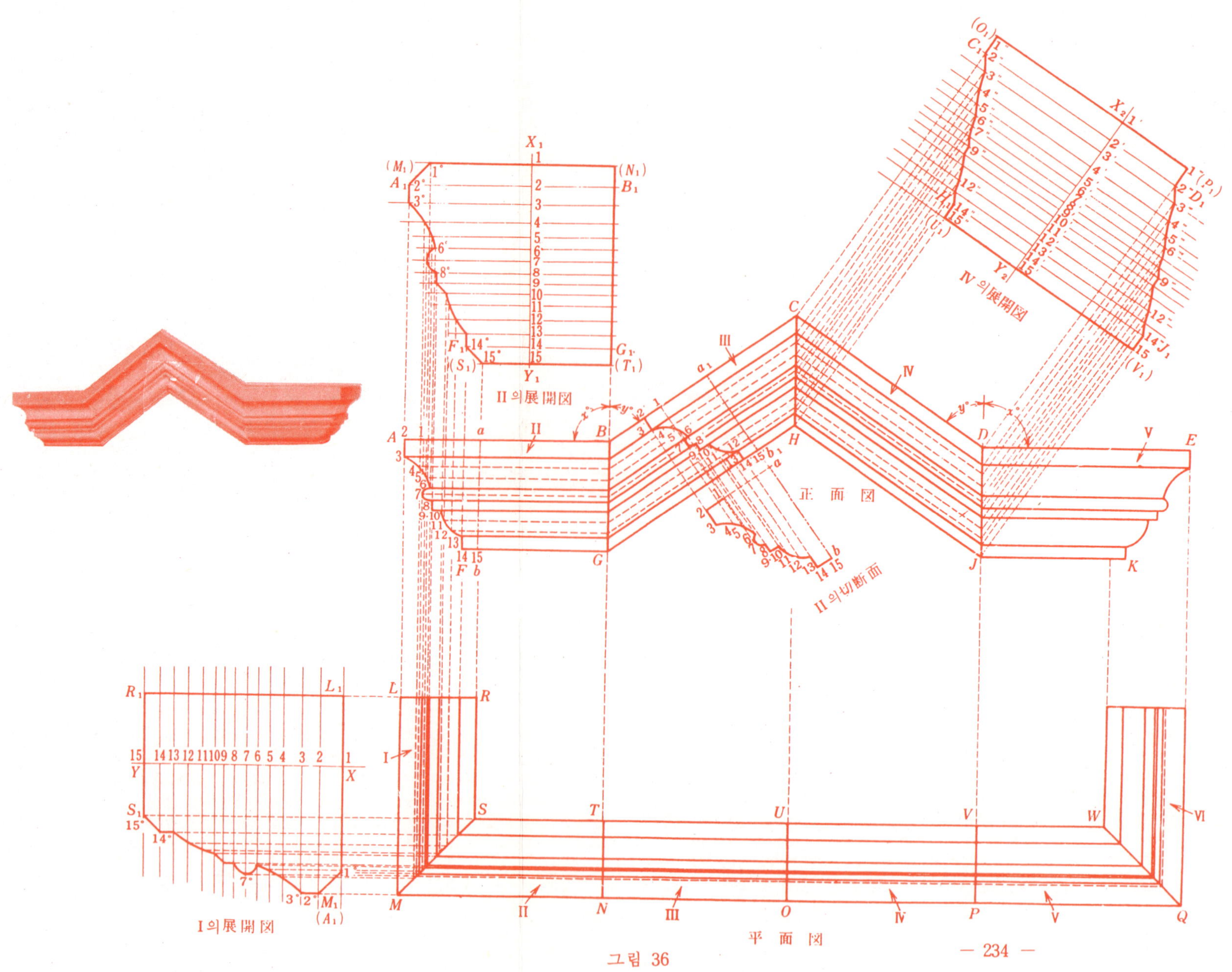

II 의 展開図
IV 의 展開図
正 面 図
II 의 切断面
I 의 展開図
平 面 図
그림 36

36. 경사차양과 평차양의 결합체 (2)

그림 36은 경사차양과 평차양과의 결합체의 전개이며 이 형체는 Ⅰ·Ⅱ·Ⅲ
·Ⅳ·Ⅴ·Ⅵ의 6부분으로 되어 있고(Ⅰ과 Ⅵ는 정면도에는 나타나 있지않음)
정면도중앙의 접선 CH(평면도의 UO)를 경계로 하여 좌우 같은 형이고, 전
과제와 비슷한 형체이나 틀리는 것은 정면도의 접선 BG·DJ를 경계로 하는
붙이는 각도가 x°와 y°로서 표시하는 것이 다르고 따라서 평차양과 경사차양
과의 조형(절단면)은 같은 형이 아니므로 기정 평차양의 조형에 의해 미지
의 경사차양의 조형을 구하지 않으면 안된다. 이 미지의 조형을 구하는 것
이 본 과제전개의 주안이다.

미지의 조형은 다음과 같이하여 구한다. 그래서 기정의 조형은 정면도의
양끝에 표시하는 A~F(1~2~3…14~b)＝E~K이며, A~F를 1~2~3…6~
7~8…14~15와 같이 임의로 분할하여 분할점에서 각 차양을 통해 접선 DJ
까지 평행의 분할선을 긋는다. 다음에 조형A~F를 겨냥도와 같이 경사차양
의 아래에 옮겨(도형의 a-b를 경사차양의 분할선과 직각으로) 분할점들을 1
·2·3…7·8·9…14·15에서 경사차양에 직각으로 도선을 그어 이것들의 도선과
정면도의 평행분할선과의 교점 1′·2′·3′…6′·7′·8′…14′·15′(즉 1의 도선과 1
의 분할선과의 교점을 1′로 한다. 이하 같음)를 순서로 연결한 도형 1′~2′
~14′~b₁은 경사차양의 조형의 실형이며 경사차양의 a₁-b₁의 절단면이다.

전개도의 방법은 Ⅰ과Ⅵ·Ⅱ와Ⅴ·Ⅲ과Ⅳ는 각각 같은 형이므로 어느 것이
나 한쪽을 구하면 된다. 그중 평차양은 평면도와 정면도의 같은 형에서 구
해지지만 경사차양은 정면도에서만 구한다. 그래서 경사차양Ⅲ 또는 Ⅳ의전
개는 겨냥도와 같이 경사차양과 직각으로 X₂Y₂선을 임의의 곳에 그어 선상
에 Ⅲ의 조형의 분할길이 1′~2′~3′…6′~ 7′~8′…14′~15′를 옮겨 분할점
을 통해 X₂Y₂선과 직각으로 평행분할선을 긋는다. 다음에 Ⅳ의 접선 CH 및
DJ에서 앞에서 말한 평행분할선에 직각(X₂Y₂와 평행)으로 도선을 그어 같
은 숫자부호의 도선(정면도의 접선 CH·DJ상의 부호는 붙여있지 않음)과 분
할선과의 교점 1″·2″·3″…6″…14″·15″ 및 1‴·2‴·3‴…6‴…14‴·15‴을 순서
로 연결한다.

평차양Ⅰ 및 Ⅱ의 전개도 Ⅳ와 같이하여 구할 수 있으므로 설명은 생략하
나 Ⅰ·Ⅱ의 전개도의 XY선 및 X₁Y₁선의 분할길이 1~17~15는 기성의 조
형 A~F의 분할과 같은 길이이다.

37. 경사차양과 평차양의 결합체(3)

그림37은 수종의 틀리는 조형과 변화가 있는 勾配(경사)로 결합하는 경사 차양과 평차양의 전개이며 이형체는 7부분으로 되어있다. 그중 Ⅲ과Ⅴ는 흉 배도 조형도 틀리는 경사차양이며 또 Ⅱ·Ⅵ·Ⅶ은 조형이 틀리는 평차양이 다. (단Ⅰ·Ⅱ·Ⅲ·Ⅳ는 같은 조형, 그리고 Ⅰ과Ⅶ은 정면도에 나타나있지 않음) 이와같이 변화가 있는 차양이 결합할 경우의 전개를 구하는것이 본과 제의 주안이다.

이형체의 정면도접선BH·CJ 및 평면도의 접선 SO의 각연결각도는 같으며 따라서 차양Ⅰ·Ⅱ·Ⅲ·Ⅳ의 조형은 같다. 이조형은 정면도 왼쪽끝의 A~ G(1~2~3…12~b)이며 이것은 기정의 형상인 동시에 Ⅰ의 측면도이다. 또 정면도의 접선DK 및 평면도의 접선TP의 연결각도는 모두가 틀리므로 조 형은 A~G와 동형이 아니다. 그래서 Ⅴ와Ⅶ의 조형을 구하지 않으면 안된 다. (Ⅴ와Ⅵ의 조형은 동형) Ⅴ와Ⅶ의 구하는 법은 정면도기정의 조형 A~ G를 임의로 분할한 점 1·2·3…7·8…13에서 겨냥도와같이 평행분할선 을 Ⅱ·Ⅲ·Ⅳ·Ⅴ의 각접선을 경과하여 Ⅵ의 접선F~M까지 긋는다. 이것 과같이 조형A~G에서 평면도의 접선SO 까지 수직으로 도선을그어 접선상 의 제점에서 평행분할선을 접선TP를 경과하여 Ⅶ의 접선UQ까지 긋는다. 다 음에 조형A~G를 정면도Ⅴ의 하측에 a-b가 직각이 되는 위치로 옮겨 분할제 점에서 Ⅴ에도선을 그어서 정면도의 평행분할선과 교차시켜 같은수자부호(접 선의 숫자부호는 생략되고있다. 의 교점을 순서로 연결한다. 이도형 1′~ 7′~13′는 Ⅴ와Ⅵ의 조형이다. 또 Ⅶ의 조형F~M을 구하는데는 평면도 의 접선UQ상의 제점에서 수직으로 도선을 그어 Ⅵ의 평행분할선과의 제교점1″· 2″·3″…7″·8″…13″를 순서로 연결한다.

전개도방법은 이미 전과제에서 말했으므로 Ⅴ의 전개만을 말한다. 정면도 의 Ⅴ와 직각으로 X_1Y_1선을 임의곳에 그어 선상에 Ⅴ의절단면분할 1′~2′ ~3′…12′~13′를 옮겨 분할제점을 통해서 X_1Y_1과 직각으로 평행선을 긋는 다. 다음에 Ⅴ의접선DK·EL상의 제점에서 평행선에 대해 직각으로 도선을 그어 같은 숫자부호(접선DK·EL의 숫자부호는 생략)의 도선과 평행선과의 교점 1‴·2‴·3‴…9‴…13‴ 및 E_1~L_1상의 제점을 순서로 연결한다.

〈부기〉 1. Ⅶ의 전개도에서 X_2Y_2의 분할도 1″~9″~13″는 정면 우단의 조형 F~M 의 분할과 같은 길이이다.

2. 평면도의 Ⅱ와Ⅲ과의 접선(정면도의접선 BH의 평면투영)을 그리는 법은 그림38 의 해설부기를 참조해 주기바란다.

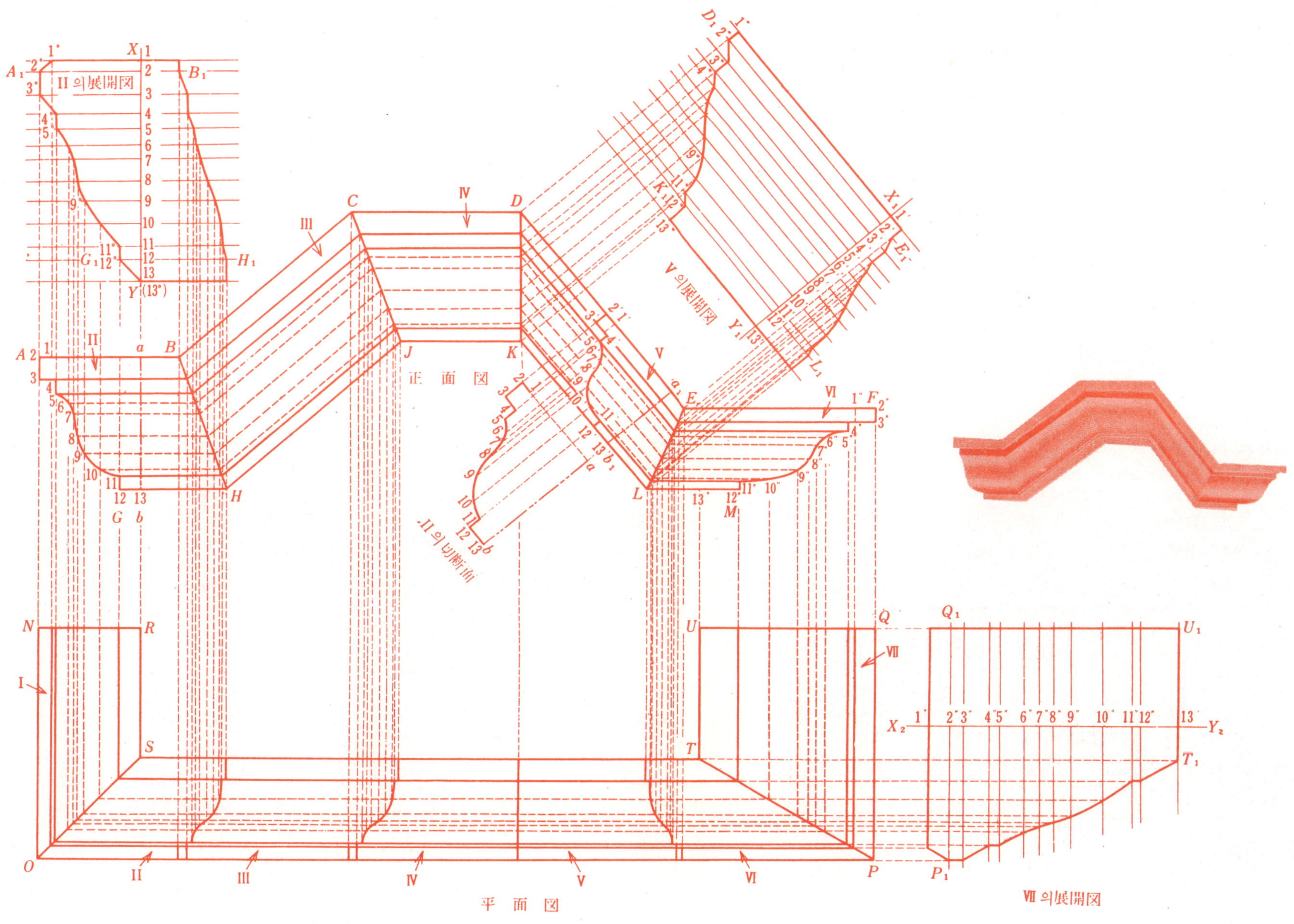

그림 37

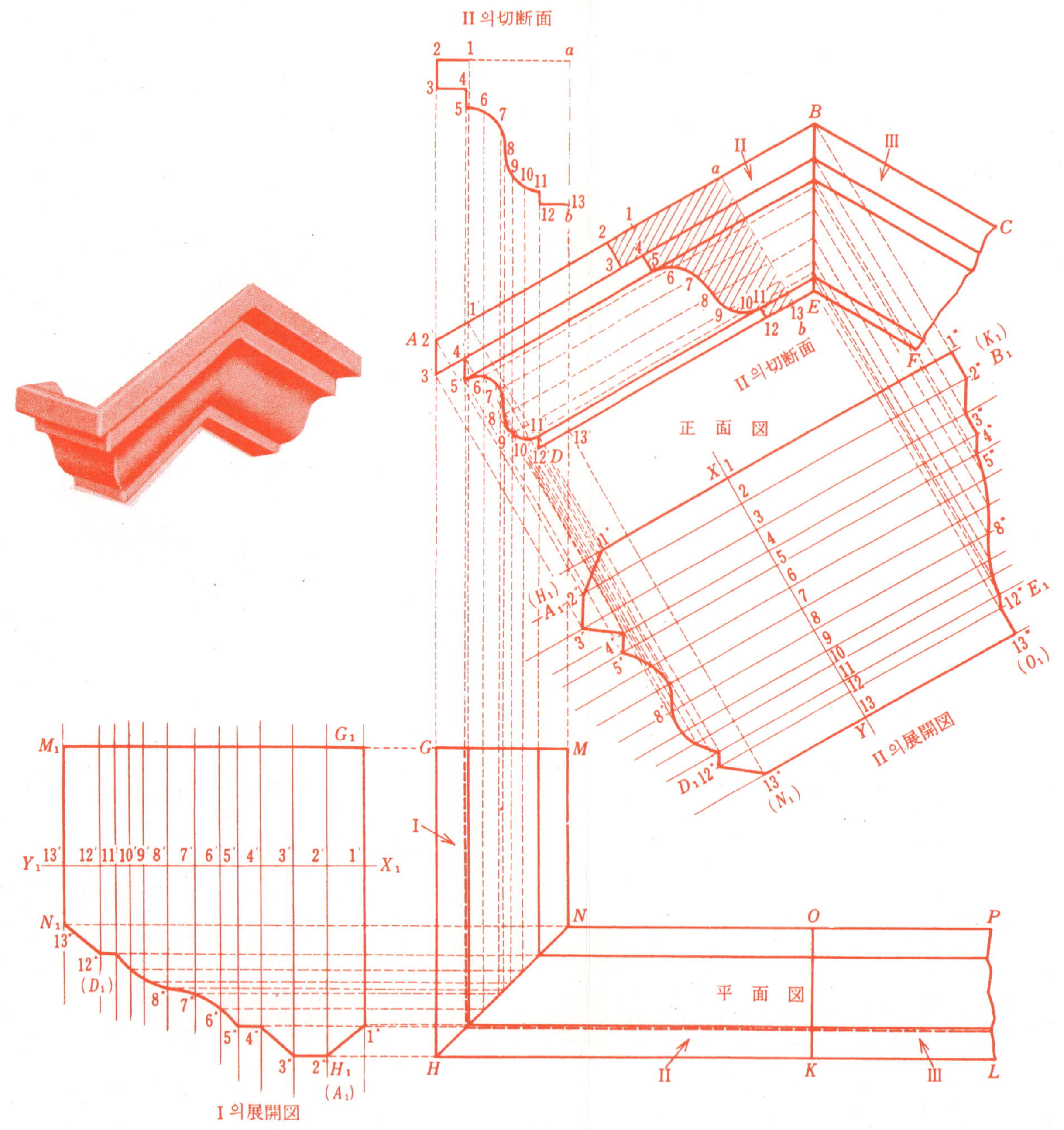

Ⅱ의切斷面
正面図
Ⅱの切斷面
Ⅱ의展開図
平面図
Ⅰ의展開図

38. 경사차양과 평차양의 결합체(4)

전과제의 그림35~37은 경사차양과 평차양의 접선이 평면적인 결합이지만 본과제 그림4·7·12의 형체는 사진에서 알수 있는 것과같이 경사차양 과 평차양이 입체적으로 모퉁이에서 결합하고있다. 이 모퉁이접선의 조형을 구하는 것이 본과제 전개의 주안이다. 이 형체는 정면도의 접선BE를 경계로하여 좌우 같은형이므로 어느 한쪽을 구하면 된다. (평차양 I 은 정면도에 나타나 있지 않다)

전개에 앞서 I 의 조형을 구하지않으면 안된다. 그래서 정면도 II 내에 그려진그림형 a~1~2~3…7~8…12~13(b)는 경사차양의 기정의 조형(절단면실형)이며 이 조형을 기준으로 하여 구하는 것이다. 그리는 법은 기정의 조형의 a~b선이 평면도 I 의 NM선의 연장상에 있도록 겨냥도의 위치에 옮겨 조형의분할점 1·2·3·4…7·8…12·13에서 수직으로 그은 도선과 정면도 II 내의 조형제점을 통하는 분할선과의 교점을 구해 이것들의 교점을 순서로 연결한 겨냥도 1′~2′~3′…7′~8′…12′~13′(A~D)는 모퉁이접선의 조형인 동시에 I 의 측면도이다.

전개도 방법 평차양 I 의 전개는 평면도 I 과 직각으로 X₁Y₁선을 임의의 곳에 그어 선상에 A~D의분할 1′~2′~3′…12′~13′를 옮겨 분할점을 통해 X₁Y₁선과 직각으로 평행분할선을 긋는다. 이분할제선에 대해서 1 의접선 NH상의 제교점 및 MG에서 직각으로 도선을 그어 그교점 1″·2″·3″… 8″…13″ 및 M₁·G₁을 순차로 연결한다.

경사차양 II 의 전개는 그림과같이 정면도 II 와 직각으로 XY선을 임의의 곳에 그어 이선상에 II 의조형의 분할 1~2~3…12~13을 옮겨 분할점을 통해서 XY선과 직각으로 평행선을 긋는다. 이분할제선과 정면도의 접선A~D· B−E상의 제교점에서 직각 (XY선과평행)으로 그은 도선과의 교점 1″·2″· 3″…8″…13″ 및 1‴·2‴·3‴…8‴…13‴를 순서로 연결한다.

39. 6 각화병

그림39는 정 6 각형화병의 전개이며 이형체는 차양형으로 만곡하는 같은형의 6 쪼각으로되어있다. 정면도의 접선(능선) A~E~J=D~H~M, B~F~K=C~G~L의 곡선은 화병의 조형실형(종단면)이 아니므로 이것을 구하지 않으면 전개도는 그릴 수가 없다. 이조형실형을 구하는것이 본과제전개의 주안이다. 그래서 정면도의 좌측에 표시하는 도형 0″~1″~2″…7″~8″…11″~0″가 조형의 실형이다. 이 도형의높이 0′0″는 정면도의 높이와같은 길이이고 또 횡선PO″ 및 PO″ 상의 분할간격h~g~f…e~d는 평면도의 PO선 및 PO상의 분할간격과 같은길이이다. 그리고 절단면도의 PO″선상의 분할제점에서 그린 수선과 정면도의 접선A~E~J의 분할점 1·2·3…8…11에서 왼쪽에 수평으로 그은선과의 교점 1″·2″·3″…8″…11″를 순차로 연결한 도형은 조형실형(종단면)이 된다.

전개도를 그리는법 평면도의OP선을 연장한 XY선상에 조형실형의 분할 1″~2″~3″…7″~8″…10″~11″를 옮겨 분할제점을 통하여 XY선과 직각으로 평행선을 긋는다. 이평행선에 대해서 평면도의 접선 ON·OQ상의모든교점에서 XY선에 평행하는 도선을 그어서 교차시켜 제교점을 순서로연결한 도형 A₁E₁J₁K₁F₁F₁B₁은 화병 1 편의 전개도이다.

〈부기〉 1. 정면도의 모서리(접선) B~F~K=C~G~L를 그리려면 바깥모서리 둘레 A~E~J 상의 분할점 1·2·3…8…11에서 평면도의 접선NO에 수선을 그어 그교점 1·2·3·4…8…11에서 외주 NU에 평행하는 선을 접선 UO까지그어 그교점 1′·2′·3′·4′…8′…11′에서 정면도에 수선으로 그은 도선과 모서리A~E~J상의 분할점에서 오른쪽에 수평으로 그은 분할선과의 교점 1′·2′·3′·4′…8′…11′를순서로 연결한다.

2. 본그림의 형체를 평면도의 접선R-U방향에서보면 정면도의 횡폭은 E-H보다도 가늘게된다. (횡폭=평면도의 PO의두배). 그리고 이방향에서그린 모서리 조형실형이다.

3. 본그림의 전개는 화병의 만곡편만을 표시하고있으므로 저판은 별도로 구하지않으면 안된다.

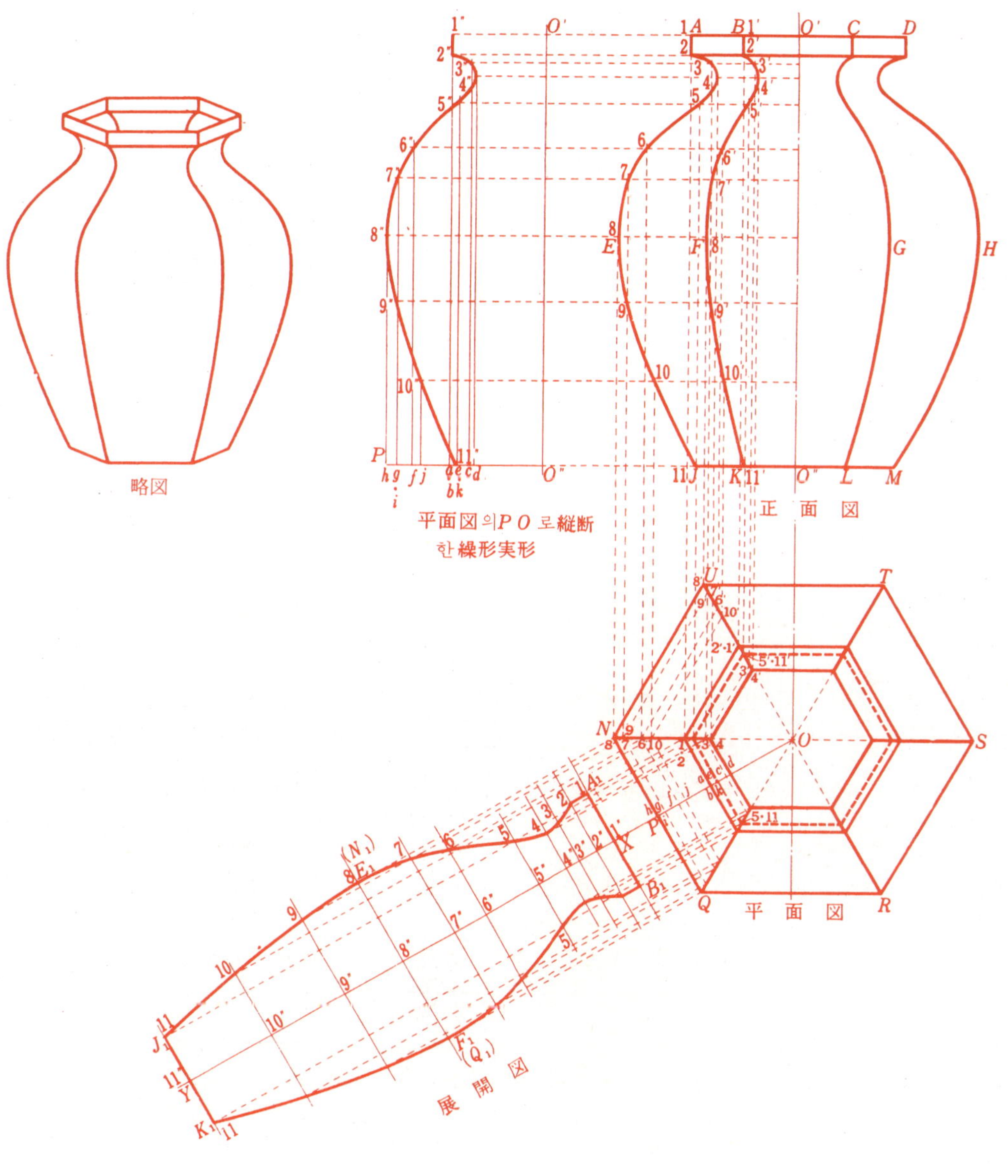

그림 39

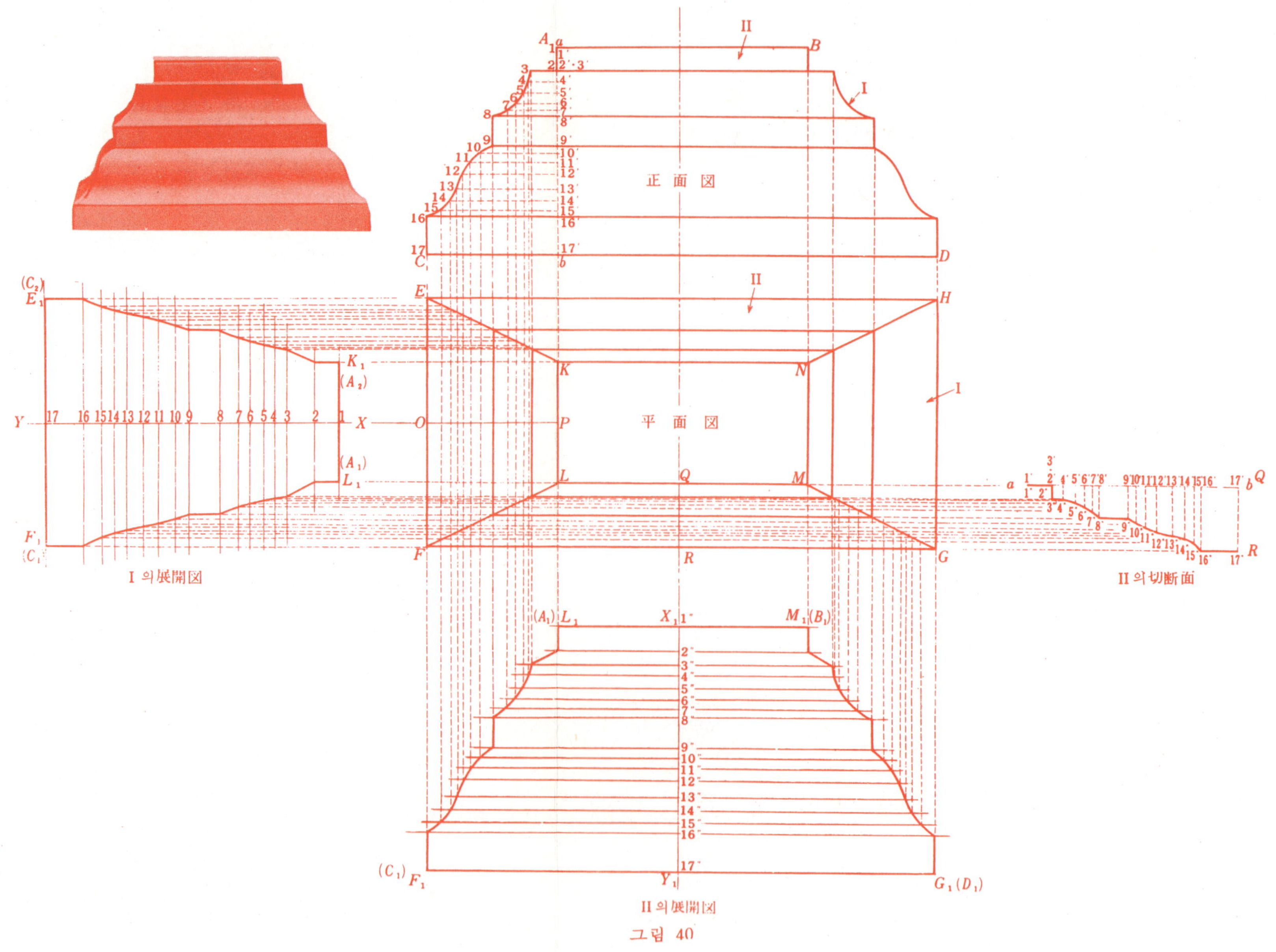

그림 40

그림40형체는 홈통의 물받이 기타에 응용할 수 있는 것이며 조형이 다른
두종의 차양으로 되어있다. 그래서 평면도의각 접선 EK・FL・MG・NH를
경계로하고 I에서 표시하는 HNMG에서 마주보는 FKLF는 같은형이며 또
II의 EKNH와 마주보는 FLMG도 같은형이므로 접선 NH(MG)의 연결각KN
H와 MNH는 다르므로 따라서 I과II와의 차양은 다른것이다. 그래서 정면
도의 룽 A~C=B~D는 평면도 I 의 OP에서 종단한 단면형에 해당하는 조
형이며 이것을 기준으로하여 II의 조형을 구하지 않으면 안된다.이 조형을 구
하려면 정면도의 조형A~C를 1・2・3・4 …… 15・16・17과 같이 임의로
분할하고 분할제점에서 수평으로 분할선을 그어서 정면도 높이를 표시하는
a－b와 교차시켜 그 교점을 1′・2′…7′・8 …16′・17′로한다. 이 a－b 및
a－b상의 분할제점을 그대로 겨냥도와 같이 평면도 II의 LM의 연장선상에 옮
겨 a—b선과 수직으로 분할점에서 평행점선을 긋는다. 다음에 이평행점선에
대해서 정면도의 조형A~C의 분할제점에서 평면도의 접선FL에 그은 도선
과의 교점에서 다시 수평으로 그어 접선MG를 통하는 분할선과 위의 a－b상
의 평행분할점선과의 교점 1″・2″・3″…7″・8 …16″・17″를 얻어 이것들
의 교점을 순서로연결한 겨냥도 a~R~Q(b)는 II의조형 즉 평면도의 QR에
서 종단한 단면형이다.

전개방법은 I의전개는 평면도의 EKLF와 직각으로 XY선을 임의의 곳에
그어 선상에 I의조형A~C의 분할 1~2~3…7~8…16~17을 옮겨 분할
점을 통해서 XY선과 직각으로 평행선을 긋는다. 이 평행제선에 대해서 I의
접선EK・FL상의 제교점에서 적각(XY선과 평행)으로 도선을 그어서 교차
시켜 같은 숫자부호의 분할선(접선상의 숫자부호를 생략하고있다)의 제교점
을 순서로 연결한다. 이 그림형 K₁L₁F₁E₁은 I의 전개도이다.

II의전개는 I의전개와 같은 방법으로 구할수 있으므로 설명을 생략한다.
단, X₁Y₁선상의 분할 1″~2″~3″…15″~16″~17″는 평면도의 우측에 표
시하는〈II의절단면〉의 조형a~R~Q의 길이이다.

41. 종형입체

그림41의 형체는 차양형으로 만곡하는 조각으로 되어있고 8 조각중 평면도에서 알수있는 것과 같이 서로대하는 조각은 같은형이다. 그래서 Ⅰ은 FOG=LOK Ⅲ은 NOM=HOJ 또는 Ⅱ는 NOF·KOJ·MOL·GOH의 조각이며 이 4 조각도 같은형이다. 그러나 Ⅰ·Ⅱ·Ⅲ의 각조형실형(차양의 종단면)은 각각 달라져있다. 그것은 평면도의 접선OF 및 ON연결각도가 각각 틀리는 까닭이다.

Ⅰ의종형실형은 정면도의 바같모서리 A~B=A~E이며 이것은 기정의 형상이고 Ⅰ을 평면도의 중심선 OR종단한 단면형에 해당한다. 또Ⅱ와Ⅲ의 조형실형은 나타나 있지 않으므로 전개에 앞서 구하지 않으면 안된다. 특히 Ⅱ의 조형실형 및 전개를 구하는 것이 본과제의 주안이다.

Ⅱ의 조형실형은 다음과 같이 하여 구한다. 평면도의 3 각형 NOF=KOJ의 1변 KJ를 연장하여 연장선에대해 중심O에서 직각으로 그은선과의 교점 Q를 얻으면 OQK는 직각3 각형이되고 그 1 변OQ는 OKJ의 가정중심선이 된다. 따라서 OQ 및 OQ상의 분할선을 (i) 그림(Ⅱ의절단면)의 횡선 OQ에옮겨서 O점에 정면도의 높이 a—b를 그어 a—b상의 분할점 $1'·2'·3'\cdots18'$를 통하는 수평점선과 OQ상의 분할점에서 그은 수직점선과의 교점 $1''·2''·3''\cdots17''·18''$를 연결하는 도형은 Ⅱ의조형실형(종단선)이다. (ii) 그림(Ⅲ의절단면)을 구하는 법도 Ⅱ와같은 방법으로 설명을 생략하나 겨냥도의 횡선OP는 평면도의 HOJ의 중심선 OP와같은 길이이다.

다음에 정면도의 안쪽모서리(접선) A~C=A~D를 그리려면 정면도의 바같모서리 A~E상의 분할점 $1·2·3\cdots18$에서 평면도의 Ⅰ 접선 OK에 도선을 그어 그교점에서 겨냥도와같이 Ⅱ의바같둘래선 KJ에 평행하는 분할선을 그어서 접선OJ에 교차시켜 다음에 OJ상의 교점에서 정면도에 수직으로 도선을그어 도선과 바같모서리 A~E상의 분할점을 통하는 수평점선과의 교점을 얻어 같은숫자부호(숫자 호는생략한다)의 교점을 순서로 연결하면 A~D=A~C로 표시하는 모서리선이된다.

전개방법, Ⅱ의전개를 구하려면 평면도의 KOQ의 겨냥도에서 JOQ의 전개도를 빼면된다. 그래서 OQ의 연장선 X_1Y_1상에Ⅱ의절단면(조형실형)의 분할 $1''\sim2''\sim3''\cdots17''\sim18''$를 옮겨 분할점을 통해서 X_1Y_1과 직각으로 평행분할선을 그어 분할제선에 대해 평면도의 접선 OJ 및 OK상의 제교점에서 X_1Y_1에 평행하는 도선을그어 교차시켜 같은 숫자부호(숫자부호는 생략한다)의 교점을 순서로 연결한 $K_1\sim O_1\sim J_1$은 Ⅱ(KOJ)의 전개도이다.

Ⅰ 및 Ⅲ의 전개방법은 그림40과 같으므로 설명을 생략한다.

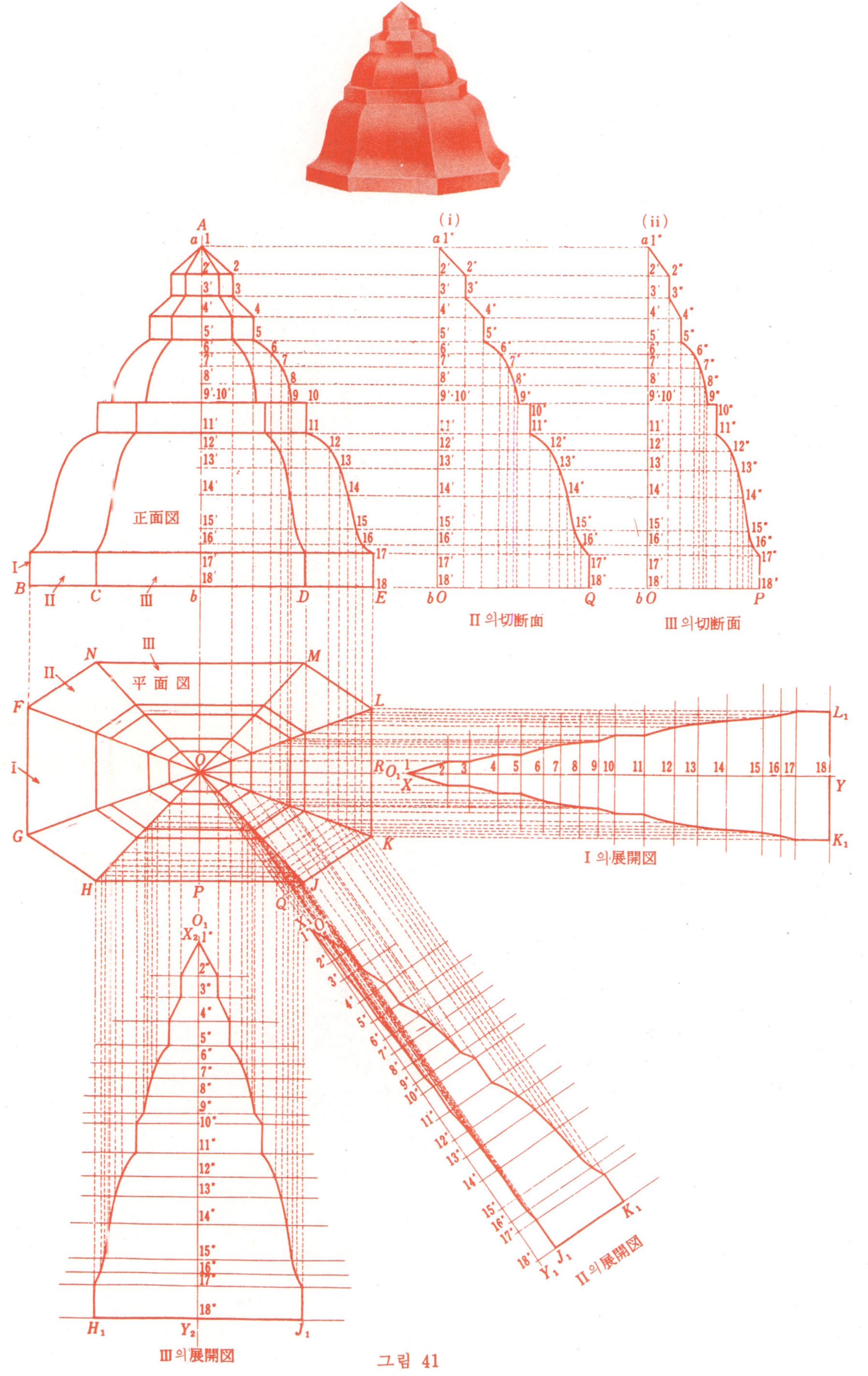

正面図
平面図
(i)
(ii)
II 의 切断面
III 의 切断面
I 의 展開図
II 의 展開図
III 의 展開図
그림 41

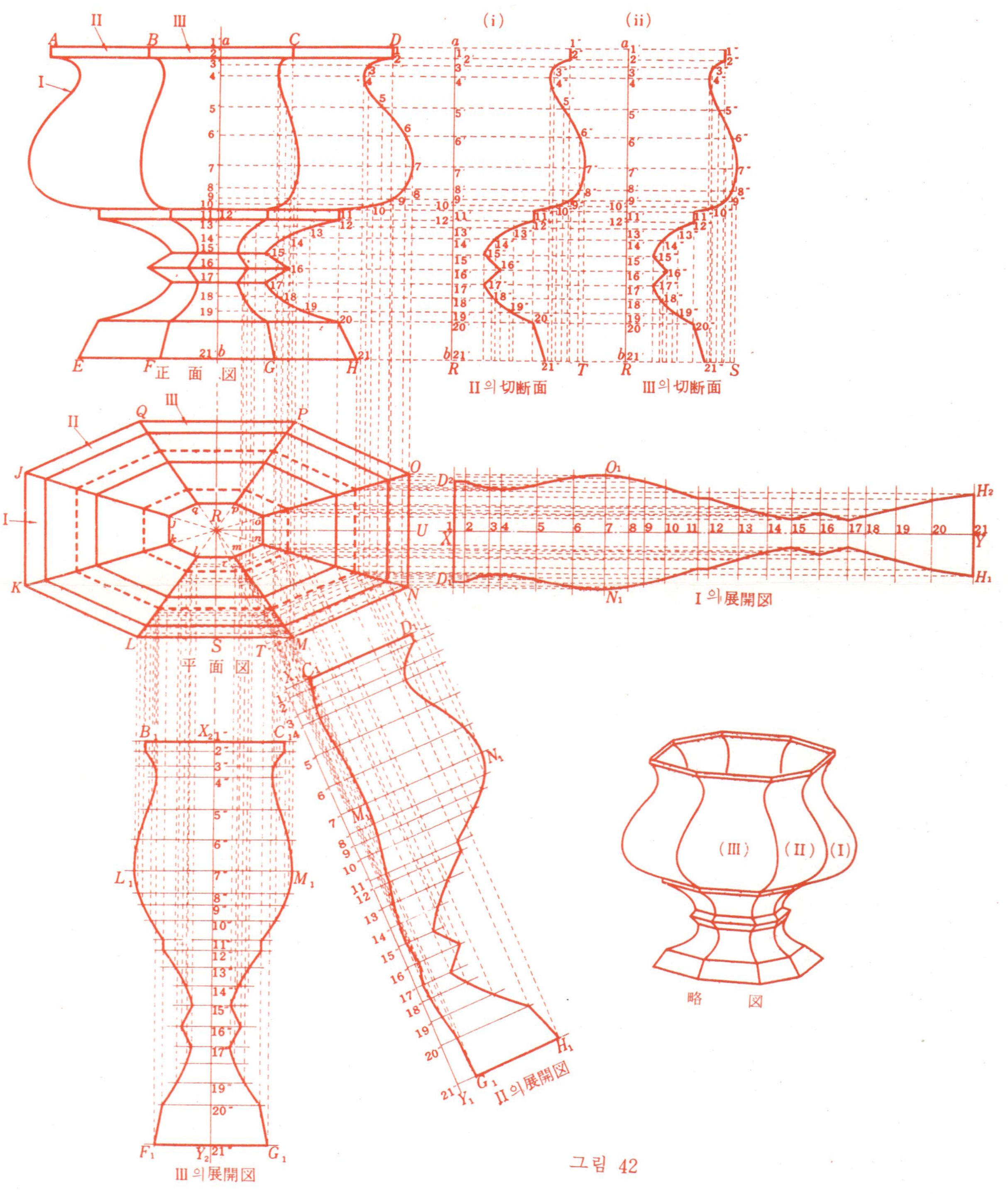

(i)
(ii)
正 面 図
II의切断面
III의切断面
平 面 図
I 의展開図
II의展開図
III의展開図
略 図
그림 42

42. 대부 8각형용기

그림42의 형체는 그림41과 유사한 것으로 차양형으로 만곡하는 8변으로 되어있고 평면도에서 알수있는것과같이 8조각중 서로대한 조각은 같은형이며, I은 JjkK=OonN(I은 정면도에 나타나있지않음)이다. Ⅲ은 QqpP=Llm M 또Ⅱ는 QqjJ=NnmM 기타의 2조각이며 이 4조각도 같은형이다. 그러나 I·Ⅱ·Ⅲ의 각조형실형(차양종단면)은 각각틀리다. 이것은 평면도의 접선 JR의 QR의 연결각도가 틀린까닭이다. I의 조형실형은 정면도의 바깥모서리 A~E=D~H이며 이것은 기정의 형상이고 I은 평면도의 중심선 RU 로 종단한 단면형에 해당한다. Ⅱ와 Ⅲ의 종형실형은 나타나있지 않으므로 전개에 앞서 구하지 않으면 안된다. 특히 Ⅱ의 조형실형 및 전개를 구하는 것이 본과제의 주안이다.

Ⅱ의 조형실형을 구하려고 평면도의 4각형 NnmM의 1변 NM의 연장과 이것과 직각으로 R에서 그은 선과의 교점 T를 얻으면 RTN은 직각삼각형이 되고 그변 PT는 NRM의 가상중심선이된다. 이 RT및 RT상의 분할제점을 (ⅰ)그림(Ⅱ의 절단면)의 횡선 RT에 옮겨 R점에 정면도의 높이 a−b를 세워 a−b상의 분할점 1′·2′·3′…21′를 순서로 연결한 도형은 Ⅱ의 분할점 1′·2′·3′…21′를 통하는 수평점선과 RT상의 제점에서 수직 하게 올린 도선과의 교점 1″·2″·3″…21″를 순서로 연결한 도형은 Ⅱ의 조형실형(절단면)이다. 그림 41 Ⅱ의 절단면 및 해설참조)

전개도를 그리는 법 Ⅱ의전개는 평면도 NRT의 RT를 연장하여 연장 선 X₁Y₁상에 (ⅰ) 그림(Ⅱ의절단면)의 분할 1″~2″~3″…20″~21″를 옮겨 분 힐점을 통해서 X₁Y₁과 직각의 평행신분힐을 그이 이깃과 평면도Ⅱ의 접선 Nn·Mm 상의 교점에서 X₁Y₁에 평행하는 도선을 그어서 교차시켜 제교점을 순서로 연결한 D₁N₁H₁G₁ M₁C₁은 Ⅱ(MmnN)의 전개도이다. 또한 I·Ⅲ의 전개는 다른과제에서 말했으므로 생략한다.

〈부기〉 1. 정면도의 안쪽모서리 (접선) B~F=C~G 의 그리는 법은 전과제의경우와 같으므로 그림4·7·15를 참조해주기바란다.

2. (ⅱ) 그림(Ⅲ의절단면)의횡선 RS는 평면도Ⅲ의 중심선 RS와 같은 길이이다.

43. 평 차 양

그림43은 앞단원과 같이 모퉁이에서 결합하는 전개이며 이 차양은 Ⅰ·Ⅱ·
Ⅲ의 3부분으로 되어있다. 단 1은 정면도에는 나타나 있지 않다. 그림의
모퉁이 연결 부분과 그림4·7·5와의 차이는 모퉁이의 각도가 하나는 직
각이며 접선 NH의 양쪽각도는 x° 또 다른 모퉁이는 둔각이며 접선 OK의양
쪽각도는 y°로 되어있다. 그러나 각접선을 경계로 하여 좌우 같은 각도이므
로 차양의 절단면은 1·Ⅱ·Ⅲ·모두가 같은모양이다. 그래서 정면도 왼쪽
끝의 조형A~D(1~11)는 평면도Ⅰ의 측면도인 동시에 각차양의 절단면 실
형으로 표시하고 있다. 또 이 조형은 처음부터 정해져 있는 모양이다.

다음에 정면도의 조형B~E와 C~F는 모두 조형실형A~D를 기준으로 하
여 그리는 것으로 이것은 모퉁이의 경사진 투영이다. 이것을 그리는 데는A~
D의 분할제점 1·2·3…6…9·10·11에서 수평으로 도선을 긋는 동시
평면도에도 수직으로 도선을 그어서 접선 NH에 연결시켜 다시 도시와같 이
Ⅱ의 바깥테두리 HK 및 Ⅲ의바깥테두리 KL에 평행하는 도선을 그어 접선
OK 및 PL의 제교점에서 정면도에 수직으로 도선을 그어서A~D의분할제점
에서 수평으로 그은 점선과 교차시켜 같은호(부호는표시없음) 선의 교점을
순서로 연결한다.

전개도의 그리는법Ⅱ의 전개는 XY선을 Ⅱ의평면도 에 대해서 수직으로임
의의 곳에 그어 선상에 정면도의 조형A~D의 분할1~2~3…6~7…10~
11을 옮겨 분할제점을 통해 XY와 직각으로 평행선을 긋는다. 이것들의 평
행선에 대해서 평면도의 접선NH 및 OK상의 제교점(분할점)에서 수직 으로
도선을 그어서 교차시켜 제교점 1′·2′·3′…6′·7′…10′·11′및1″·2″·
3″…6″·7″…10″·11″를 순서로 연결한다.

Ⅰ 및 Ⅲ의전개도 Ⅱ와 같은 방법으로 구할 수 있으므로 설명을 생략한다.
(Ⅰ의 전개는 그림33의 Ⅳ의 전개를 참조) 또한 Ⅲ의전개도의 X′Y′선(1~
11)은 Ⅱ의 XY선과 같은 길이이며 정면도의 조형A~D(1~11)의 길이이다.

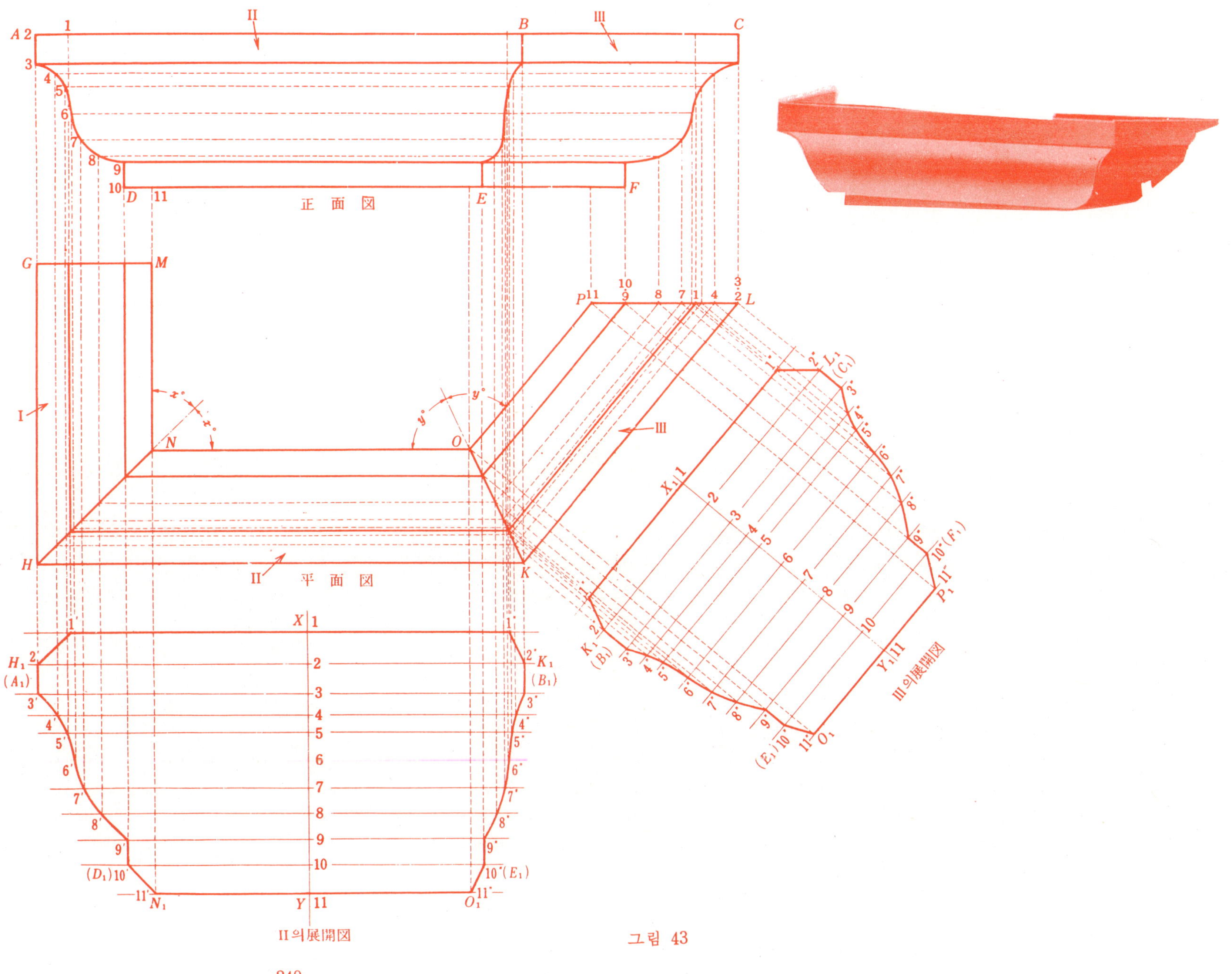

正 面 図
平 面 図
II の展開図
III の展開図
그림 43

3. 計算에의한 大型實物크기의 板뜨기展開方法

　현척(現尺; full Size. 實物크기 ;原寸;原尺)의 판뜨기를하는 경우에　곡자(曲尺), 스쾌어, 컴퍼스 등을 사용할 수 없는 경우가 많다. 이와같은　때에는　본장에서　설명하는 계산에 의해하는 방법이 자주 쓰인다.

큰 현척의 직각을 금긋기 하는 경우, 곡자(曲尺)나 스쾌어 등으로 금긋기를 연장하더라도 **정확**하게 직각을 그을 수는 없다.

여기서 피타고라스의 정리(직각삼각형에서 직각을 끼는 2변의 제곱의 화는 빗변의 제곱과 같다.)를 응용하면된다. 그림1의 3, 4, 5(수선 : 밑변 : 빗변)의 비율을이용해서 삼각형을 연결하면 정확한 직각을 그을 수 있다.

예 직선AB상의 임의의 점P에 직각을 취하는 방법

P로 부터 B방향 3 m의 점에 C를 취하고 AB선상, 점 P양측의 임의의 점 D, E로부터 각각 수직으로 4 m의 거리를 취하여 점 $D'E'$라고 한다. 여기서 점 D, E로부터 수직으로 취하려면 점 D, E를 중심으로 하여 그림3과 같이 각각 3개소정도 측정하고 직선 AB에서 가장 멀리 멀어져 있는 점을 직선으로 연결하면된다(콤파스를 사용한 것과 같아진다). 다음에 D', E'를 연결하고 권척등으로 C를 기점으로 하여 5 m의 교점을 $D'E'$선상에 구하고 그 교점을 F로 한다. PF를 직선으로 연결하면 직선 PF는 직선 AB에 직각이다.

［주］그림2와 같이 3 : 4 : 5의 수를 그대로 사용하지 말고 그림4와 같이 현척의 크기에 맞추어 몇배로 하여 사용하면 편리하다.

또한 그림5와 같이 직각을 끼는 2변(수선과 저변)을 동일 길이(직각2등변은 삼각형으로 한다)로 하여 1로 생각하면 사변의 길이는 $\sqrt{2}=1.4142\cdots$이다 따라서 구하고자 하는 사변의 치수는 1.4142배 하면 언어진다. 예를 들면 직각을 끼는 2변의 길이를

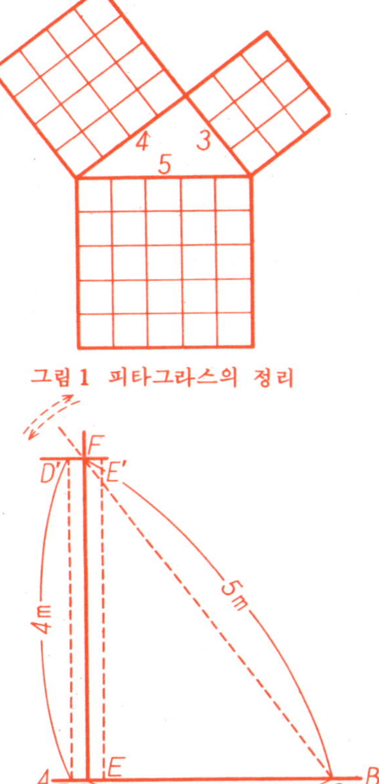

그림 1 피타그라스의 정리

그림 2

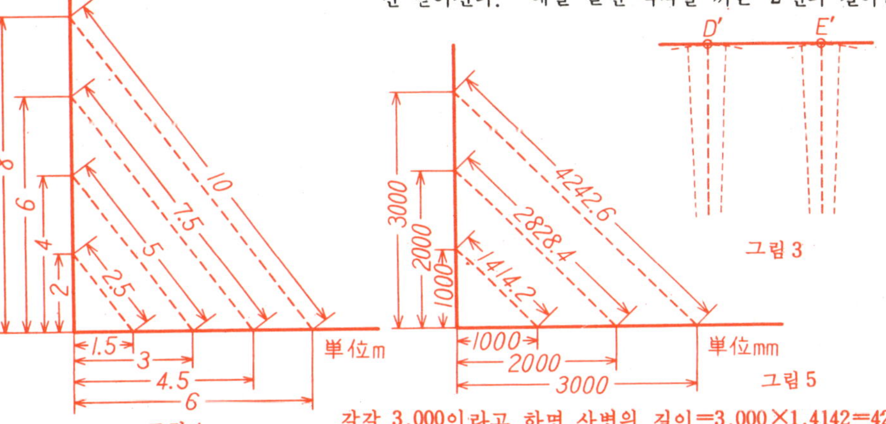

그림 3

그림 4

그림 5

각각 **3,000**이라고 하면 사변의 길이＝3,000×1.4142＝4242.6 이 된다.

2. 큰 현척의 직각이외의 각도를 금긋기하는 방법

큰 현척의 각도를 금긋기 하는 경우, 작은 분도기를 사용해서 각도를 측정하고 그것을 연장하는 것으로는 정확한 각도를 그릴 수가 없다. 여기서 삼각함수표의 tan을 사용하면 간단하고 정확하게 각도를 그릴 수가 있다.

度 分	sin	cos	tan	cot	度 分
23°00	0.39073	0.92050	0.42447	2.35585	67°00
05	39207	91994	42619	34636	55
10	39341	91936	42791	33693	50
15	39474	91879	42963	32756	45
20	39608	91822	43136	31826	40
25	39741	91764	43308	30902	35
30	39875	91706	43481	29984	30
35	40008	91648	43654	29073	25
40	40142	91590	43828	28167	20
45	40275	91531	44001	27267	15
50	40408	91472	44175	26374	10
55	40541	91414	44349	25486	05
度 分	cos	sin	cot	tan	度 分

예 직선AB의 1단으로 부터 어느각도로 경사진 직선을 그리는 방법

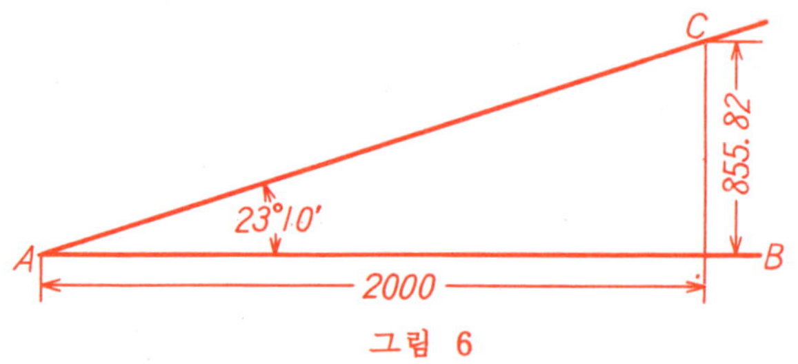

그림 6

이경우, 각도를 23°10′라고 하면

높이(수선)＝밑변(저변)×tan23°10′

이므로 삼각함수표에서 tan23°10′＝0.42791을 구하고

높이(수선)＝밑변(저변)×0.42791

로 구하면 된다.

지금 그림6과 같이 밑변＝2,000으로 가정하면

높이(수선)＝2,000×0.42791＝855.82

가 되므로 직선 AB상의 한끝 A로부터 2,000의 길이를 취하여 점B로하고 B에서 수선을 세워 수선상으로 855.82의 길이를 취하여 점C로 한다. A, C를 직선으로 연결하면 직선 AC는 직선 AB에 대해 23°10′ 경사지는 직선이다.

도면의 치수지시는 보통 수평면과 수직면으로 표시되고 경사면이 있는 경우에는 현척을그
려 그 실장을 구하는데 여기서는 전체의 현척을 그리지 않고 계산에 의해 실장을 구하는 방
법을 설명한다.

예 1 경사면의 실장을 구하는 방법 (그림 7 참조)

이경우 피타고라스의 정리를 응용해서 실장을 구한다. 경사면의 실장을 x라고 하면

$$x = \sqrt{7000^2 + 3500^2} = \sqrt{61250000} \fallingdotseq 7826.8$$

또한 모난부분의 이음 각도, 판두께등이 필요한 때는 그 부분만 그림 8과 같이 현도
을 그리면 된다.

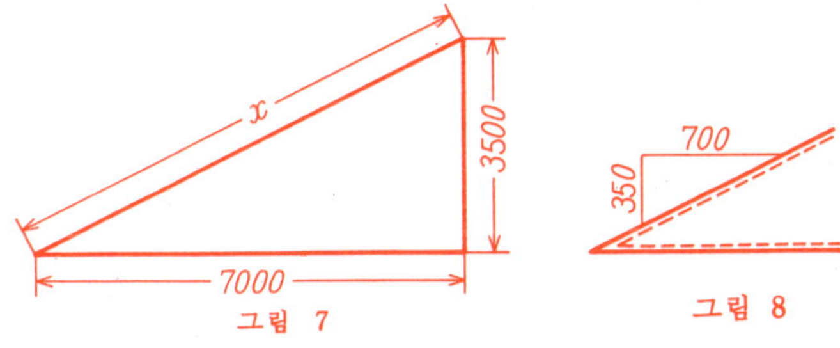

예 2 A.B.C 3개 보강재의 실장을 구하는 방법(그림 9 참조)

이 경우의 A, B, C 3개의 보강재의 실장에 대해서는 도면에 치수가 기입되어 있지 않은
경우가 많고 보통 현척을 그려 보강재의 길이를 구하지만 다음과 같이 비례식을 사용해서 계
산으로 구할 수가 있다.

$$A의\ 치수 \cdots\cdots \frac{3500}{7000} = \frac{x}{1500} \qquad \therefore\ x = \frac{3500 \times 1500}{7000} = 750 \qquad \therefore\ A = 750$$

$$B의\ 치수 \cdots\cdots \frac{3500}{7000} = \frac{x}{3500} \qquad \therefore\ x = \frac{3500 \times 3500}{7000} = 1750 \qquad \therefore\ B = 1750$$

$$C의\ 치수 \cdots\cdots \frac{3500}{7000} = \frac{x}{5500} \qquad \therefore\ x = \frac{3500 \times 5500}{7000} = 2750 \qquad \therefore\ C = 2750$$

가 된다.

또한 각 보강재의 빗면과의 접합(接合)을 보이고 싶을때는 그 부분만의 현척을 그림 10과같
이 그리면 된다.

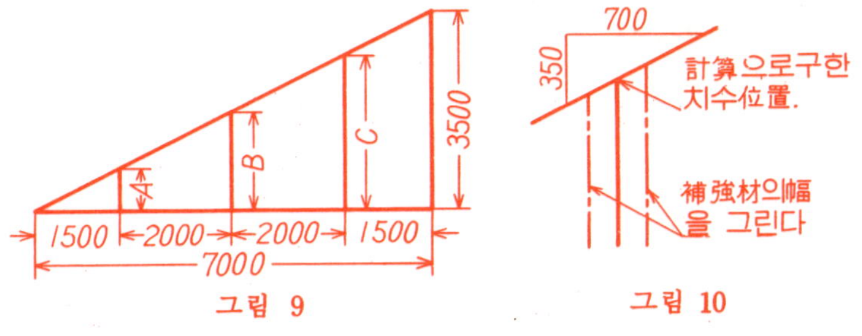

반경이 커서 15~30m가 되면 원호(円弧)를 그리려도 컴파스가 없고 또 그만큼 큰 작업장의 넓이가 있어야 한다. 여기서는 그림 11로 알 수 있듯이 원 직경의 양단 $O.C$로 부터 원주상의 각점을 연결해서 얻어지는 각은 전부 직각인 점을 응용해서 A, B, C 3점을 삼각함수표를 이용해서 계산에 의해 구하고, A, C, B 3점을 통하는 원호를 그린다.

예 1 반경 15m, 원호각 45°의 현척을 그리는 방법

전술한 그림11의 방법으로 원호를 그리기 위해서는 우선 그림13과 같은 A, B, C 3점의 위치치수를 삼각함수표에 의해 구하여야 한다. 그림12에 보는바와 같이 **가**의 치수를 구하려면 삼각함수표에서 sin22°30′=0.38268이므로

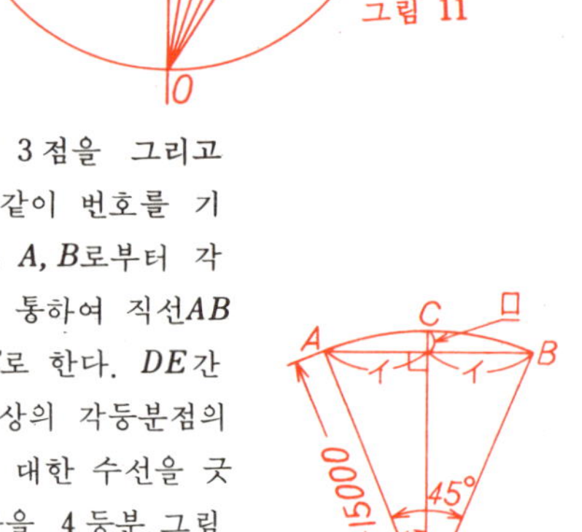

$$15000 \times 0.38268 = 5740.2 \cdots\cdots \textbf{가}의\ 치수$$

나의 치수를 구하면려 삼각함수표에서

$$\cos 22°30′ = 0.92388이므로$$

$$15000 \times 0.92388 = 13858.2$$

$$\therefore\ 15000 - 13858.2 = 1141.8 \cdots\cdots \textbf{나}의\ 치수$$

원호를 그리는 데는 우선 그림13과 같이 A, B, C 3점을 그리고 AB간을 8등분 (몇 등분이라도 좋다)하여 그림과 같이 번호를 기입한다. 다음에 AC 및 CB간을 직선으로 연결하고 A, B로부터 각각 직선 AC, CB에 대한 수선을 근다. 다음에 C를 통하여 직선AB에 대한 평행선을 긋고 수선과의 교점을 각각 D, E로 한다. DE간을 8등분하여 그림과 같이 번호를 기입하고 AB선상의 각등분점의 동번호와 직선으로 연결한다. 다음에 D에서 DC에 대한 수선을 긋고 직선 AC의 연장선과의 교점을 F로 한다. FD간을 4등분, 그림과 같이 번호를 기입한다. 동일하게 E로 부터 수선을 끌어 G를구하고 EG간을 4등분, 그림과 같이 번호를 기입한다. 여기서 DF, EG선상의 각등분점과 C를 연결하고 동일한 번호와의 교점을 구하여 각점을 차례로 곡선으로 연결하면 구하는 원호가 완성된다.

〔주〕 이방법은 바로 큰 원호의 현척을 그릴 경우만이 아니고 원뿔의 지름이 크고 경사가 작은 것의 전개도를 그리는데 콤파스를 사용할 수 없는 경우에도 계산에 의해 전개반경을 구하여 그릴 수가 있다.

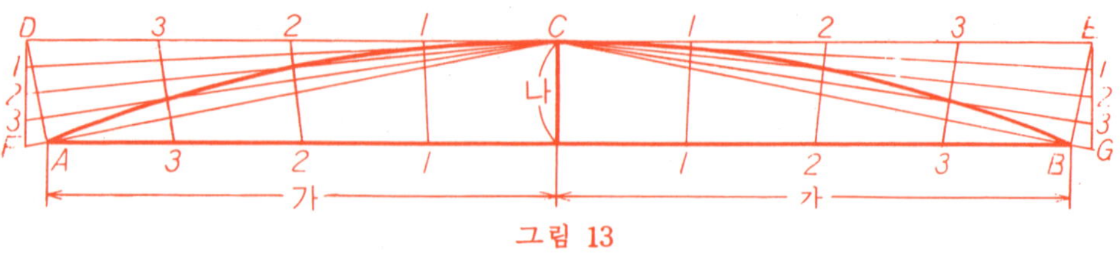

 원추의 판뜨기 전개를 계산으로 하는데 있어서는 피타고라스의 정리에 의해부채꼴 원호의 반경 R과 그 중심각 θ 를 알면 된다.

 그림14와 같은 원뿔의 경우는 다음과 같이한다.

 선형반경 R 을 구하려면

$$R = \sqrt{AC^2 + CB^2}$$

$$\therefore \quad R = \sqrt{1200^2 + 900^2} = \sqrt{2250000} = 1500 \quad \therefore \quad R = 1500$$

중심각 θ 를 구하려면

$$\frac{\theta}{360} = \frac{2\pi r}{2\pi R} = \frac{r}{R}$$

$$\therefore \quad \theta = \frac{900}{1500} \times 360 = 216 \quad \therefore \quad \theta = 216°$$

가 된다.

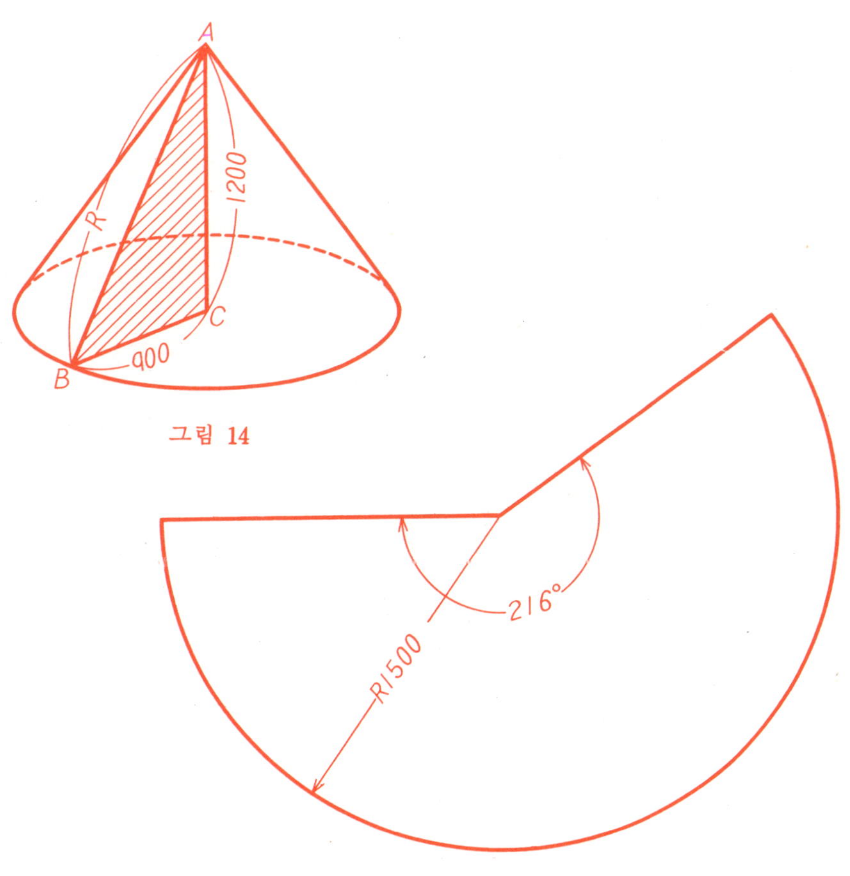

그림 14

사각뿔의 판뜨기 전개를 피타코라스의 정리에
의해 계산하려면 모서리(稜)을 구하면 된다.

　그림15와 같은 정사각추의 경우 능의 길이 L을 구하려면

$$L^2 = AC^2 + BC^2 = AD^2 + CD^2 + BC^2$$
$$= 800^2 + 200^2 + 200^2 = 720000$$
$$\therefore \quad L = \sqrt{720000} \fallingdotseq 848.5 \quad \therefore \quad L = 848.5$$

가 된다.

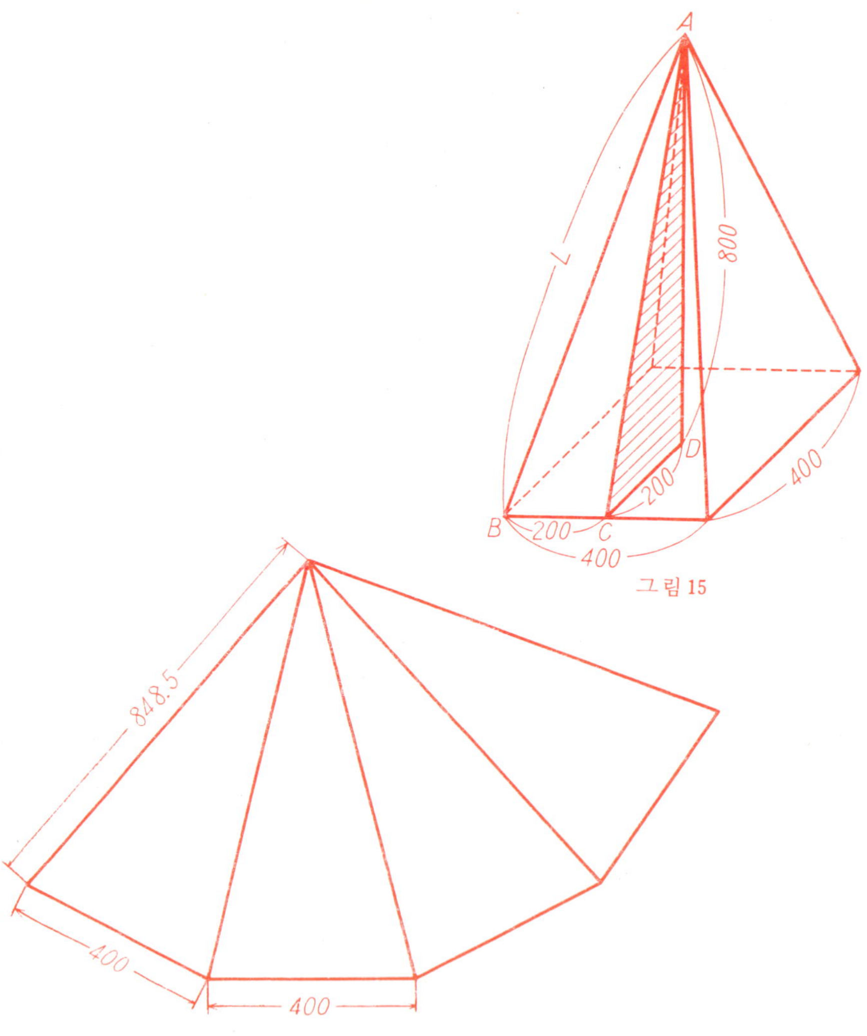

스크루의 경우는 보통의 판뜨기 전개와 같이 삼각형법으로 판뜨기 전개를 해서는 판의 신장 축소가 고려되어 있지 않기 때문에 정확히 전개되지 않는다.

그림 16과 같은 스크루의 경우 판뜨기할 날개의 지름 실장 D_o, di를 구하려면 다음과 같은 공식에 의하여 계산한다.

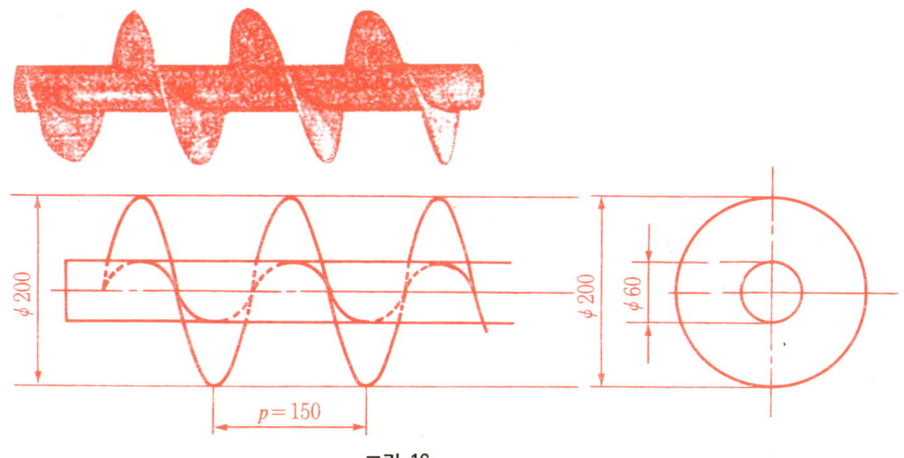

그림 16

투상도에서 바깥지름과 안지름을 D, d, 피치를 P라고 하면 A, B는

$$A = \sqrt{\left(\frac{P}{2}\right)^2 + \left(\frac{D-d}{2} + d\right)^2}$$

$$B = \frac{D-d}{2}$$

$$\therefore D_o = A + B$$

$$di = A - B$$

위 식에 P=150, D=200, d=60을 대입하여 D_o, di를 구한다,

$$A = \sqrt{\left(\frac{150}{2}\right)^2 + \left(\frac{200-60}{2} + 60\right)^2} = 150$$

$$B = \frac{200-60}{2} = 70$$

$$D_o = 150 + 70 = 220$$

$$di = 150 - 70 = 80$$

〔주〕 이 판뜨기 전개대로 가공하면 1매의 날개가 1바퀴 이상 감겨붙지만 1매 1매를 연속해서 접합해 나가고 마지막으로 전체 길이 치수에 맞추어 절단하면 용접 개소가 달라지므로 변형이 적어진다.

판을 원통형으로 급히 꾸부리면 판부리의 중심선으로
부터 외측은 늘어나고 내측은 줄어들며 또 중심선은 신
축이 없이 그냥 꾸부러질 뿐이다. 이 중심선을 중립선이라고
한다. 판뜨기전개의 경우, 이 **중립선**을 기준으로 한다.
그림17과 같은 원통꾸부림의 경우, 중립선의 원주의
길이 L은

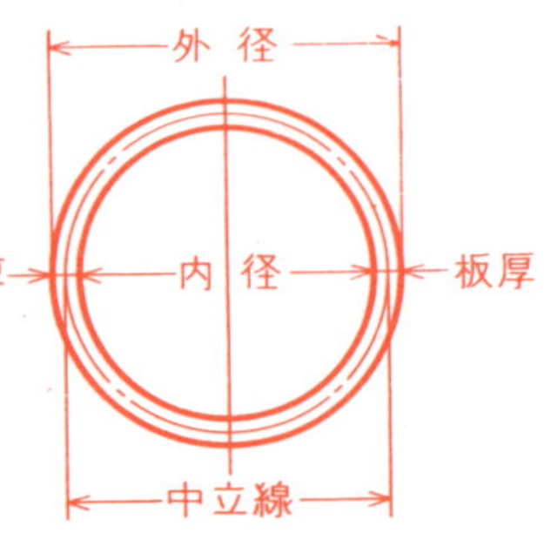

그림 17

      외경치수로 표시되고 있을때
$$\cdots\cdots L = (외경 - 판두께) \times \pi$$

      내경치수로 표시되고 있을때
로 계산한다.
$$\cdots\cdots L = (내경 + 판두께) \, \pi$$

〔주〕 단, R/t (R…꾸부림 반경, t…판두께) 가 5보다 작아지면 중립선은 내측으로
이동하기 때문에 R/t < 5 의 경우, 중립선은 중심보다도 내측에서 취한다.

례 1. 90°꾸부림의 판뜨기 전개

90°꾸부림에 필요한 판뜨기 전개의 길이 L은 원통계산의 1/4로
하면 된다.

90°굽힐 때 90°R부분의 길이 L은

$$l = \frac{(2R + t)\pi}{4}$$

$$= \frac{(2 \times 50 + 6) \times 3.14}{4} = 83.2$$

또는 $\quad l = \frac{(R + t/2)\pi}{2}$

$$= \frac{(50 + 3) \times 3.14}{2} = 83.2$$

그림18과 같은 경우 전체의 길이 L은
$$L = 50 + 83.2 + 60 = 193.2$$

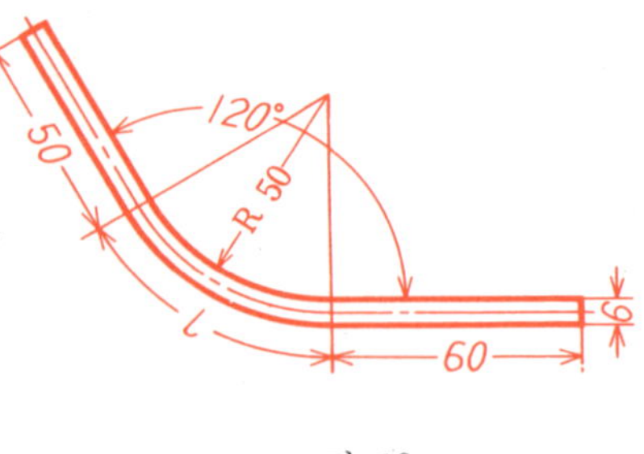

례 2 90° 굽힘 이외의 굽힘 판뜨기전개

90° 이외의 θ°로 굽힐 때의 길이 L은 원주 $\times (180° - \theta)/360$
으로 계산하면 된다.

R부분의 길이 L은
$$l = \frac{(2R + t)\pi \times (180 - \theta)}{360}$$

$$= \frac{(2 \times 50 + 6) \times 3.14 \times (180 - 120)}{360} \fallingdotseq 55.47$$

또는 $\quad l = \frac{(R + t/2)\pi \times (180 - \theta)}{180}$

$$= \frac{(50 + 3) \times 3.14 \times (180 - 120)}{180} \fallingdotseq 55.47$$

그림 18

그림 19

그림19와 같은 경우의 전체의 길이는 $L = 50 + 55.47 + 60 = 165.47$

9 판두께를 고려한 90°굽히기의 판뜨기전개

프레스에 의한 V자형 굽힘 판뜨기의 경우는 원통구부림과 달리 중립선이 내측에 이동하는데, 그 이동량(λ : 표 1 참조)을 정확히 알기는 어렵고 펀치의 R의 크기에 따른 영향이 크기 때문에 실험에 의해 구하지 않으면 정확히 판뜨기를 할 수가 없다.

여기서는 보통 절곡에 이용되는 표준적 펀치, 금형를 사용한 경우의 판뜨기 계산수치를 표1에 나타낸

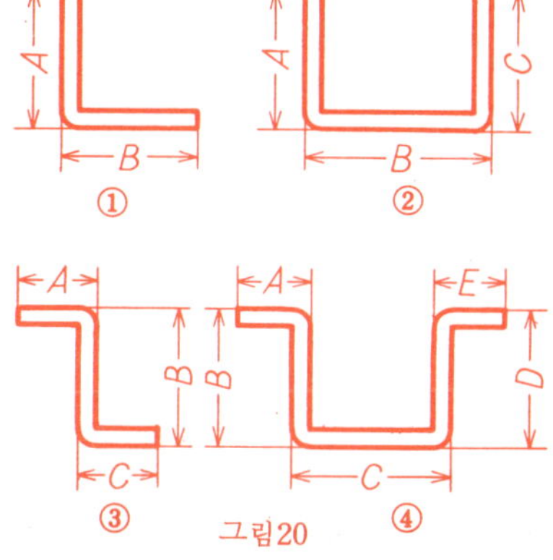

표1. 외측기준에 의한 90°절곡 판두께 고려표 (단위 mm)

板　厚	1.6	2.3	3.2	4.5	6
λ (移動量)	1.4	2	2.8	4	5

〔주〕 상단의 λ 는 R/t가 0.5 보다도 큰 경우 적당치 않으므로 사용하지 말것. 또한 특별정밀 제품의 경우는 시절(試折)을 하면 좋다.

〔표1을 사용한 경우의 그림20의 계산예〕

① 그림의 전개치수 …… $L = A + B - 2\lambda$

② 그림의 전개치수 …… $L = A + B + C - 4\lambda$

③ 그림의 전개치수 …… $L = A + B + C - 4\lambda$

④ 그림의 전개치수 …… $L = A + B + C + D + E - 8\lambda$

〔주〕 도면치수가 내측에 지정되고 있을 경우는 판두께를 가하여 전부 외측치수로 하고나서 판뜨기 계산을 하면 된다.

예1 $L{=}A{+}B{-}2\lambda$ 의 경우 (그림21참조)

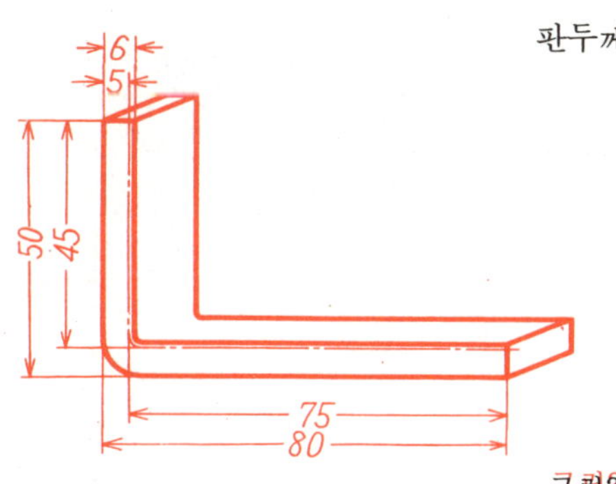

판두께 6 mm라고 하면 표1에서 $\lambda = 5$ 를 사용한다.

$$L = 50 + 80 - 2 \times 5 = 120$$

따라서 판뜨기 전개 길이는 120mm이다.

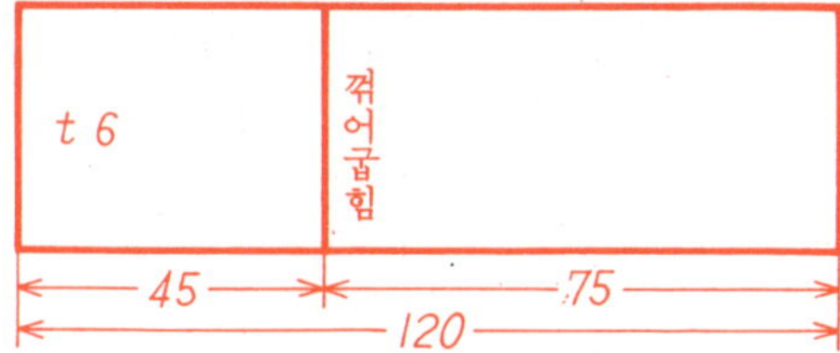

그림21

例2　$L = A + B + C - 4\lambda$의 경우 (그림22 参照)

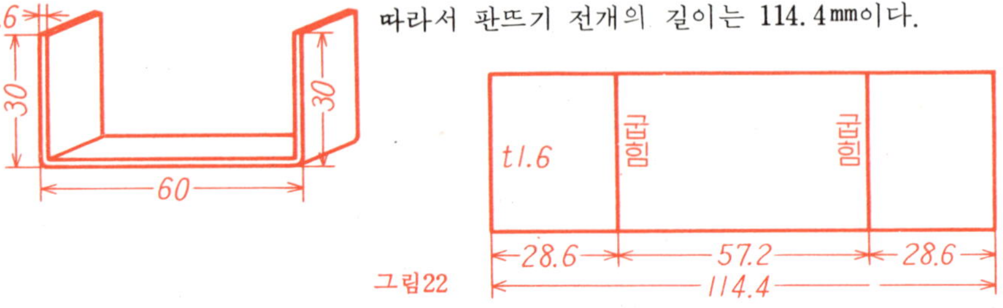

판두께 1.6mm라고 하면 표 1에서 $\lambda=1.4$를 사용한다.
$$L = 30 + 60 + 30 - 4 \times 1.4 = 114.4$$
따라서 판뜨기 전개의 길이는 114.4mm이다.

그림22

例3　$L = A + B + C - 4\lambda$의 경우 (23 図参照)

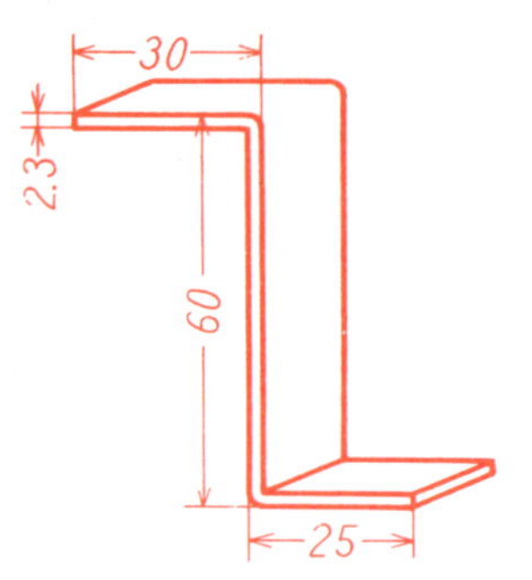

판두께 2.3mm라고 하면 표 1에서 $\lambda=2$를 사용한다.
$$L = 30 + 60 + 25 - 4 \times 2 = 107$$
따라서 판뜨기전개의 길이는 107mm이다.

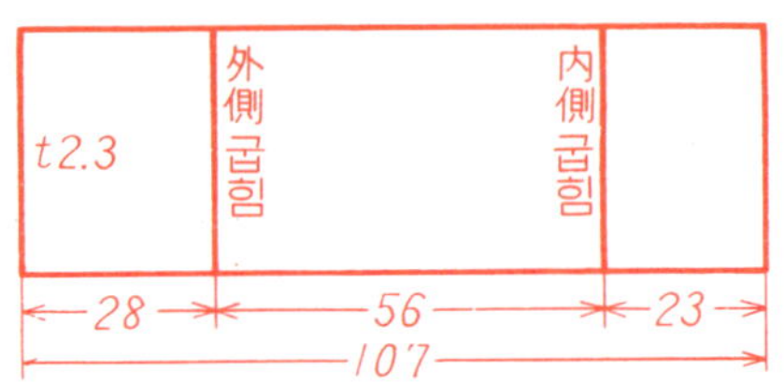

23 図

例4　$L = A + B + C + D + E - 8\lambda$의 경우 (24 図参照)

판두께 4.5mm라고 하면 표 1에서 $\lambda=4$를 사용한다.
$$L = 20 + 30 + 80 + 30 + 20 - 8 \times 4 = 148$$
따라서 판뜨기전개 길이는 148mm이다.

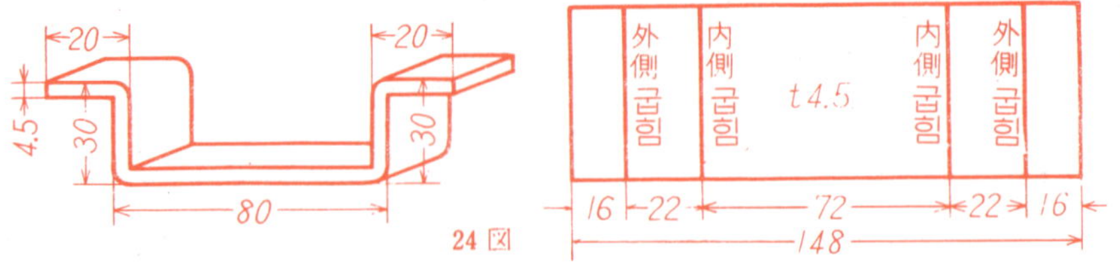

24 図

4. 판두께를 고려한 판뜨기전개

판두께를 고려하는 경우의 전개도를 그리는 데는 다음 두가지 점을 고려하는 것이 원칙이다.

1. 입체를 전개했을 때의 판두께의 "길이"(예 4·1의 전개도에서 $\overline{XY}$를 표시)의 실장을 얻으려면 판두께의 중립선(3·8을 참조)의 위치를 구하고 그것에 의해 중립선의 길이를 구하여야 한다(예를들면 원통의 경우는 판두께의 외경선에서 구하면 판두께만큼 커지고, 또 판두께의 내경선에서 구하면 판두께의 해당분만큼 작아지기 때문이다).

판두께의 중립선의 위치는 다음과 같이 구하여야 한다.

① 원통, 원뿔, 타원과 같이 평면도가 곡선으로 그려지는 것은 판두께의 중심을 잡는다.

② 각통, 각뿔 등과 같이 모가 나게 굽혀진 곳이 있는 것은 판두께의 중심보다도 내측(예를들면 판두께 6 mm의 두꺼운판을 90° 굽히는 경우에는 내측에서 1 mm인 곳 (3.9 "판두께를 고려한 90° 굽힘의 판뜨기전개"를 참조)을 잡는다.

2. 둘 이상의 입체가 90° 이외의 경사각도로 상대측과 접속하는 경우에는 입체를 전개하였을 때의 후판의 "높이"(예; 4·1 의 전개도에서 $\overline{7'o7o}$을 표시)의 실장을 구하려면 접속부의 각위치 마디에 판두께의 외경과 내경 또는 이측과 내측중 먼저 상대측에 접하는 쪽을 취하여 상관선(相貫線; 둘 이상의 입체가 서로 교차하는 선)을 그리고 이에 의해 실장을 구하여야 한다(판두께의 외경이나 내경 또는 외측이나 내측 어느편인가가 먼저 상대측에 접하기 때문에 판두께를 고려하지 않으면 접속부에 틈이 생기므로 따내는 작업이 필요해진다). 이상과 같은 점을 고려해서 판뜨기전개를 하면 복잡한 제품의 경우라도 지정치수대로 전개도를 쉽게 그릴 수가 있다

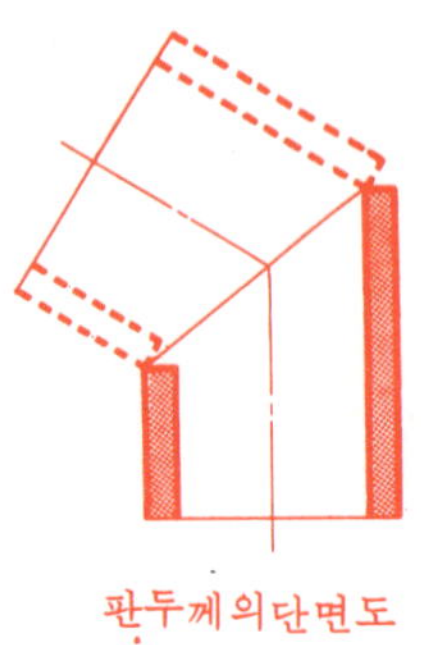

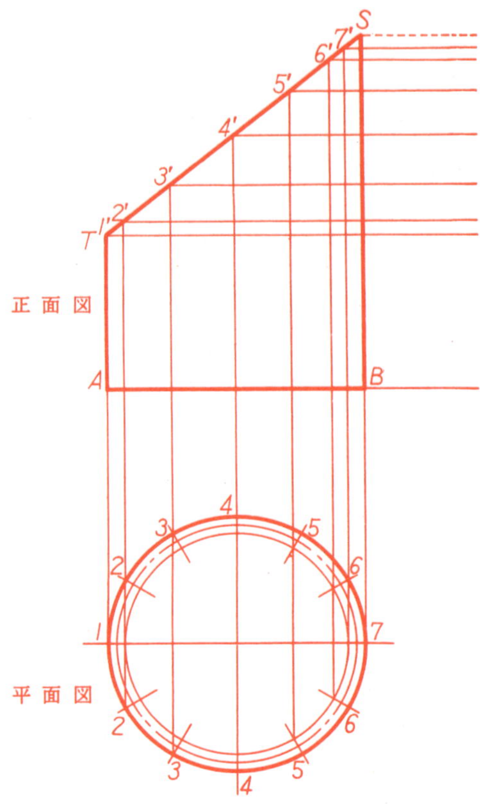

판뜨기전개법(평행선법)

1. 평면도에 판두께의 외경, 내경 및 중립선(이경우는 판두께의 중심)을 그려서 12 등분하고 각 등분점을 각각 1, 2,……7로 한다.

2. 외경등분점 1, 2, 3, 4로 부터 수선을 세우고 $\overline{TS}$와의 교점을 각각 1′, 2′, 3′, 4′로 한다.

마찬가지로 내경 등분점 5, 6, 7에서 수선을 세우고 $\overline{TS}$와의 교점을 각각 5′, 6′, 7′로 한다.

　〔주〕 평면도의 각 등분점의 외경, 내경에서 각각 평면도에 수선을 긋고 외경이나 내경중 상대측에 먼저 접하는 쪽, 즉 짧은 쪽을 사용하면 된다(판두께 단면도 참조).

　　 이경우 1, 2, 3에서는 외경 등분점으로 부터의 수선쪽이 짧으므로 외경등분점을, 5, 6, 7에서는 내경 등분점으로 부터의 수선쪽이 짧으므로 내경 등분점을 사용한다. 단, 등분점 4에서는 외경, 내경 공히 동일한 길이가 된다.

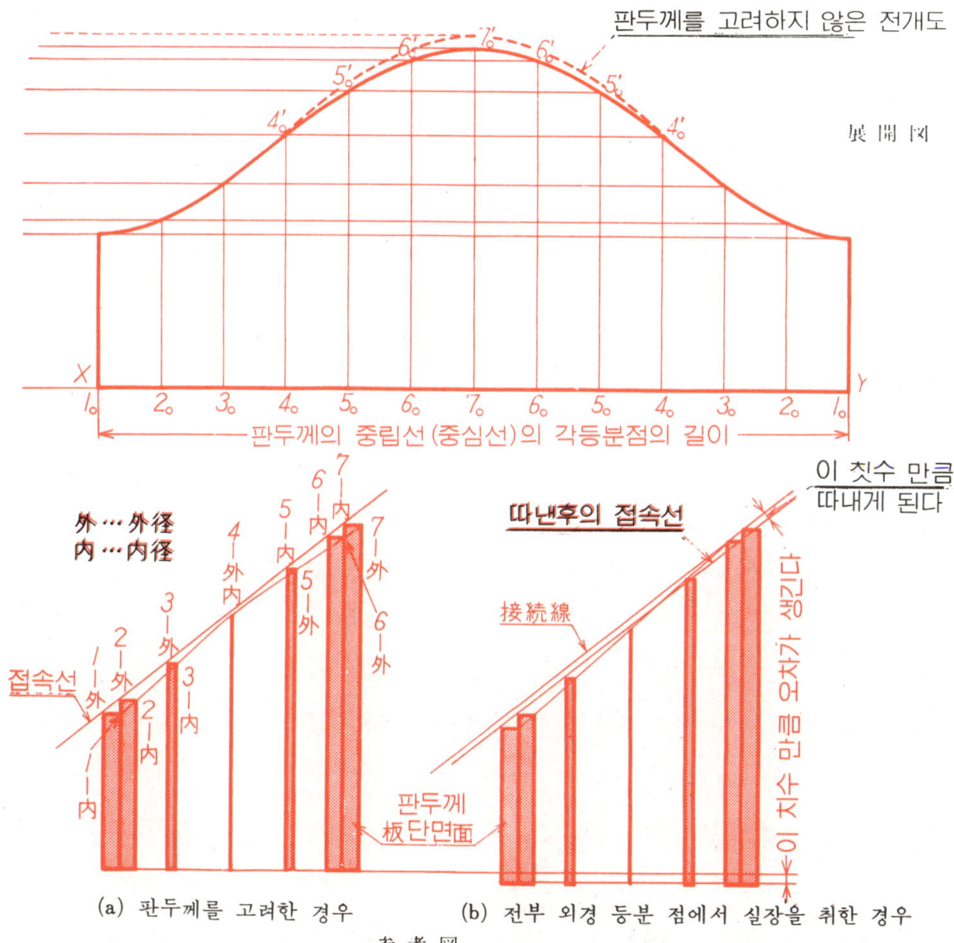

3. 전개도를 그리는 데는 $\overline{AB}$의 연장선에 $\overparen{12}$, $\overparen{23}$, ……$\overparen{67}$, $\overparen{76}$……$\overparen{21}$의 중립선의 길이를 취하여 각각 점 1_0, 2_0, ……7_0, 6_0……1_0로 하고 각점으로 부터 수선을 긋는다.

4. TS선상의 각점으로 부터 $\overline{AB}$에 대한 평행선을 긋고 1_0, 2_0, ……7_0, 6_0, ……1_0의 수선과의 교점을 구하고 각 교점을 순서대로 매끄러운 곡선으로 연결하면 전개도는 완성된다.

  〔주〕 참고도 (a), (b)로 알 수 있듯이 판을 절단하는 경우는 판면에 대해서 수직으로 절단되기 때문에 그림(b)와 같이 판두께를 고려않는 판뜨기전개를 하면 전개도의 $4_0'$, $5_0'$, $6_0'$, $7_0'$, $6_0'$, $5_0'$, $4_0'$의 점선부분만 길게 판뜨기를 한것이 되므로 실선의 $4'$, $5_0'$, $6_0'$, $7_0'$, $5_0'$, $4_0'$의 부분까지 따내하지않으면 가공후 도시한바와 같이 하부의 치수가 길어진 분량만큼 오차가 생긴다.

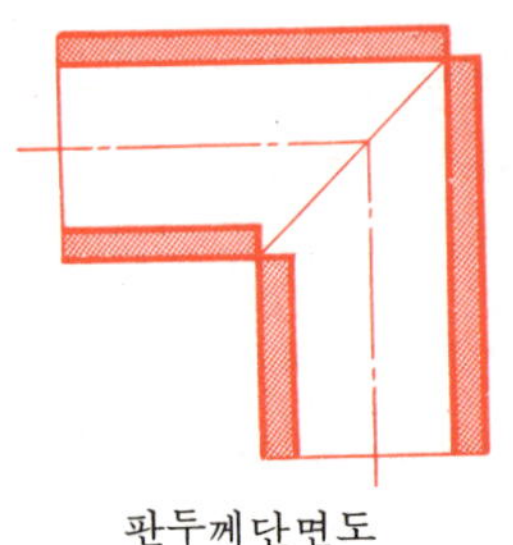

판두께단면도

판뜨기전개법 (평행선법)

1. 평면도에 판두께의 외경, 내경 및 중립선(판 두께의 중심)을 그리고 반원둘레를 6등 분 하여 각 등분점을 각각 1, 2 ,……7로 한다.

2. 외경 등분점 1, 2, 3, 4로 부터 수선을 긋고 TS와의 교점을 각각 1′, 2′, 3′, 4′로 한다. 동일하게 내경 등분점 5, 6, 7로 부터 수선을 긋고 TS와의 교점을 각각 5′, 6′, 7′로 한다 (**4·1**의 **2** 〔주〕를 참조).

3. 전개도를 그리는 데는 $\overline{AB}$의 연장 선상에 $\widehat{12}$, $\widehat{23}$, ……$\widehat{67}$, $\widehat{76}$, ……$\widehat{21}$의 중립선 의 길이를 취하고 각각 점 1。, 2。, ……7。, 6。, ……1。로 하고 각점으로 부터 수선을 긋는다.

4. TS선상의 각점으로 부터 $\overline{AB}$에 대한 평행선을 긋고 1。, 2。,……7。, 6。…1。의 수선

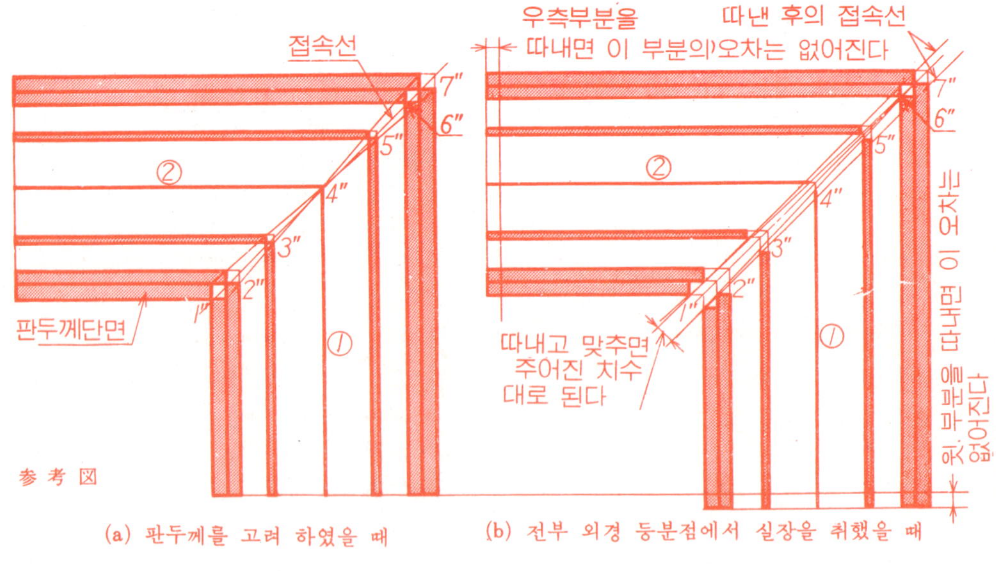

(a) 판두께를 고려 하였을 때   (b) 전부 외경 등분점에서 실장을 취했을 때

参考図

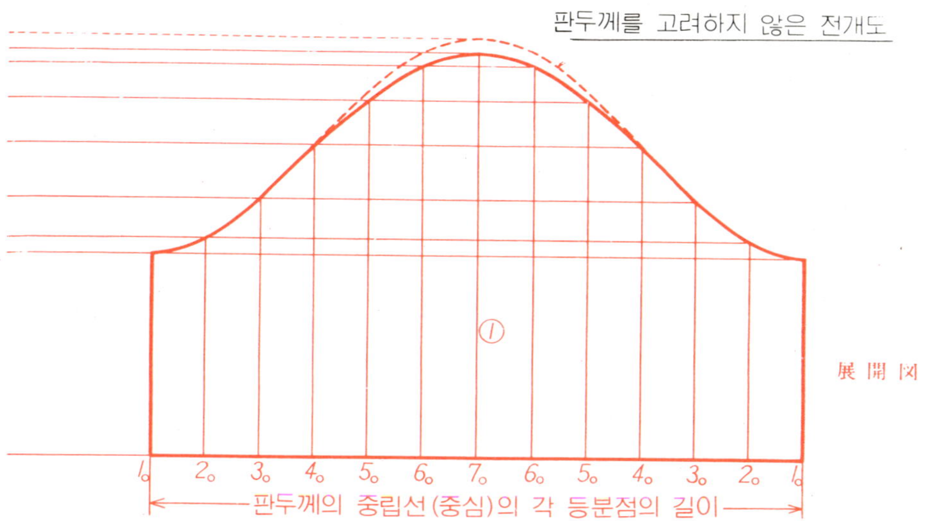

과의 교점을 구하고 각 교점을 순서대로 매끄러운 곡선으로 연결하면 전개도는 완성
된다.

　〔주〕1) 복잡한 모양일 경우 내경, 외경 어느편이 먼저 상대측에 접하는가 알기　어려울
때는 내경, 외경 양쪽에서 실장을 구하고 그 길이가 짧은 쪽을 사용하면 된다.

　2) 참고도 (2)는 판두께를 고려한 경우의 전개법으로, $1''$ $2''$, $3''$ $4''$에서는 외경에서, $5''$
$6''$ $7''$에서는 내경에서 상대측에 접하므로 그대로 접합 가능하다.

같은 그림 (b)는 전부 외경 등분점에서 실
장을 구한 것으로서 $1''$ $2''$ $3''$ 4까지는 좋지

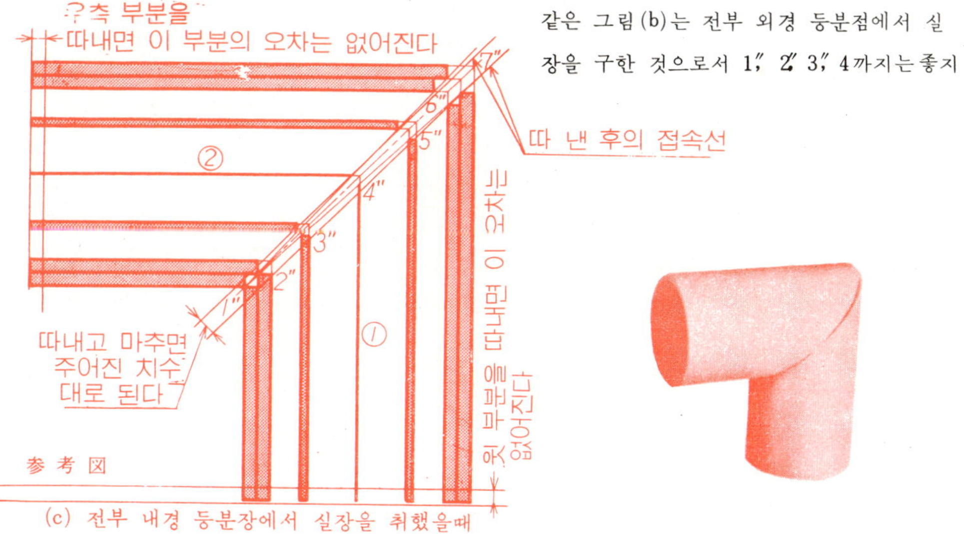

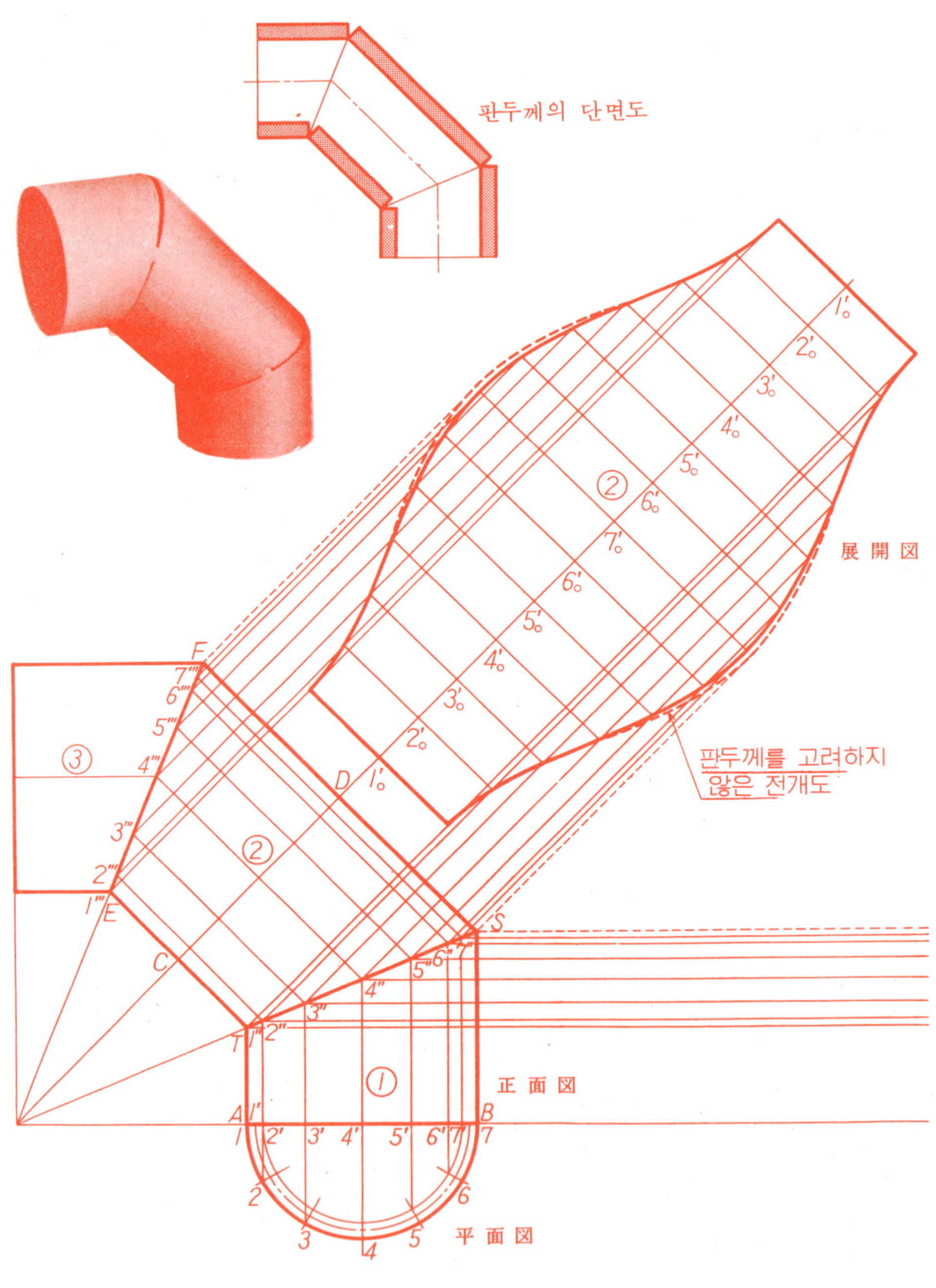
판두께의 단면도
展 開 図
판두께를 고려하지
않은 전개도
正 面 図
平 面 図
②
③
②
①

판뜨기전개법 (평행선법)

1. 평면도에 판두께의 외경, 내경 및 중립선(판두께의 중심)을 그리고 반원둘레를 6등
   분하여 각 등분점을 각각 1, 2, ………7 로 한다.

2. 외경 등분점 1,2,3,4 로 부터 수선을 긋고 $\overline{AB}$, $\overline{TS}$와의 교점을 각각 1′, 2′, 3′,
   4′ 및 1″, 2″, 3″, 4″로 한다.
   마찬가지로 내경 등분점 5,6,7로 부터 수선을 긋고 AB, TS와의 교점을 각각 5′,6′,
   7′ 및 5″, 6″, 7″, 로 한다.(4·1의 2 〔주〕를 참조).

3. TS선상의 각점으로 부터 $\overline{FS}$에 대한 평행선을 긋고 $\overline{EF}$와의 교점을 각각 1‴, 2‴, …
   7‴로 하면 정면도에 표시된 선 1′∼1″∼1‴, 2′∼2″∼2‴, ……7′∼7″∼7‴의 길이는각
   각 실장을 표시한다.

4. ①의 전개도를 그리는 데는 $\overline{AB}$의 연장선에 $\overparen{12}$, $\overparen{23}$, ……67, $\overparen{76}$, …21의 중립선 의
   길이를 취하고 각각 점1。, 2。, ……7。, ……1。로 하고 각점으로부터 수선을 긋는다.

5. TS선상의 각점으로부터 $\overline{AB}$에 대한 평행선을 긋고 1。, 2。, ……7。, 6。, …1。의 수
   선과의 교점을 구하고 각 교점을 순서대로 매끄러운 곡선으로 연결하면 ①의 전개도
   는 완성된다 (③의 전개도는 ①과 동일한 방법으로 된다).

6. ②의 전개도를 그리는 데는 동일하게 $\overline{CD}$ ($\overline{ET}$, $\overline{FS}$의 2등분선)의 연장선상에 중
   립선의 각각의 길이를 취하고 각각 점1′。, 2′。, …7′。, 6′。, …1′。로 하고 각점으로부터
   수선을 긋는다.

7. EF, TS선상의 각점으로 부터 $\overline{CD}$에 대한 평행선을 긋고 1′。, 2′。…7′。, 60′。, …1′。,
   의 수선과의 교점을 구하고 각 교점을 순서대로 매끄러운 곡선으로 연결하면 ② 의
   전개도는 완성된다.

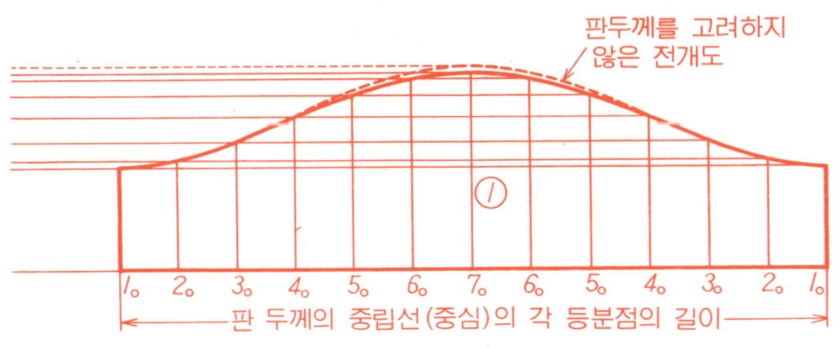

展 開 図

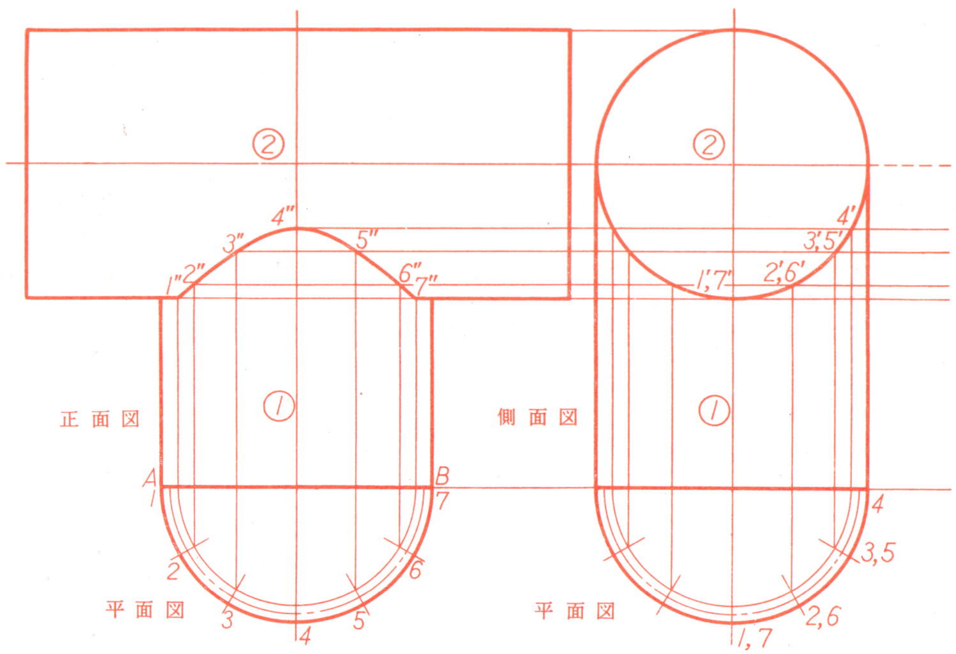

판뜨기전개법 (평행선법)

1. 평면도에 있어서의 평면도에 판두께의 외경, 내경 및 중립선(판두께의 중심)을 그리고 반원주를 6등분해서 각등분점을 1, 2, ……7로 하고, 각 등분점의 내경으로부터 수선을 세운다(참고도(a)참조).

2. 측면도에 서의 평면도도 동일하게 반원주를 6등분하고 각 등분점의 내경으로부터 수선을 긋고[그림 참조], ② 원통과의 교점을 4′, 3′, 5′, 2′, 6′, 1′, 7′로한다.

3. 1′, 2′……7′로 부터 수평선을 긋고 1, 2, ……7의 수선과의 교점을 구하고 각 교점을 순서대로 매끄러운 곡선으로 연결하면 상관선(相貫線)1″~2″~……7″은 완성한다. 여기서 1″, 2″, ……7″의 각점으로부터 $\overline{AB}$까지의 각각의 길이는 ① 원통의 실장이 나타난다.

4. 전개도를 그리는데는 $\overline{AB}$의 연장선상에 $\overset{\frown}{12}$, $\overset{\frown}{23}$, ……$\overset{\frown}{67}$, $\overset{\frown}{76}$, …$\overset{\frown}{21}$의 중립선의 길이를 취하여 각각 점1_0, 2_0, ……7_0, 6_0, …1_0로 하고 각점으로 부터 수선을긋는다.

5. 1″, 2″, …7″의 각점으로 부터 수평선을 긋고 1_0, 2_0, ……7_0, 6_0, …1_0의 수선과의 교점을 구하고 각교점을 순서대로 매끄러운 곡선으로 연결하면 ① 원통의 전개도는 완성한다.

　　〔주〕 이상에서 왜 내경 등분점으로 부터 수선을 세울 필요가 있는가는 참고도(a)에 표시한바와 같다. 그림은 판두께를 고려하여 전개한 경우로서, ① 원통은 ② 원통에 대해 전부 내경으로 접하고 있음을 알 수 있다.
　　또한 그림(b)는 전부 외경 등분점에서 실장을 취한 것이다. 이 경우는 판의 두께만큼

내경이 먼저 ②'원통에 접하므로 외경이 ② 원통에 접하는데까지의 부분(도시부분)을 따
내지 않으면 치수대로의 제품이 되지 않는 것을 알 수 있다.

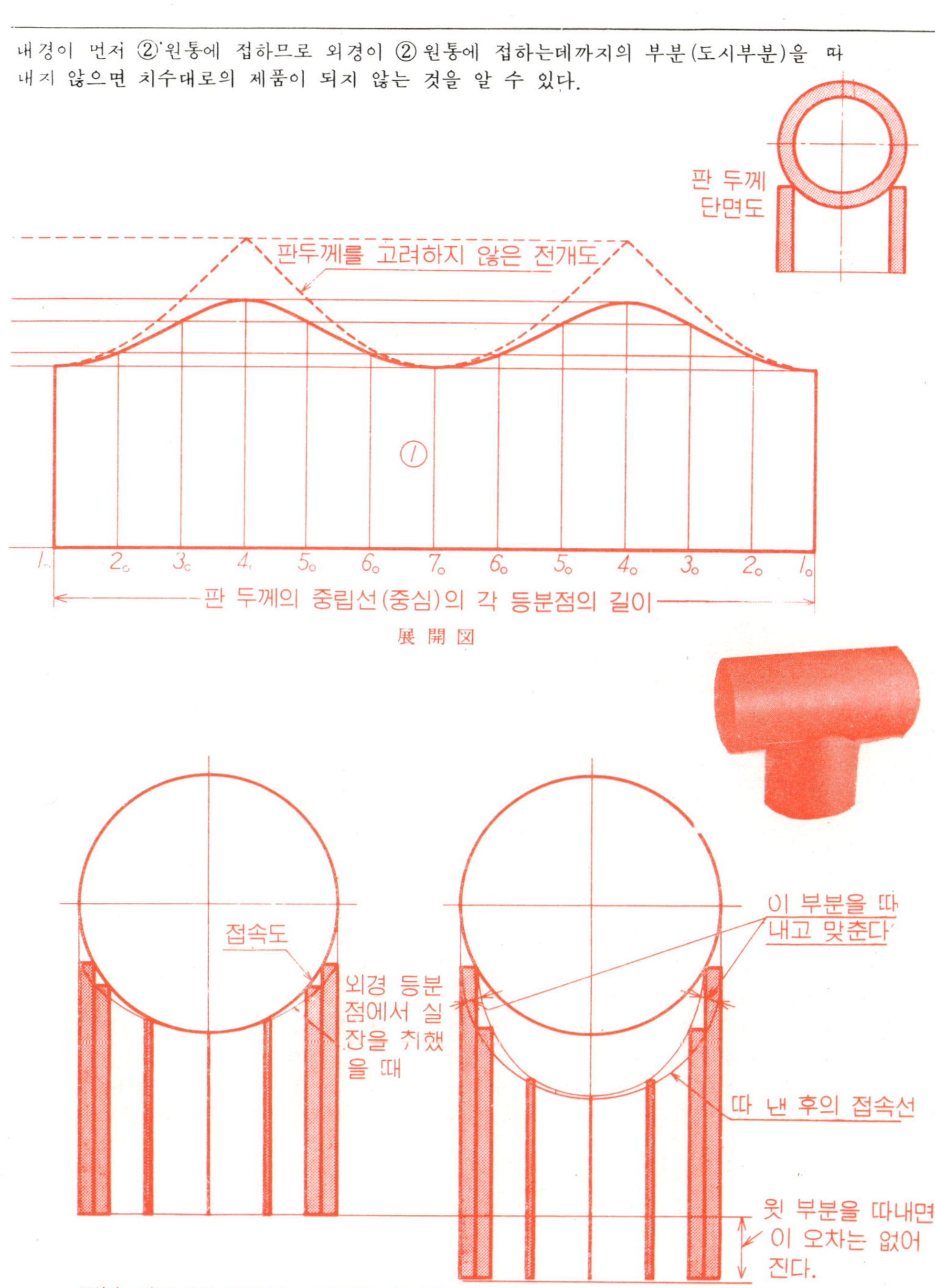

(a)전부 내경 등분점에서 실장을 취했을 때　(b)전부 외경 등분점에서 실장을 취했을 때

参 考 図

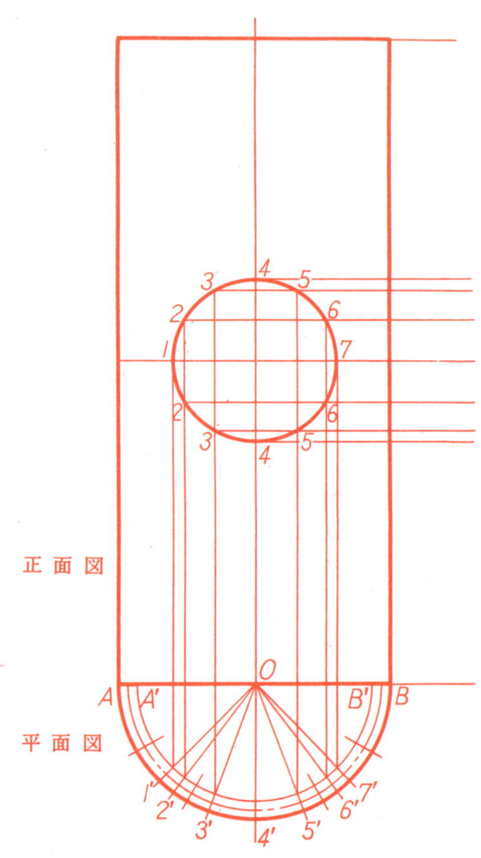

판뜨기전개법 (평행선 법)

1. 평면도에 판두께의 외경, 내경 및 중립선 (판두께의 중심)을 그린다.
2. 정면도의 구멍을 12등분하고 각등분점을 1,2,……7,6,……1로 한다.
3. 1,2,……7로 부터 내경선 $A'B'$까지 수선을 긋고 내경선과의 교점을 통하고 0를 연결하는 선의 연장과 외경선 AB와의 교점을 각각 1′, 2′,…7′로 한다.
4. 전개도를 그리는 데는 $\overline{AB}$의 연장선상에 $\overline{AB}$의 중립선 길이를 취하여 A_0C_0로하고 A_0B_0간의 2등분점을 4_0로 한다. 4_0를 중심으로 4′3′, 3′2′, 2′1′ 및 4′5, 5′6′, 6′7 중립선의 길이를 취하여 점3_0. 2_0. 1_0 및 5_0. 6_0. 7_0로 하고 각점으로 부터 수선을긋는다. 다음에 1,2,……7,6,…1의 각점으로 부터 $\overline{AB}$에 대한 평행선을 긋고 1_0. 2_0. …7_0 수선과의 교점을 구하고 각 교점을 순서대로 매끄러운 곡선으로 연결하면 전개도가 완성된다.

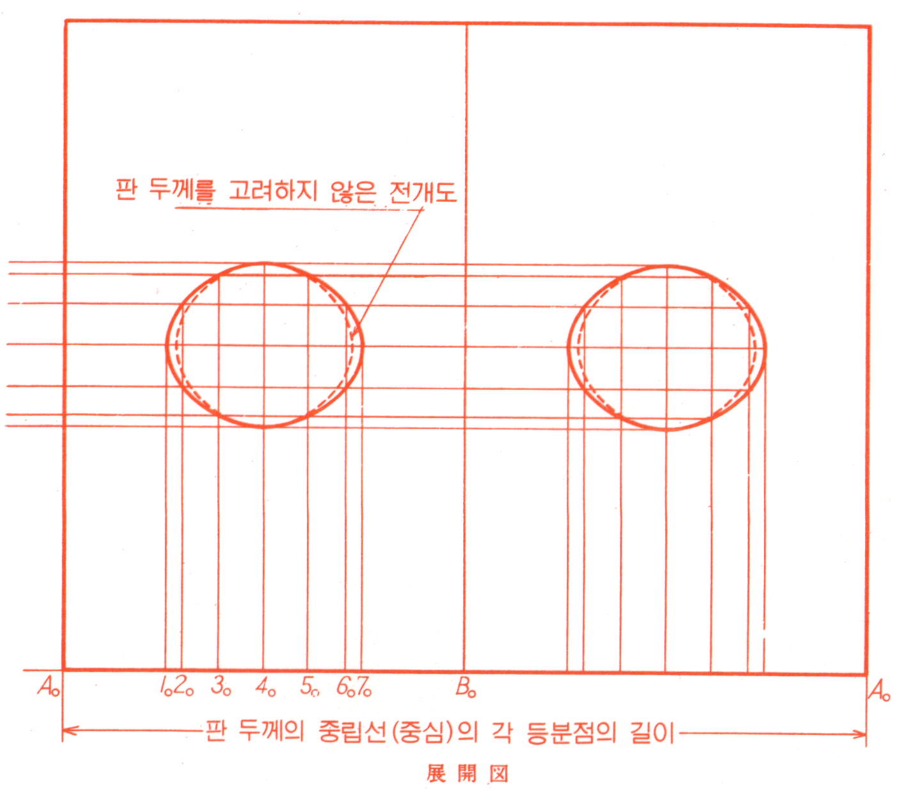

〔주〕 이와같은 판뜨기 전개를 이용하면 따내지 않더라도 상대측이 구멍에 들어 가지만, 여기서 판뜨기전개법 3에 있어서 1,2,…7로 부터 수선을 긋는데 외경선 AB까지 가지고 가면 전개도의 파선부만큼 따내지 않으면 상대측이 들어가지 않게 된다.

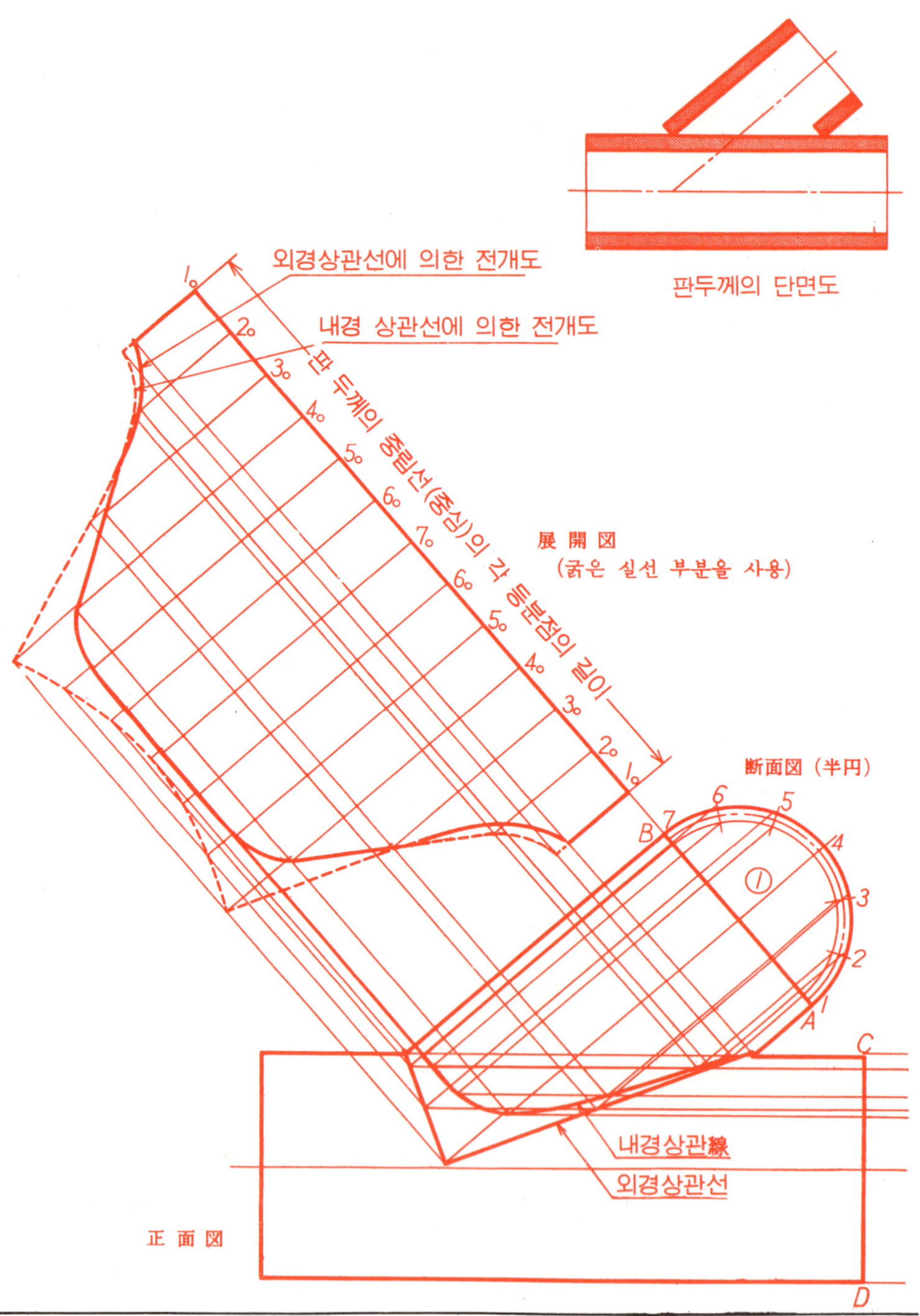

외경상관선에 의한 전개도
내경 상관선에 의한 전개도
판두께의 단면도
展開図
(굵은 실선 부분을 사용)
断面図 (半円)
판두께의 중립선(중심)의 각 등분점의 길이
내경상관線
외경상관선
正面図
A
B
C
D

판뜨기전개법(평행선법)

1. 그림에 표시한 외경 상관선(相貫線)을 구하는데는 우선 정면도측 단면도 ①에 판두께의 외경, 내경 및 중립선(판두께의 중심)을 그리고 반원주를 6 등분하고 각등분점을 각각 1,2,……7로 한다.

    외경 등분점으로 부터 AB로 수선을 긋고 연장한다.

2. 측면도측의 단면도 ②도 판두께의 외경, 내경 및 중립선을 그리고 반원주를 6 등분하여 그림과 같이 단면도 ①에 상응하는 각점1,2,……7을 기입한다. 다시 외경 등분점 1,2,……7로 부터 수선을 긋고 수평원통과의 각교점으로 부터 $\overline{CD}$에 대한 수선을 그어 연장한다.

    여기서 이 수선의 연장선과 단면도 ①로 부터의 연장선과의 동일한 번호의 교점을 구하고 각점을 연결하면 외경 상관성이 얻어진다.

3. 동일하게 내경 상관선을 구하는데는 단면도 ①의 내경 등분점 1,2,……7로 부터 $\overline{AB}$로 수선을 그어 연장한다.

4. 단면도 ②의 내경 등분점 1,2,……7로 부터 수선을 긋고 수평원통과의 각 교점에서 CD에 대한 수선을 긋고 단면도 ①로에서의 연장선과의 동일한 번호의 교점을 구하여 각 교점을 순서대로 매끄러운 곡선으로 연결하면 내경 상관선이 구해진다.

5. 전개도를 그리는데는 $\overline{AB}$의 연장선에 $\overline{1\,2}$, $\overline{2\,3}$……$\overline{6\,7}$, $\overline{7\,6}$,……$\overline{2\,1}$의 중립선의 길이를 취하여 점 1_0, 2_0, ……7_0, 6_0, ……1_0로 하고 각점으로 보터 수선을 긋는다.

6. 다음에 외경 상관선상의 각점으로 부터 $\overline{AB}$에 대한 평행선을 긋고 1_0, 2_0, ……7_0, 6_0, ……1_0의 수선의 동일한 번호와의 교점을 구하고 각 교점을 순서대로 매끄러운 곡선으로 연결하면 외경 상관선에 의한 전개도가 완성된다.

7. 동일하게 내경 상관선상의 각점으로 부터 $\overline{AB}$에 대한 평행선을 긋고 1_0, 2_0, ……7_0, 6_0, …1_0의 수선을 구하여 각 교점을 순서대로 매끄러운 곡선으로 연결하면 내경 상관선에 의한 전개도가 완성한다.

8. 외경 상관선 및 내경 상관선에 의한 전개도중 짧은 쪽을 사용하면 따 내지 않고 접합할 수있다.

    〔주〕 전개도의 2_0, 3_0간에서 외경과 내경 전개도가 교치히는데 그대로 사용히지 말고 2_0, 3_0간을 매끄러운 곡선으로 다시 연결하여 사용하면 좋다.

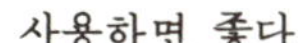

7 원통에 경사되어 교차하는 지름이 다른 원통

이 경우의 전개도는 굽힘 가공일 경우에는 마름질 선이 외측이 되도록 한다. 또한 90° 이외의 복잡한 상관체의 경우는 그리는 선이 외측이 되도록 판뜨기하면 두 물체를 하나로 접합할때 각 상관선상의 그리는 선의 위치를 잘 알수 있으므로 접합작업이 정확히 된다.

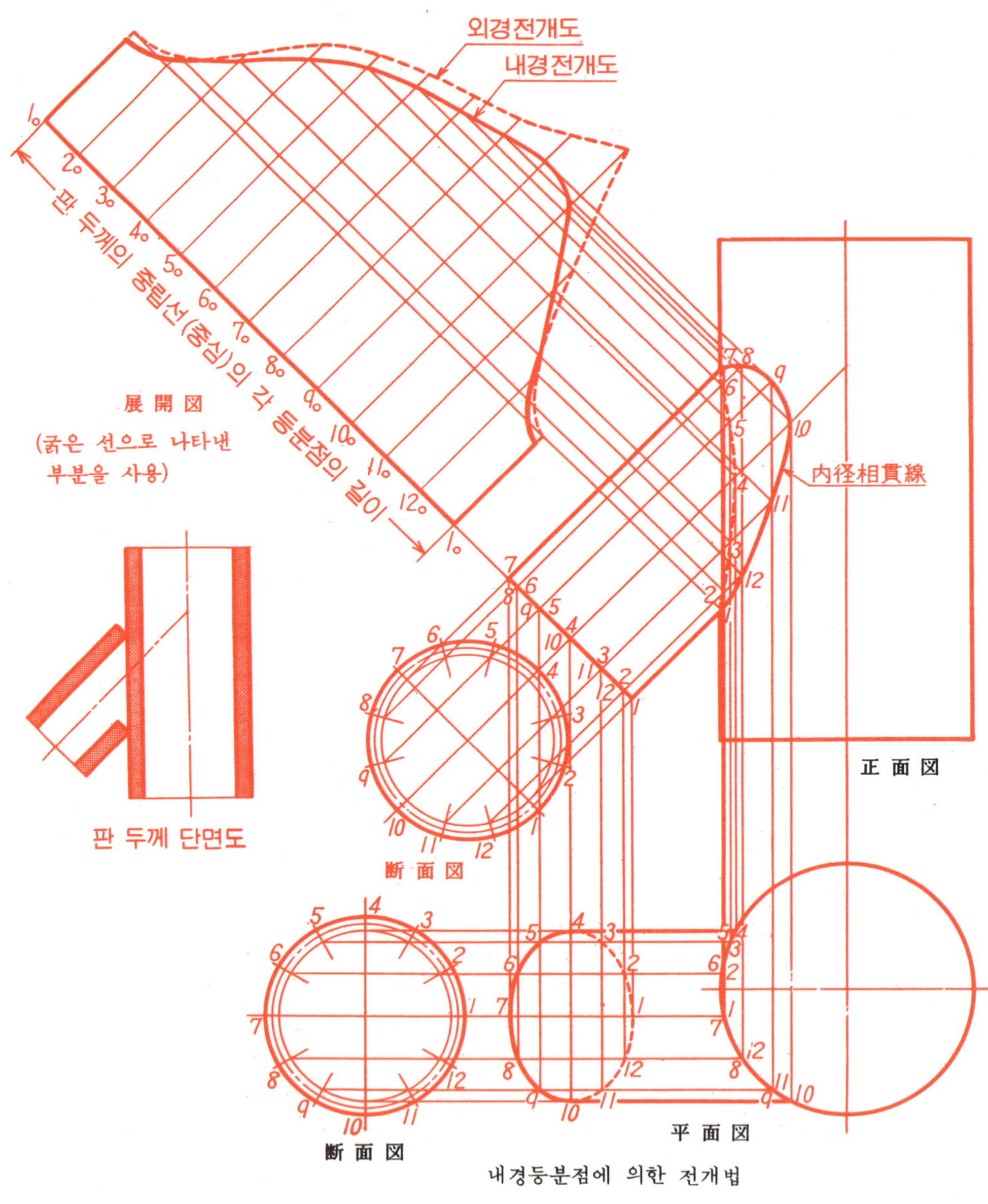

판뜨기 전개법(평행선법)

　전항 **4·6** 원통에 교차하는 지름이 같은 원통과 같은 방법이면 된다.

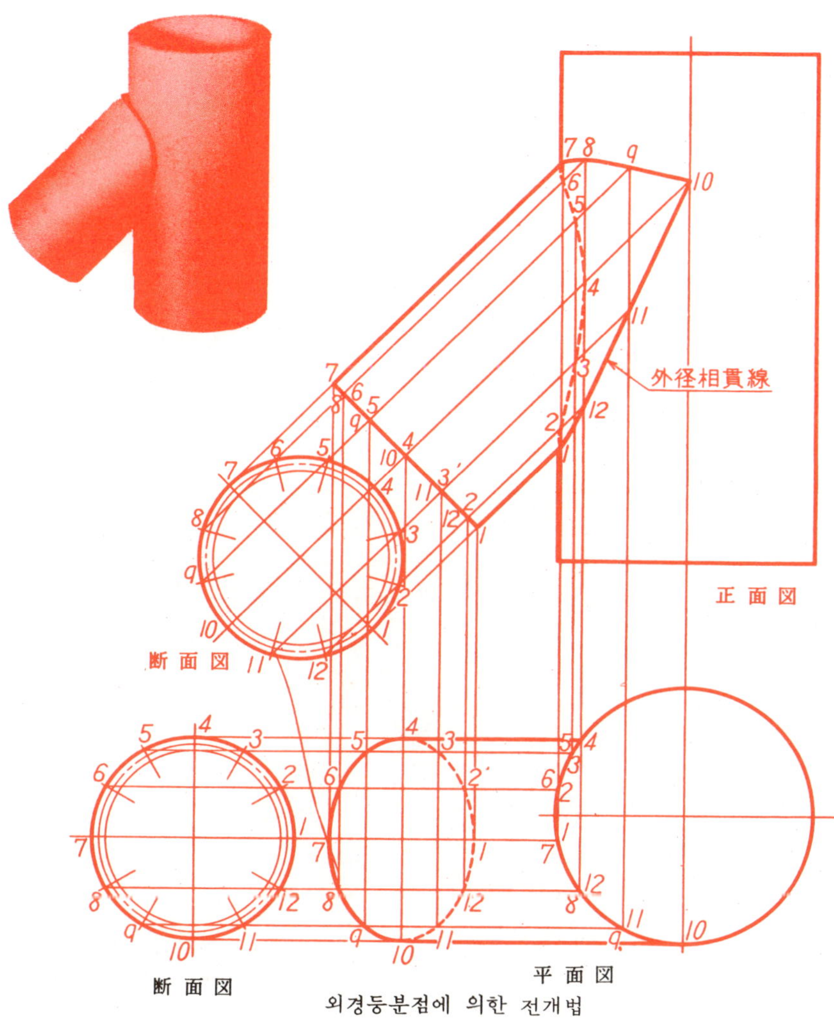

[주] 전항 4·6과 같이 빗면으로 교차하고 있기 때문에 어느 점이 내경, 외경으로 상
대측에 접하고 있는가 알기 어려우므로 내경 및 외경 양측의 상관선에 의한 전개법을 행
하고 있다. 전개도에는 각각 내경, 외경 쌍방의 경우의 실장이 표시되므로 내경, 외경 상
관선에 의한 전개도중 짧은쪽(먼저 상대측에 접하는 쪽이고 실선으로 표시한 부분)을 사용
하면 따내지않고 접합가능하다. 또한 설명상 외경, 내경별의 전개도를 그렸지만 실제로는전
항 4·6과 같이 하나의 그림으로 내경, 외경 쌍방의 판뜨기를 행한다.

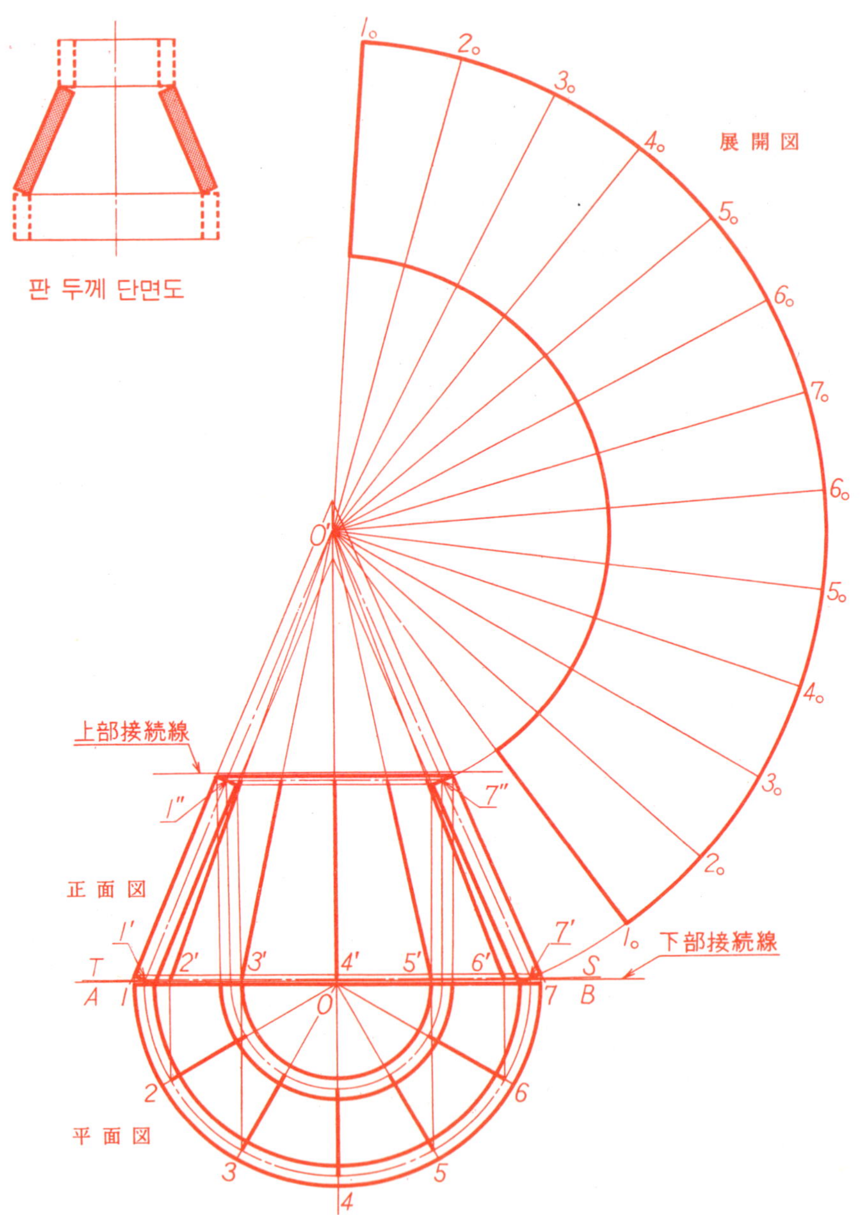
판 두께 단면도
展開図
上部接続線
下部接続線
正面図
平面図
O'
T
A
S
B
O
1" 7"
1' 7'
1 2' 3' 4' 5' 6' 7
2 6
3 5
4

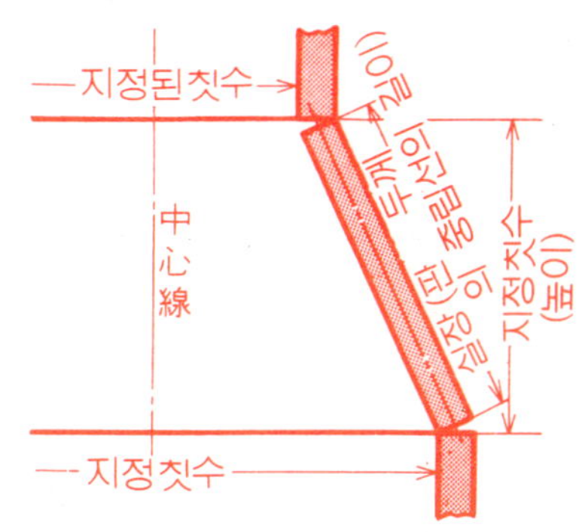

参 考 図

판뜨기 전개법 (방사선법)

1. 상부 및 하부가 접속되는 경우의 판뜨기 전개이다.
   정면도에 판두께의 외경, 내경 및 중립선(판두께의 중심)을 그린다.
   여기서 참고도에서 알수 있듯이 상부에서는 판두께의 외경이 먼저 접속부(상대측)에 접하고, 하부에서는 판두께의 내경이 먼저 접하므로 우선 상부에서는 외경으로 부터 내경측으로 수선을 긋고 중립선, 내경선과의 교점을 구하고, 동일하게 하부에서는 내경으로 부터 외경측으로 수선을 긋고 중립선, 외경선과의 교점을 구하면 이 두 교점을 연결하는선(정면도 $\overline{1'1''}$, $\overline{7'7''}$)은 실장을 나타낸다.
   〔주〕 참고도와 같이 상부에 판두께의 외경, 하부는 판두께의 내경이 높이의 지정치수가되도록 현척(실제의 크기)을 그리고 판두께의 중립선에서 실장을 취하면 따내지 않고 치수대로의 접속이 된다.

2. 구한 외경, 내경 및 중립선의 꼭지접으로 부터 수선을 긋고 $\overline{AB}$와의 각 교점으로부터 0 (원뿔 밑면의 중심)을 중심으로 하는 반원을 그리고 이를 6등분하여 등분점 2, 3, …6과 0을 연결하여 중립선과의 교점을 구한다.

3. 중립선의 각 교점으로 부터 $\overline{TS}$ (정면도 하면의 판두께의 중심을 연결하는 선)까지 수선을 긋고, 다시 0' (판두께의 중립선에 의한 원뿔의 중심)까지 연결한다.

4. 전개도를 그리는 데는 0'를 중심으로 0'7'를 반경으로 하는 원을 그리고 그 원둘레위에 $\overset{\frown}{1\,2}$, $\overset{\frown}{2\,3}$, …$\overset{\frown}{6\,7}$, $\overset{\frown}{7\,6}$, …$\overset{\frown}{2\,1}$의 중립선의 길이를 순서대로 취하고 각점과 0'를 연결한다.
   다음에 0'를 중심으로 0'7''을 반경으로 하는 원을 그리면 전개도는 완성한다.

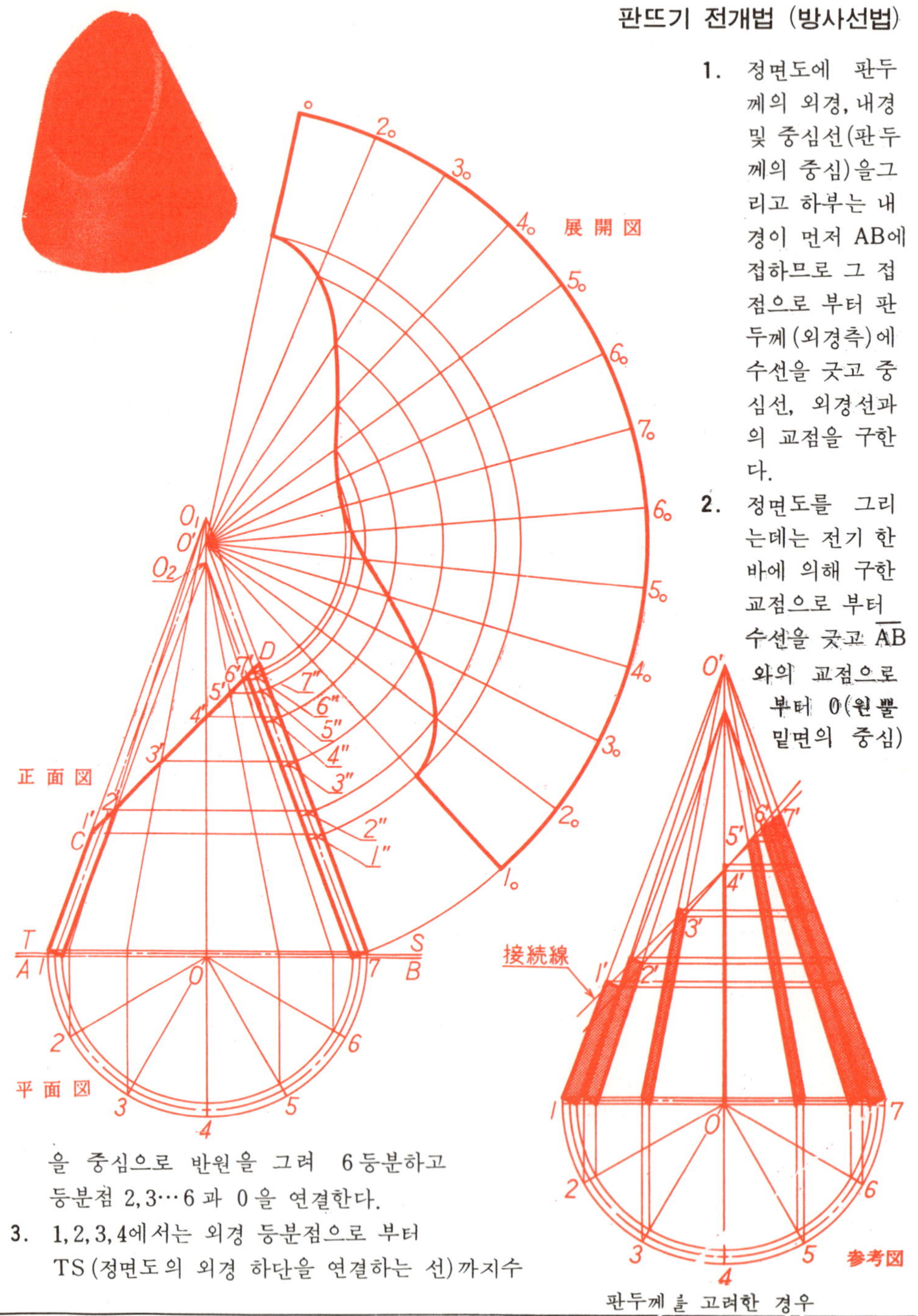

판뜨기 전개법 (방사선법)

1. 정면도에 판두께의 외경, 내경 및 중심선(판두께의 중심)을 그리고 하부는 내경이 먼저 AB에 접하므로 그 접점으로 부터 판두께(외경측)에 수선을 긋고 중심선, 외경선과의 교점을 구한다.

2. 정면도를 그리는데는 전기 한 바에 의해 구한 교점으로 부터 수선을 긋고 $\overline{AB}$ 와의 교점으로 부터 0(원뿔 밑면의 중심)

을 중심으로 반원을 그려 6등분하고 등분점 2, 3…6과 0을 연결한다.

3. 1, 2, 3, 4에서는 외경 등분점으로 부터 TS(정면도의 외경 하단을 연결하는 선)까지수

판두께를 고려한 경우

선을 긋고 다시 0, (외경에 의한 원뿔의 중심)까지 연결한다. 5, 6, 7에서는 내경 등분점으로 부터 AB까지 수선을 세우고 다시 O_2 (내경에 의한 원뿔의 중심)까지 연결하고 $\overline{CD}$와의 교점을 각각 1′, 2′, …7′로 한다.

4. CD선상의 1′, 2′, 3′, 4′에서는 $\overline{AB}$에 대한 평행선을 긋고 $\overline{O'7'}$의 외경선과의 교점을 구하여 각 교점으로 부터 판두께에 수선을 긋고 중심선과의 교점을 1″, 2″, 3″, 4″로한다. 동일하게 5′, 6′, 7′에서는 $\overline{O_27}$의 내경선과의 교점을 구하여 각 교점으로 부터 판두께에 수선을 세우고 중립선과의 교점을 5″, 6″, 7″로 한다. 여기서 중립선상의 1″, 2″, …7″의 각점은 실장을 나타내는 위치를 표시한다.

5. 전개도를 그리는데는 O'를 중심으로 하여 O'~판두께의 중립선상의 7을 반경으로 하는 원을 그리고 그 원주상에 $\overset{\frown}{1\,2}$, $\overset{\frown}{2\,3}$, …$\overset{\frown}{6\,7}$, $\overset{\frown}{7\,6}$…$\overset{\frown}{2\,1}$의 중립선의 길이를 순서대로 취하여 각각 $1_○, 2_○, …7_○, 6_○, …1_○$로 하고 각점과 O'를 연결한다. 다음에 1″, 2″, …7″의 각점으로 부터 O'를 중심으로 하는 원을 그리고 동일한 번호와의 교점을 구하여 각점을 순서대로 매끄러운 곡선으로 연결하면 전개도가 완성된다.

〔주〕 참고도 (a)는 이상과 같이 판두께를 고려한 경우의 전개법을 도시한 것으로서, 1′, 2′, 3′, 4′는 외경에서, 5′, 6′, 7′에서는 내경에서 상대측에 먼저 접하고 있음을 알 수 있다. 이 방법을 사용하면 따내는 않고 주어진 치수대로의 제품을 만들 수가 있다.
그림 (b)는 전부 외경 등분점에서 실장을 취한 경우로서 1′, 2′, 3′, 4′까지는 좋으나, 5′, 6″, 7′ 특히 6′, 7′의 판두께의 내경측을 따내지 않으면 주어진 치수대로는 안된다. 또한 전부 내경 등분점에서 실장을 취한 경우는 5′, 6′, 7′에서는 좋지만 1′, 2′ 3′, 4′에서는 삭취부분이 많아진다.
그림 (c)는 전부 공히 중립선(판두께의 중심)에서 전개한 경우로서, 그림과 같이 따내는 부분이 많아진다.

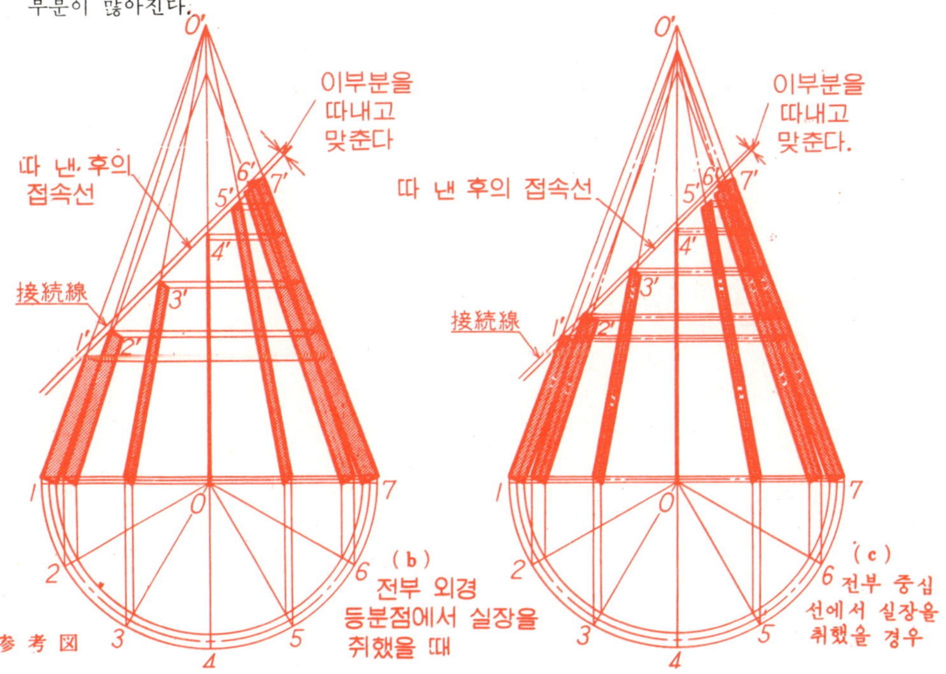

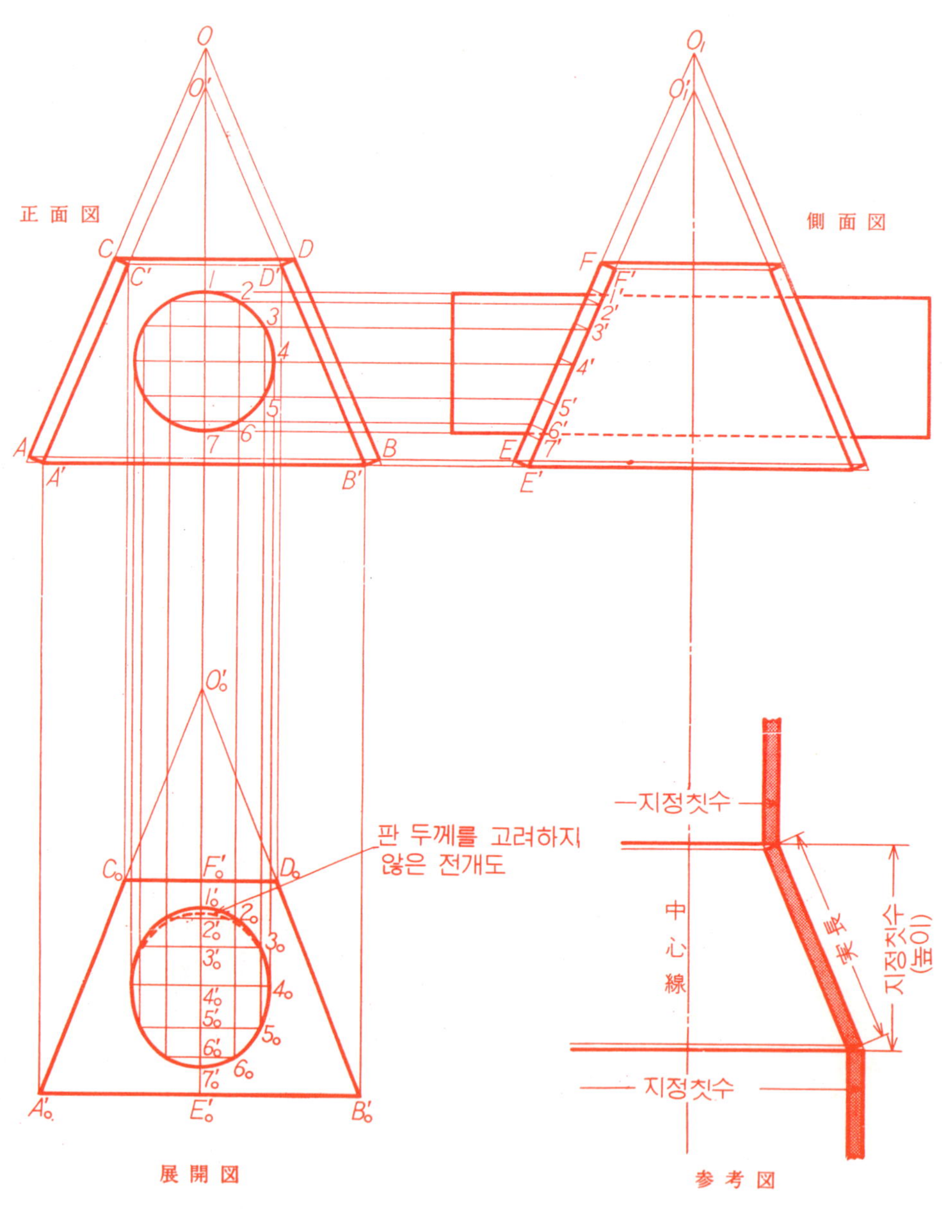
正面図
側面図
판 두께를 고려하지
않은 전개도
展開図
参考図
指定칫수
中心線
실長
指定칫수
(높이)
指定칫수

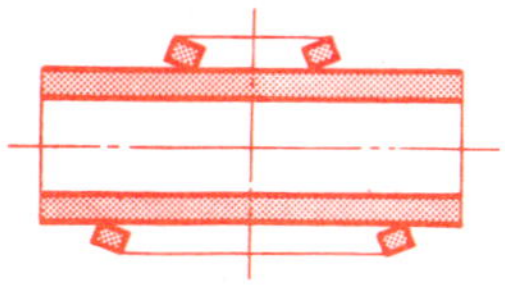

판 두께 단면도

판뜨기 전개법 (평행선법)

1. 정면도, 측면도에 판두께의 외측 및 내측을 그리고 다음에 그림과 같이 각점에 O, O
   $A, A', B, B', C, C', D, D', E, E', F, F', O, O'$를 기입한다.

2. 정면도의 원통의 원둘레를 12등분하여 각 등분점 $1, 2, \cdots 7$로 부터 AB에 대한 평행선
   을 긋고 $1, 2, 3, 4$에서는 $\overline{E'F'}$와의 교점을 구하여 $1', 2', 3', 4'$로 한다.
   또한 $5, 6, 7$에서는 $\overline{EF}$와의 교점을 구하여 각 교점으로 부터 $\overline{E'F'}$에 수선을 긋고, 그
   교점을 $5', 6', 7'$로 한다. 여기서 O', E' 선상의 각점은 실장을 표시하는 위치를 나타
   낸다.

3. 전개도를 그리는 데는 정면도의 $0\,7$의 연장선의 임의점 O_0'로 부터 순차 $\overline{O_0'F'}$, $\overline{F'1'}$,
   $\overline{1'2'} \cdots \overline{6'7'}$, $\overline{7'E}$에 동일하게 취하여 각점을 $F_0', 1_0', \cdots 7_0', E_0'$로 한다. 다시 이들 각점
   을 통하여 AB에 대한 평행선을 긋는다. 다음에 A_0', B_0', C_0', D_0' 및 $1, 2, \cdots 7$의 각점으로부
   터 수선을 긋고 동일번호의 평행선과의 교점을 구하여 각점을 순서대로 연결하면 전
   개도는 완성된다.

〔주〕 보통 참고도와 같이 현척을 그리고 판뜨기 판두께 내측의 치수를 측정하여 4매 (4면)
취하여 4갓을 용접가공으로 연결 한다.

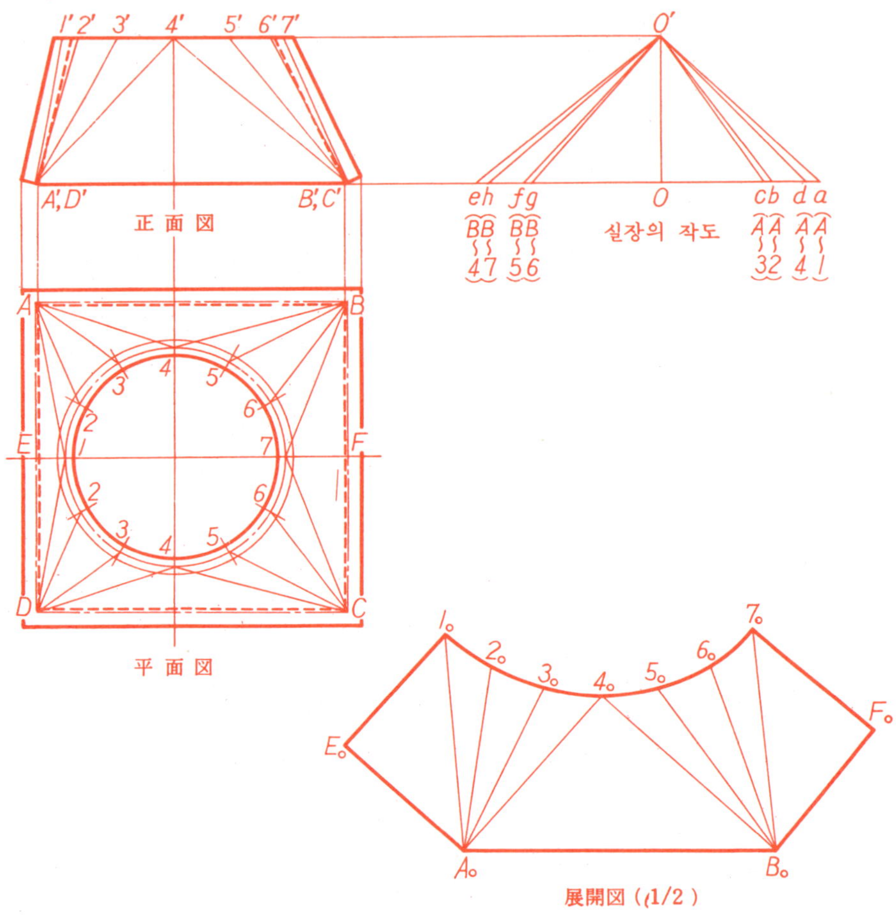

판뜨기 전개법(삼각형법)

이것은 상부의 연결부는 원통, 하부는 사각통이고 하나의 제품으로 상부는 원형, 하부는 정방형일 경우의 판뜨기 전개이다. 실장의 작도를 그리는 데는 상부 원형의 중립선은 판두께의 중심, 하부정방향의 중립선은 판두께의 중심보다도 내측으로 이동(**3 · 9 판두께를 고려한 90° 절곡의 판뜨기전개** 참조할 것)한다. 상부원형을 12 등분하여 중립선상의 등분점 1, 2, …7과 하부 정방향의 중립선의 구석 부분 A, B, C, D를 직선으로 연결하여 이미 배운 방법으로 긋는다. 실장의 작도에서 각각의 실장을 구하여 그리면 전개도가 완성된다.

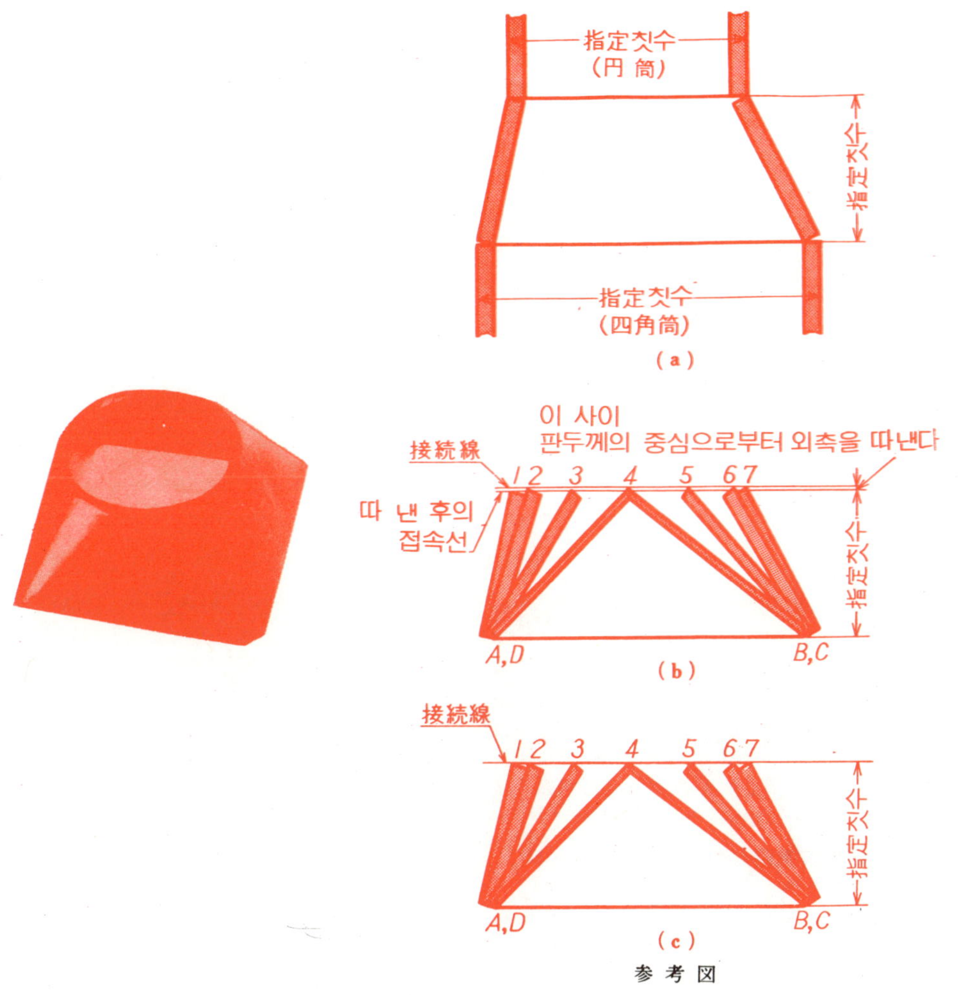

参 考 図

〔주〕1) 전술한바와 같이 실장을 구하는 방법으로 그리는데 두꺼운 판의 경우는 판뜨기 전개를 1매로 취하면 굴곡가공이 곤난해지므로 전개도에 표시하는 바와 같이 ½(半取 : $E-F$ 로   나눈다)로 하여 굽힘가공후 용접하면 된다.

2. 현척을 그릴 때는 참고도 (a)와 같이 주어진 치수를 바탕으로 정면도, 평면도를 그리면 된다.

3. 이 방법으로 판뜨기 전개를 하면 실장의 작도 $O \sim O'$ 를 지정치수로 그려 있기 때문에 그림(b)와 같이 상부는 판두께의 중심으로 부터 외측을   따내야 한다.   그림(c)와 같이 $A \sim 1$, $A \sim 2$, $\cdots A \sim 4$, $B \sim 4$, $B \sim 5$, $\cdots B \sim 7$ 각각의 단면을 정확히 구하여 실장을 구하는것·보다도 좋은 방법이다.

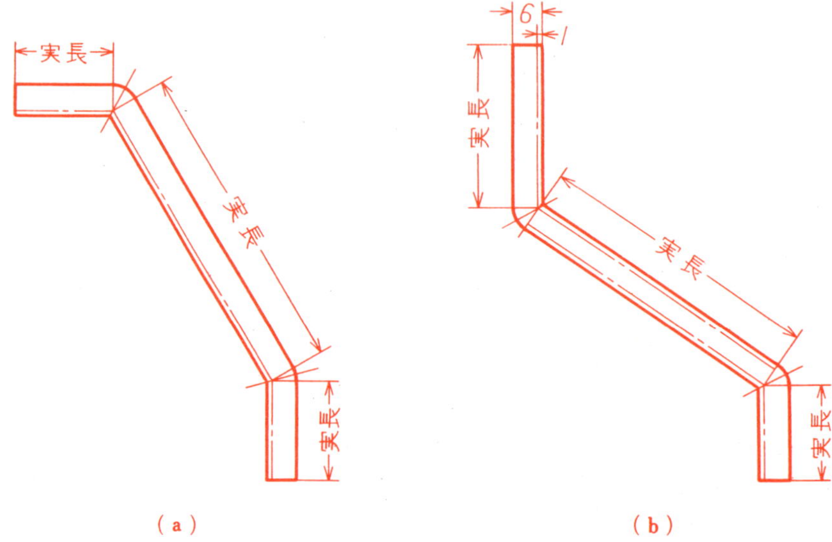

(a)   (b)

굽힘 개소가 있는 각형제품

실장을 구하는 방법

그림(a), (b) 모두 각형제품으로 굽힘개소가 있는 경우의 실장을 구하는 방법이다.
실장을 구하는 데는 중립선의 위치는 **3 · 9**에서 설명한바와 같이 이경우 판두께 6 mm라
고 하면 굽힌곳의 내측으로 부터 1 mm의 곳이 된다. 따라서 현척을 그리는 데에 판두께
의 외측, 내측 같게 그리고 내측으로 부터 1 mm인 곳에 중립선을 그리고 그 길이를 구하
면 그림 (a), (b) 꼭같이 쉽게 실장이 얻어진다.

〔주〕1) 판두께의 경우에는 슈트, 호퍼 등 원형의 복잡한 제품이 많으나 각형일 경우의
판뜨기는 굽히지 않고 절단해서 접합할 때는 판두께의 내측에서 실장을 구하고 굽힐 때는그
림 (a) 및 (b)와 같이 중립선에서 실장을 구한다. 이와같이 판두께를 고려해서 마름질하
면 복잡한 제품이라도 간단하게 판뜨기전개가 가능하다.

2) 단, 굽힘가공의 중립선의 위치는 표준적 펀치, 다이를 사용한 경우이고 펀치의 R, 다
이폭에 의해 중립선의 위치는 이동한다.

5. 구각법 (굽힘개소가 있는 판뜨기전개)

굽힘개소가 있는 판뜨기전개를 하는 경우, 판뜨기전개는 되어도 정면도, 평면도, 측면도의 어디에도 굽힘각도가 나타나지 않는 경우가 있다. 이와같은 경우에는 구각법에 의해 그, 굽힘각도를 구할 수가 있다.

각을 구하는 데는 우선 구하는 굴곡선의 단면실형을 작도하고, 다음에 그 단면실형 으로 부터 굽힘선상의 암의점에 있어서의 높이(구각 높이)를 구하고 이 굽힘에 의해 임의점의 단면실형을 구하면 굽힘각도가 구하여진다.

여기서는 간단한 것으로 부터 복잡한 것을 포함, 필요한 형상의 구각법을 취급하였으므로 이것들을 습득하면 어떠한 형상의 각도도 얻을 수 있도록 배려하였다.

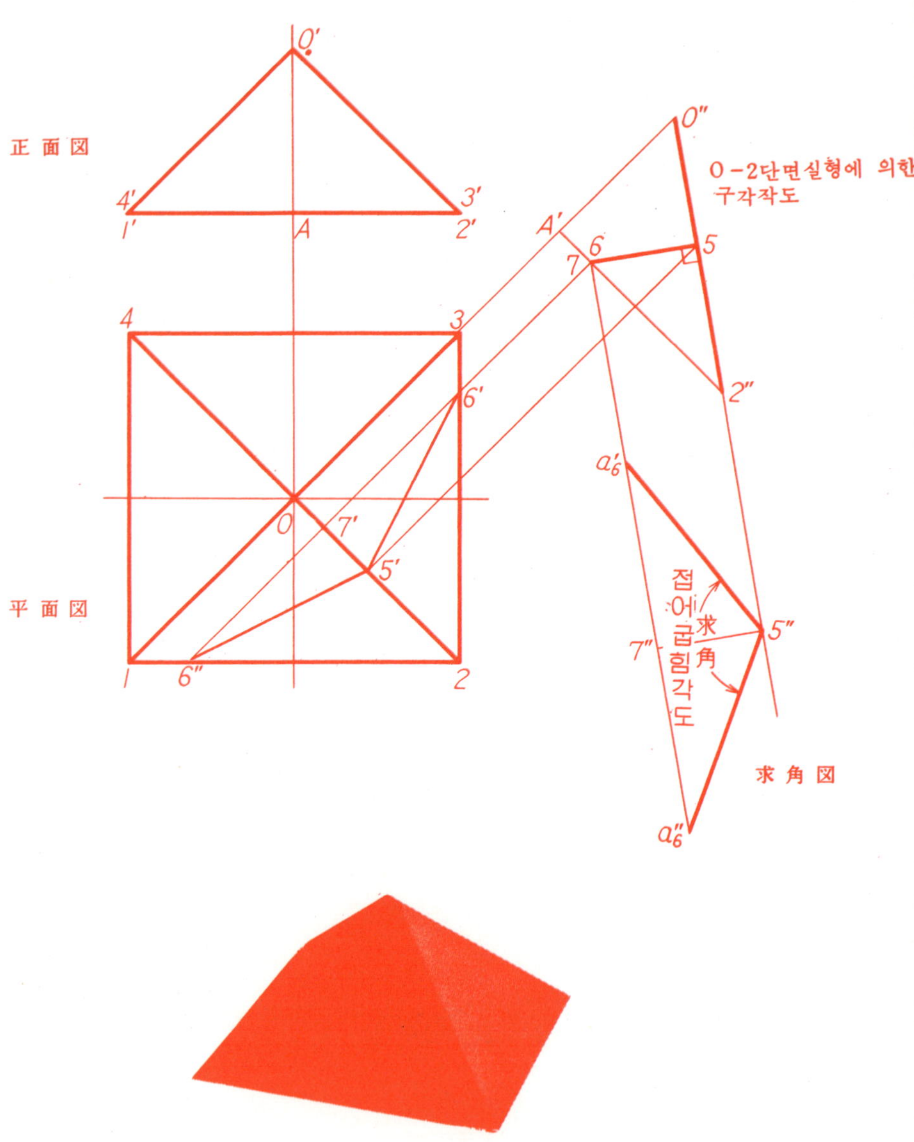
正面図
平面図
求角図
0'
4'
1'
3'
2'
A
4
3
0
7'
6'
5'
1
6"
2
0"
A'
7
6
5
2"
a'₆
5"
7"
a"₆
O-2단면실형에 의한
구각작도
접어굽힘각도
求角

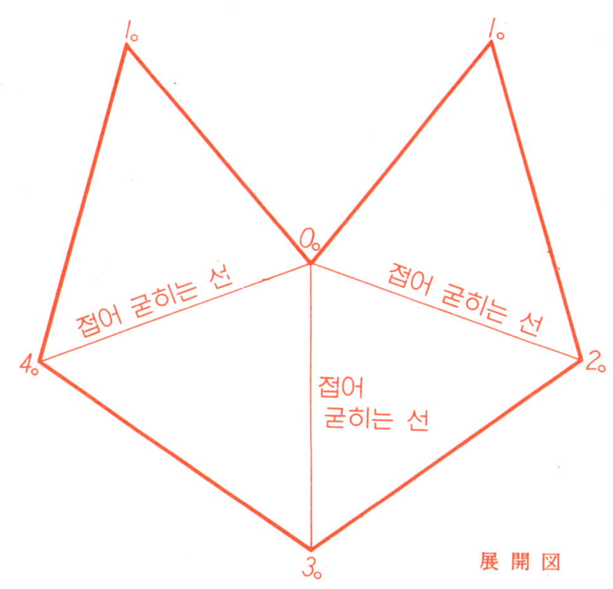

구각의 작도법

1. 평면도에 ·각각 0, 1, 2, …4를 기입하고 정면도에도 각점을 각각 기입한다.

2. 구각의 작도에 있어서는 $\overline{O3}$의 연장선상의 임의점에 정면도의 $\overline{AO'}$와 같게 $\overline{A'O''}$를 취하고 A'로 부터 수선을 긋고 평면도의 $O2$와 같게 $\overline{A'2''}$를 취한다. $\overline{O''2''}$를 연결하면 $O-2$에 있어서의 단면실형이 얻어진다.

3. 다음에 $O''2''$산의 임의점에 5를 취하고 5로 부터 수선을 그어 $A'2''$와의 교점을 6, 7로 한다.

4. 5, 6, 7로 부터 $\overline{O3}$에 대한 평행선을 긋고 $\overline{O2}$, $\overline{32}$, $\overline{12}$와의 교점을 각각 $7', 5'6', 6''$로 하고 $5'\sim6'$, $5'\sim6''$을 연결한다.

5. 구각도를 그리는 데는 $\overline{O''2''}$의 연장선상에 임의점 $5''$를 취하여 $5''$로 부터 동 연장선에 대한 수선을 긋고, 6, 7의 양점으로 부터 $\overline{O''2''}$에 대한 평행선을 긋고 그 교점을 $7''$로 한다. 다음에 평면도의 $6'7'$, $7'6''$와 동등하게 $\overline{a_6'7''}$, $\overline{7''a_6''}$를 취하고 $a_6'\sim5''$, $5''\sim a_6''$을 연결하면 구각도가 완성한다. 각 $a_6'5''a_6''$가 구하는 굽힘 각도이다. (이경우 정사각뿐이므로 $O-1$, $O-4$, $O-3$의 구각도 $O-2$의 구각과 같다).

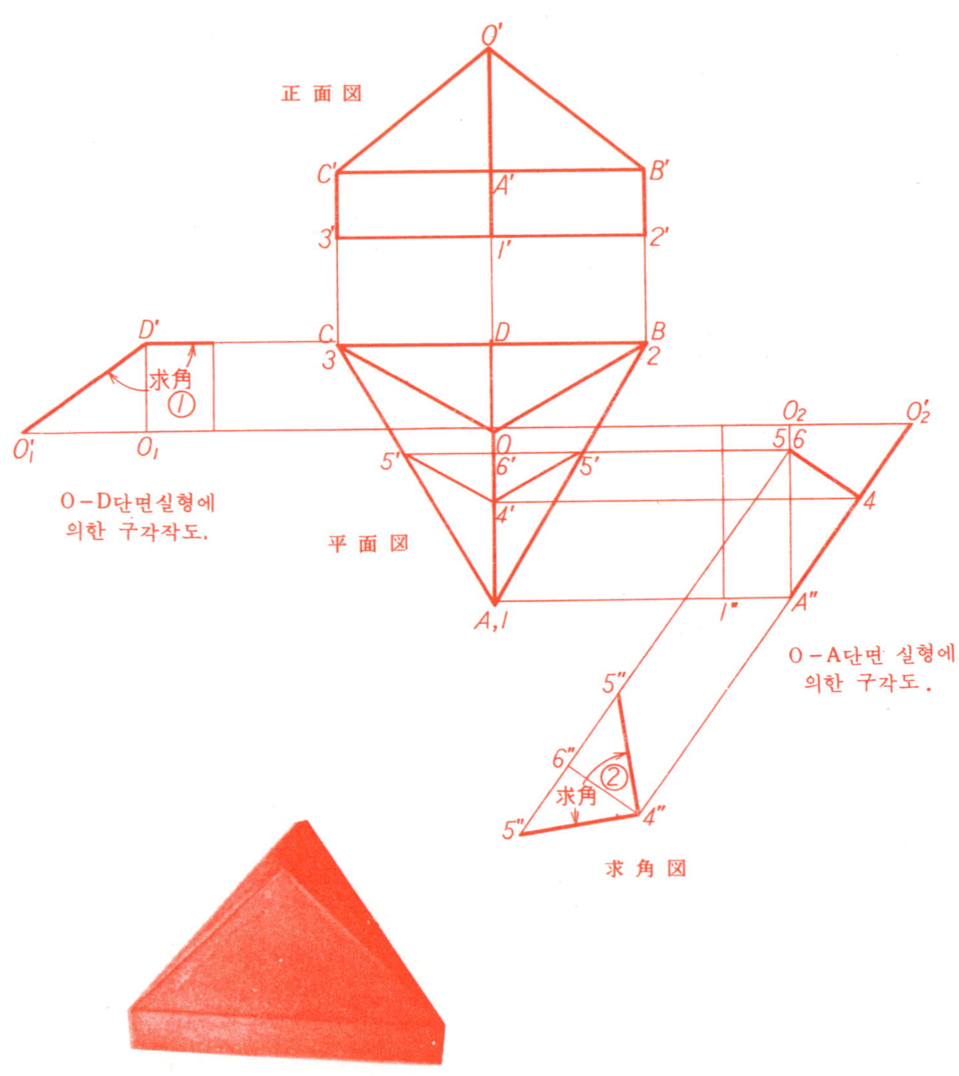
正面図
O'
C'　A'　B'
3'　I'　2'
D'　C　D　B
3　2
求角
①
O'₁　O₁
O-D단면실형에
의한 구각작도.
平面図
O
5'　6'　5'
4'
A,1
O₂　O'₂
5 6
4
I"　A"
O-A단면 실형에
의한 구각도.
5"
6"　②
求角
5"　4"
求角図

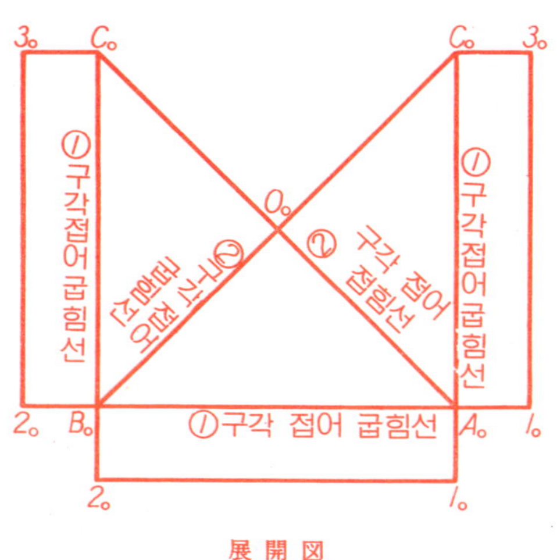

展 開 図

구각의 작도법

1. **구각①의 작도법** $\overline{CB}$의 연장선상의 임의점 D 로 부터 수선을 긋고 O 으로 부터 $\overline{CB}$에 대한 평행선을 그어 그 교점을 O_1 로 한다. 정면도의 $\overline{O'A'}$와 같게 $\overline{O_1O_1'}$을 취하고 $O_1' \sim D'$를 연결하면 구각도가 완성한다.

2. **구각②의 작도법** O, A의 양점으로부터 $\overline{OA}$에 대한 수선을 긋고 수선상의 임의점으로부터 $\overline{OA}$에 대한 평행선을 긋고서 수선과의 교점을 O_2, A''로 한다. 다음에 정면도의 $\overline{O'A'}$와 같게 $\overline{O_2O_2'}$를 긋고 $O_2' \cdot A''$를 연결하면 $O \cdot A$의 단면실형이 얻어진다.

3. $\overline{O_2'A''}$선상의 임의의 점을 4라 하고 4에서 $\overline{O_2'A''}$에 대한 수선을 긋고 $\overline{O_2A''}$선상의 교점을 5, 6으로 한다.

4. 4, 5, 6으로 부터 평면도의 $\overline{OA}$에 대한 수선을 긋고 평면도에 있어서의 각교점 $4', 5', 6'$를 기입하고 $5' \sim 4' \sim 5'$를 연결한다.

5. 다음에 $\overline{O_2'A''}$의 연장선상에 임의점 $4''$를 취하여 $4''$로 부터 동연장선에 대한 수선을 세우고 5, 6의 양점으로 부터 $\overline{O_2'A''}$에 대한 평행선을 긋고, 그 교점을 $6''$으로 한다. 다음에 평면도의 $6'5'$와 동등하게 $\overline{6''5''}$를 취하고 $5'' \sim 4'' \sim 5''$를 연결하면 구각도가 완성한다.

   〔**주**〕 이경우, 정삼각뿔이므로 $O-B, O-C$의 구각도 $O-A$의 구각과 동일하여도 된다.

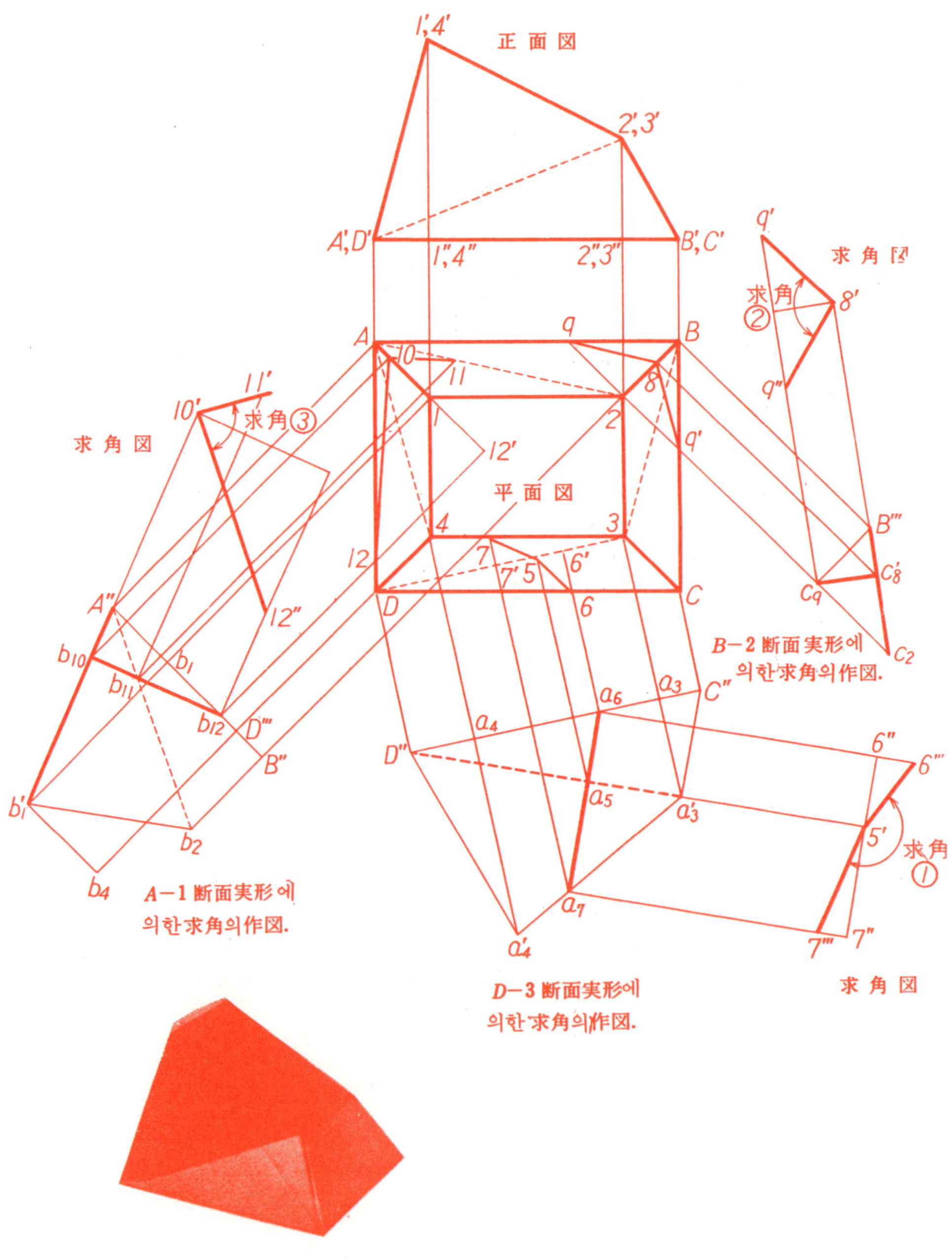
1',4'
正面図
2',3'
A',D'
1",4"
2,3"
B',C'
q'
求角図
求角
②
8'
q"
11'
10'
求角③
求角図
A
q
B
10
11
1
8
12'
2
q'
平面図
4
3
12
7
7'5
6'
D
7
6
C
B'"
C'8
Cq
C2
B-2 断面実形에
의한 求角의 作図.
A"
b10
b1
b11
b12
D'"
B"
a6
a3
C"
a4
D"
6"
6'"
a5
a3
b'
b2
a7
5'
求角
①
b4
A-1 断面実形에
의한 求角의 作図.
a'4
7'"
7"
D-3 断面実形에
의한 求角의 作図.
求角図

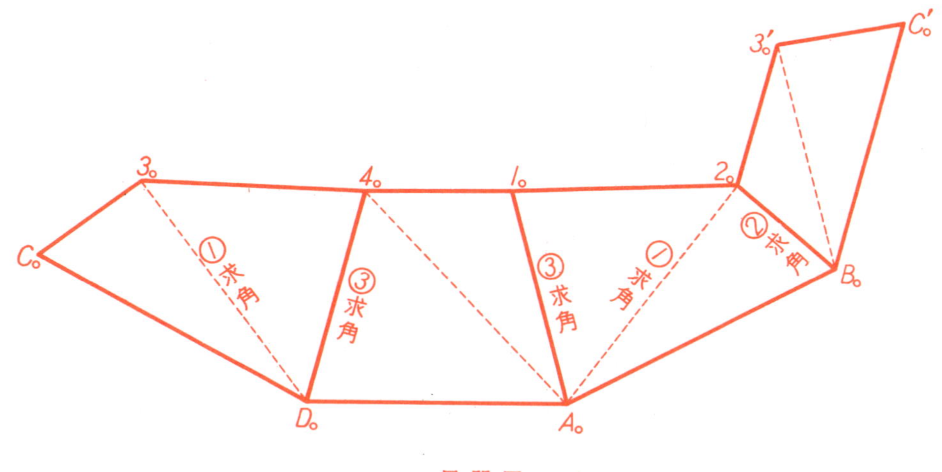

구각의 작도법

1. 판뜨기전개법은 앞서, 배운것을 참조할것. 우선 정면도, 평면도에 그림과 같이 각점을 기입하고 점선 $A2$, $B3$, $D3$, $A4$를 긋는다.

2. 구각 ①의 작도는 우선 $D-3$ 단면실형을 그려서 구한다. 평면도의 점 D, 3으로 부터 $D3$에 대한 수선을 긋고 수선상의 임의점으로 부터 $D3$에 대한 평행선을 긋고 수선과의 교점을 $D''a_3$으로 한다. 다음에 정면도의 $3''3'$와 같게 a_3, a_3'를 취하여 $D''\sim a_3'$를 연결하면 $O-3$의 단면실형이 얻어진다.

3. 평면도의 4, C로부터 $D3$에 대한 수선을 긋고 $D''a_3$ 선상의 교점을 각각 a_4, C''로 한다. 정면도의 $4''4$와 같게 a_4, a_4'를 취하여 각점을 그림과 같이 연결하면 $D-3$의 단면실형일때의 점 4, C의 위치 (점 a_4', C'')를 알게 된다.

4. 다음에 $D''a_4'$ 선상의 임의점 a_5로 부터 $D''a_4'$에 대한 수선을 긋고 $D''C''$ 및 $a_4'a_4'$ 과의 교점을 각각 a_6, a_7로 한다. a_5, a_6, a_7의 각점으로 부터 평면도의 $D3$에 대한 수선을 긋고 평면도의 각 교점 $5, 6, 6', 7, 7'$를 기입, $5\sim6$, $5\sim7$을 연결한다.

5. ①의 구각도는 a_5, a_6, a_7의 각점으로 부터 $D''a_4'$에 대한 평행선을 긋는다. 평행선상의 임의점으로 부터 수선을 긋고 각 교점을 각각 $6'', 5', 7''$로 한다. 평면도의 $6'6$, $7'7$과 같게 각각 $6''6'''$, $7'7''$를 취하고 $6'''\sim5'\sim7''$을 연결하면 각 $6'''5'7'''$은 구각이된다. 따라서 $D-3$의 절곡각도는 구각①로 행하면 된다.

　　〔주〕 구각②, ③도 구각 ①과 동일한 방법에 의해 구할 수가 있다.

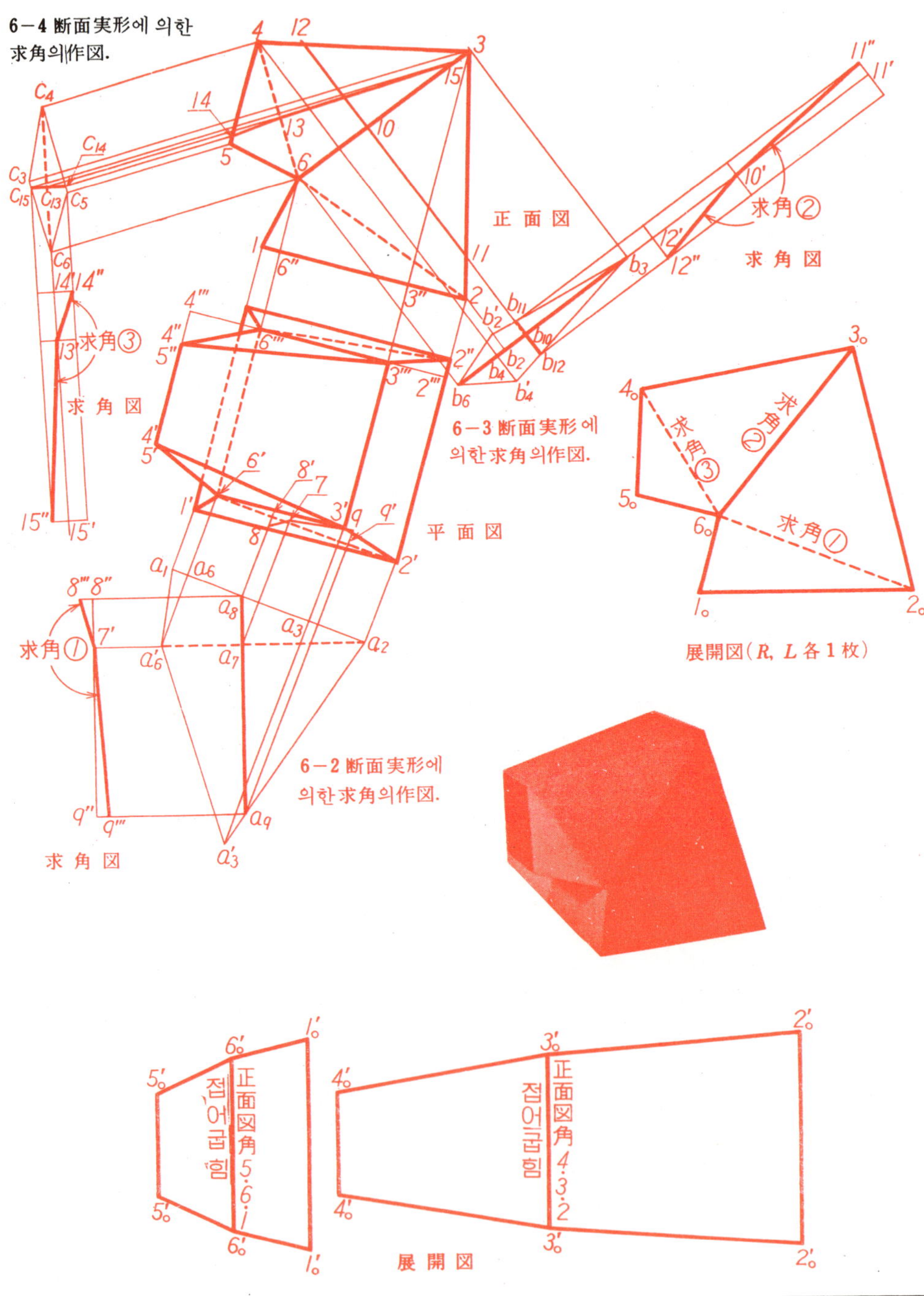

6−4 断面実形에 의한 求角의作図.
正面図
求角②
求角図
6−3 断面実形에 의한 求角의作図.
求角③
求角②
求角①
展開図（R, L 各1枚）
平面図
求角①
6−2 断面実形에 의한 求角의作図.
求角図
正面図角 5·6
접어굽힘
正面図角 4·3·2
접어굽힘
展開図

구각의 작도법

1. 판뜨기 전개는 앞에서 공부한것에 따른다.
   우선 정면도, 평면도에 그림과 같이 각점을 기입하여 점선 $\overline{4\,6}$, $\overline{6\,2}$를 긋는다.

2. **구각①의 작도법** 6 - 2 단면실형을 그린다. 우선 점 $6', 2'$로 부터 $\overline{6'2'}$에 대한 수선을 긋고 수선상의 임의점으로 부터 $\overline{6'2'}$에 대한 평행선을 긋고 수선과의 교점을 a_1, a_2로 한다. 다음에 정면도의 $\overline{6''6}$과 같게 $\overline{a_6\,a_6'}$을 취하고 a_6, a_2를 연결하면 6-2의단 면실형이 얻어진다.

3. 평면도의 $1', 3'$으로 부터 $\overline{6'2'}$에 대한 수선을 긋고 $a_6\,a_2$ 선상의 교점을 a , a_3으로 한 다. 정면도의 $\overline{3''3}$과 같게 a_3 a_3'를 취하고 각점을 그림과 같이 연결하면 6 - 2   단면 실형일 때의 점1, 3(점a_1, a_3)의 위치를 알 수 있다.

4. $a_6'\,a_2$선상의 임의점 a_7로 부터 $\overline{a_6'\,a_2}$에 대한 수선을 긋고 $\overline{a_1\,a_2}$, a_1, a_3'와의 교점을 각 각 a_8, a_9로 한다. a_7, a_8, a_9의 각점으로 부터 평면도의 $\overline{6'2'}$에 대해 수선을 긋고 평 면도에 있어서의 각 교점 $7, 8$, $8', 9, 9'$를 기입, 7~8, 7~9를 연결한다.

5. 구각도는 a_8, a_7, a_9의 각점으로 부터 $\overline{a_6'\,a_2}$에 대한 평행선을 긋고 평행선상의   임의 점으로 수선을 그어 각 교점을 각각 $8'', 7', 9''$로 한다. 평면도의 $\overline{8'8}$, $\overline{9'9}$와 같게 각각 $\overline{8''8'''}$, $\overline{9''9'''}$를 취하고 $8'''$~$7'$ ~$9'''$를 연결하면 각 $8'''7'9'''$가 구각이다.
   따라서 6-2의 굽힘각도는 구각①로 행하면 된다.

6. **구각②의 작도법** 6-3단면실형을 그린다. 우선 점 6, 3으로 부터 $\overline{63}$에 대한 수선을 그어 수선상의 임의점으로 부터 $\overline{63}$에 대한 평행선을 긋고 수선과의 교점을 각각 b_6, b_3으로 한다. 다음에 정면도의 점 4, 2로 부터 $\overline{63}$에 대한 수선을 긋고 b_6, b_3선상의교 점을 b_4, b_2로 한다. 평면도의 $\overline{4'''4''}$, $\overline{2'''2''}$와 같게 각각 $\overline{b_4\,b_4'}$, $\overline{b_2\,b_2'}$를 취하고 각점 을 그림과 같이 연결하면 6-3 단면실형일 때의 2, 4 (점b_2', b_4')의 위치를 안다.

7. $b_6\,b_3$선상의 임의점 b_{10}으로 부터 $\overline{b_6\,b_3}$에 대한 수선을 긋고 $\overline{b_2'\,b_3}$, $b_4'\,b_3$와의 교점을 각 각 b_{11}, b_{12}로 한다. b_{10}, b_{11}, b_{12}의 각점으로 부터 $\overline{63}$에 대한 수선을 긋고 정면도에 있 어서의 각 교점 10, 11, 12를 기입한다.

8. 구각도는 $\overline{b_6\,b_3}$의 연장선상에 정면도의 $\overline{12\,10}$, $\overline{10\,11}$과 같게 각각 $12'\,10'$, $10'\,11'$을 취하고 $12', 11'$의 양점에 수선을 긋는다. 다음에 b_{11}, b_{12}로 부터 $\overline{b_6\,b_3}$에 대한 평행선 을 긋고 수선과의 교점을 각각 $12''11''$로 한다. $11''$~$10'$, $10'$~$12''$를 연결하면 각$11''$ $10'\,12''$가 구각이다.
   따라서 6-3의 굽힘각도는 구각②로 행하면 된다.

   〔주〕 구각③도 구각②와 동일한 방법으로 구할 수가 있다.

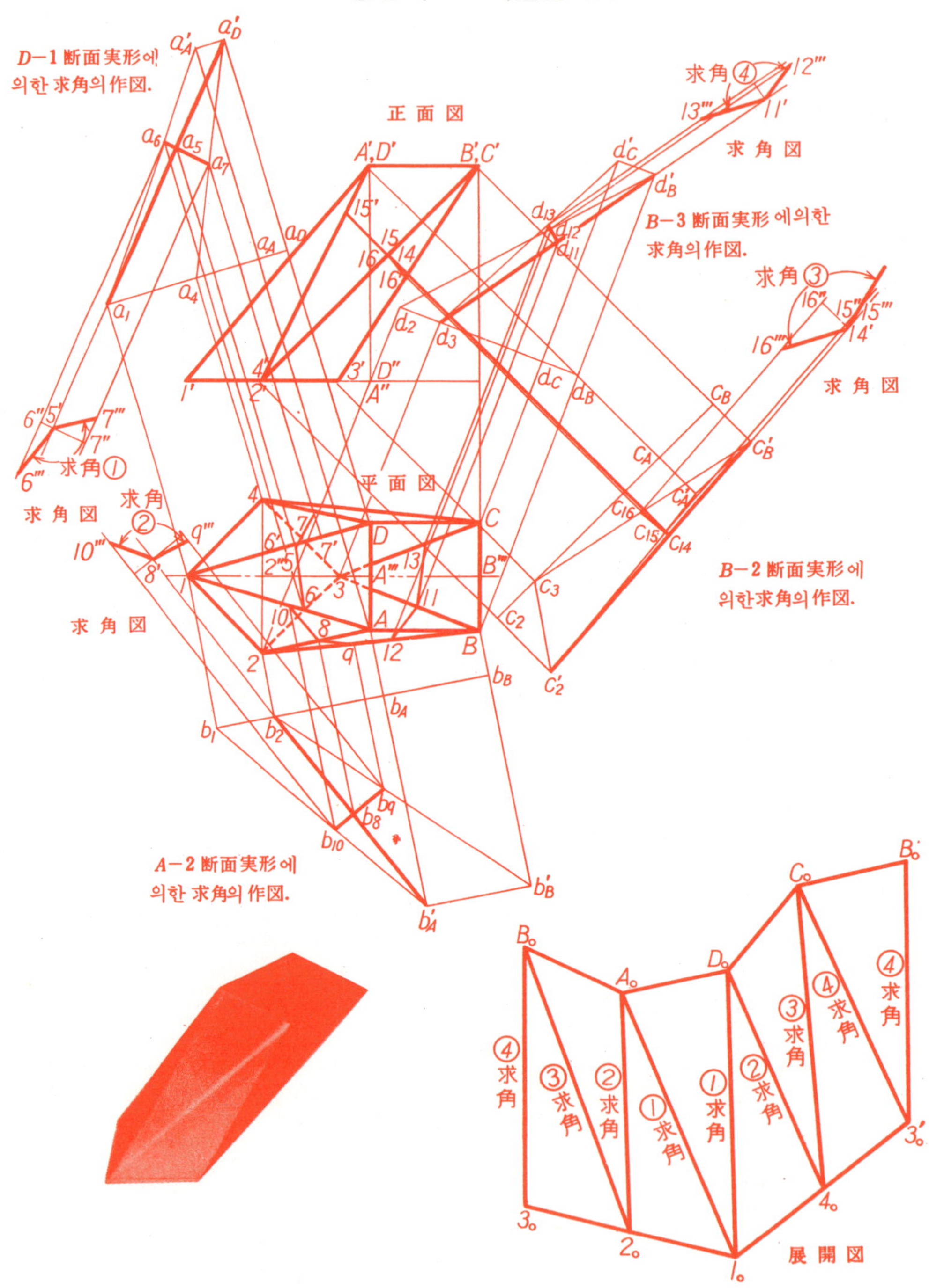
正面図
平面図
D-1 断面実形에 의한 求角의 作図.
B-3 断面実形에의한 求角의 作図.
B-2 断面実形에 의한求角의 作図.
A-2 断面実形에 의한 求角의 作図.
求角図
求角 ①
求角 ②
求角 ③
求角 ④
展開図

구각의 작도법

1: 판뜨기전개는 앞서 배운것을 참조할 것.
   우선 정면도, 평면도에 그림과 같이 각점 1, 2, 3, 4 및 A, B, C, D를 기입한다.

2. **구각①의 작도법** $D-1$ 단면실형을 그린다. 우선 평면도의 $D-1$선의 점 $D, 1$로 부터 $D1$에 대한 수선을 긋고 수선상의 임의점으로 부터 $D1$에 대한 평행선을 그어 수선과의 교점을 a_D, a_1로 한다. 다음에 정면도의 $\overline{D''D'}$를 $\overline{a_D a'_D}$에 취하고 a'_D, a_1을 연결하면 $D-1$의 단면실형이 얻어진다.

3. 평면도의 점 $A, 4$로 부터 $\overline{a_1 a_D}$에 대한 수선을 긋고 $\overline{a_1 a_D}$선상의 교점을 $\overline{a_4, a_A}$로 한다. 정면도의 $\overline{A''A'}$와 같게 $a_A a'_A$를 취하고 각점을 그림과 같이 연결하면 $D-1$ 단면실형일 때의 점 $4, A$ (점 a_4, a'_A)의 위치를 알수 있다.

4. $a_1 a'_D$선상의 임의점 a_5로 부터 $a_1 a'_D$에 대해 수선을 긋고 $\overline{a'_A a_1}$, $\overline{a'_D a_1}$와의 교점을 각각 a_6, a_7로 한다. a_5, a_6, a_7의 각점으로 부터 평면도의 $D1$에 대해 수선을 긋고 평면도에 있어서의 각 교점, $5, 6, 6'7, 7'$을 기입하여 $5 \sim 6, 5 \sim 7$을 연결한다.

5. a_5, a_6, a_7의 각점으로 부터 $\overline{a'_D a_1}$에 대한 평행선을 긋고 평행선상의 임의점으로 부터 수선을 그어 평행선과의 교점을 각각 $6''5'7''$로 한다. 평면도의 $\overline{6'6}, \overline{7'7}$와 동등하게 각각 $6''' \sim 6''$, $7''' \sim 7''$을 취하고 $6''' \sim 5'$, $5' \sim 7'''$을 연결하면 각 $6''5'7'''$은 구각이다. 따라서 $D-1$의 굴곡각도는 구각 ①로 하면 된다.
   〔주〕 구각 ②, ④도 구각 ①과 동일한 방법으로 구하여 진다.

6. **구각 ③의 작도법** $B-2$ 단면실형을 그린다. 우선 정면도의 점 $B', 2'$로 부터 $\overline{B'2'}$에 대한 수선을 긋고 수선상의 임의점으로 부터 $\overline{B'2'}$에 대한 평행선을 그어 수선과의 교점을 c_B, c_2로 한다. 평면도의 $\overline{B'''B}, \overline{2'''2}$와 동등하게 각각 $c_B c_B$, $c_2 c_2$를 취하고 c'_B, c'_2를 연결하면 $B-2$의 단면실형이 얻어진다.

7. 정면도의 $A', 3'$점으로 부터 $\overline{B'2'}$에 대한 수선을 긋고 $c_B c_2$ 선상의 교점을 각각 c_A, c_3으로 한다. 평면도의 $\overline{A'''A}$와 같게 $c_A c'_A$를 취하고 c'_A, c'_B, c_3, c'_2의 각점을 연결하면 $B-2$ 단면실형일 때의 점 $A, 3$ (점 c'_A, c_3)의 위치를 알 수 있다.

8. 다음에 $c'_B c'_2$선상의 임의점 c_{14}로 부터 $c'_B c'_2$에 대한 수선을 긋고 $\overline{c_A c_2}$, $\overline{c_B c_3}$와의 교점을 각각 c_{15}, c_{16}으로 한다. c_{14}, c_{15}, c_{16}의 각점으로 부터 정면도의 $\overline{B'2'}$에 대해 수선을 긋고 $\overline{B'2'}$ 선상과의 교점을 각각 $14, 15, 16$ 또 $\overline{A'2'}, \overline{B'3'}$ 과의 교점을 각각 $15', 16'$으로 하고 $15' \sim 14$, $14 \sim 16'$을 연결한다.

9. $c'_2 c'_B$의 연장선상의 임의점 $14'$로부터 수선을 긋는다. 다음에 c_{15}, c_{16}으로 부터 $c'_2 c'_B$에 대한 평행선을 그어 수선과의 교점을 각각 $15'', 16''$으로 하고 정면도의 $\overline{15'15}, \overline{16'}16$과 같게 각각 $15''15'''$, $16''16'''$을 취하고 $15''' \sim 14'$, $14' \sim 16'''$을 연결하면 각 $15'''14'16'''$이 구각이다.
   따라서 $B-2$의 굽힘각도는 각각 ③으로 하면 된다.

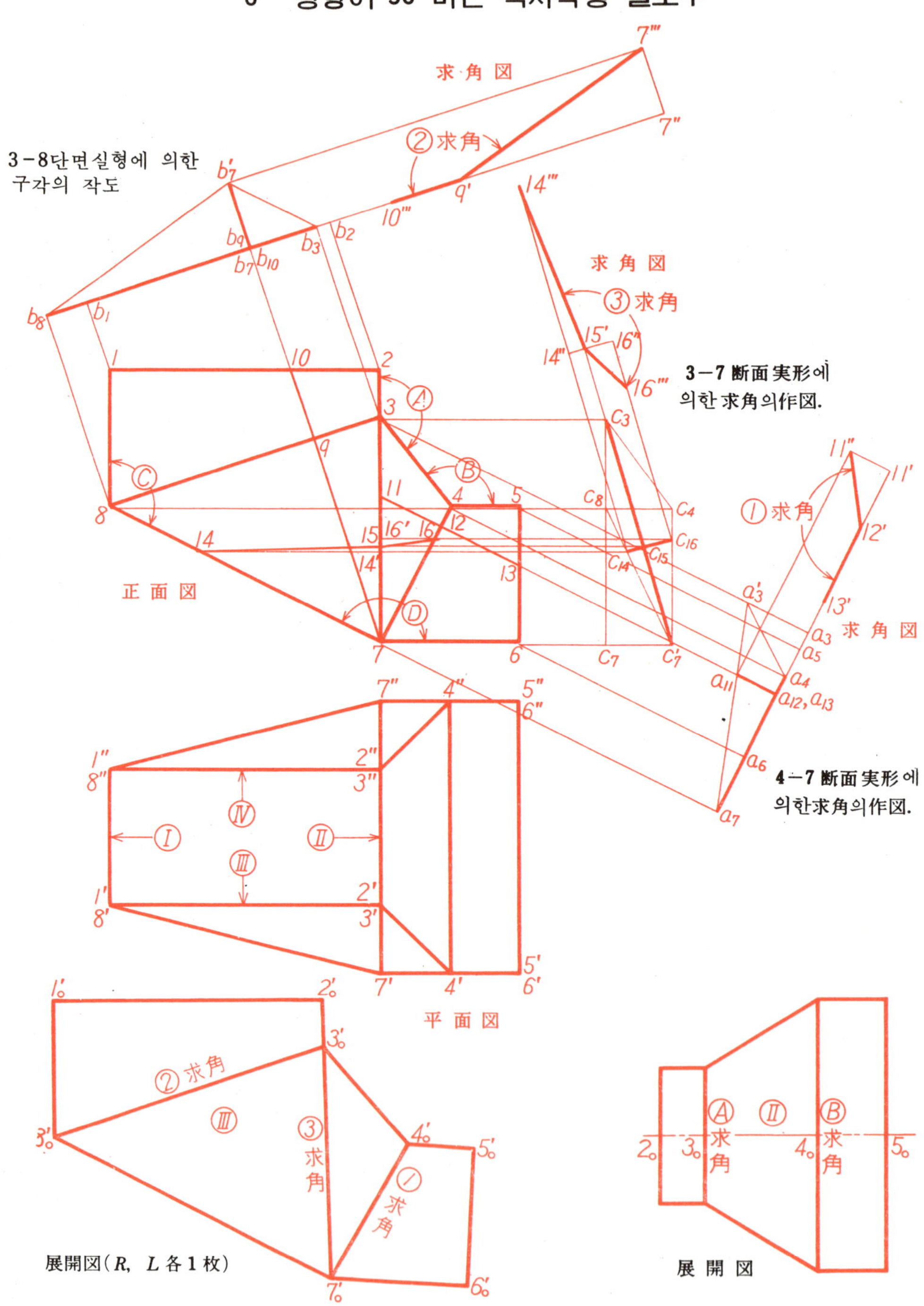
求角図
3-8단면실형에 의한
구각의 작도
② 求角
求角図
③ 求角
3-7 断面実形에
의한 求角의 作図.
① 求角
求角図
4-7 断面実形에
의한 求角의 作図.
正面図
平面図
② 求角
③ 求角
① 求角
展開図（R, L 各 1 枚）
④ 求角
②
⑧ 求角
展開図

구각의 작도법

1. 판뜨기전개법은 앞에서 배운 것을 참조할 것.
   우선 정면도, 평면도에 그림과 같이 각점을 기입한다.
2. **구각①의 작도법** 4-7 단면실형을 그린다. 우선 4,7의 양점으로 부터 $\overline{47}$에 대한 수선을 그어 수선상의 임의점으로 부터 $\overline{47}$에 대한 평행선을 긋고 수선과의 교점을 a_4, a_7 로 하면 4-7의 단면실형이 얻어진다.
3. 3,5,6의 각점으로 부터 $\overline{47}$에 대한 수선을 긋고 $a_4\,a_7$ 선상의 교점을 각각 a_3, a_5, a_6 으로 하고 평면도의 $\overline{3'\,7'}$ 과 같게 $a_3\,a_3'$을 취하여 각점을 그림과 같이 연결하면 4-7 단면 실형일때의 점 3,5,6 (점 a_3', a_5', a_6')의 위치를 알 수 있다.
4. $a_4\,a_7$ 선상의 임의점 a_{12} 로 부터 $\overline{a_2\,a_7}$에 대한 수선을 긋고 $a_5'\,a_7$ 과의 교점을 a_{11} 로 하고 $a_{12}\,a_{11}$ 를 연장하여 정면도에 있어서의 각교점 11, 12, 13과 같이 기입한다.
5. 다음에 $\overline{a_4\,a_6}$ 의 연장선상의 임의점에 정면도의 $\overline{1112}$, $\overline{1213}$과 같게 각각 $\overline{11\,12'}$, $\overline{12'\,13'}$ 을 취하고 $11'$ 로 부터 수선을 긋는다. a_{11} 로 부터 $\overline{a_4\,a_7}$에 대한 평행선을 긋고 수선과의 교점을 $11''$ 로 한다. $11''\sim12'$ 를 연결하면 각 $11''\,12'\,13'$ 은 구각이다.
   〔주〕 구각②도 구각①과 동일한 방법에 의해 구할 수가 있다.
6. **구각③의 작도법** 3-7 단면실형을 그린다. 우선 $\overline{3,7}$의 양점으로 부터 $\overline{37}$에 대한 수선을 긋고 수선상의 임의점으로 부터 $\overline{37}$에 대한 평행선을 그어 수선과의 교점을 c_3, c_7 로 한다. 다음에 평면도의 $\overline{3'\,7'}$ 과 같게 $\overline{c_7\,c_7}$ 을 취하고 $c_7'\sim c_3$ 을 연결하면 3-7 의 단면실형이 얻어진다.
7. 8,4의 양점으로 부터 $\overline{37}$에 대한 수선을 긋고 $c_3\,c_7$ 선상의 교점을 c_8 로 하고 평면도의 $\overline{3'\,7'}$ 과 같게 $\overline{c_8\,c_4}$ 를 취하고 각점을 그림과 같이 연결하면 3-7 단면실형일때의 점8, 4 (점 c_8, c_4)의 위치를 알 수 있다.
8. $c_3\,c_7'$ 선상의 임의점 c_{15} 로 부터 $\overline{c_3\,c_7'}$에 대한 수선을 긋고 $\overline{c_8\,c_7'}$, $\overline{c_4\,c_7'}$ 과의 교점을 각각 c_{14}, c_{16} 으로 한다. c_{14}, c_{15}, c_{16} 의 각점으로 부터 정면도의 $\overline{37}$에 대해 수선을 긋고 정면도의 각 교점 14, 14', 15, 16', 16을 기입, 14~15, 15~16을 연결한다.
9. c_{14}, c_{15}, c_{16} 의 각점으로 부터 $\overline{c_3\,c_7'}$에 대한 평행선을 긋고 평행선상의 임의점으로 부터 수선을 그어 평행선과의 교점을 각각 $14''$, $15''$, $16''$ 으로 한다. 정면도의 $\overline{14'\,14}$, $\overline{16'\,16}$과 같게 각각 $\overline{14''\,14'''}$, $\overline{16''\,16'''}$을 취하고 $14'''\sim15'$, $15'\sim16'''$을 연결하면 각 $14'''15'\,16'''$ 이 구각이다.

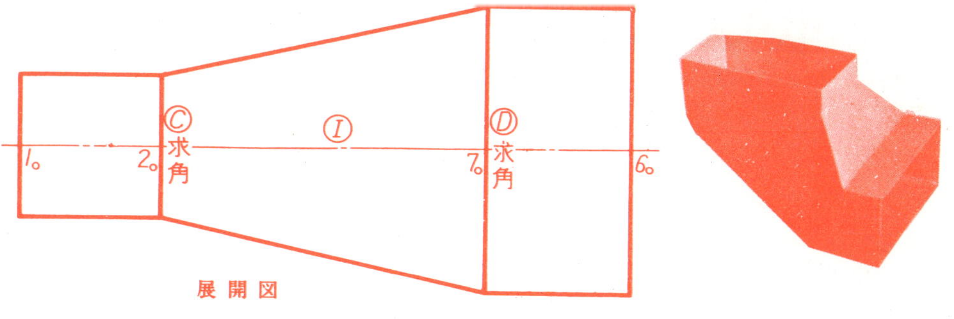

부 록

Ⅰ.　∠A의三角函数

$$\frac{\text{높이}}{\text{빗변}}=\frac{a}{c}=\sin A \qquad \frac{\text{빗변}}{\text{높이}}=\frac{c}{a}=\operatorname{cosec} A=\frac{1}{\sin A}$$

$$\frac{\text{밑변}}{\text{빗변}}=\frac{b}{c}=\cos A \qquad \frac{\text{빗변}}{\text{밑변}}=\frac{c}{b}=\sec A=\frac{1}{\cos A}$$

$$\frac{\text{높이}}{\text{밑변}}=\frac{a}{b}=\tan A \qquad \frac{\text{밑변}}{\text{높이}}=\frac{b}{a}=\cot A=\frac{1}{\tan A}$$

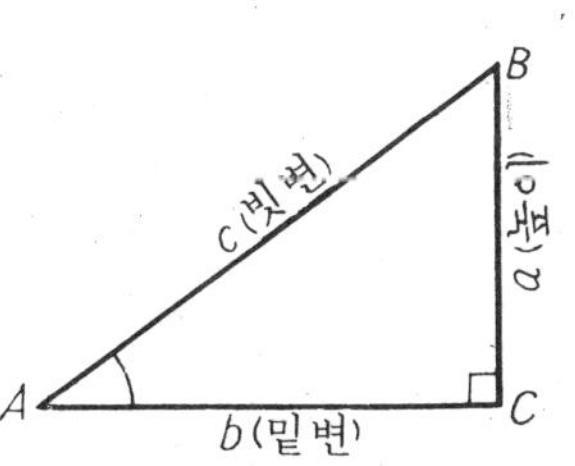

2.　特別한角의三角函数

(1) 45°의三角函数

$$\sin 45°=\frac{a}{c}=\frac{1}{\sqrt{2}}$$

$$\cos 45°=\frac{b}{c}=\frac{1}{\sqrt{2}}$$

$$\tan 45°=\frac{a}{b}=1$$

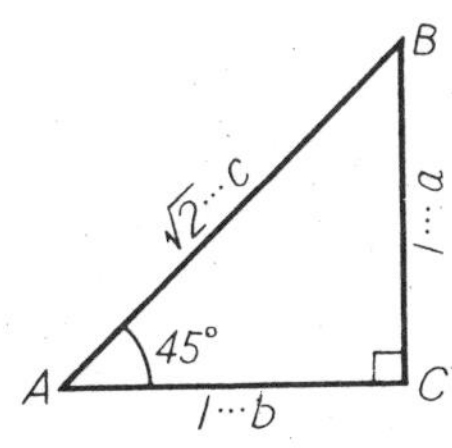

(2) 60°의三角函数

$$\sin 60°=\frac{a}{c}=\frac{\sqrt{3}}{2}$$

$$\cos 60°=\frac{b}{c}=\frac{1}{2}$$

$$\tan 60°=\frac{a}{b}=\sqrt{3}$$

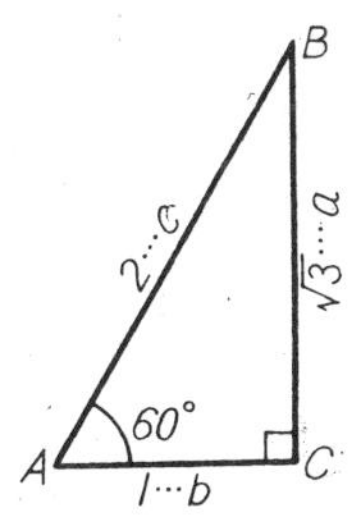

(3) 30°의 三角函数

$$\sin 30° = \frac{a}{c} = \frac{1}{2}$$

$$\cos 30° = \frac{b}{c} = \frac{\sqrt{3}}{2}$$

$$\tan 30° = \frac{a}{b} = \frac{1}{\sqrt{3}}$$

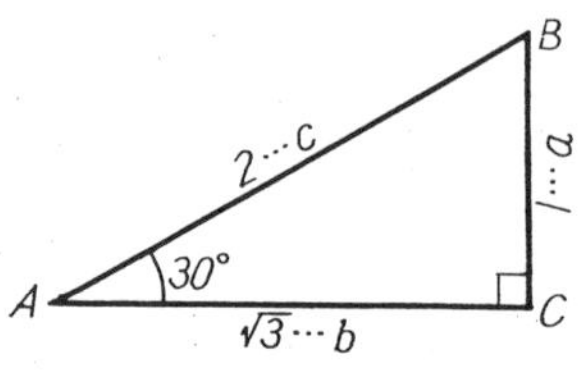

以上의 特別한 角의 三角函数를 表로 정리하면 다음과 같다.

函数記号 / 角度	0°	30°	45°	60°	90°	備　考
sin	0	$\frac{1}{2}$	$\frac{1}{\sqrt{2}}$	$\frac{\sqrt{3}}{2}$	1	$\sqrt{2} = 1.41421\cdots$ $\sqrt{3} = 1.73205\cdots$
cos	1	$\frac{\sqrt{3}}{2}$	$\frac{1}{\sqrt{2}}$	$\frac{1}{2}$	0	$\frac{1}{\sqrt{2}} = \frac{\sqrt{2}}{2} = 0.70711\cdots$
tan	0	$\frac{1}{\sqrt{3}}$	1	$\sqrt{3}$	∞	$\frac{1}{\sqrt{3}} = \frac{\sqrt{3}}{3} = 0.57735\cdots$

3.　5分(5′)간격의 三角函數表에 없는 角度의 函數를 求하는방법

〔例　1〕　sin 17°23′을 求하는 方法

$$\sin 17°25′ = 0.29932$$
$$\sin 17°20′ = 0.29793$$
$$\overline{表差\quad 5′ = 0.00139}\quad(-)$$
$$3′ = 0.00139 \times \frac{3}{5} = 0.00083$$
$$\sin 17°23′ = 0.29793 + 0.00083 = 0.29876$$

〔例　2〕　cos 81°18′을 求하는 方法

$$\cos 81°20′ = 0.15069$$
$$\cos 81°15′ = 0.15212$$
$$\overline{表差\quad 5′ = -0.00143}\quad(-)$$
$$3′ = -0.00143 \times \frac{3}{5} = -0.00086$$
$$\cos 81°18′ = 0.15212 - 0.00086 = 0.15126$$

度 分	sin	cos	tan	cot	度 分
0°00	0.00000	1.00000	0.00000	∞	90°00
05	00145	1.00000	00145	687.54887	55
10	00291	1.00000	00291	343.77371	50
15	00436	0.99999	00436	229.18166	45
20	00582	0.99998	00582	171.88540	40
25	00727	0.99997	00727	137.50745	35
30	00873	0.99996	00873	114.58865	30
35	01018	0.99995	01018	98.21794	25
40	01164	0.99993	01164	85.93979	20
45	01309	0.99991	01309	76.39001	15
50	01454	0.99989	01455	68.75009	10
55	01600	0.99987	01600	62.49915	05
1°00	0.01745	0.99985	0.01746	57.28996	89°00
05	01891	99982	01891	52.88211	55
10	02036	99979	02037	49.10388	50
15	02181	99976	02182	45.82935	45
20	02327	99973	02328	42.96408	40
25	02472	99969	02473	40.43584	35
30	02618	99966	02619	38.18846	30
35	02763	99962	02764	36.17760	25
40	02908	99958	02910	34.36777	20
45	03054	99953	03055	32.73026	15
50	03199	99949	03201	31.24158	10
55	03345	99944	03346	29.88230	05
2°00	0.03490	0.99939	0.03492	28.63625	88°00
05	03635	99934	03638	27.48985	55
10	03781	99929	03783	26.43160	50
15	03926	99923	03929	25.45170	45
20	04071	99917	04075	24.54176	40
25	04217	99911	04220	23.69454	35
30	04362	99905	04366	22.90377	30
35	04507	99898	04512	22.16398	25
40	04653	99892	04658	21.47040	20
45	04798	99885	04803	20.81883	15
50	04943	99878	04949	20.20555	10
55	05088	99870	05095	19.62730	05
度 分	cos	sin	cot	tan	度 分

度 分	sin	cos	tan	cot	度 分
3°00	0.05234	0.99863	0.05241	19.08114	87°00
05	05379	99855	05387	18.56447	55
10	05524	99847	05533	07498	50
15	05669	99839	05678	17.61056	45
20	05814	99831	05824	16934	40
25	05960	99822	05970	16.74961	35
30	06105	99813	06116	34986	30
35	06250	99805	06262	15.96867	25
40	06395	99795	06408	60478	20
45	06540	99786	06554	25705	15
50	06685	99776	06700	14.92442	10
55	06831	99766	06847	60592	05
4°00	0.06976	0.99756	0.06993	14.30067	86°00
05	07121	99746	07139	00786	55
10	07266	99736	07285	13.72674	50
15	07411	99725	07431	45663	45
20	07556	99714	07578	19688	40
25	07701	99703	07724	12.94692	35
30	07846	99692	07870	70621	30
35	07991	99680	08017	47422	25
40	08136	99668	08163	25051	20
45	08281	99657	08309	03462	15
50	08426	99644	08456	11.82617	10
55	08571	99632	08602	62476	05
5°00	0.08716	0.99619	0.08749	11.43005	85°00
05	08860	99607	08895	24171	55
10	09005	99594	09042	05943	50
15	09150	99580	09189	10.88292	45
20	09295	99567	09335	71191	40
25	09440	99553	09482	54615	35
30	09585	99540	09629	38540	30
35	09729	99526	09776	22943	25
40	09874	99511	09923	07803	20
45	10019	99497	10069	9.93101	15
50	10164	99482	10216	78817	10
55	10308	99467	10363	64935	05
度 分	cos	sin	cot	tan	度 分

度 分	sin	cos	tan	cot	度 分	度 分	sin	cos	tan	cot	度 分
6°00	0.10453	0.99452	0.10510	9.51436	84°00	10°00	0.17365	0.98481	0.17633	5.67128	80°00
05	10597	99437	10658	38307	55	05	17508	98455	17783	62344	55
10	10742	99421	10805	25530	50	10	17651	98430	17933	57638	50
15	10887	99406	10952	13093	45	15	17794	98404	18083	53007	45
20	11031	99390	11099	00983	40	20	17937	98378	18233	48451	40
25	11176	99374	11246	8.89185	35	25	18081	98352	18384	43966	35
30	11320	99357	11394	77689	30	30	18224	98325	18534	39552	30
35	11465	99341	11541	66482	25	35	18367	98299	18684	35206	25
40	11609	99324	11688	55555	20	40	18509	98272	18835	30928	20
45	11754	99307	11836	44896	15	45	18652	98245	18986	26715	15
50	11898	99290	11983	34496	10	50	18795	98218	19136	22566	10
55	12043	99272	12131	24345	05	55	18938	98190	19287	18480	05
7°00	0.12187	0.99255	0.12278	8.14435	83°00	11°00	0.19081	0.98163	0.19438	5.14455	79°00
05	12331	99237	12426	04756	55	05	19224	98135	19589	10490	55
10	12476	99219	12574	7.95302	50	10	19366	98107	19740	06584	50
15	12620	99200	12722	86064	45	15	19509	98079	19891	02734	45
20	12764	99182	12869	77035	40	20	19652	98050	20042	4.98940	40
25	12908	99163	13017	68208	35	25	19794	98021	20194	95201	35
30	13053	99144	13165	59575	30	30	19937	97992	20345	91516	30
35	13197	99125	13313	51132	25	35	20079	97963	20497	87882	25
40	13341	99106	13461	42871	20	40	20222	97934	20648	84300	20
45	13485	99087	13609	34786	15	45	20364	97905	20800	80769	15
50	13629	99067	13758	26873	10	50	20507	97875	20952	77286	10
55	13773	99047	13906	19125	05	55	20649	97845	21104	73851	05
8°00	0.13917	0.99027	0.14054	7.11537	82°00	12°00	0.20791	0.97815	0.21256	4.70463	78°00
05	14061	99006	14202	04105	55	05	20933	97784	21408	67121	55
10	14205	98986	14351	6.96823	50	10	21076	97754	21560	63825	50
15	14349	98965	14499	89688	45	15	21218	97723	21712	60572	45
20	14493	98944	14648	82694	40	20	21360	97692	21864	57363	40
25	14637	98923	14796	75838	35	25	21502	97661	22017	54196	35
30	14781	98902	14945	69116	30	30	21644	97630	22169	51071	30
35	14925	98880	15094	62523	25	35	21786	97598	22322	47986	25
40	15069	98858	15243	56055	20	40	21928	97566	22475	44942	20
45	15212	98836	15391	49710	15	45	22070	97534	22628	41936	15
50	15356	98814	15540	43484	10	50	22212	97502	22781	38969	10
55	15500	98791	15689	37374	05	55	22353	97470	22934	36040	05
9°00	0.15643	0.98769	0.15838	6.31375	81°00	13°00	0.22495	0.97437	0.23087	4.33148	77°00
05	15787	98746	15988	25486	55	05	22637	97404	23240	30291	55
10	15931	98723	16137	19703	50	10	22778	97371	23393	27471	50
15	16074	98700	16286	14023	45	15	22920	97338	23547	24685	45
20	16218	98676	16435	08444	40	20	23062	97304	23700	21933	40
25	16361	98652	16585	02962	35	25	23203	97271	23854	19215	35
30	16505	98629	16734	5.97576	30	30	23345	97237	24008	16530	30
35	16648	98604	16884	92283	25	35	23486	97203	24162	13877	25
40	16792	98580	17033	87080	20	40	23627	97169	24316	11256	20
45	16935	98556	17183	81966	15	45	23769	97134	24470	08666	15
50	17078	98531	17333	76937	10	50	23910	97100	24624	06107	10
55	17222	98506	17483	71992	05	55	24051	97065	24778	03578	05
度 分	cos	sin	cot	tan	度 分	度 分	cos	sin	cot	tan	度 分

度 分	sin	cos	tan	cot	度 分	度 分	sin	cos	tan	cot	度 分
14°00	0.24192	0.97030	0.24933	4.01078	76°00	18°00	0.30902	0.95106	0.32492	3.07768	72°00
05	24333	96994	25087	3.98607	55	05	31040	95061	32653	06252	55
10	24474	96959	25242	96165	50	10	31178	95015	32814	04749	50
15	24615	96923	25397	93751	45	15	31316	94970	32975	03260	45
20	24756	96887	25552	91364	40	20	31454	94924	33136	01783	40
25	24897	96851	25707	89004	35	25	31593	94878	33298	00319	35
30	25038	96815	25862	86671	30	30	31730	94832	33460	2.98869	30
35	25179	96778	26017	84364	25	35	31868	94786	33621	97430	25
40	25320	96742	26172	82083	20	40	32006	94740	33783	96004	20
45	25460	96705	26328	79827	15	45	32144	94693	33945	94591	15
50	25601	96667	26483	77595	10	50	32282	94646	34108	93189	10
55	25741	96630	26639	75388	05	55	32419	94599	34270	91799	05
15°00	0.25882	0.96593	0.26795	3.73205	75°00	19°00	0.32557	0.94552	0.34433	2.90421	71°00
05	26022	96555	26951	71046	55	05	32694	94504	34596	89055	55
10	26163	96517	27107	68909	50	10	32832	94457	34758	87700	50
15	26303	96479	27263	66796	45	15	32969	94409	34922	86356	45
20	26443	96440	27419	64705	40	20	33106	94361	35085	85023	40
25	26584	96402	27576	62636	35	25	33244	94313	35248	83702	35
30	26724	96363	27732	60588	30	30	33381	94264	35412	82391	30
35	26864	96324	27889	58562	25	35	33518	94216	35576	81091	25
40	27004	96285	28046	56557	20	40	33655	94167	35740	79802	20
45	27144	96246	28203	54573	15	45	33792	94118	35904	78523	15
50	27284	96206	28360	52609	10	50	33929	94068	36068	77254	10
55	27424	96166	28517	50666	05	55	34065	94019	36232	75996	05
16°00	0.27564	0.96126	0.28675	3.48741	74°00	20°00	0.34202	0.93969	0.36397	2.74748	70°00
05	27704	96086	28832	46837	55	05	34339	93919	36562	73509	55
10	27843	96046	28990	44951	50	10	34475	93869	36727	72281	50
15	27983	96005	29147	43084	45	15	34612	93819	36892	71062	45
20	28123	95964	29305	41236	40	20	34748	93769	37057	69853	40
25	28262	95923	29463	39406	35	25	34884	93718	37223	68653	35
30	28402	95882	29621	37594	30	30	35021	93667	37388	67462	30
35	28541	95841	29780	35800	25	35	35157	93616	37554	66281	25
40	28680	95799	29938	34023	20	40	35293	93565	37720	65109	20
45	28820	95757	30097	32264	15	45	35429	93514	37887	63945	15
50	28959	95715	30255	30521	10	50	35565	93462	38053	62791	10
55	29098	95673	30414	28795	05	55	35701	93410	38220	61646	05
17°00	0.29237	0.95630	0.30573	3.27085	73°00	21°00	0.35837	0.93358	0.38386	2.60509	69°00
05	29376	95588	30732	25392	55	05	35973	93306	38553	59381	55
10	29515	95545	30891	23714	50	10	36108	93253	38721	58261	50
15	29654	95502	31051	22053	45	15	36244	93201	38888	57150	45
20	29793	95459	31210	20406	40	20	36379	93148	39055	56046	40
25	29932	95415	31370	18775	35	25	36515	93095	39223	54952	35
30	30071	95372	31530	17159	30	30	36650	93042	39391	53865	30
35	30209	95328	31690	15558	25	35	36785	92988	39559	52786	25
40	30348	95284	31850	13972	20	40	36921	92935	39727	51715	20
45	30486	95240	32010	12400	15	45	37056	92881	39896	50652	15
50	30625	95195	32171	10842	10	50	37191	92827	40065	49597	10
55	30763	95151	32331	09298	05	55	37326	92773	40234	48549	05
度 分	cos	sin	cot	tan	度 分	度 分	cos	sin	cot	tan	度 分

度 分	sin	cos	tan	cot	度 分
22°00	0.37461	0.92718	0.40403	2.47509	68°00
05	37595	92664	40572	46476	55
10	37730	92609	40741	45451	50
15	37865	92554	40911	44433	45
20	37999	92499	41081	43422	40
25	38134	92444	41251	42418	35
30	38268	92388	41421	41421	30
35	38403	92332	41592	40432	25
40	38537	92276	41763	39449	20
45	38671	92220	41933	38473	15
50	38805	92164	42105	37504	10
55	38939	92107	42276	36541	05
23°00	0.39073	0.92050	0.42447	2.35585	67°00
05	39207	91994	42619	34636	55
10	39341	91936	42791	33693	50
15	39474	91879	42963	32756	45
20	39608	91822	43136	31826	40
25	39741	91764	43308	30902	35
30	39875	91706	43481	29984	30
35	40008	91648	43654	29073	25
40	40142	91590	43828	28167	20
45	40275	91531	44001	27267	15
50	40408	91472	44175	26374	10
55	40541	91414	44349	25486	05
24°00	0.40674	0.91355	0.44523	2.24604	66°00
05	40806	91295	44697	23727	55
10	40939	91236	44872	22857	50
15	41072	91176	45047	21992	45
20	41204	91116	45222	21132	40
25	41337	91056	45397	20278	35
30	41469	90996	45573	19430	30
35	41602	90936	45748	18587	25
40	41734	90875	45924	17749	20
45	41866	90814	46101	16917	15
50	41998	90753	46277	16090	10
55	42130	90692	46454	15268	05
25°00	0.42262	0.90631	0.46631	2.14451	65°00
05	42394	90569	46808	13639	55
10	42525	90507	46985	12832	50
15	42657	90446	47163	12030	45
20	42788	90383	47341	11233	40
25	42920	90321	47519	10442	35
30	43051	90259	47698	09654	30
35	43182	90196	47876	08872	25
40	43313	90133	48055	08094	20
45	43445	90070	48234	07321	15
50	43575	90007	48414	06553	10
55	43706	89943	48593	05790	05
度 分	cos	sin	cot	tan	度 分

度 分	sin	cos	tan	cot	度 分
26°00	0.43837	0.89879	0.48773	2.05030	64°00
05	43968	89816	48953	04276	55
10	44098	89752	49134	03526	50
15	44229	89687	49315	02780	45
20	44359	89623	49495	02039	40
25	44490	89558	49677	01302	35
30	44620	89493	49858	00569	30
35	44750	89428	50040	1.99841	25
40	44880	89363	50222	99116	20
45	45010	89298	50404	98396	15
50	45140	89232	50587	97681	10
55	45269	89167	50769	96969	05
27°00	0.45399	0.89101	0.50953	1.96261	63°00
05	45529	89035	51136	95557	55
10	45658	88968	51320	94858	50
15	45787	88902	51503	94162	45
20	45917	88835	51688	93470	40
25	46046	88768	51872	92782	35
30	46175	88701	52057	92098	30
35	46304	88634	52242	91418	25
40	46433	88566	52427	90741	20
45	46561	88499	52613	90069	15
50	46690	88431	52798	89400	10
55	46819	88363	52985	88734	05
28°00	0.46947	0.88295	0.53171	1.88073	62°00
05	47076	88226	53358	87415	55
10	47204	88158	53545	86760	50
15	47332	88089	53732	86109	45
20	47460	88020	53920	85462	40
25	47588	87951	54107	84818	35
30	47716	87882	54296	84177	30
35	47844	87812	54484	83540	25
40	47971	87743	54673	82906	20
45	48099	87673	54862	82276	15
50	48226	87603	55051	81649	10
55	48354	87532	55241	81025	05
29°00	0.48481	0.87462	0.55431	1.80405	61°00
05	48608	87391	55621	79788	55
10	48735	87321	55812	79174	50
15	48862	87250	56003	78563	45
20	48989	87178	56194	77955	40
25	49116	87107	56385	77351	35
30	49242	87036	56577	76749	30
35	49369	86964	56769	76151	25
40	49495	86892	56962	75556	20
45	49622	86820	57155	74964	15
50	49748	86748	57348	74375	10
55	49874	86675	57541	73788	05
度 分	cos	sin	cot	tan	度 分

度 分	sin	cos	tan	cot	度 分	度 分	sin	cos	tan	cot	度 分
30°00	0.50000	0.86603	0.57735	1.73205	60°00	34°00	0.55919	0.82904	0.67451	1.48256	56°00
05	50126	86530	57929	72625	55	05	56040	82822	67663	47792	55
10	50252	86457	58124	72047	50	10	56160	82741	67875	47330	50
15	50377	86384	58318	71473	45	15	56280	82659	68088	46870	45
20	50503	86310	58513	70901	40	20	56401	82577	68301	46411	40
25	50628	86237	58709	70332	35	25	56521	82495	68514	45955	35
30	50754	86163	58905	69766	30	30	56641	82413	68728	45501	30
35	50879	86089	59101	69203	25	35	56760	82330	68942	45049	25
40	51004	86015	59297	68643	20	40	56880	82248	69157	44598	20
45	51129	85941	59494	68085	15	45	57000	82165	69372	44149	15
50	51254	85866	59691	67530	10	50	57119	82C82	69588	43703	10
55	51379	85792	59888	66978	05	55	57238	81999	69804	43258	05
31°00	0.51504	0.85717	0.60086	1.66428	59°00	35°00	0.57358	0.81915	0.70021	1.42815	55°00
05	51628	85642	60284	65881	55	05	57477	81832	70238	42374	55
10	51753	85567	60483	65337	50	10	57596	81748	70455	41934	50
15	51877	85491	60681	64795	45	15	57715	81664	70673	41497	45
20	52002	85416	60881	64256	40	20	57833	81580	70891	41061	40
25	52126	85340	61080	63719	35	25	57952	81496	71110	40627	35
30	52250	85264	61280	63185	30	30	58070	81412	71329	40195	30
35	52374	85188	61480	62654	25	35	58189	81327	71549	39764	25
40	52498	85112	61681	62125	20	40	58307	81242	71769	39336	20
45	52621	85035	61882	61598	15	45	58425	81157	71990	38909	15
50	52745	84959	62083	61074	10	50	58543	81072	72211	38484	10
55	52869	84882	62285	60553	05	55	58661	80987	72432	38060	05
32°00	0.52992	0.84805	0.62487	1.60033	58°00	36°00	0.58779	0.80902	0.72654	1.37638	54°00
05	53115	84728	62689	59517	55	05	58896	80816	72877	37218	55
10	53238	84650	62892	59002	50	10	59014	80730	73100	36800	50
15	53361	84573	63095	58490	45	15	59131	80644	73323	36383	45
20	53484	84495	63299	57981	40	20	59248	80558	73547	35968	40
25	53607	84417	63503	57474	35	25	59365	80472	73771	35554	35
30	53730	84339	63707	56969	30	30	59482	80386	73996	35142	30
35	53853	84261	63912	56466	25	35	59599	80299	74221	34732	25
40	53975	84182	64117	55966	20	40	59716	80212	74447	34323	20
45	54097	84104	64322	55467	15	45	59832	80125	74674	33916	15
50	54220	84025	64528	54972	10	50	59949	80038	74900	33511	10
55	54342	83946	64734	54478	05	55	60065	79951	75128	33107	05
33°00	0.54464	0.83367	0.64941	1.53987	57°00	37°00	0.60182	0.79864	0.75355	1.32704	53°00
05	54586	83788	65148	53497	55	05	60298	79776	75584	32304	55
10	54708	83708	65355	53010	50	10	60414	79688	75812	31904	50
15	54829	83629	65563	52525	45	15	60529	79600	76042	31507	45
20	54951	83549	65771	52043	40	20	60645	79512	76272	31110	40
25	55072	83469	65980	51562	35	25	60761	79424	76502	30716	35
30	55194	83389	66189	51084	30	30	60876	79335	76733	30323	30
35	55315	83308	66398	50607	25	35	60991	79247	76964	29931	25
40	55436	83228	66608	50133	20	40	61107	79158	77196	29541	20
45	55557	83147	66818	49661	15	45	61222	79069	77428	29152	15
50	55678	83066	67028	49190	10	50	61337	78980	77661	28764	10
55	55799	82985	67239	48722	05	55	61451	78891	77895	28379	05
度 分	cos	sin	cot	tan	度 分	度 分	cos	sin	cot	tan	度 分

度 分	sin	cos	tan	cot	度 分	度 分	sin	cos	tan	cot	度 分
38°00	0.61566	0.78801	0.78129	1.27994	52°00	42°00	0.66913	0.74314	0.90040	1.11061	48°00
05	61681	78711	78363	27611	55	05	67021	74217	90304	10737	55
10	61795	78622	78598	27230	50	10	67129	74120	90569	10414	50
15	61909	78532	78834	26849	45	15	67237	74022	90834	10091	45
20	62024	78442	79070	26471	40	20	67344	73924	91099	09770	40
25	62138	78351	79306	26093	35	25	67452	73826	91366	09450	35
30	62251	78261	79544	25717	30	30	67559	73728	91633	09131	30
35	62365	78170	79781	25343	25	35	67666	73629	91901	08813	25
40	62479	78079	80020	24969	20	40	67773	73531	92170	08496	20
45	62592	77988	80258	24597	15	45	67880	73432	92439	08179	15
50	62706	77897	80498	24227	10	50	67987	73333	92709	07864	10
55	62819	77806	80738	23858	05	55	68093	73234	92980	07550	05
39°00	0.62932	0.77715	0.80978	1.23490	51°00	43°00	0.68200	0.73135	0.93252	1.07237	47°00
05	63045	77623	81220	23123	55	05	68306	73036	93524	06925	55
10	63158	77531	81461	22758	50	10	68412	72937	93797	06613	50
15	63271	77439	81703	22394	45	15	68518	72837	94071	06303	45
20	63383	77347	81946	22031	40	20	68624	72737	94345	05994	40
25	63496	77255	82190	21670	35	25	68730	72637	94620	05685	35
30	63608	77162	82434	21310	30	30	68835	72537	94896	05378	30
35	63720	77070	82678	20951	25	35	68941	72437	95173	05072	25
40	63832	76977	82923	20593	20	40	69046	72337	95451	04766	20
45	63944	76884	83169	20237	15	45	69151	72236	95729	04461	15
50	64056	76791	83415	19882	10	50	69256	72136	96008	04158	10
55	64167	76698	83662	19528	05	55	69361	72035	96288	03855	05
40°00	0.64279	0.76604	0.83910	1.19175	50°00	44°00	0.69466	0.71934	0.96569	1.03553	46°00
05	64390	76511	84158	18824	55	05	69570	71833	96850	03252	55
10	64501	76417	84407	18474	50	10	69675	71732	97133	02952	50
15	64612	76323	84656	18125	45	15	69779	71630	97416	02653	45
20	64723	76229	84906	17777	40	20	69883	71529	97700	02355	40
25	64834	76135	85157	17430	35	25	69987	71427	97984	02057	35
30	64945	76041	85408	17085	30	30	70091	71325	98270	01761	30
35	65055	75946	85660	16741	25	35	70195	71223	98556	01465	25
40	65166	75851	85912	16398	20	40	70298	71121	98843	01170	20
45	65276	75757	86166	16056	15	45	70401	71019	99131	00876	15
50	65386	75661	86419	15715	10	50	70505	70916	99420	00583	10
55	65496	75566	86674	15375	05	55	70608	70813	99710	00291	05
41°00	0.65606	0.75471	0.86929	1.15037	49°00	45°00	0.70711	0.70711	1.00000	1.00000	45°00
05	65716	75375	87184	14699	55						
10	65825	75280	87441	14363	50						
15	65935	75184	87698	14028	45						
20	66044	75088	87955	13694	40						
25	66153	74992	88214	13361	35						
30	66262	74896	88473	13029	30						
35	66371	74799	88732	12699	25						
40	66480	74703	88992	12369	20						
45	66588	74606	89253	12041	15						
50	66697	74509	89515	11713	10						
55	66805	74412	89777	11387	05						
度 分	cos	sin	cot	tan	度 分	度 分	cos	sin	cot	tan	度 分

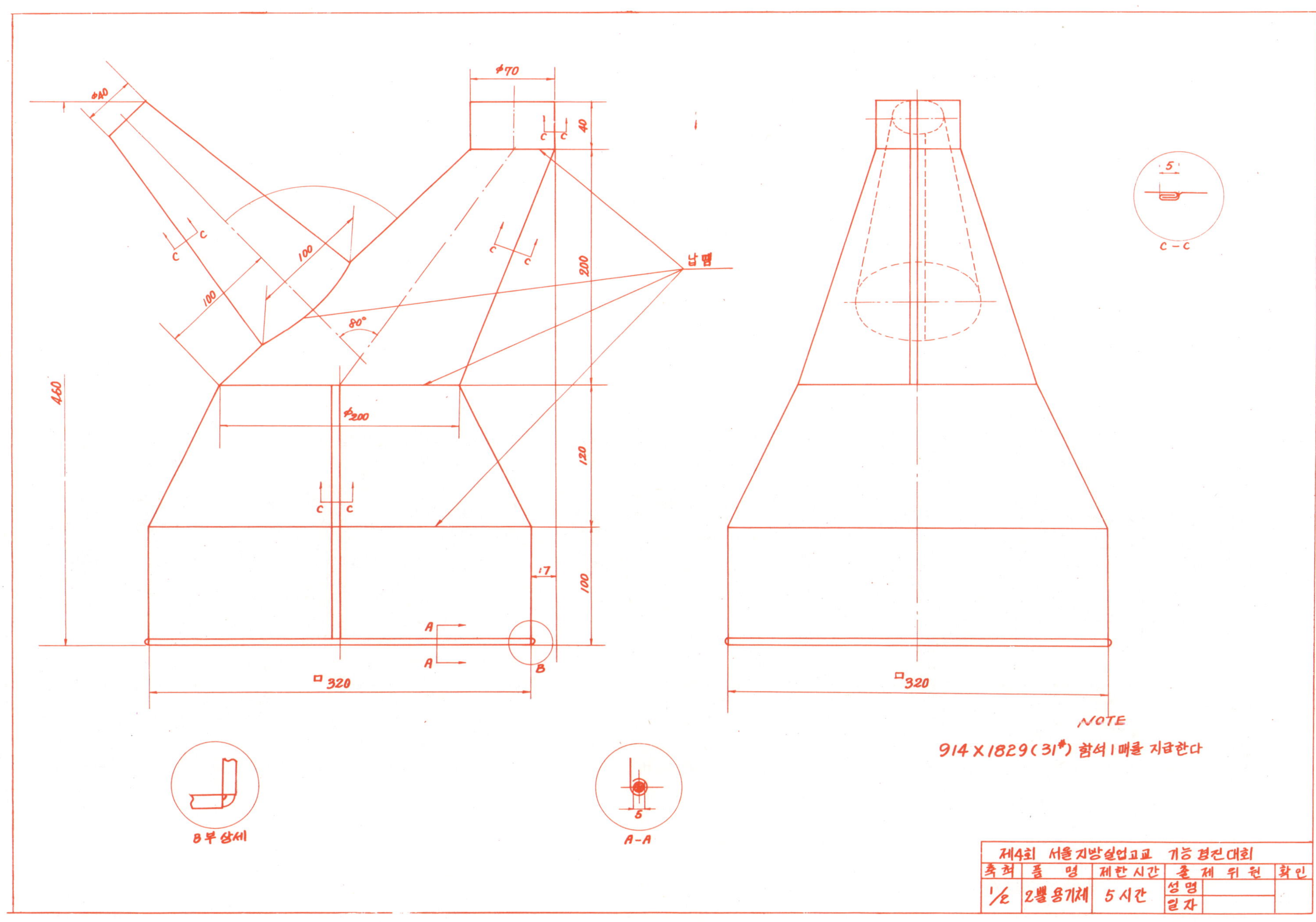

제4회 서울지방실업고교 기능 경진대회				
축척	품 명	제한시간	출제위원	확인
1/2	2뿔용기체	5시간	성명	
			일자	

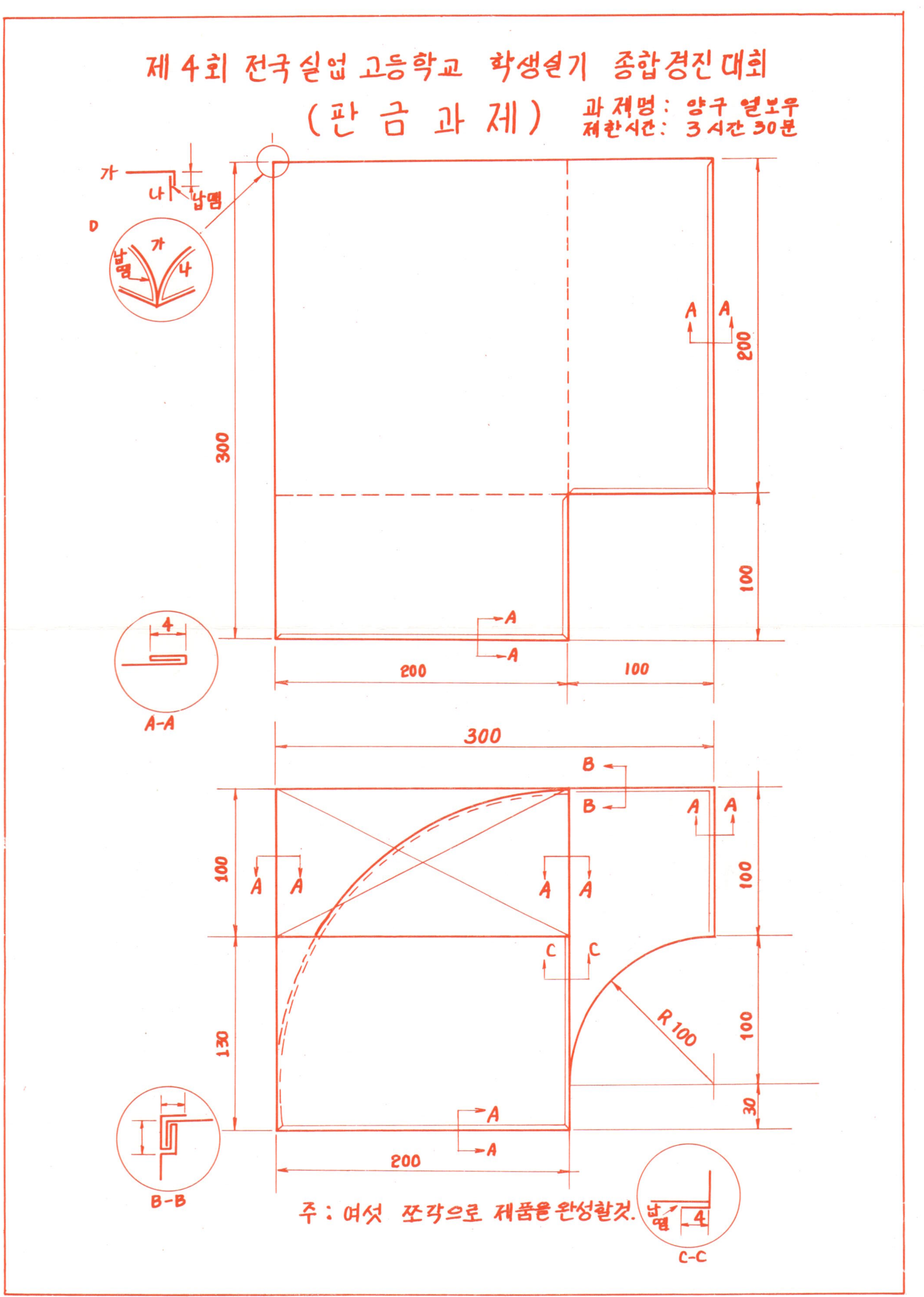

제 4 회 전국 실업 고등학교 학생실기 종합경진 대회
(판 금 과 제)
과제명 : 양구 열보우
제한시간 : 3 시간 30분
가
나
납땜
D
납땜
가
4
300
A A
200
100
A
A
4
A-A
200
100
300
B B
B
A A
100
100
A A
A A
C C
130
R 100
100
30
B-B
A
A
200
주 : 여섯 쪼각으로 제품을 완성할것.
납땜
4
C-C

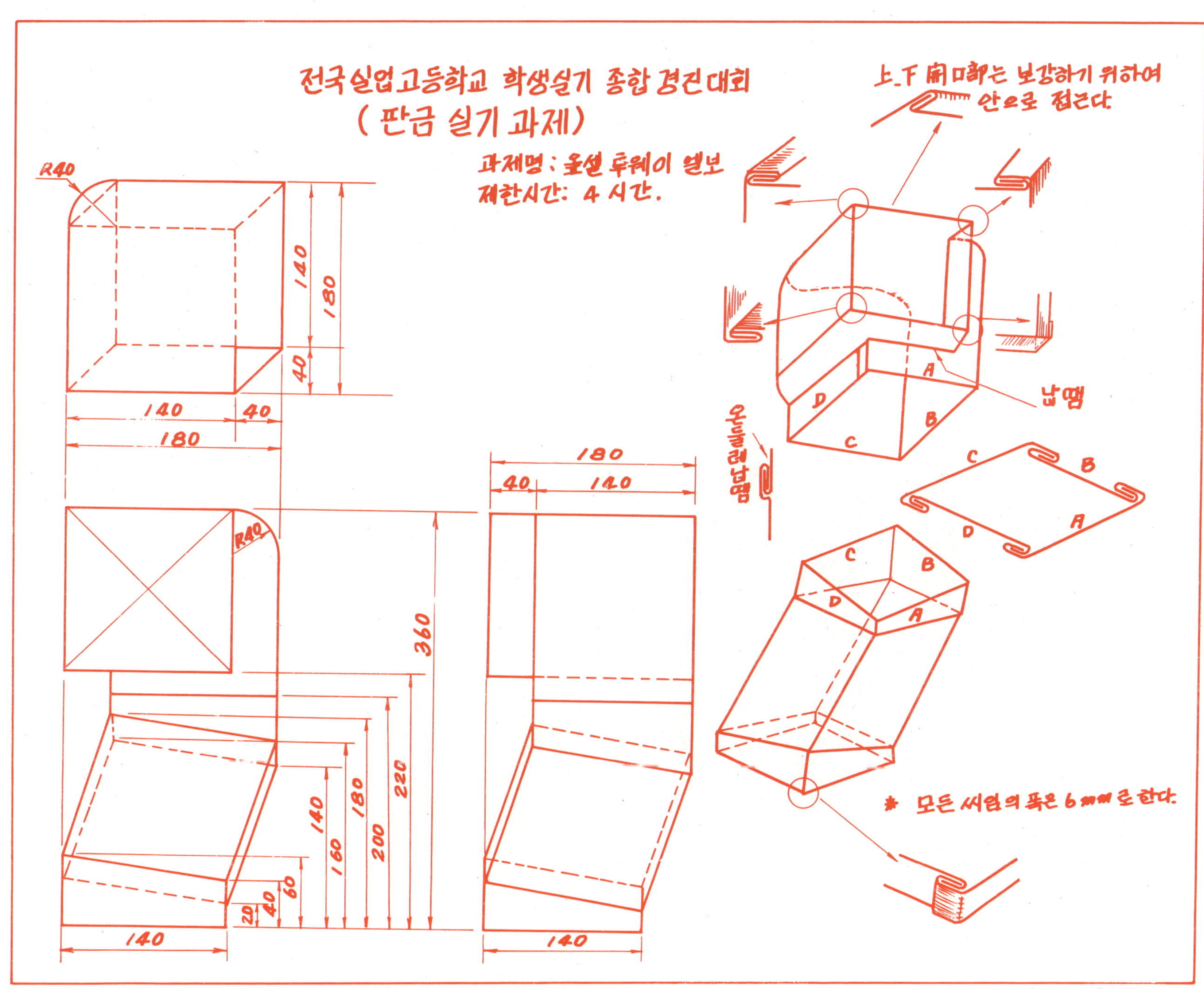
전국 실업고등학교 학생실기 종합 경진대회
(판금 실기 과제)
과제명 : 옵션 투웨이 엘보
제한시간 : 4 시간.
上.下 開口部는 보강하기 위하여
안으로 접는다
납땜
올을려납땜
* 모든 씨임의 폭은 6㎜로 한다.
R40
180
140
40
360
220
200
180
160
140
60
40
20
A B C D

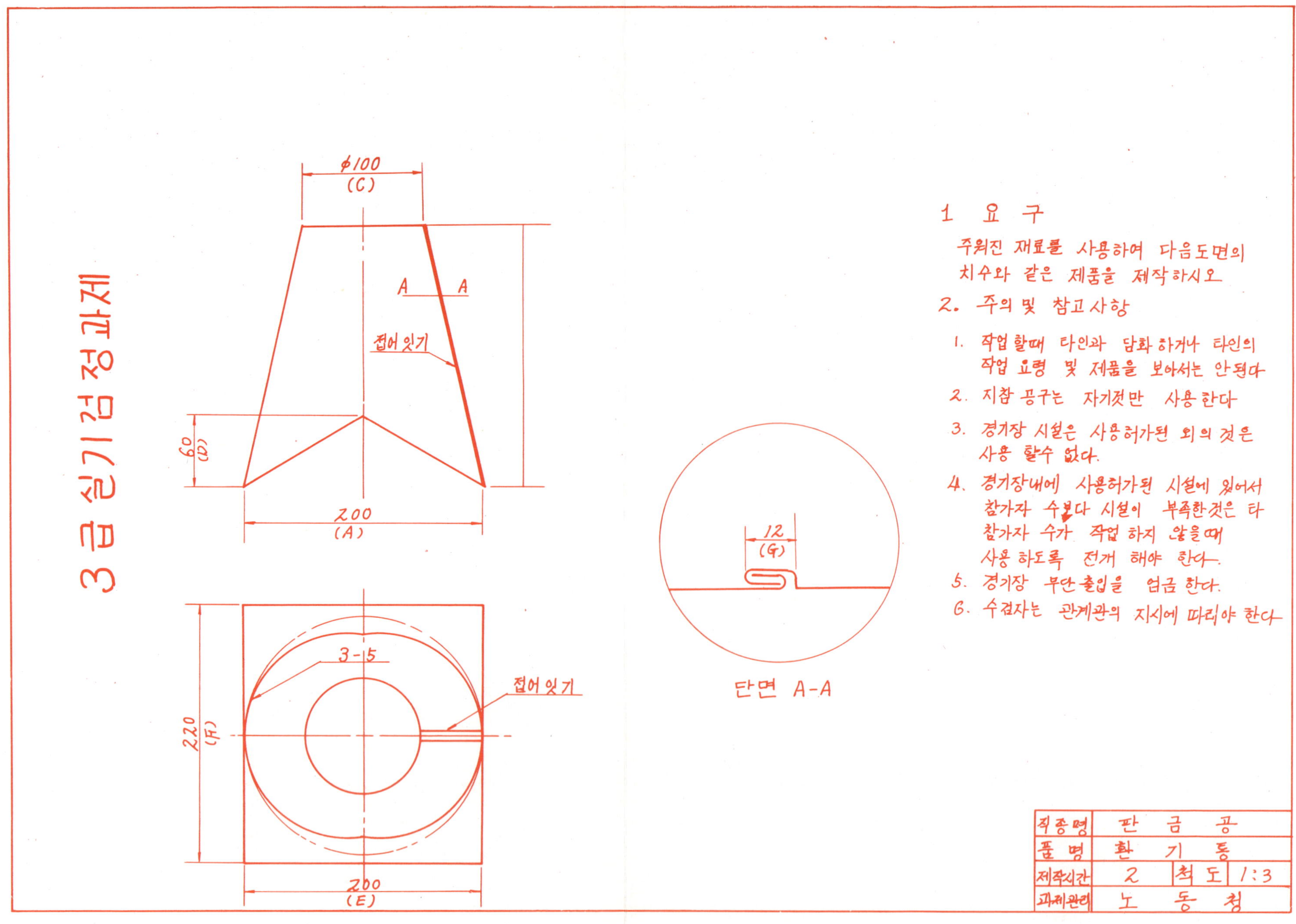

3급 실기검정과제
φ100
(C)
A   A
접어 잇기
60
(D)
200
(A)
3-5
접어 잇기
220
(F)
200
(E)
12
(G)
단면 A-A
1. 요 구
주어진 재료를 사용하여 다음도면의 치수와 같은 제품을 제작하시오
2. 주의 및 참고사항
1. 작업 할때 타인과 담화 하거나 타인의 작업 요령 및 제품을 보아서는 안된다
2. 지참 공구는 자기것만 사용 한다
3. 경기장 시설은 사용허가된 외의 것은 사용 할수 없다.
4. 경기장내에 사용허가된 시설에 있어서 참가자 수보다 시설이 부족한것은 타 참가자 수가 작업 하지 않을때 사용 하도록 전거 해야 한다.
5. 경기장 무단 출입을 엄금 한다.
6. 수검자는 관계관의 지시에 따리아 한다
직종명 판 금 공
품 명 환 기 통
제작시간 2 척 도 1:3
과제관리 노 동 청

2 급 실기검정과제

1. 요 구

주어진 재료를 사용하여다음 도면의
치수와 같은 제품을 제작하라

2. 주의 및 참고 사항

1. 작업할때 타인과 담화하거나
   타인의 작업요령 및 제품을
   보아서는 않된다
2. 지참공구는 자기것만 사용한다
3. 경기상 시설은 사용허가된 외의
   것을 사용할수 없다.
4. 경기장 내에 사용허가된 시설에
   있어서 참가수 보다 수가 부족한
   것은 참가자가 작업하지 않을때
   사용하도록 작업을 전개한다.
5. 경기장 무단출입을 엄금한다
6. 수검자는 판겨관의 지시에 따라
   야 한다.

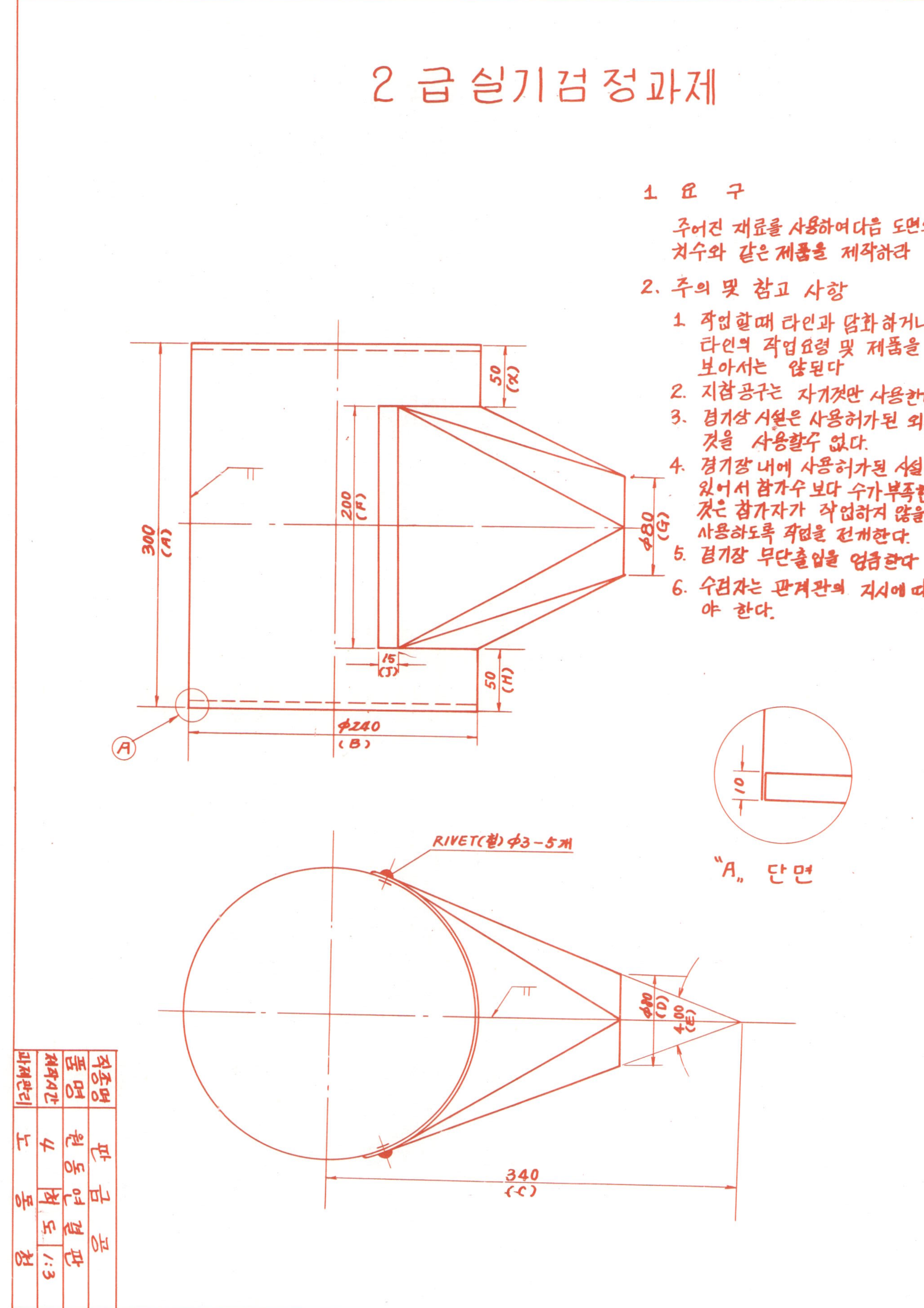

1 급 실기검정과제

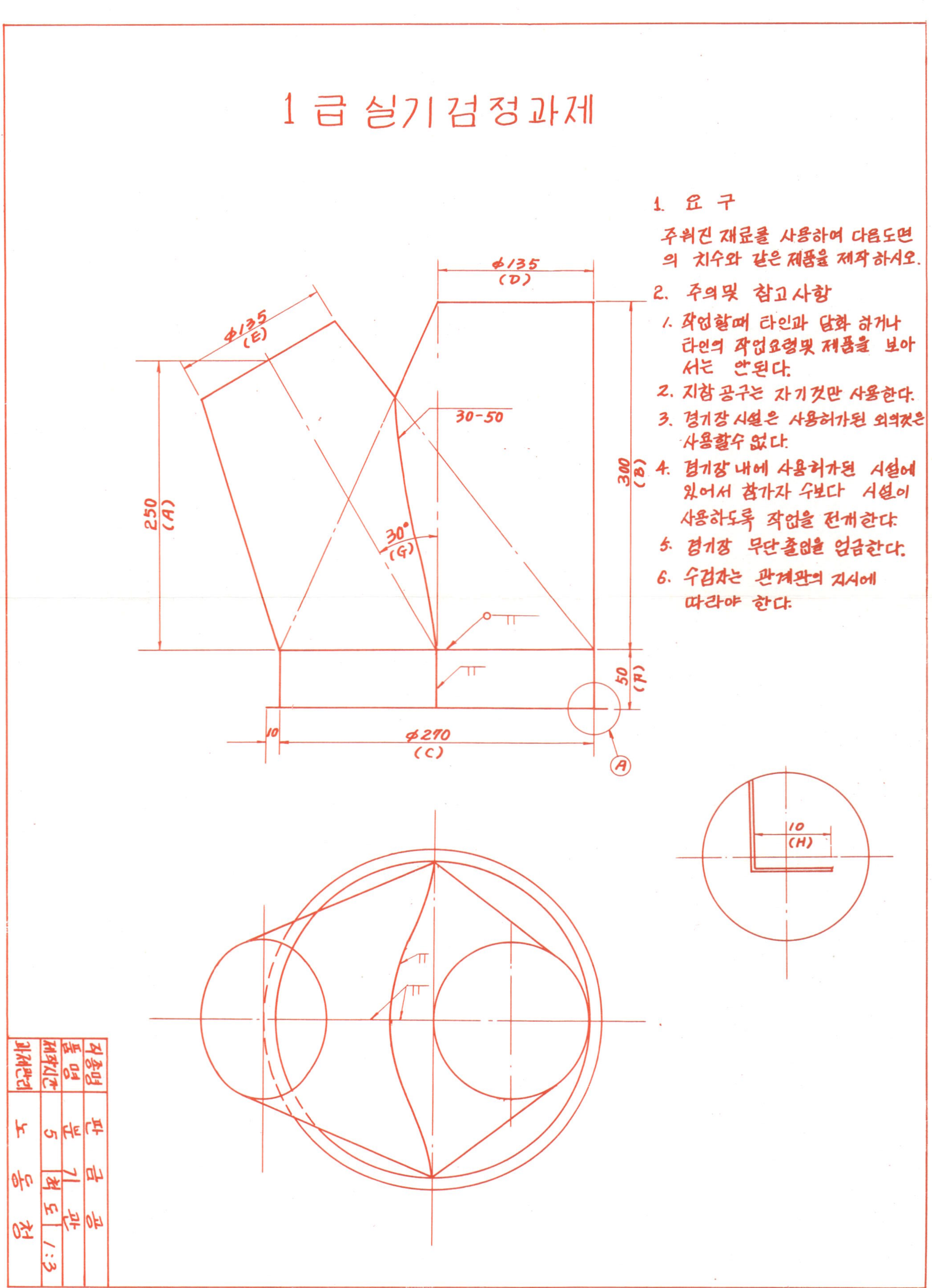

1. 요 구

주쥐긴 재료를 사용하여 다음도면의 치수와 같은 제품을 제작하시오.

2. 주의및 참고사항

1. 작업할때 타인과 담화 하거나 타인의 작업요령및 제품을 보아서는 안된다.
2. 지참 공구는 자기것만 사용한다.
3. 경기장 시설은 사용허가된 외역것은 사용할수 없다.
4. 경기장 내에 사용허가된 시설에 있어서 참가자 수보다 시설이 사용하도록 작업을 전개한다.
5. 경기장 무단출임을 엄금한다.
6. 수검자는 관계관의 지시에 따라야 한다.

직종명	판 금 공		
품 명	분 기 관		
제작시간	5	척 도	1:3
과제관리	노 동 청		

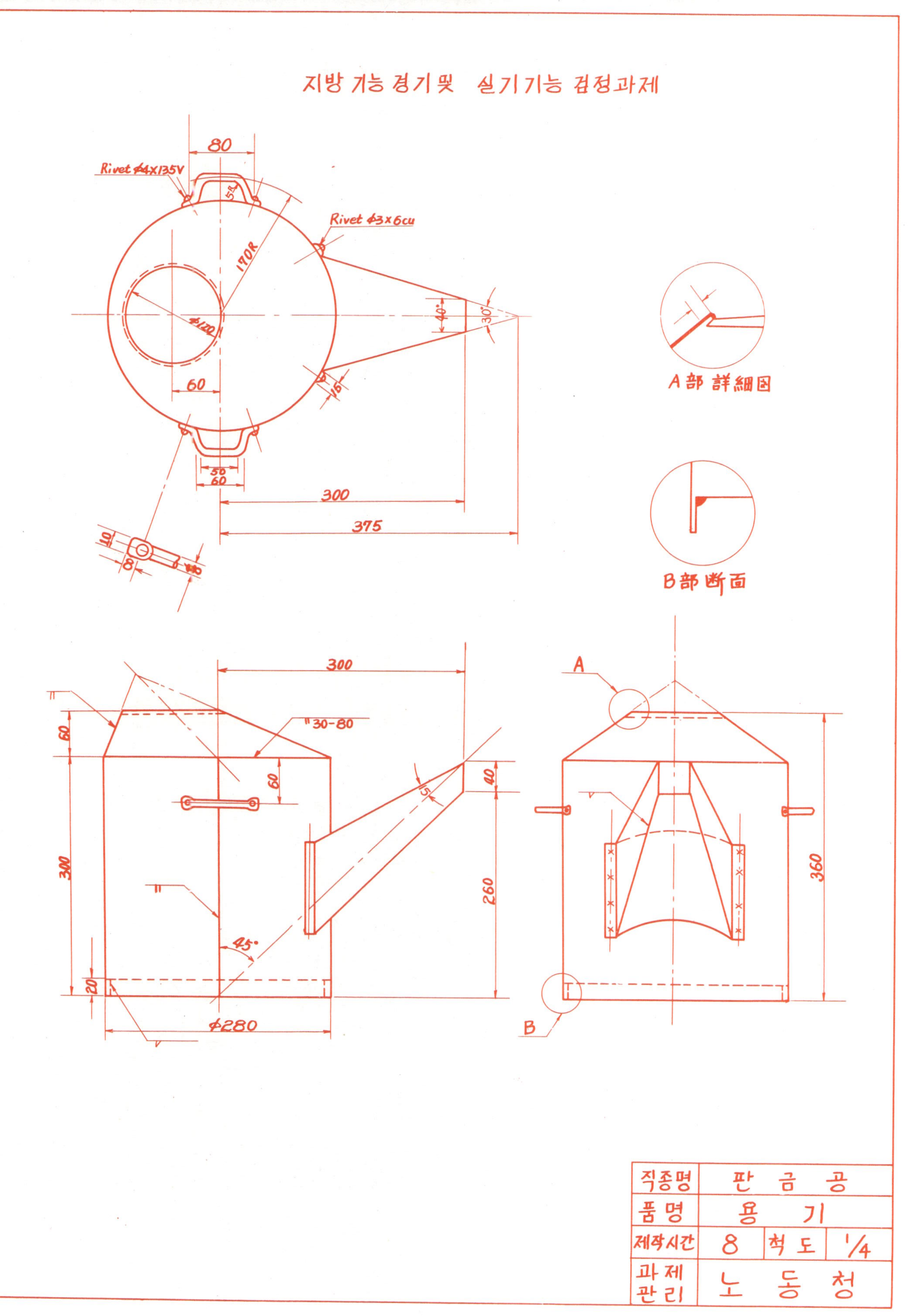
지방 기능 경기및 실기기능 검정과제
A部 詳細圖
B部 斷面
80
Rivet φ4×135V
Rivet φ3×6cu
170R
φ140
60
50
60
40°
30°
300
375
300
60
60
"30-80
5°
40
300
260
45°
20
φ280
A
B
360
직종명 판 금 공
품명 용 기
제작시간 8 척도 1/4
과제 관리 노 동 청

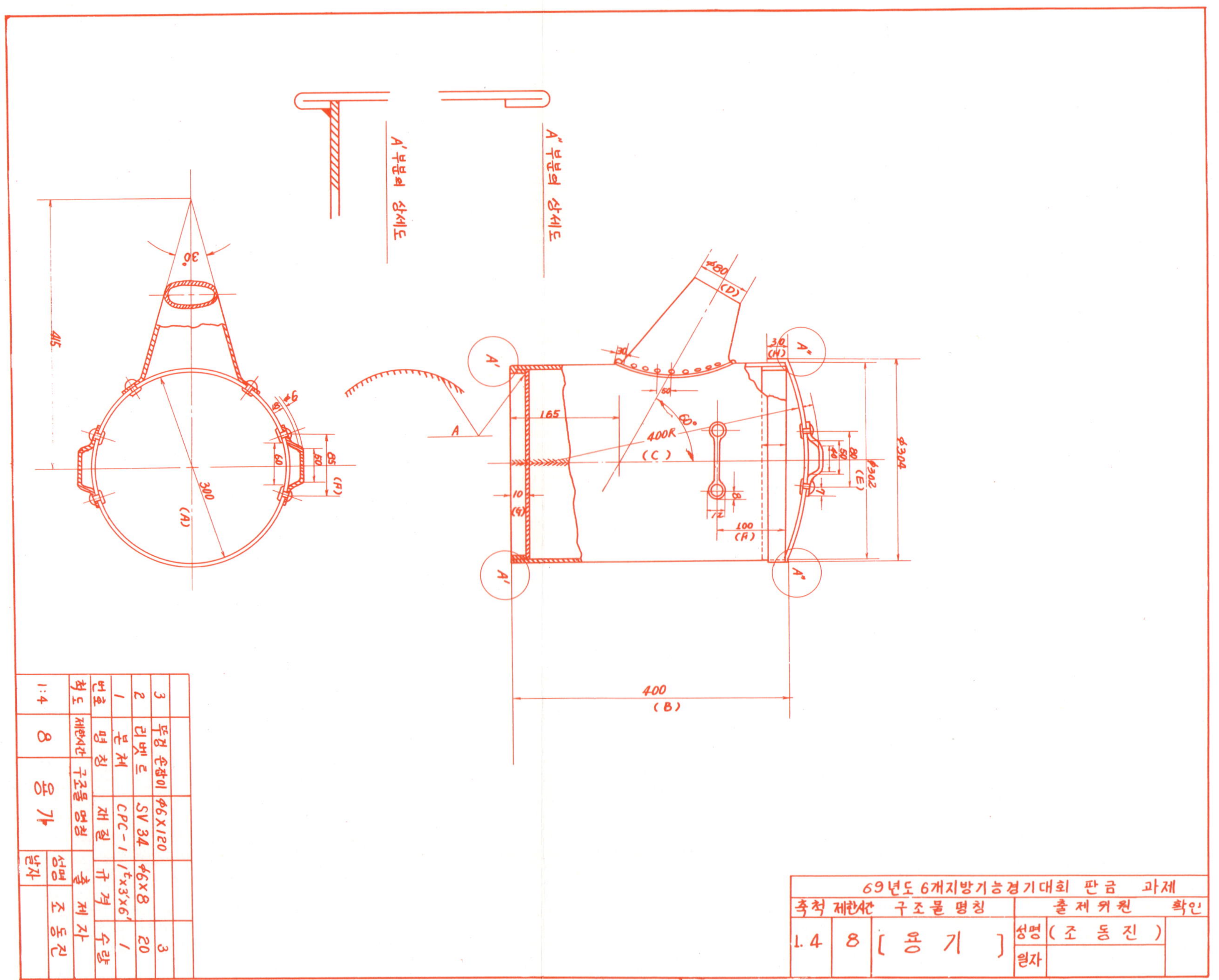

	명칭	재질	규격	수량
3	둥컵 손잡이		Φ6×120	3
2	리벳트	SV 34	Φ6×8	20
1	본체	CPC-1	1"t×3'×6'	1
번호				
척도	제한시간	구조물명칭	출제자	
1:4	8	용기	성명	조 등진
			날자	

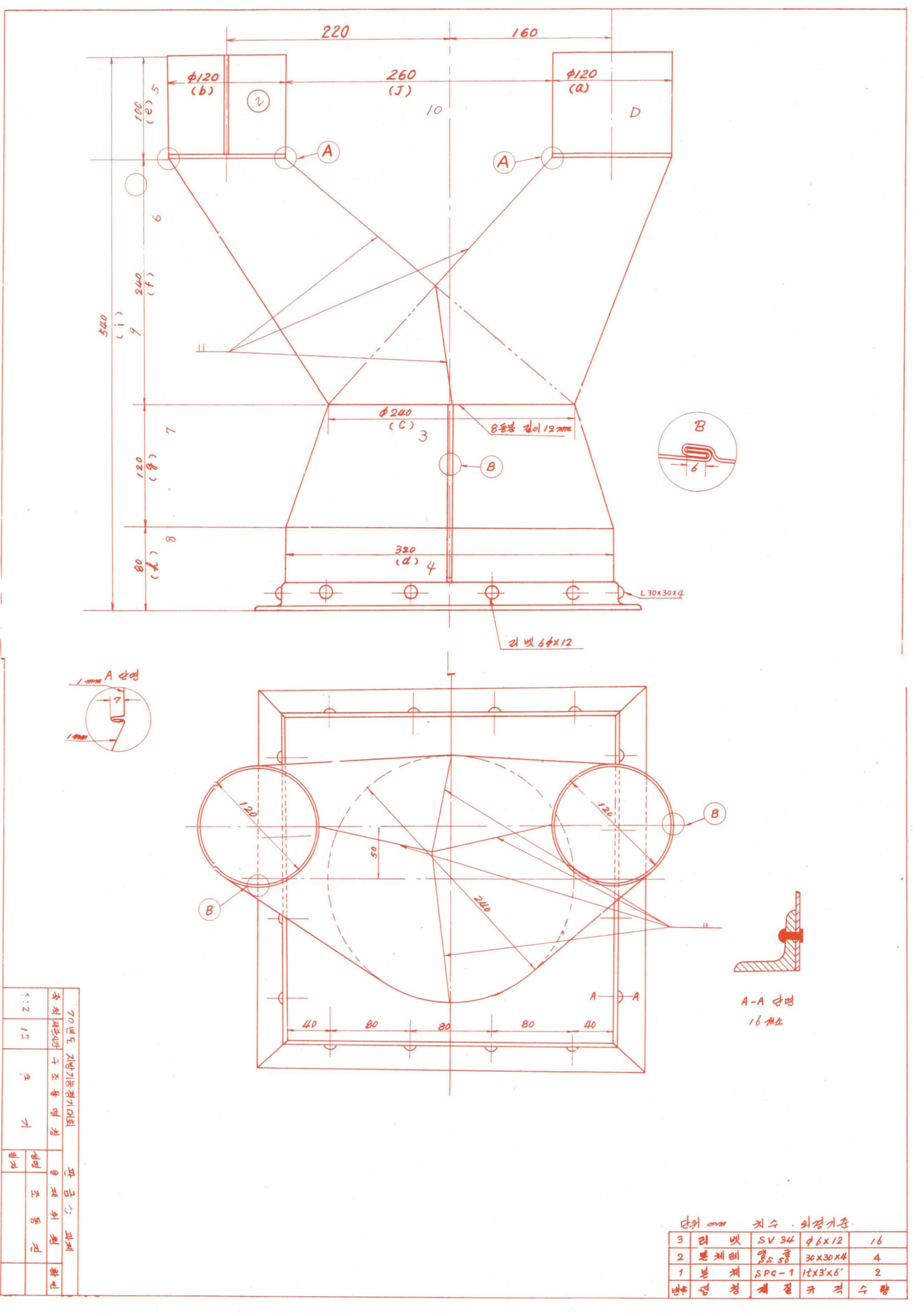

220
160
260
(J)
10
∅120
(b)
∅120
(a)
D
A
A
540
(i)
9
240
(f)
100
(e)
5
6
∅240
(C)
3
8중홈 길이 12mm
B
B
120
(g)
7
80
(L)
8
320
(d)
4
L 30×30×4
리벳 6∅×12
A 단면
7
1mm
1mm
B
6
120
120
50
240
40
80
80
80
40
A
A
B
B
A-A 단면
16 사도
70년도 지방기능경기대회
판금 과제
구 조 물 명 칭
제 위 원
성명 조 동 진
축척 제작시간
1:2 12
후 기
단위 mm   치수 · 외정기준
3 리 벳 SV 34 ∅6×12 16
2 분체테 앵글 SS50 30×30×4 4
1 본 체 SPC-1 1t×3'×6' 2
번호 명칭 재질 규격 수량

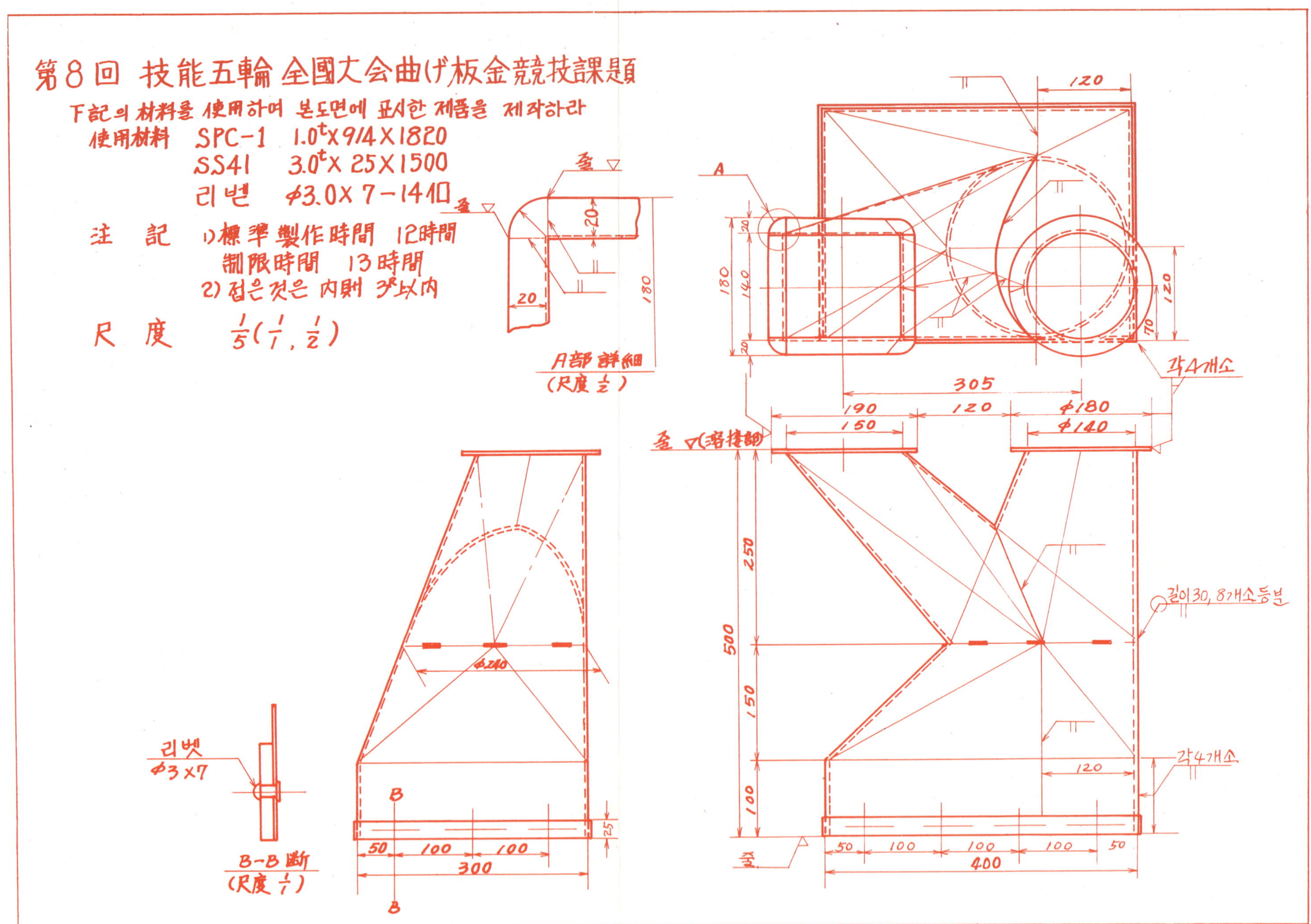

第8回 技能五輪 全國大会曲げ板金競技課題
下記의 材料를 使用하여 본도면에 표시한 제품을 제작하라
使用材料 SPC-1 1.0ᵗ×914×1820
          SS41   3.0ᵗ×25×1500
          리벳   φ3.0×7-14개
注 記 1) 標準製作時間 12時間
        制限時間 13時間
      2) 접은것은 內則 3ᵗ以內
尺 度 1/5 (1/1 , 1/2)
A部 詳細
(尺度 1/2)
120
20
20
180
A
180
140
120
305
190 120 φ180
150   φ140
70
각4개소
盃 ▽(溶接細)
250
500
150
100
길이30, 8개소등분
120
각4개소
盃
50 100 100 100 50
400
리벳
φ3×7
B
B-B 斷
(尺度 1/1)
φ240
50 100 100
300
25

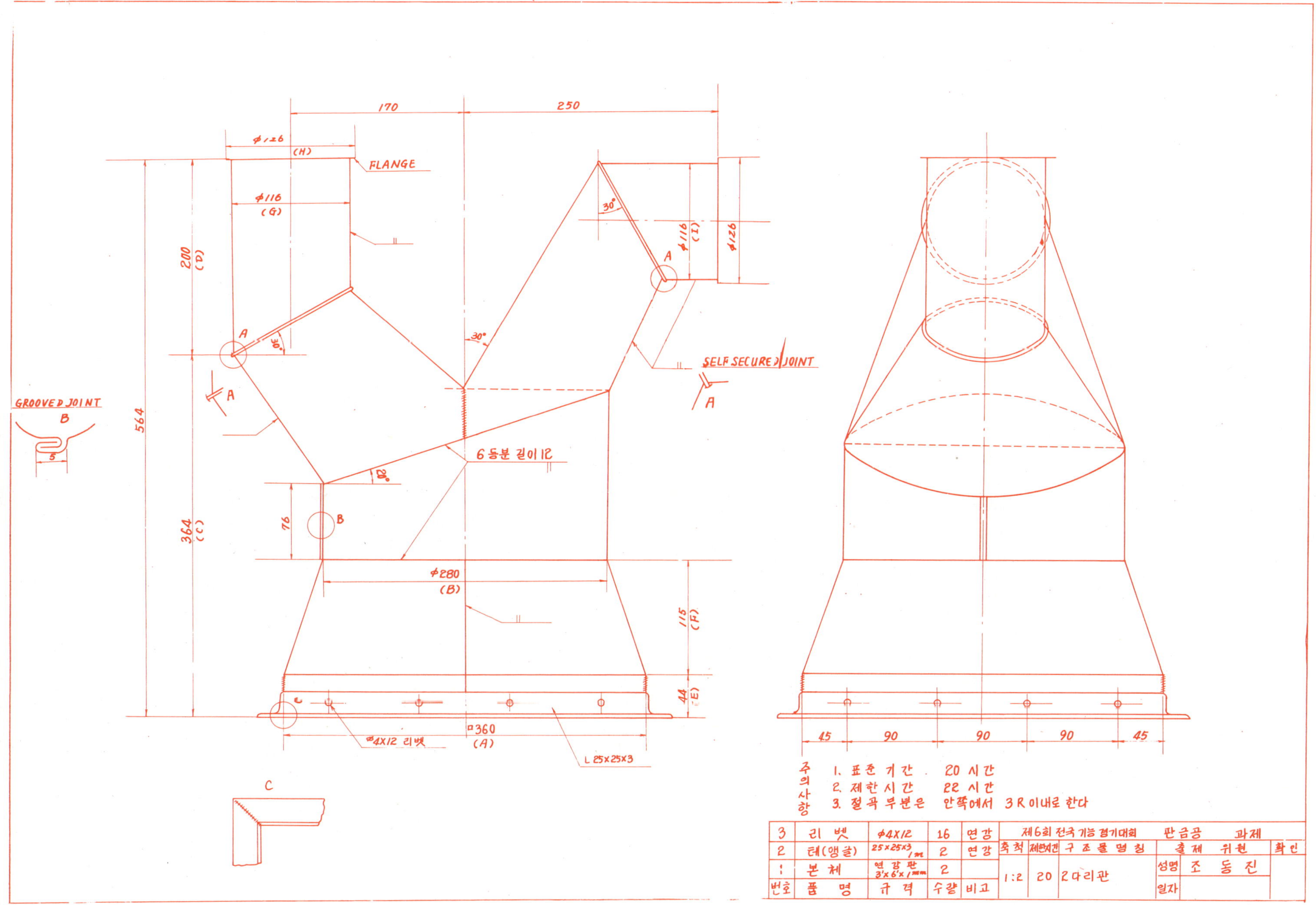

3	리 벳	φ4X12	16	연강	제6회 전국 기능 경기대회		판 금 공	과제		
2	레(앵글)	25×25×3 1개	2	연강	축척	제한시간	구 조 물 명 칭	출 제 위 원		확인
1	본 체	연강판 3'×6'×1㎜	2					성명 조 동 진		
번호	품 명	규 격	수량	비고	1:2	20	2다리관	일자		

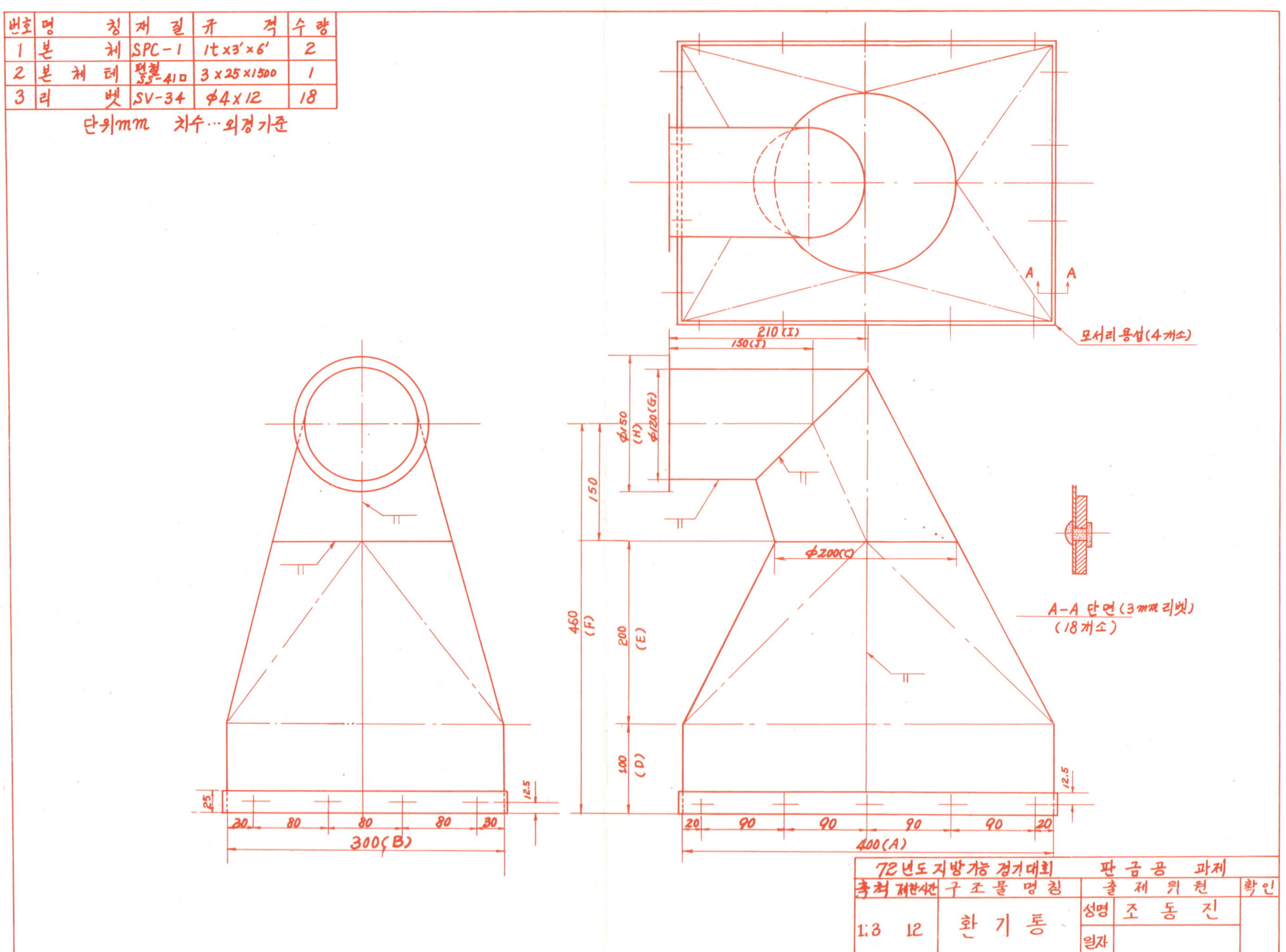

번호 명 칭 재 질 규 격 수량
1 본 체 SPC-1 1t×3'×6' 2
2 본 체 레 SS-41□ 평강 3×25×1500 1
3 리 벳 SV-34 φ4×12 18
단위mm 치수…외경가준
모서리용섭(4개소)
210(I)
150(J)
φ150(H)
φ120(G)
150
φ200(C)
A-A 단면(3mm 리벳)
(18개소)
460(F)
200(E)
100(D)
25
30 80 80 80 30
300(B)
12.5
20 90 90 90 90 20
400(A)
12.5
72년도 지방기능 경기대회 판금공 과제
축척 구조물명칭 출제위원 확인
1:3 12 환 기 통 성명 조 동 진
일자

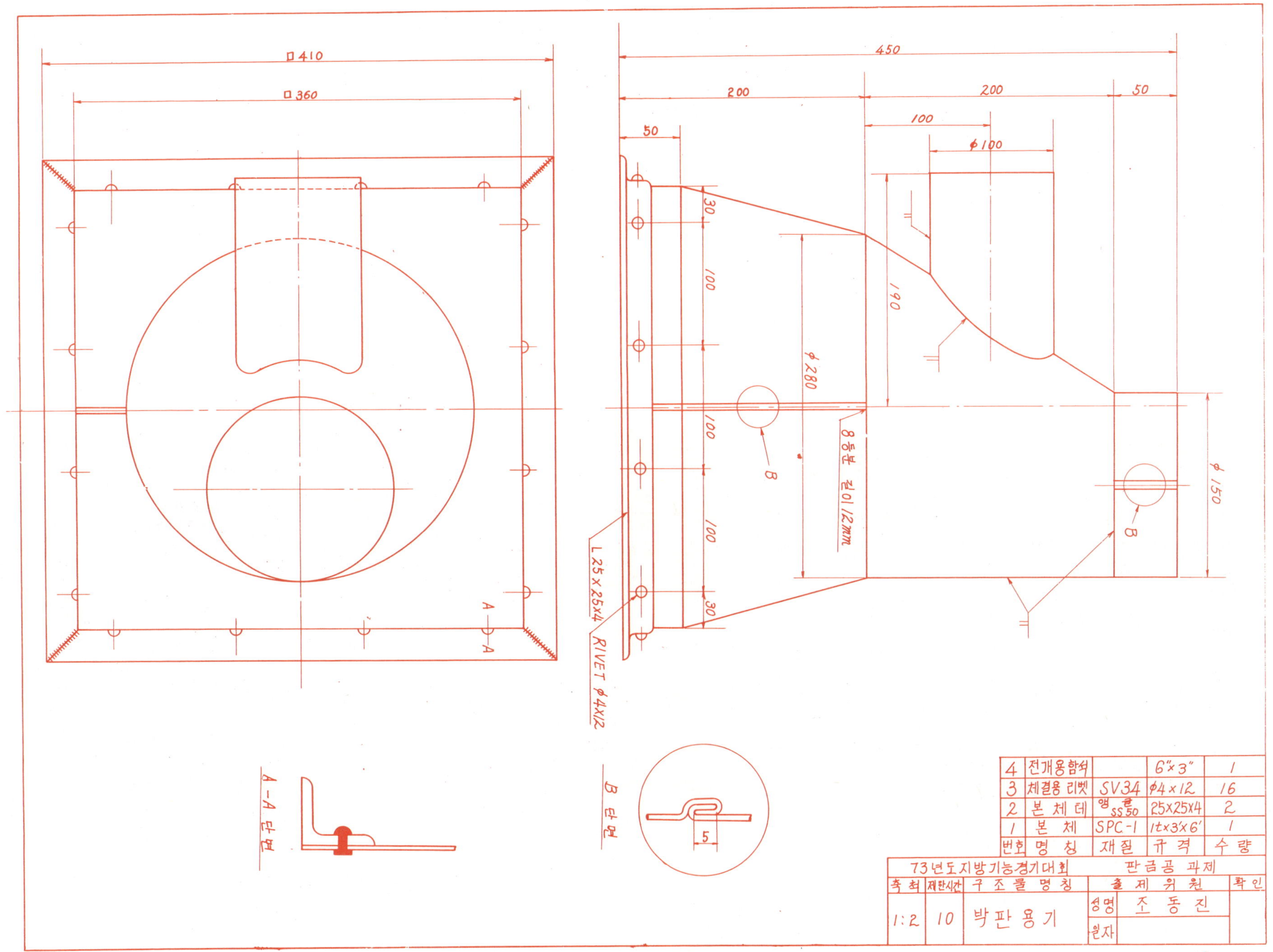

□410
□360
450
200
200
50
50
100
φ100
30
100
190
φ280
8등분 길이 12mm
100
100
100
30
L25×25×4 RIVET φ4×12
A-A 단면
B 단면
5
A-A
B
B
φ150
4 전개용함석 6"×3" 1
3 체결용 리벳 SV34 φ4×12 16
2 본체테 앵글 SS50 25×25×4 2
1 본체 SPC-1 lt×3'×6' 1
번호 명칭 재질 규격 수량
73년도 지방기능경기대회 판금공 과제
축척 재판시간 구조물명칭 출제위원 확인
1:2 10 박판용기 성명 조동진
원자

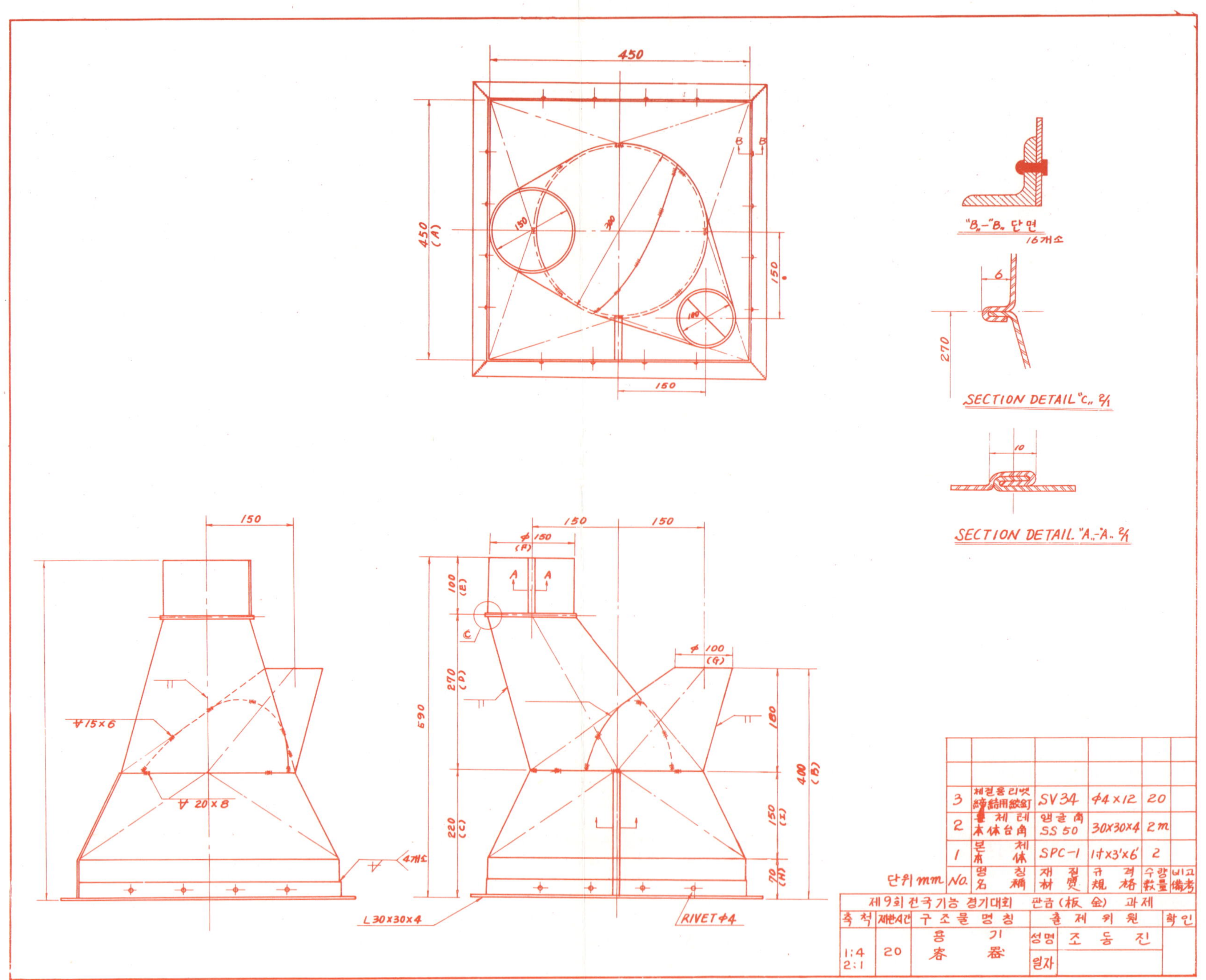

No.	명칭 名稱	재질 材質	규격 規格	수량 數量	비고 備考
3	체결용 리벳 締結用鋲釘	SV34	φ4×12	20	
2	본체 레 本體台角	앵글 角 SS 50	30×30×4	2m	
1	본체 本體	SPC-1	1寸×3'×6'	2	

제9회 전국기능 경기대회　판금(板金) 과제

축척	재반A간	구조물 명칭	출제위원		확인
1:4 2:1	20	용 기 容 器	성명	조 동 진	
			일자		

附錄 4. 판금실습 (板金実習)

다음 9개의 과제는 각종 덕트공사에 필요한 과제로 각종 기능경기대회에 출제되었거나 그와 유사한 문제를 간추린 것이다.

〔작업번호〕**No.** 1　　　　　　　　　　　　　　　　　　　　　　　**판금실습**
〔작 업 명〕　　　　앵글 슬립 S 클리이트(**Angle Slip S Cleat**)
〔재　　료〕 24번 철판 1 - 159×195,　2 - 70×200mm
〔작업설명〕

　이 앵글 클리이트는 가열, 통풍, 공기조화의 덕트(duct) 공사에 사용된다. 이 클리이트는 두가지 역할을 한다. 덕트를 연결하는 역할뿐만 아니라 더욱 튼튼하고 많은 힘에 견딜 수 있게 하는 역할도 한다.

　앵글 슬립 S 클리이트는 덕트(duct)의 수평면에 사용한다. 클리이트의 가로는　덕트의 폭보다　5 mm 짧아야 한다.

　그림1은 앵글 클리이트를 마름질하는 방법이다. 접을 때는 핸드　브레이크(hand brake)를 사용한다. **그림2**는 처음 구부린 후의 모양이다. **그림3**은 두번째 구부렸을 때의 모양이다. **그림4**는 3번째 구부리는 방법을 보여주고 있다. **그림5**는 다 만든후의 모양이다. 다음에 클리이트를 브레이크에 넣고 납짝하게 만든다. **그림6**과 **7**은 덕트를 클리이트 사이에 끼워 연결시킨 모양이다.

〔주　　의〕

　이 실습 교본의 판금제품은 가정에서나 공장에서 실제로 많이 쓰이는 실용적인 제품을 선정하였다. 그러나 실습재료를 절약하기 위하여 제품의 치수는 실물의 치수를 일정한 비율로 줄였다. 그러나 여러가지 이음, 즉 그루브드 이음, 클리이트를 사용한 이음 등은 학생들이 현장에 나아가서 조금도 당황하지 않고 자신 만만하게 작업에 임할 수 있는 판금공작 기술을 익히도록, 산업 현장에서 쓰이는 실제 크기로 이음 여유자리를 자세히 나타냈다.

　따라서 이 실습 교본에 나와 있는 치수대로 이음을 만들면 제품의 크기에 비해서 이음 부분이 크게 공작되어질 것이다. 이음부분을 실습 제품에 어울리게 하고저 할 때는 드라이브 클리이트, S 클리이트의 크기를 ½(6mm), 더블이음을 하기 위한 상대 쪽 싱글 이음의 여유 자리도　3 mm 정도로 마름질 하면 된다.

1. 제품 표면에 마름질. 선, 기호등이 나타나지 않게 할 것.
2. 재료를 절단하기 전에 전개도를 충분히 검토할 것.

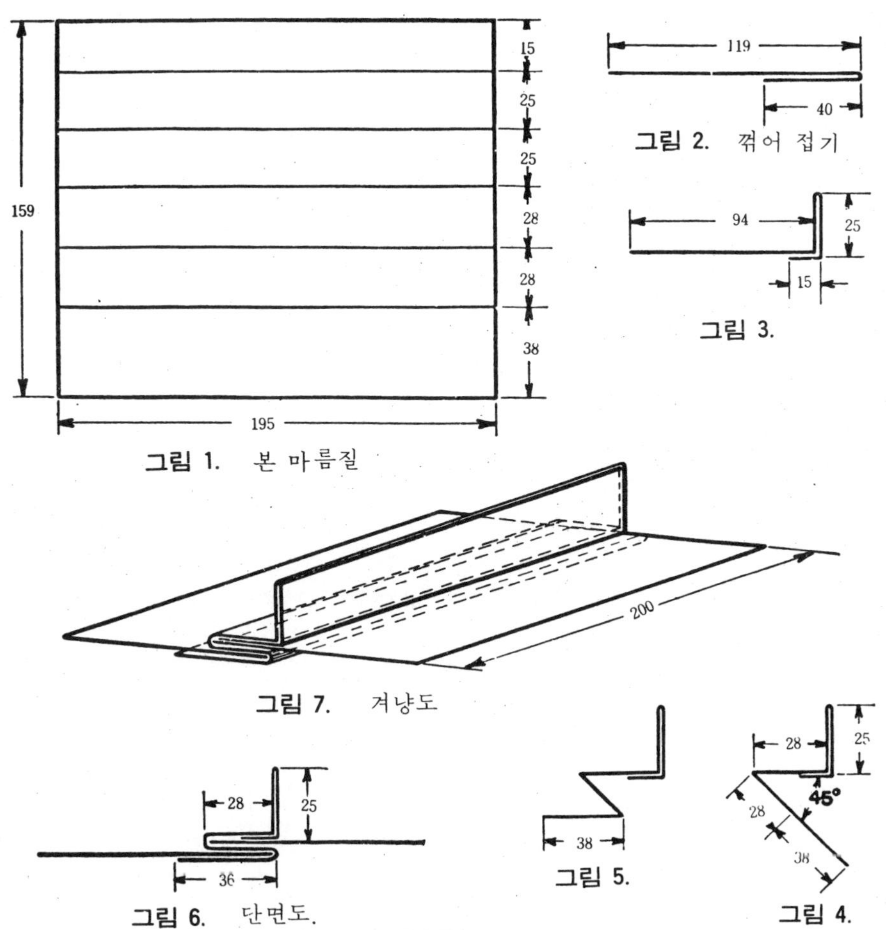

작업번호; No. 1 앵글 스립 S 클리이트 (Angle Slip S Cleat)

〔작업번호〕 **No. 2**　　　　　　　　　　　　　　　　　　　　　　**판금실습**

〔작 업 명〕　　　　135° 엘보우(또는　거위목 엘보우)(135 – Deg. Elbow or
　　　　　　　　　　　　Gooseneck Elbow)

〔작업설명〕

　이런 형태의 엘보우는 배기통 또는 흡기통으로 혼히 사용된다. 철망은　나중
에 클린치 에지(Clinch edge)로 고정시킨다.

　이 그물은 새나 종이가 날아 들어가거나 빠져 나오는 것을 방지하는　역할을
한다. **그림 1**처럼 옆면의 본을 마름질한다. 목부분의 곡선 12(**그림 1**)와 **힐**
곡선 45를 그린다.　2, 3은 직선임을 주의하여라.

　선 3, 6의 아래는 불룩하게 만든다. 선 1~4 끝에 클린치 에지 여유부분을 만
든다. 나치를 만들고 구멍을 뚫는다. 힐과 목부분 곡선의 싱글 에지를　접은
후, 그림 2와 같이 바깥쪽으로 클린치 에지를 접는다. 목과 힐의 본을　마름
질 한다. 아래 부분에는 불룩한 여유 부분을 만들고 그 위에는　클린치에지
여유 부분을 만든다. **그림 3, 4**와 같이 나치(notch)를 만들고 구멍을 뚫는다.

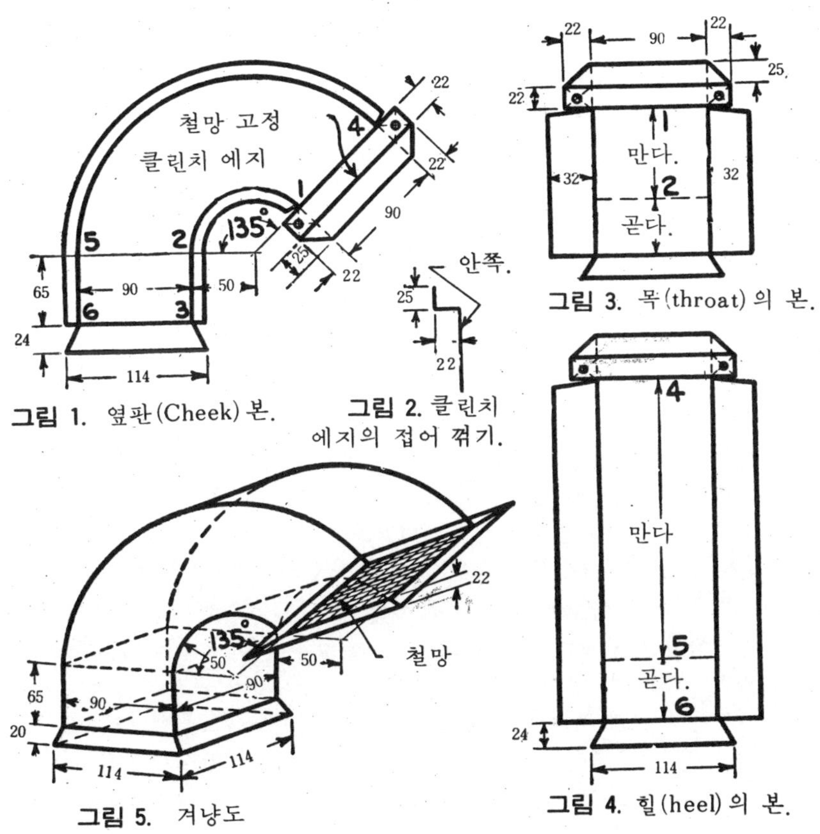

그림 1. 옆판(Cheek) 본.

작업번호; No. 2   135° 엘보우—오리 목 엘보우 (135-Deg.
Elbow or Gooseneck Elbow)

〔작 업 명〕   **90° 엘보우(둥글고 네부분이며 리벳으로 고정시킨 경우)**
                    (Round Four-Piece 90-Deg Riveted Elbow)

〔작업설명〕
 그림 1과 같이 보조 측면도를 그리려면, 우선 힐과 목부분의 곡선을 A, B에
서 그린다. 다음에 힐 곡선을 필요한 만큼 수학 공식에 의해 등분한다. 중심
R에서 직선을 그어 B에서 2은 수선과 C에서 만나도록 하여 사선 C-D를 구
한다.
 리벳티드 엘보우도 역시 피닝에지 엘보우와 마찬가지로 마름질 한다.   **그림**
2와 같이 본 1을 마름질하자. 리벳구멍을 그림과 같이 표시하고   리벳에지
랩의 여유분을 만든다. 본 4는 본 1과 꼭 같다.
 본 1의 폭의 두배가 되는 본 2를 마름질 하려면, 우선 중심선 AB를 긋고 그
중심선의 양쪽으로 본 1을 옮겨 그려서 완성한다. 본 3은 본 2와 꼭 같다.
 본을 둥글게 만든 후에 옆의 이음을 리벳으로 고정시키고, 조립할 때   양쪽
끝이 잘 맞도록 **그림** 3과 같이 플랜지(flange)를 만들어야만 한다. 본 2, 3의
목부분은 한쪽 끝에 바깥쪽으로 플랜지를 만들고, 힐 부분은 반대쪽 끝에 안
쪽으로 플랜지를 만든다. 본 1의 힐 부분은 안쪽으로 플랜지를 만들고 본 4
의 목부분은 **그림** 3과 같이 바깥쪽으로 플랜지를 만든다.
 그림 4처럼 본을 조립하려면, 우선 본 1의 단면아 큰쪽 부터 시작해서 본 4
의 작은 쪽에서 끝나도록 한다. 리벳작업은 쇠모루나 받침대에서 **리벳**을 단
단히 고정시킨다. (**그림** 4와 같이 플랜지 만드는 방법에 주위하라.)

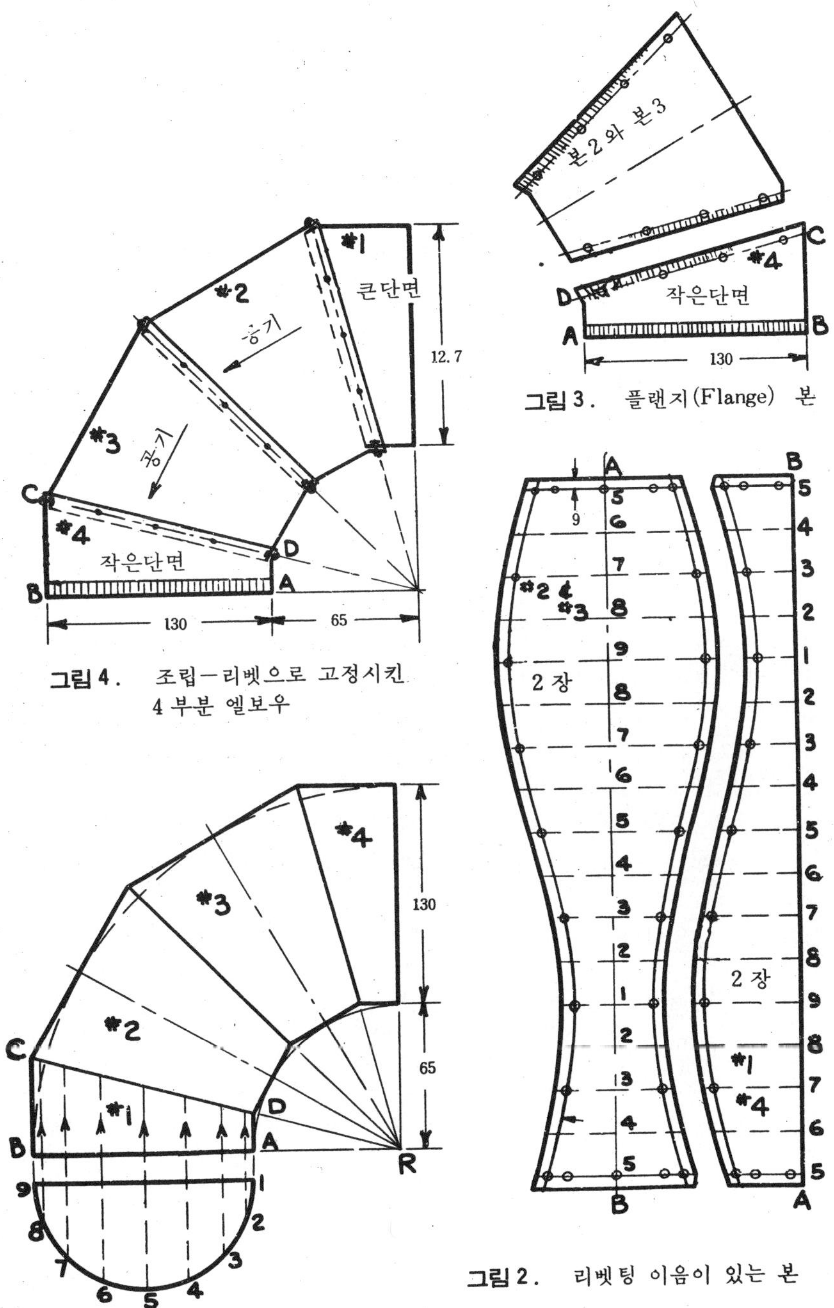

그림 4. 조립—리벳으로 고정시킨 4 부분 엘보우

그림 3. 플랜지(Flange) 본

그림 2. 리벳팅 이음이 있는 본

그림 1. 보조 측면도

작업번호 : No. 3 90° 엘보우 (둥글고 네 부분이며 리벳으로 고정시킨 경우)

(Round Four-Piece 90-Deg Riveted Elbow)

〔작업번호〕 **No. 4**   판금실습
〔작 업 명〕   90°엘보우(두 단면이 정사각형과 원인 경우)
                    (90-Deg Square-to-Round Elbow)
〔작업설명〕

그림 1, 2와 같이 평면도와 입면도를 그리고 **그림 3**과 같이 측면도를 그린다. 평면도의 반원을 여러 등분하고 그점에 그림과 같이 번호를 쓴다. 평면도의 점 1-5에서 입면도의 힐(heel) 곡선과 만나도록 직선을 투사시킨다. 입면도의 힐 곡선에 점들을 측면도의 선과 교차하도록 직선을 투사시켜 곡선을 손으로 그린다. **그림 4**와 같이 옆면의 본을 하나 만들려면 우선 직선을 긋고 그 직선에 **그림 2**의 평면도에 있는 구간 1-7을 옮겨 그린다.

그림과 같이 각점에 번호를 쓴다. 입면도의 선 1-A에서 힐 곡선까지의 **높이**를 구해서 **그림 4**의 본에 옮겨 그려서 곡선을 구한다. **그림 5**의 테두리 **반쪽**은 원둘레의 반과 같게 하거나 평면도의 원에서 5-5의 길이와 같게 한다. **그림 6**과 같이 바닥의 본을 마름질하려면 수직 중심선을 긋고 그선에 입면도의 힐 곡선에 있는 구간 1-7을 표시한다. **그림 6**과 같이 구간 1-7에 번호를 쓴다. **그림 3**의 측면도에 있는 중심선에서 손으로 그린 곡선까지의 폭을 구해서 그 폭은 **그림 6**의 바닥본의 중심선 양쪽에 옮긴후 손으로 곡선을 그린다. 윗 부분의 본은 평면도의 선 A, A와 7-5를 사용해서 **그림 2**와 같이 그린다.

그림 7은 겨냥도이다.

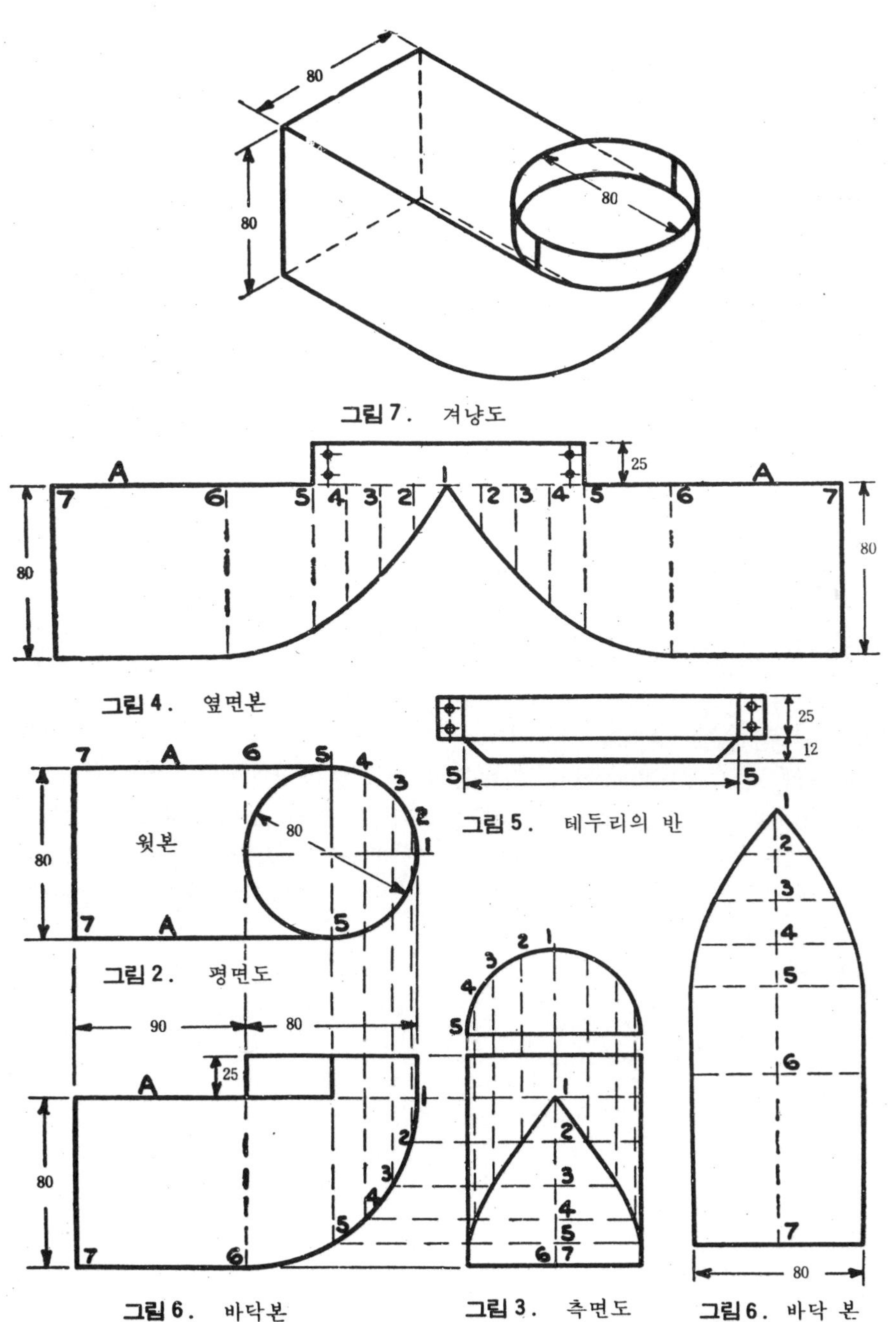

작업번호 : No. 4 90° 엘보우(두단면이 정사각형과 원인 경우)
(90-Deg. Square - to-Round)

〔작업번호〕 **No.** 5   판금실습
〔작 업 명〕   **혼합 옵세트**(Compound Offset)
〔작업설명〕

그림 1, 2와 같이 정면도와 평면도를 그린다. 정면도의 목부분 곡선을   여러
등분하고 그점에서 평면도에 직선을 투사시킨다. **그림 3**과 같이 옆면과 힐
의 본을 한장으로 만든다. 그림과 같이 점 7까지 옆면의 본을 전개한다 , 다
음에 평면도의 힐 곡선에 있는 구간 7에서 H-1까지를 **그림 3**의 힐 본에 있
는 선 7에서 H-1 및 점 1까지 옮긴다. 정면도의 선 K에서 목부분 곡선 1-7
까지의 높이를 **그림 3**의 선 K(1-7)에 옮겨 그린다. 구한 점들을 손으로 이
어 곡선을 그린다.

이음에 대한 싱글에지와 더블에지 여유분을 만든다. **그림 4**의 목부분의   본
C. D를 마름질 하려면 정면도의 목부분 곡선에 있는 등분구간 1에서 7까지를
그림 4의 직선 1-7에 옮긴다. 평면도의 선 N(1-7)의 양편 길이를 구해서 **그
림 4**의 선 1-7에 옮긴다. 손으로 곡선을 그린다. 이음에 대한 싱글에지, 더
블에지 여유분을 만든다.

그림 5와 같이 목부분의 본 E를 마름질 하려면 정면도의 목부분 곡선에 있
는 등분구간 1에서 7까지를 **그림 5**의 직선 1-7에 옮겨 그린다. 역시 평면
도의 선 G 양편 폭을 구해서 **그림 5**의 직선 1-7의 양편에 표시하여 목본 E
의 폭을 구한다. 손으로 양편 곡선을 그린다. 양쪽에 이음에 대한 더블에지
여유분을 만든다.

그림 6은 완성된 모양이다.

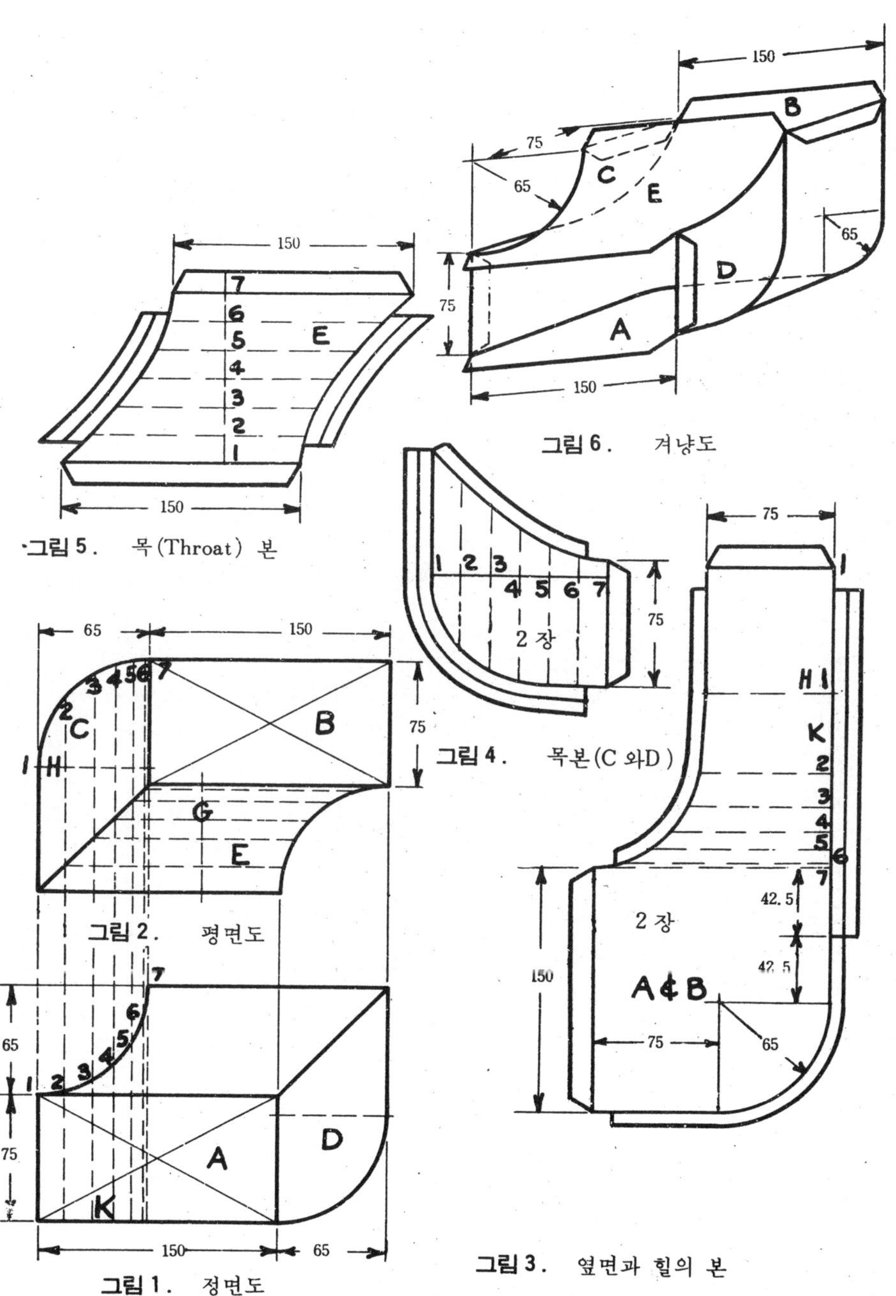

그림 6.   겨냥도

그림 4.   목본(C 와D)

·그림 5.   목(Throat) 본

그림 2.   평면도

그림 3.   옆면과 힐의 본

그림 1.   정면도

작업번호 : No. 5   혼합옵세트(Compound Offset)

〔작업번호〕**No.** 6

〔작 업 명〕　엘보우(입구가 두개이고 출구가 하나이며 힐 부분이 45°인 경우) (Two-In-One Elbow With Mitered Heel)

판금실습

〔작업설명〕

그림 1과 같이 평면도와 정면도를 그린다. 정면도의 목과 힐 곡선을 여러등분한다. 정면도 힐 곡선의 각 점에서 평면도의 사선 1-6과 교차하도록 직선을 투과시킨다. 사선의 각 교점에서 수직선 A-6과 만나도록 직선을 투사시키고 각 점에 그림과 같이 번호를 쓴다.

그림 2와 같이 힐 본을 마름질 하려면 정면도 힐 곡선의 구간 A에서 6까지를 **그림 2**의 직선 A-6에 옮긴다. 힐 본의 폭을 구하기 위 하여 선 A-6에 옮긴다. 다음에 곡선으로된 경사진 선을 그림과 같이 그린다.

리벳구멍의 마름질은 각 구간을 수직 2등분하고 직선을 긋는다. 곡선으로된 사선의 양편에 리벳구멍을 두층으로 마름질한다. 이렇게 하면 두 본중의 하나는 바깥쪽 리벳팅랩을 잘라내고 사선의 안쪽에 구멍이 생기도록 할 수 있다. 다른 본은 랩(lap)여유분 외부에 구멍이 생기게 된다. 두 본에 럭 이음 (lock seam)에 대한 더블에지 여유분을 만들고 **그림 2**와 같이 나치(notch)를 만든다.

평면도의 A-1-A의 길이와 같게하여 **그림 3**의 옆면의 본을 마름질한다. 높이는 정면도에 나타나 있는 칫수대로 한다. **그림 4**와 같이 목부분 본의 길이는 정면도의 목부분곡선 7-12의 길이와 같게 한다.

그림 5와 같은 옆면의 본은 정면도의 칫수대로 마름질한다. 이음에 대한 싱글에지 **여유분**과 나치를 그림과 같이 만든다.

조립한 후의 겨냥도는 **그림 6**과 같다.

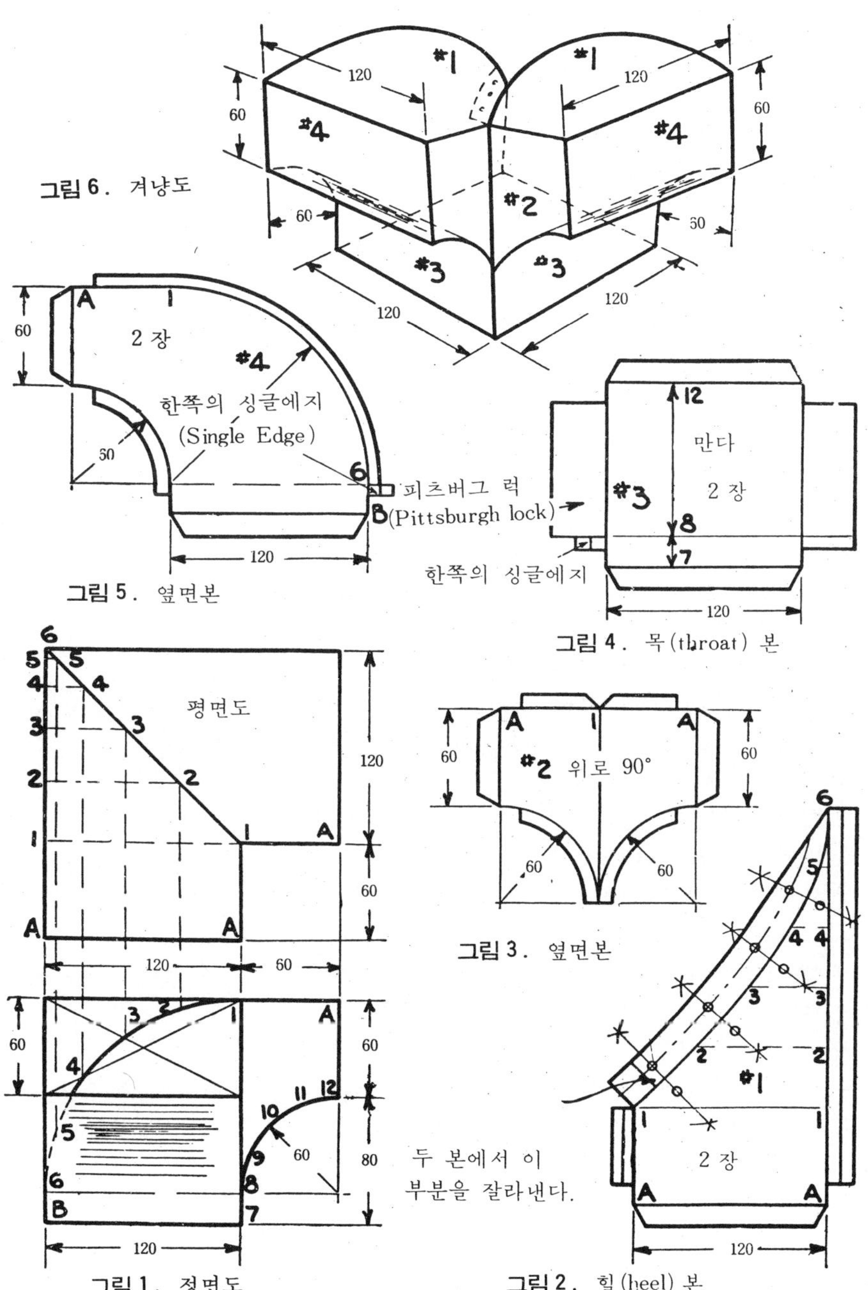

작업번호 : **No. 6**   엘보우 (입구가 두개이고 출구가 하나이며 힐 부분이
45°인 경우) (Two-In-One Elbow with Mitered Heel)

〔작업번호〕 No. 7 　　　　　　　　　　　　　　　　　　　　　　　　　　　판금실습
〔작 업 명〕　　　변화 엘보우(목부분 곡선이 두개 있는 경우)
　　　　　　　　　(Transition Elbow with Two Throat Curves)
〔작업설명〕

　그림 1과 같이 정면도와 평면도를 그린다. 목과 힐 곡선을 여러등분하고 각
각에 각 점에서 평면도의 선 B-11과 선 C에 직선을 투사시킨다. 　정면도의
힐 곡선의 각 점에서 평면도의 선 1-A에 직선을 투사시킨다. 다음에 삼각자
나 직각자의 한변을 선 1-B에 놓고 자의 다른 한변을 선 1-A와 만나도록하
고 선 1-B에서 각 교점 1-7을 지나도록 직각으로 직선을 긋는다.

　평면의 곡선 1-7을 구한다. 정면도의 선 1-E에서 힐 곡선 2-7까지의 높이를
구해서 평면도의 선 1-B에서 점 2∼7까지의 높이로 옮겨 곡선 7-1을 구한다.

　그림 2와 같이 바닥 힐 본을 마름질한다. 본의 양쪽 가장자리의 길이 12-11
은 평면도의 12-11의 거리와 같으므로 평면도에서 길이를 그대로 옮겨올 수
있다. 점 11과 11을 이은 직선을 2등분하고 그점에서 수직으로 적당한 길
이의 직선을 긋는다. 평면도에서 구한 곡선의 구간 7-1을 그림 2의 힐 본에
있는 중심선에 7-1로 표시한다. 힐 본의 폭은 평면도의 선 1-B에서 선 1-A
까지의 길이를 그림 2의 중심선 1∼7의 양편에 옮겨서 곡선 11-1을 손으로
그린다. 이음에지 여유분과 나치를 그림과 같이 만든다.

　그림 3의 목본은 길이　입면도의 구간 8-12와 같다. 폭은 평면도의 선 A-
8-12에서 사선 B-12까지의 길이를 그림 3의 선 8에서 12까지로 표시하고
곡선을 손으로 그린다.

　그림 4와 같은 옆면의 본을 마름질 하려면 점 E를 중심으로 한다. 목과 힐
곡선을 선 E-11까지 그리고 평면도의 힐 곡선 11-D와 D에서 12까지를 그림
4의 직선 11-12에 표시한다. 　싱글에지와 더블에지의 여유분과 나치를
그림과 같이 만든다.

　그림 5와 같이 목본을 마름질 하려면 정면도의 목부분의 곡선에 있는 구간
8-11을 그림 5의 목본에 선8-11로 옮겨 그린다. 선 D-12를 선 11에 　행하
게 긋고 폭은 그림과 같은 첫수로 한다. 중심에서 힐 곡선 D-11을 그린다.

　평면도의 선 C-11에서 사선 B-11과 D-12까지의 폭을 그림 5의 목본에 옮
겨서 곡선 B 11-12를 구하고 이음여분을 그림과 같이 만든다. 이음 여분으
로 싱글에지가 있는 옆면의 본은 정면도의 옆면과 같다.

　완성된 모양은 그림 6과 같다.

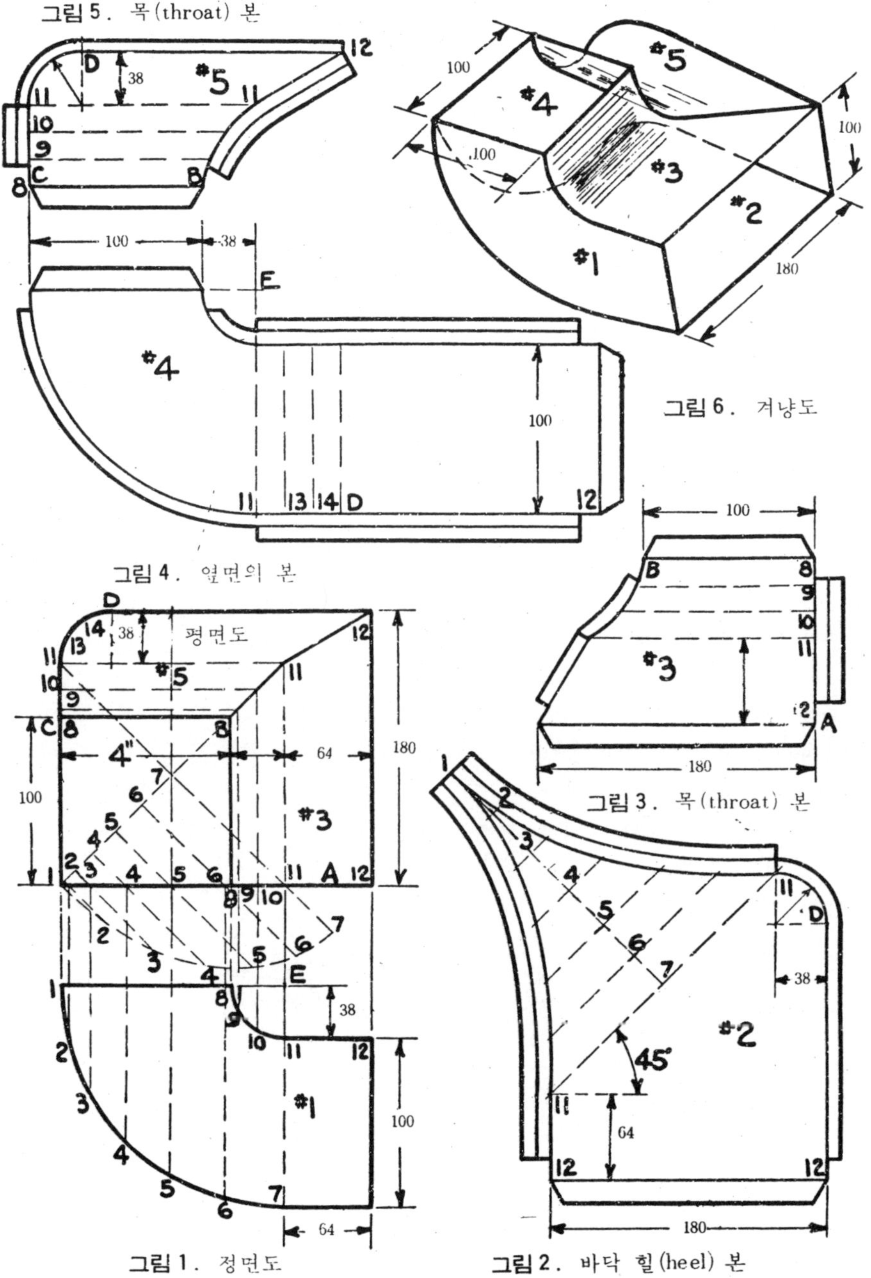

작업번호; No. 7 변화엘보우 (목부분 곡선이 두개 있는 경우)
(Transition Elbow with Two Throat Currves)

〔작업번호〕 No. 8 　　　　　　　　　　　　　　　　　　　　　　판금실습

〔작 업 명〕 　　　엘보우(입구가 두개이고 출구가 하나이며 힐 부분이 곡선

　　　　　　　　　　으로 된 경우)((Two-In-One Elbow With Curved Heel)

〔작업설명〕

그림 1과 같이 평면도와 정면도를 그린다. 힐 곡선을 여러등분하고 그 점에서 평면도의 선 D-6과 만나도록 직선을 투사시킨다. 평면도의 곡선1-6은 앞 작업에서 설명한 대로 중심선 B-6에 각각 자나 삼각자를 대고 다른 변이 선 D-6과 만나도록 한다. 선 D-6에서 중심선 B-6과 만나도록 적당한 길이로 직선을 긋는다. 기준선 1-6에서 힐 곡선까지의 높이를 구해서 평면도의 중심선 B-6에서 그은 선에 옮기고 곡선 1-6을 손으로 그린다.

윗면 힐 본을 그림 2와 같이 마름질 하려면 평면도의 길이 B-1, D-1, A-B을 그림 2의 본에 옮겨 놓는다. 이 길이들은 평면도와 같다. 중심선 B-6 을 적당한 길이로 긋는다. 평면도의 곡선에 있는 등분구간 1-6까지를 그림 2의 중심선 B-6에 옮긴다. 평면도의 중심선 B-6의 양편의 폭을 구해서 그림 2의 중심선 1-6에 옮기면 힐 본의 폭을 구할 수 있다. 손으로 곡선을 그린다.

옆면의 본을 그림 3처럼 구하려면 그림과 같이 평면도와 정면도에 있는 칫수대로 그리면 된다.

그림 4와 같이 옆면의 본을 마름질 하려면 정면도에 주어진 칫수대로 그리면 된다. 모든 이음에 대한 에지 여유분과 나치를 그림과 같이 만든다.

그림 5의 목부분 본의 길이는 정면도에서, 목부분 곡선 8-12의 길이와 같고 폭은 평면도의 폭과 같다.

겨냥도는 그림 6과 같다.

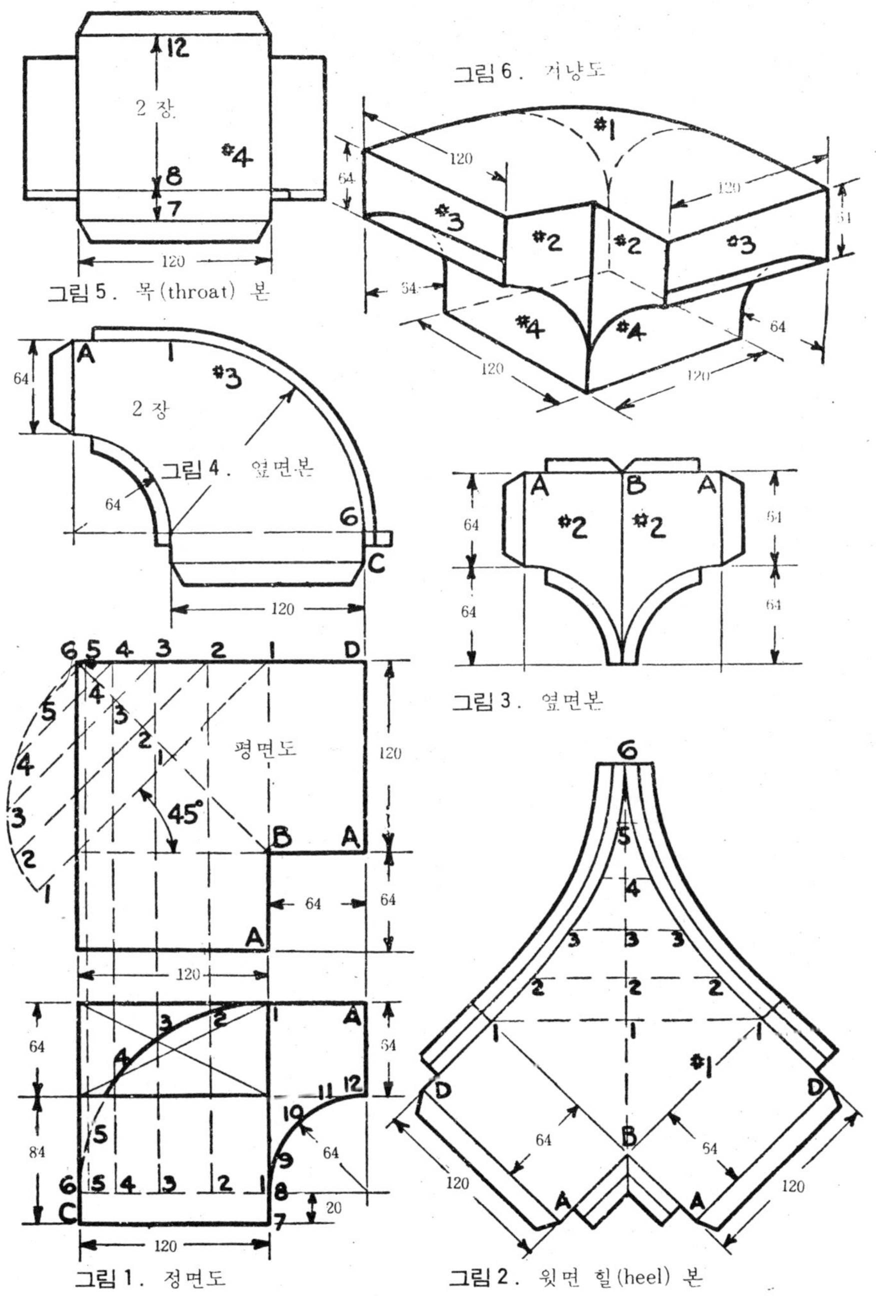

작업번호 ; No. 8 엘보우 (입구가 두개이고 출구가 하나이며 힐부분이 곡선으로 된 경우)(Two-In-One Elbow with Curved Heel)

제3각법에 의한
판금 · 제관 展開 및 판뜨기법

1975.	1.	15.	초판 1쇄 발행
2005.	1.	15.	1차 개정증보22판 1쇄 발행
2006.	1.	9.	2차 개정증보23판 1쇄 발행
2007.	1.	2.	3차 개정증보24판 1쇄 발행
2007.	7.	25.	3차 개정증보24판 2쇄 발행
2009.	1.	5.	3차 개정증보24판 3쇄 발행
2010.	2.	1.	3차 개정증보24판 4쇄 발행
2011.	5.	25.	3차 개정증보24판 5쇄 발행
2015.	2.	16.	3차 개정증보24판 6쇄 발행

저자와의
협의하에
인지생략

지은이 | 조동진, 이재원
펴낸이 | 이종춘
펴낸곳 | BM 성안당

주소 | 121-838 서울시 마포구 양화로 127 첨단빌딩 5층(출판기획 R&D 센터)
| 413-120 경기도 파주시 문발로 112(제작 및 물류)
전화 | 02) 3142-0036
| 031) 950-6300
팩스 | 031) 955-0510
등록 | 1973.2.1 제13-12호
출판사 홈페이지 | www.cyber.co.kr
ISBN | 978-89-315-0579-5 (93550)
정가 | 25,000원

이 책을 만든 사람들
기획 | 황철규
진행 | 김용하
교정 · 교열 | 김민정
전산편집 | 전미숙
표지 | 임형준
홍보 | 전지혜
마케팅 | 구본철, 차정욱, 나진호, 이동후, 강호묵
제작 | 김유석